中央高校教育教学改革基金（本科教学工程项目·2020G34）
国家重点研发计划课题（2021YFC2902005）
国家自然科学基金（41972179）　　联合资助
地质资源与地质工程一流学科建设经费
资源勘查工程国家一流专业系列教材

煤岩煤化学基础

MEIYAN MEIHUAXUE JICHU

主　编　李　晶　汪小妹
编　者　李宝庆　庄新国　李绍虎

图书在版编目(CIP)数据

煤岩煤化学基础/李晶,汪小妹主编.—武汉:中国地质大学出版社,2022.7(2024.2重印)

ISBN 978-7-5625-4960-4

Ⅰ.①煤…
Ⅱ.①李…
Ⅲ.①煤岩学-教材 ②煤-应用化学-教材
Ⅳ.①P618.11 ②TQ530

中国版本图书馆CIP数据核字(2022)第087747号

煤岩煤化学基础

李 晶 汪小妹 主编
李宝庆 庄新国 李绍虎 编者

责任编辑:韦有福　选题策划:韦有福 张 健　责任校对:徐蕾蕾

出版发行:中国地质大学出版社(武汉市洪山区鲁磨路388号)　邮编:430074
电 话:(027)67883511　传 真:(027)67883580　E-mail:cbb@cug.edu.cn
经 销:全国新华书店　http://cugp.cug.edu.cn

开本:787毫米×1092毫米 1/16　字数:486千字　印张:19
版次:2022年7月第1版　印次:2024年2月第2次印刷
印刷:武汉市籍缘印刷厂

ISBN 978-7-5625-4960-4　定价:58.00元

Preface 前言

2020年9月，我国明确将提高国家自主贡献力度，采取更加有力的政策和措施，二氧化碳排放力争于2030年前达到峰值，努力争取2060年前实现碳中和。而我国煤炭资源丰富，同时也是煤炭生产和消费大国，能源体系以化石能源，尤其以高碳的煤炭为支撑。长期以来，煤炭是我国重要的一次能源，也是发展国民经济的重要物质基础。2020年，煤炭在我国一次能源消费量中的占比为56.8%。随着能源结构调整和煤炭供给侧结构性改革，国内煤炭消费占比逐步降低，但以煤为主的能源结构没有发生根本改变，煤炭资源开发在当前和今后相当长一段时期内仍将维持一定强度。这决定了我国煤炭行业在实现"碳达峰、碳中和"目标中承担更重要的责任，同时也意味着在"双碳"目标下我国煤炭工业低碳发展面临着严峻的挑战，但也迎来了难得的机遇。

"碳达峰、碳中和"并不是简单的"去煤化"，煤炭是我国未来能源绿色低碳化转型的重要桥梁，煤炭的清洁高效利用仍为我国能源转型提供了立足点，在以新能源为主体的能源结构转变中发挥重要的支撑作用。因此，我们要高度重视煤炭的清洁高效利用，同时要秉承绿色低碳发展理念，加快推进煤炭由单一燃料向燃料和原料并重的转变，拓展煤炭作为原料的消费利用空间。而煤炭的清洁高效利用及深加工转化，离不开对煤组成、煤结构的深入研究，因此，在"双碳"背景下，煤岩学和煤化学在煤科学研究和清洁高效利用等方面仍具有重要的意义。

煤岩学和煤化学是煤地质学的重要分支学科，已形成了较为完善的理论体系，同时也具有广泛的实用性，它在煤的深加工与综合利用领域发挥着日益重要的作用。

煤岩学和煤化学的发展经历了百余年的历史，学者们对煤的物质成分、结构、构造、分类命名、性质、形成条件、分布规律、成因及应用等进行了深入、系统的研究，煤岩学领域和煤化学领域涌现了一大批经典的高水平著作。煤岩学领域，国外代表性的研究有Potonie(1924)撰写的《普通煤岩学概论》，Stach(1935)的《煤岩学教程》，Abramski、Mackowsky、Mantal、Stach(1951)合作编著的《应用煤岩学图鉴》，国际煤岩学委员会(International Committee for Coal and Organic Petrology, ICCP)1963年编写的《国际煤岩学手册》，以及2017年正式完成的煤的显微组分定义与分类的国际标准"ICCP System 1994"。国内对煤岩学的研究从谢家荣1930年发表的《煤岩学研究之新方法》《煤之成因的分类》等论文开始，也迅速进入了发展阶段。一系列著作先后出版，对我国煤岩学研究成果进行了系统的总结。代表性的成果有北京矿业学院、北京地质学院、煤炭科学研究总院(1961)联合编著的《中国煤炭地质学》，周师庸(1985)编著的《应用煤岩学》，傅家谟等(1990)编著的《煤成烃地球化学》，张亚云(1990)主编的《应用煤岩学基础》，赵师庆(1991)编著的《实用煤岩学》，韩德馨(1996)主编的《中国煤岩学》、中国煤田地质总局(1996)主编的《中国煤岩学图鉴》等。这些经典的煤岩学著作对当时国际上煤岩学研究的成果进行了系统的总结，从煤的成因、煤的岩石组成、煤岩学的研究方法，到煤岩学在地层、地质构造、古植物、煤炭开采、石油勘探和燃料工艺等学科领域的应用都做了全面的论述。20 世纪 80 年代以来，我国对煤化学领域的研究和应用日趋深入，陆续出版了一批代表性的煤化学专著，如杨焕祥和廖玉枝等（1990）主编的《煤化学及煤质评价》、陈文敏等（1993）主编的《煤化学基础》、虞继舜（2000）主编的《煤化学》、何选明（2010）主编的《煤化学》、朱银惠和王中慧（2013）编著的《煤化学》等。

这些经典的煤岩学和煤化学著作为我国煤岩学和煤化学的研究提供了翔实的理论资料，但由于年代久远，尤其是煤岩学著作，目前最新的是 1996 年韩德馨主编的《中国煤岩学》。在此后近 30 年的时间里先进分析与测试技术的发展促使煤岩学和煤化学在技术方法、工业应用等方面有了快速的发展，许多与煤岩学和煤化学相关的术语、分析测试技术等已被新的国际或国家标准所取代，如煤岩学部分的显微煤岩组分的分类和命名有了较大的变化。此外，随着分析测试技术的发展，煤岩学和煤化学也有了更广泛的应用领域。《煤岩煤化学基础》是编者在充分调研国内外煤岩学和煤化学研究理论与方法体系的基础上，结合最新研究进展，并根据教学需要，对大量资料进行删繁就简、系统整理而成，阐述了煤岩学和煤化学的基础理论、基本研究方法以及最新应用领域。煤岩学部分的主要内容涵盖成煤原始物质与成煤作用、煤的显微岩石学特征、煤的宏观岩石学特征、煤岩学的研究方法及煤岩学的应用等。煤化学部分的主要内容包括煤的结构、煤的化学组成及测定方法、煤的化学性质与工艺性质、煤的分类、煤质评价及煤的综合利用等。

本书由李晶、汪小妹主编，具体编写分工如下：第一章由李晶、庄新国编写；第二章、第四章、第六章由李晶编写；第三章由李晶、李宝庆编写；第五章由李宝庆、李绍虎编写；第七章至第十一章由汪小妹编写。全书由李晶负责统稿。

本书在编写过程中大量应用了编者近期的研究成果，煤岩学部分参考了韩德馨（1996）主编的《中国煤岩学》、赵师庆（1991）主编的《实用煤岩学》、武汉地质学院煤田教研室（1985）编写的《煤田地质学》、代世峰等（2021）在煤炭学报发表的《煤的显微组分定义与分类》的一系列成果；煤化学部分参考了张双全（2009）主编的《煤化学》、张双全（2013）主编的《煤及煤化学》、何选明（2010）主编的《煤化学》、张香兰和张军（2012）主编的《煤化学》、朱银惠和王中慧（2013）主编的《煤化学》等著作。编者在编写过程中广泛收集了同行的意见和建议，得到了代世峰教授、唐跃刚教授、张群研究员等专家的帮助与指导，在此致以最诚挚的感谢。

中国地质大学（武汉）资源学院盆地矿产系的王华教授、焦养泉教授、严德天教授、王小明副教授、甘华军副教授、李国庆副教授等为本书的编写提供了热情的支持和帮助；盆地矿产系的夏文豪、闫馨友、吴鹏、赵凌霄、李健成、王园、林阳、柴盘存、程海见、边家辉、邓凡、杨浩然、郭星星、韩宇轩、周长春、李博等研究生为本书的出版付出了辛勤劳动，在此一并致以诚挚的感谢。

由于编者水平有限，书中遗漏和不足在所难免，敬请读者批评指正。

编　者

2021 年 12 月

Content 目录

上篇　煤岩学

下篇　煤化学

上篇

煤岩学

第一章 绪 论

第一节 煤岩学和煤化学研究意义

煤岩学和煤化学是煤地质学的重要分支学科，近几十年来，煤岩学和煤化学已发展成为专门的研究领域。煤岩学是把煤作为一种岩石，用岩石学的方法来研究煤的物质成分、结构、构造、分类命名，确定煤的形成条件、分布规律、成因及应用等的一门学科。随着新技术的蓬勃发展和新方法的广泛应用，煤岩学研究经历了从宏观到微观再到超微观、从定性到定量、从单一手段到多种技术交叉的深入发展阶段。宏观上，煤岩学研究主要是用肉眼观察煤的物质成分、结构构造及其特点；微观上则主要借助光学仪器（如偏光显微镜、荧光显微镜、显微镜光度计等）研究煤的显微组分的组成、形态、性质及其在煤化过程中的变化等特点。运用煤岩学方法确定煤的宏观和微观组成、镜质体反射率等岩石学特征，是评定煤的性质和用途的重要依据，也是研究煤的生成和变质的重要基础，从而推动了煤岩学的广泛应用。近年来，煤炭的清洁高效利用越来越受到多个行业的重视。例如，在煤的洗选、炼焦、液化、气化、燃烧等方面，均需要煤岩学方法作为检验煤质的重要手段。因此，煤岩学作为一门基础学科，在指导煤的精细化加工利用方面具有其他学科不可替代的优势。在油气勘探开发方面，镜质体反射率可以评价烃源岩的成熟度、沉积盆地的热演化史和构造史以及预测油气的赋存等；在冶金方面，煤岩分析方法可以评价煤的炼焦性能，确定炼焦煤配比和预测焦炭强度；在煤地质方面，煤岩学分析有助于煤层对比、煤相分析和煤质评价等。

煤化学是研究煤的成因、组成、性质、结构、分类和工艺反应性，以及它们之间关系的一门学科，它同时阐明煤作为燃料和原料在利用中的一些化学问题，是煤化工的理论基础。煤化学研究的作用在于，通过现代仪器手段进行实验和观测，研究煤及其转化产物的组成和结构，以揭示关于煤的组成结构和形成环境的更多信息。煤化学研究在煤田地质与勘探和煤炭开采中都有广泛应用。例如，在煤层气研究方面，煤的组成和结构在演化过程中的变化规律与煤层气的生气量有密切关系，影响煤层气的勘探开发；煤化学的理论和研究方法可用于煤炭开采，从分子水平方面来研究煤分子与瓦斯之间的相互作用，形成了煤化学、地球物理学、煤田地质学和采矿工程学等学科交叉的煤层气开发应用基础研究新领域，其发展趋势是提出预测、处理、开发煤层气的新原理和新技术。除此之外，现代煤化学研究领域还拓展到了煤炭分选、动力配煤、水煤浆制备、煤炭气化液化、燃煤副产物综合利用、煤基碳素耐火材料制备、碳质吸附剂制备等新兴领域。

总之，煤岩学和煤化学不仅是解决煤炭开采、加工与综合利用以及煤层气勘探开发等问题的理论基础，而且在油气预测评价、构造分析解释、找矿勘探等领域也具有重要的理论指导意义。

第二节 煤岩学的发展简史与研究现状

在煤岩学的发展过程中，有许多科学家作出了卓越的贡献，使煤岩学从最早的探索性研究领域逐步发展成为一门理论和术语体系相对完善的独立学科。早在18世纪末至19世纪初，欧洲工业革命的繁荣使煤炭工业兴起，从而促进了人们对煤的研究。煤岩学于19世纪30年代诞生于欧洲。Withan于1831年最早利用显微镜研究煤的结构，随后不少学者用显微镜来研究煤的成因和性质。1854年英国的“托班藻煤(torbanite)”案件提出了藻煤是不是煤的问题，煤的显微研究的实用价值第一次引起学者们的关注。1870年，Huxley从烟煤中第一次辨认出大孢子的存在，证明煤是由陆生植物的遗体转变而成的，“煤化作用(coalification)”一词在同一时期被用来表示煤的熟化作用特征。1892—1898年，一些学者相继对藻煤和烛煤在显微镜下进行了研究，提出了藻煤是藻类形成的产物。1883年，Gumbel将酸解法用于煤的研究，效果显著。1910年后，Jeffery把煤制成薄片，这是煤岩学研究历史中的重要创举，使观察煤的方法日趋完善，此后，Thiessen与Lomax进一步使薄片的制作迅速简便，且能在高倍镜下观察煤的结构。1913年和1920年，Thiessen和White先后发表《煤的起源》和《古生代烟煤的结构》，并附大量煤薄片的显微照片来揭示煤的特征，最突出的贡献是把光片方法研究引入到煤岩学的领域，并获得成功。1924年，德国学者Potonie编写了《普通煤岩学概论》，“煤岩学”首次作为一个科学术语独立出现。1956年，国际煤岩学委员会(ICCP)设立了Thiessen奖，以表彰Potonie在煤岩学历史上的杰出贡献，奖章授予有特殊贡献的煤岩学家。1919年，Stopes在烟煤中分离出4种煤岩成分，即镜煤、亮煤、暗煤、丝炭，并以岩石学观点把煤的结构、煤的成分与其他化学性质联系起来，引起科学界的重视。1925年，Stach采用油浸镜头观察煤的光片取得成效，并在1927年的论文《煤光片》中发表了第一张油浸下煤标本磨光面的显微照片。1928年，Stach和Kühlwein提出了一种制备煤砖光片的方法，该方法成为煤岩分析的基础。在随后的研究中，学者们对煤的研究方法主要有两种：一种是偏重于透射光下的薄片研究，阐明煤的显微组成、成因、性质和分类等；一种是在反射光下观察煤光片，研究煤的显微组成及工艺性质，把单纯的定性描述转为定量分析，使煤岩研究更趋于完善。

1930—1950年，西方许多学者对煤岩学的研究作出了重要贡献。1932年，Hoffmann等运用贝瑞克光度计发现镜质组反射率与煤级间的相互关系，为煤岩研究范围拓宽了道路。1935年，Stopes建议对显微镜下煤中可识别的组分采用“显微组分(maceral)”一词，与岩石学中“矿物(mineral)”相对应，使煤岩学的基础研究又向前迈进了一步。同年，Stach的论著——《煤岩学教程》问世，影响深远。其他国家，如波兰、加拿大等亦先后出版煤岩学专著及煤岩图册。1951年，Abramski、Mackowsky、Mantal、Stach合作编写了《应用煤岩学图鉴》，汇总了256幅烟煤、半无烟煤、无烟煤的煤岩组分和矿物的显微图像，以光片观察为主。该图鉴系统地展示了不同类型的煤由于煤级不同而存在的差异，并简要地叙述了与其相关的煤岩分析方法。1953年，国际煤岩学委员会的成立，标志着煤岩学发展进入一个新的阶段，该委员会的宗旨是推进有关煤岩学学术活动和交流活动的开展、推行术语标准化以及煤岩学分析方法的标准化。1957年，国际煤岩学委员会编著了《国际煤岩学词汇》，之后进行了增补，并以《国际煤岩学手册》的形式出版，其内容丰富，不仅包括国际间4个术语体系，也包括与褐煤有关的术语以及煤岩学的分析方法。这一时期，煤岩学学术活动频繁，煤岩学应用也取得了突破性进展。20世纪50年代末，德国提出了供选煤工艺的煤岩分析方法——矿物分布分析(BB22020)，后被许多欧美国家采用并载入《国际煤岩学手册》(1971)。

1960—1970年初，煤岩分析及煤岩分类和命名趋向标准化和自动化。许多国家先后颁布或修订了煤岩分析方法的标准，其中包括显微组分的定量测定、显微煤岩类型的测定，以及镜质组反射率和煤级的测定等。国际煤岩学委员会于1963年成立了褐煤研究的专业工作组，有关烟煤显微组分分类和命名的Stopes Heerlen方案在1963年出版的《国际煤岩学手册》中作了详细的描述。国际煤岩学委员会随后又阐述了新的煤岩术语及某些标准方法，如烟煤和无烟煤煤岩分析方法、显微组分和显微岩石类型组合分析方法、混合煤煤岩分析方法、荧光光度法等。在此期间，通过一些国际煤岩学会议，学者们交流了研究成果，对术语的制订和测试方法的改进做了有意义的工作，为充实煤岩学的内容作出了重要贡献。

1970—1990年，煤岩学在研究方法和应用方面取得了快速的发展，其中应用煤岩学取得了重大成果，主要体现在煤化作用研究、煤岩配煤等方面。1970年前后，Teichmüller对德国各煤田的镜质组富集物进行了系统的煤化作用研究，对各种煤化作用参数的适用范围进行了综合评价，同时对煤化作用跃变理论也进行了深入研究，揭示了成煤作用的客观过程，特别是煤化作用的连续性、不可逆性和变质速度不均匀性。1970年起，各国煤岩学家开始将荧光显微镜引入煤的显微组分研究中，发现了许多具有特殊意义的显微组分。1987年，国际煤岩学委员会根据各国煤岩学家的研究情况，对国际硬煤显微组分分类进行了增补，在壳质组的树脂体中细分出镜质树脂体(colloresinite)亚组分，在藻类体中细分出结构藻类体(telalginite)和层状藻类体(lamalginite)两个亚组分，并且增加了荧光体、沥青质体和渗出沥青质体等荧光下可确认的显微组分。同期有很多煤科学家运用核磁共振法、红外光谱法等光谱学方法对煤及其显微组分进行研究，为深入认识煤及其显微组分的物质组成和结构特征提供了大量基础资料。1980年起，煤岩学开始被广泛用于煤分类。1982年，苏联提出以煤岩参数为基础的“成因-工业”统一分类方案。1988年，联合国欧洲经济委员会(the United Nations Economic Commission for Europe, UNECE)提出了“中、高煤阶煤国际编码系统”，其中引入了镜质体平均随机反射率($R_{o,ran}$,%)、镜质体反射率分布特征和显微组分指数3个煤岩学参数。

1990年以后，随着先进仪器设备的广泛使用，煤岩学研究也日趋广泛深入。一方面，更多煤化学家开始重视煤岩学的应用，煤及显微组分结构与反应性的研究取得了诸多成果；另一方面，煤岩学与地球化学及矿物学相结合，开始广泛用于煤中微量元素的研究，并取得了一系列重要成果，在深入认识煤中微量元素分布赋存特征、解决煤炭利用过程中造成的微量元素环境污染方面发挥了积极作用(Taylor et al., 1998)。Taylor等(1991,1998)应用透射电镜对沥青质体、微粒体、荧光镜质体等进行了显微结构研究；Pierce等(1991)、Stavrakis和Marchioni(1991)、Lamberson等(1991)，对煤相的类型、成煤植物与聚煤古地理环境、煤质等问题进行了探讨；Spears 等(1993)对英国某电厂用煤的地球化学和矿物学特征的研究表明，煤灰中 Pb、Cu、Ni、Mn、Zn、Sr 和 V 等元素较非海相泥岩富集；Swaine(1993)研究了火灾对南卡罗来纳州泥炭的化学和煤岩组成的影响；Kortenski 等(1993)应用新型电子探针对褐煤到无烟煤系列的各种显微组分的元素进行了直接测定，应用微区分析测定了显微组分元素组成，该成果具有开拓意义。在煤和烃源岩的显微组分的研究中，应用高分辨率透射电镜取得了不少新进展，之后聚焦激光扫描显微镜问世，为孢粉体、藻类体、角质体的深入研究开辟了新的途径。

值得注意的是，随着煤岩学的广泛应用和对分散有机质的深入研究，1963 年提出的 Stopes Heerlen 烟煤显微组分分类方案早已不能满足煤岩学和有机岩石学研究的需要。1991 年国际煤岩学委员会成立工作小组，以反射光下的观察为基础，着手进行烟煤中显微组分新的定义和分类工作，经过多次修改和讨论，在 1994 年第 46 届国际煤岩学委员会年会上确定了镜质体显微组分组、亚组与显微组分的定义和分类方案。在后续的 20 多年时间内，国际煤岩学委员会又制订和发表了惰质体、腐植体和类脂体的定义及分类方案，并把包括镜质体在内的 4 种分类方案统一命名为“ICCP System 1994”。

我国到 20 世纪 30 年代才开始煤岩学的研究，1930—1949 年是中国煤岩学的开创时期，也是煤岩学发展的第一阶段。谢家荣教授是中国煤岩学研究的先驱和奠基人，也是世界上第一位利用反射偏光显微镜进行煤岩学研究的学者。1930 年，谢家荣先后发表了《煤岩学研究之新方法》《北票煤之煤岩学初步研究》《国产煤之显微镜研究》《煤的抛光薄片——煤岩学之一新法》《中国无烟煤的显微构造》《煤之成因的分类》等论文，系统地介绍了关于煤岩学的研究方法和中国煤的煤岩学特征的研究成果，他是最早对我国江西晚二叠世乐平煤、南方树皮煤的成因展开研究的学者。1933 年，煤田地质学家王竹泉发表《磁县烟煤显微镜下之结构及其与焦性之关系》等论文，表明中国学者已经认识到煤岩学在煤质研究中的意义。

中华人民共和国成立后，高崇照、杨起、韩德馨、金奎励、王洁、任德贻、潘志贵、赵师庆、周师庸、张秀仪、龚至从等一大批煤岩学家相继开展了系统的煤岩学研究，煤岩学发展进入了一个新的阶段。1950—1960 年，我国引入并翻译了大量东欧学者的煤岩学著作，如苏联、波兰等国的煤岩学理论和研究方法，其中包括利用煤岩学评价煤的可选性和炼焦性能的方法。1950 年初，古植物学家徐仁开办了中国第一个以孢粉学为主要内容的讲习班——煤岩训练班，培养了一批煤岩学骨干。中国科学院以及煤炭、地质、冶金系统的大学和科研机构开始建立煤岩学实验室，对中国不同煤田进行了煤岩学研究，包括山西大同、山西太原、河北开滦、辽宁抚顺、山东新汶、安徽淮南等矿区，开启了中华人民共和国成立后煤岩学研究的新阶段。同期，中国学者对中国煤的变质作用进行了深入研究。1956 年王竹泉发表了《华北煤种牌号的带状分布及其地质因素》一文，首次提出关于华北煤变质的新观点，即华北煤变质以火成岩变质作用为主。1961 年，由北京矿业学院、北京地质学院、煤炭科学院地质研究所联合编著的《中国煤炭地质学》，初步总结了中国煤的煤岩煤质特征、煤的工艺性能及应用等。1966 年，中国地质科学院矿产研究所提出了中国腐植煤的显微组分和显微煤岩类型分类方案。上述研究成果形成了中国煤岩学的基本理论体系。

1970 年以后，中国煤田地质学界与世界各国开展广泛合作交流，新理论、新技术和新测试方法的引进，促使煤岩学分析朝着自动化方向发展；同时在煤炭资源特性、煤成烃理论和煤沉积环境还原程度研究等方面也取得了新进展，相关成果对煤质评价、煤矿瓦斯治理、煤成气开发、黏结性高硫煤利用等工作起到了积极的理论指导作用。1980年，中国煤炭学会煤田地质专业委员会煤岩学组成立；1987年，全国煤炭标准化技术委员会煤岩分技术委员会成立。此类学术机构，进一步促进了中国煤岩学的基础研究和标准化工作，引进、吸收了相关国际标准方法和术语，形成了中国煤岩学术语和测试系列国家标准。其中，在煤岩组分分类标准中，我国学者对树皮体等显微组分的划分，体现了中国煤岩特征的实际情况。同期，煤岩学在煤炭洗选和焦化工业中得到了较大范围的推广应用，一些研究者利用显微镜法评价了部分煤田煤的可选性，一些钢铁企业焦化厂开始进行煤岩配煤工作，并取得了良好效果。以上有代表性的成果极大地推动了煤岩学在焦化领域的普及应用，从而指导了炼焦煤的合理利用。这一时期形成了一批高水平的煤岩学专著，例如《应用煤岩学》(周师庸，1985)、《煤成烃地球化学》(傅家谟等，1990)等。

1990年以来，中国煤岩学研究快速发展，在理论、方法、应用各方面取得了不俗的成绩，制定了一系列煤岩学国家标准，并且有许多研究成果达到或超过了国际先进水平。在煤岩学基础理论研究方面，国内相关机构对特殊煤种、接触变质煤和高煤级煤的煤岩学特征有了深入认识，同时在煤岩组分结构与反应性、直接液化用煤的煤岩学研究等方面进行了有益探索，进一步促进了应用煤岩学的发展以及煤岩学与煤化学等学科的交叉。《实用煤岩学》《中国煤岩学》《中国煤岩学图鉴》等著作，对中国煤岩学研究成果进行了系统的总结。在煤岩学应用方面，镜质体反射率测试开始大范围地应用于混煤判别工作中，成为煤炭生产、贸易和利用中煤质管理的重要技术手段，对稳定煤炭市场、减少贸易争端发挥了积极作用。在此阶段，由于煤岩学开始大规模地由科研机构实验室走向生产企业实验室，煤岩自动化测试工作受到越来越多学者的关注。进入21世纪，煤岩测试技术继续取得了积极进展，煤岩自动化测试技术成为研究攻克的重点，与此同时煤岩学应用在更大范围内得到普及。

第三节　煤化学的发展简史与研究现状

煤化学是研究煤的成因、组成、性质、结构、分类和反应，以及它们之间关系的一门学科，它同时阐明了煤作为燃料和原料利用中的一些化学问题。煤化学起源于18世纪末的工业革命，工业革命对煤炭品质的要求，客观上需要了解煤炭的来源、性质等基本问题。基本化学手段和显微镜技术的联合应用，在煤炭研究和指导煤炭应用方面发挥着重要的作用。直到20世纪20年代，煤化学家还习惯于把煤作为整体进行研究。在煤岩学家发现实际上所有的煤都是由物理性质和化学成分上大不相同的3组物质(镜质组、惰质组、壳质组)构成之后，煤化学家才开始研究煤中的每一种组分。

迄今为止，煤化学的发展大体经历了开创、鼎盛、衰落和复兴3个阶段。从1780年第一次工业革命开大规模用煤开始，人们就对煤进行研究，19世纪30年代，煤化学初步发端，人们逐渐接受了煤是由植物转变而来的概念；19世纪40年代，英国、德国等西方国家陆续开展了用显微镜对煤的系统研究，并开始研究煤的热解、溶剂分离和氧化；1873年，法国对煤开展了较系统的化学研究，Regnault 根据大量元素分析提出了第一个煤炭分类系统，至此，煤化学学科基本形成。

20 世纪伊始，煤在能源中处于垄断地位，广泛应用于机车、航行、炼焦、气化和发电等领域；美国、德国、英国、法国、苏联等国相继建立了高水平的煤炭研究机构，煤的研究工作蓬勃发展，涌现出许多著名的煤化学家，并出版了大量重要著作。1913 年，德国 Kaiser Wilhelm 煤炭研究所成立，随后发明了煤间接液化的 F-T(Freicher-Tropsch)合成法；与此同时，Friedrich Berguis 开始了煤炭直接液化技术的研究，通过煤在高温高压下直接加氢液化得到类似石油的油品，并在随后几十年间建成数十座煤液化工厂。1931 年，Friedrich Berguis 因此成果获得了煤化学科技史上唯一的一个诺贝尔奖，两种液化技术至今仍具有重大的意义。

20 世纪 60 年代中期，由于廉价石油和天然气的大量开发与应用，发达国家陆续将注意力转向石油天然气工业，煤炭工业逐渐衰落，煤的研究几乎停滞不前。到 20 世纪 70 年代中期，由于几次石油危机的发生，石油价格的猛涨使煤在能源结构中的地位得以恢复；随后在煤的气化、液化和制取清洁燃料方面，开发了一批新的加工工艺。特别是 1993 年在美国匹兹堡召开的国际煤炭会议，标志着人们对煤炭利用观念的转变，更多注意了煤作为原料、材料的深层次开发和合理利用，由煤制取高附加值的化学、化工原料和高碳材料，逐渐形成煤化学学科的一个新分支。近年来，全世界刮起的碳减排和低碳经济旋风，促使人们更加注重对煤组成结构、污染组分和有害元素的认识，以及这些组分在不同转化过程和阶段中的变化行为，更加关注煤炭利用对生态环境的严重影响，注重研究煤的高效、洁净利用。

虽然煤化学的发展已经有 200 多年的历史，但对于煤的许多问题还不明了，特别是煤的分子结构问题是目前困扰科学家的最大难题。虽然遇到了很大困难，但他们对于煤分子结构的研究和认识也有很大的进展，特别是大量先进的科学仪器，如小角 X 射线散射(SAXS)、计算机断层扫描(CT)、电子透射/扫描显微镜(TEM/SEM)、扫描隧道显微镜(STM)、原子力显微镜(AFM)、X 射线衍射(ESR)、紫外-可见光谱(UV-Vis)、红外光谱(IR)、核磁共振谱(NMR)、顺磁共振谱(ESR)、电子能谱(XPS)等的应用，大大深化了对煤分子结构的研究，取得了较多的成果。

近年来，我国在煤化学领域也取得了诸多进展。中国能源主要以煤为主，然而其利用效率较低且会造成环境污染，因此发展洁净煤技术已受到越来越多研究者的重视，工业型煤的发展被提上日程，它是洁净煤技术中最现实有效的技术途径之一。北京煤化学研究所(现为煤炭科学研究总院北京煤化工研究分院)研制的黏结剂用于制备工业型煤，其应用实验已取得成功。此外，国内对工业型煤的研究也提出以开发新一代工业型煤技术和设备为重点，推动了型煤整体技术水平的提高。目前，工业型煤正朝着高效、洁净燃烧，生产工艺简化及多功能的方向发展，并且今后将重点开发免烘干、高强度、防水型煤，高固硫率型煤，可利用煤泥、生物质的工业型煤等。煤炭直接液化技术研究开发已有百余年历史，从 20 世纪20 年代发展至今，已开发出的煤加氢液化工艺有 10 多种，德国的 IGOR 工艺、日本的NEDOL工艺、美国的 HTI 工艺以及俄罗斯的低压液化工艺等都是比较典型的煤炭直接液化工艺。近年来，我国在对国外技术的跟踪研究、液化用煤筛选评价、催化剂开发研究、煤炭直接液化及产业化实现等方面做了大量的工作，已经具备了良好的技术基础。

在环保领域，煤化学研究也取得了许多进展，如了解到煤矸石是在煤矿建设、煤炭开采及加工过程中排放出的废弃岩石。我国煤矸石产量为原煤总产量的15％～20％，积存量已达70亿t，占地约70km^2，并且排放量以1.5亿t/a的速度增长。而煤矸石的综合利用率尚不到15％，余下煤矸石多采用圆锥式或沟谷倾倒式自然松散地堆放在矿井四周。煤矸石是我国排放量最大的工业废渣之一，不仅占用大量农田和土地，而且风化、自燃后会产生大量有害气体和毒物，严重污染大气和水源，破坏生态平衡，给人类生存带来危害，因此，加强对煤矸石的综合开发利用就显得尤为重要。经研究测定，煤矸石中含有许多宝贵的资源，其中主要是含有一定量的碳或其他可燃物等，目前这种能源已被广泛应用于造气和发电中。煤矸石在农业、建筑工程等方面中也得到了合理的利用，如以煤矸石和廉价的磷矿粉为原料基质，外加添加剂等，可被制成煤矸石微生物肥料。钱兆(1997)通过实验证实施用煤矸石肥料比施用等养分含量的掺合化肥增产效果更显著，平均增产19％～37％。此外，利用煤矸石的酸碱性及其含有的多种微量元素和营养成分，可调节土壤的酸碱度和疏松度，同时又增加了土壤的肥效，从而达到改良土壤的目的。

粉煤灰是燃煤发电厂排放的主要废物，随着我国火力发电厂规模的不断扩大和数量的日益增多，我国矿区坑口电厂粉煤灰的排放量也越来越大。目前虽然我国粉煤灰的利用率已达到了41.7％，但仍有大量堆存，不仅占用土地，而且堆放的粉煤灰随风飘入空气中，随雨水进入河流，造成污染环境，危害人体健康。近年来，人们开始注重粉煤灰在环保方面的研究，结果发现粉煤灰中含有丰富的铝，是准纳米级的硅、铝氧化物颗粒，具有良好的吸附作用，可直接用于污水处理。由于粉煤灰泡沫玻璃多孔泡沫状基质具有不燃烧、不怕湿、质轻、强度高、膨胀系数小、隔热好等优良性能，具有隔热、保温、吸声和装饰等作用，粉煤灰还被广泛应用于建筑、石油、化工、造船、食品和国防等行业中，并取得了很好的成效。

进入21世纪以来，随着国民经济产业结构的调整、能源消费结构的变化和节能技术的发展，加之环保等因素的作用，我国煤化学领域的研究向着更为广阔的领域发展。特别是在煤的特征与生成、燃烧与气化、燃烧与热解、分类以及洁净煤新技术等各方面开展了更为深入的研究，有力推进了煤化学的理论研究与应用价值。

第二章 成煤原始物质与成煤作用

第一节 成煤的原始物质

植物是成煤作用的先决条件之一。作为成煤的原始物质，植物在自然界有着漫长的发展演化过程，这一历史过程与煤的形成和地史上聚煤时期的出现有着密切关系。只有当陆地上有大量植物生长时，才可能有大量聚煤作用的发生。任何一个新的聚煤期的出现，总是与一种新的植物群落出现和大量分布有关。

一、植物演化与成煤作用的关系

植物根据其组成细胞的功能是否分化成组织和器官分为高等植物和低等植物两大类。低等植物主要是由单细胞或多细胞构成的丝状体或叶状体植物，没有根、茎、叶等器官的分化，合子发育成新植物体不经过胚的阶段，如细菌和藻类。进化论认为，高等植物由低等植物长期演化而来，构造复杂，可分为草本植物和木本植物（如乔木、灌木）。相对低等植物，高等植物有根、茎、叶等器官的分化，合子发育成新植物体经过胚的阶段，包括苔藓植物、蕨类植物、裸子植物和被子植物。

植物在地史过程中逐步由低级向高级发展演化，经历过多次飞跃。自从有植物以来，从低等的菌藻植物到高等的被子植物，其发展过程显示出5个阶段，由老到新分别为菌藻植物时代，裸蕨植物时代，蕨类、种子蕨植物时代，裸子植物时代和被子植物时代（图2-1）。这5个阶段与地史上几次聚煤作用有着直接的关系。

1.菌藻植物时代

从元古宙到早志留世以前，是菌藻植物时代。这个时期的植物都是水生植物，主要以菌类和藻类等低等植物为主。

该时代主要在海相盆地中形成腐泥型的高灰煤层。例如：美国密歇根州元古宙中休伦统中发现的无烟煤（Stach et al.，1982）。我国南方早古生代寒武系中广泛发育的石煤，也主要由低等植物藻类和真菌的遗体形成。

2.裸蕨植物时代

从志留纪末期到早、中泥盆世的植物以裸蕨为主，这一时期可称为裸蕨植物时代，形成了地史上最古老的陆生植物群。植物由水生向陆生过渡，由低等（藻类）向高等（裸蕨）过渡，且大部分是草本植物。

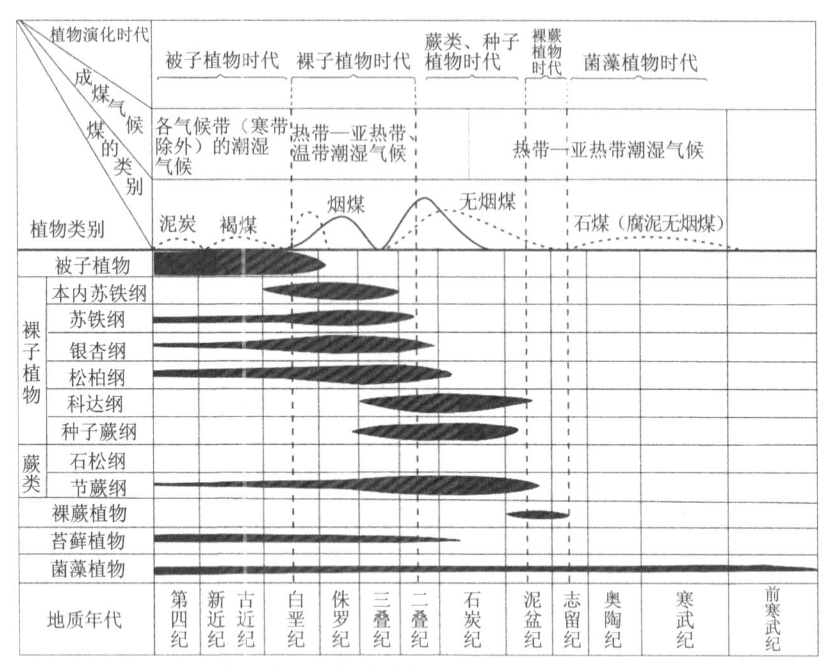

图 2-1　地史上主要植物群分布图(据武汉煤田地质教研室,1985)

这个时期形成的煤层一般没有价值。例如:在德国的哈利塞里特板状岩层中形成的薄的镜质体条带。而在我国少数地区形成了有价值的薄煤层,这些薄煤层主要分布在云南禄劝和广东台山等地。

3. 蕨类、种子蕨植物时代

从晚泥盆世开始,经过石炭纪到晚二叠世早期,植物以孢子植物蕨类(如鳞木、封印木、芦木、树蕨和苛达木等)和裸子植物的种子蕨类为主,在植物演化史上可称作蕨类和种子蕨植物时代。特别是在石炭纪—二叠纪达到全盛时期,蕨类和种子蕨类成为当时森林沼泽的主要植物群。

这个时期是地史上第一个重要的聚煤期,在世界广大范围内都有煤形成。其中石炭纪—二叠纪形成的煤占世界煤炭总储量的45%左右。据第三次全国煤炭资源预测,我国垂深2000m以浅的预测煤炭资源中,石炭纪—二叠纪形成的煤占全国煤炭总储量的22.4%(王永炜,2007)。

4. 裸子植物时代

从晚二叠世晚期开始,到白垩纪早期,干旱气候带的扩大使石炭纪、二叠纪的植物群开始衰退,随着植物界的演化,适应能力更强的苏铁纲、银杏纲,特别是松柏纲的繁盛,使植物进入了裸子植物时代。

侏罗纪和早白垩世是地史上第二个重要的聚煤期。中生代形成的煤占世界煤炭总储量的30%左右。我国垂深2000m以浅的预测煤炭资源中,中生代形成的煤占全国煤炭预测资源总量的71%,其中侏罗纪形成的煤占65.5%,白垩纪形成的煤占5.5%(王永炜,2007)。

5. 被子植物时代

从早白垩世晚期开始，一直到第四纪，被子植物迅速代替了裸子植物群，进入被子植物时代。被子植物成为古近纪和新近纪聚煤的主要物质来源。

古近纪和新近纪是地史上第3个重要聚煤期。新生代形成的煤占世界煤炭总储量的24%左右。我国垂深2000m以浅的预测煤炭资源中，古近纪和新近纪形成的煤占全国煤炭预测资源总量的0.4%(王永炜，2007)。

二、植物的有机组成和化学性质

植物的有机组成可以分为糖类、木质素、蛋白质和脂类化合物4类，具体如下。

1. 糖类

糖类即碳水化合物，包括纤维素、半纤维素、果胶质等成分，它们构成植物营养细胞的细胞壁。

纤维素是由葡萄糖组成的大分子多糖，是构成植物细胞壁的主要成分，具长链状结构，其分子量为100万～200万。纤维素在生长着的植物体内很稳定，但植物死亡后在某些微生物的参与下分解为二氧化碳、甲烷和水；在泥炭沼泽的酸性介质中，纤维素又容易发生水解作用形成葡萄糖，成为微生物营养的来源。

半纤维素和果胶质经常混合出现，或集中于植物果实中，其性质与纤维素一致，但比纤维素更易分解或水解为糖类和酸。

果胶质是糖的衍生物，呈果冻状存在于植物的果实和木质部中，化学性质不太稳定，从泥炭形成的开始阶段，即可因生物化学作用水解成一系列单糖和糖醛酸。

2. 木质素

木质素是成煤原始物质中最重要的有机组成，它也是植物细胞壁的主要成分，常分布在植物茎部的细胞壁中，包围着纤维素并填满其间隙，以增强茎部的坚固性。木质素化学性质比纤维素稳定，很难水解，在多氧的情况下，经微生物作用比较容易氧化形成芳香醇和脂肪酸。在泥炭沼泽中，在水和微生物作用下木质素发生分解，与其他化合物共同作用生成腐植酸类物质，这些物质最终转化成为煤。

3. 蛋白质

蛋白质是组成植物细胞内原生质体的最重要物质，也是有机体生命起源最重要的物质基础。蛋白质是一种无色透明半流动状态的胶体，是由若干个氨基酸聚合而形成的结构复杂的高分子。高等植物中蛋白质含量少；低等植物中蛋白质含量高。由于含羧基和羟基，蛋白质具有酸性和碱性官能团，为强烈亲水性胶体，与强酸和强碱作用都可形成盐类。植物死亡后，在完全氧化条件下，蛋白质完全分解为气态物质；在泥炭沼泽和湖泊的水中，蛋白质分解成氨基酸、喹啉等含氮化合物，参与成煤作用。

4.脂类化合物

脂类化合物包括脂肪、树脂、树蜡和孢粉质。

(1)脂肪。脂肪是植物细胞内原生质体的一种成分。低等植物含脂肪较多(20%左右),高等植物中含量较少(1%～2%),多集中于植物种子中。脂肪是一种较稳定的有机化合物,在生物化学作用下,在酸性或碱性溶液中水解可生成脂肪酸和甘油,参与成煤。

(2)树脂。树脂在植物体内呈分散状态,植物在受伤时会分泌出树脂,并在伤口处形成胶冻状物质,其中易挥发的成分挥发后,剩余部分氧化聚合而变硬,对伤口起保护作用。针状植物含树脂较多,低等植物不含树脂。树脂的化学性质很稳定,不溶于有机酸,不易氧化,微生物也不能破坏它,因此能很好地保存在煤中。煤中的琥珀就是由树脂变化而成。

(3)树蜡。树蜡的化学性质很像脂肪,但比脂肪更稳定,呈薄层覆于植物的叶、茎和果实表面,以防水分过度蒸发和微生物侵入。植物茎、叶表层细胞的角质化和根、茎的栓质化都与树蜡物质的加入有关。树蜡主要是长链脂肪酸与含有24～26个碳原子的高级一元醇形成的脂类,化学性质非常稳定,遇强酸也不易分解。

(4)孢粉质。孢粉质是构成植物繁殖器官孢子、花粉外壁的主要物质,其成分与树蜡近似,化学性质特别稳定,不溶于有机溶剂,可耐较高的温度而不发生分解。微生物也难以破坏它,因此由它们形成的植物组织,在成煤过程中常能保存下来。

植物的不同种类及其不同生长阶段所含的各种有机组成的百分比不同,低等植物的有机组成主要是蛋白质和脂肪,高等植物的有机组成则主要是糖类、木质素(表2-1)。

表2-1 不同种类植物的有机组成(据武汉地质学院煤田教研室,1985) 单位:%

植物种类	蛋白质	脂肪	糖类	木质素
脂肪藻	20～30	20～30	10～20	0
苔藓	15～20	8～10	30～40	10
蕨类	10～15	3～5	40～50	20～30
针叶类及宽叶类	1～10	1～3	>50	30
草类	5～10	5～10	50	20～30

同一植物不同组织部分的有机组成存在较大差异,如木本植物的木质部、叶和木栓部分的有机组成主要是糖类和木质素,而孢粉质和原生质的有机组成则以蛋白质和脂类化合物为主(表2-2)。

表2-2 木本植物不同部分的有机组成(据武汉地质学院煤田教研室,1985) 单位:%

植物成分	蛋白质	脂类化合物	糖类	木质素
木质部	1	2～3	60～75	20～30
叶	8	5～8	65	20
木栓	2	25～30	60	10
孢粉质	5	90	5	0
原生质	70	10	20	0

由于植物各种有机组成的化学性质稳定性不同，在成煤过程中，容易分解的不稳定成分（如糖类和蛋白质）大部分被破坏，比较稳定的木质素和脂类化合物成为参与成煤的主要物质。植物的有机组成不同，在沼泽中分解的难易程度会有差别，进而影响到煤的性质。

三、植物遗体的堆积环境

植物遗体不是在任何情况下都能顺利地堆积并转变为煤炭的，而是需要一定的条件。首先需要有大量植物的持续繁殖；其次植物遗体未全部被氧化分解，需要部分能够保存下来并转化为泥炭。而具备上述条件的场所就是沼泽。

1. 泥炭沼泽及其分层结构

沼泽是地表土壤充分湿润、季节性或长期积水，丛生着喜湿性沼泽植物的低洼地段。沼泽中有大量植物生长和堆积，植物死亡后遗体被沼泽水所覆盖，与氧呈半隔绝状态而不完全氧化分解，经过生物化学作用即可转变为泥炭。形成并积累泥炭的沼泽称为泥炭沼泽。

泥炭沼泽既不属于水域，也不属于真正的陆地，而是属于水域和陆地的过渡地带。泥炭沼泽的垂直剖面一般可分为3层：氧化环境的表层、过渡条件的中间层及还原环境的底层。泥炭沼泽表层空气流通、温度较高，且有大量有机质，有利于微生物的生存，在1g泥炭中含有微生物几百万个到几亿个。如在低位泥炭沼泽的表层就含有大量需氧性细菌、放线菌及真菌，而厌氧性细菌数量较少。植物的氧化分解和水解作用主要是在泥炭沼泽表层进行的，因而泥炭沼泽表层又称为泥炭形成层。随着深度的增加，需氧性细菌、真菌和放线菌的数目减少，厌氧性细菌活跃。它们利用了有机质的氧，留下富氢的残余物。在微生物的活动过程中，植物有机组分一部分成为微生物的食料，另一部分则被加工成为新的化合物。

2. 泥炭沼泽类型

按照水介质的含盐度，沼泽可分为淡水沼泽、半咸水沼泽和咸水沼泽，其中淡水沼泽一般是处于内陆，半咸水沼泽和咸水沼泽则都与海水有关。由海向陆地方向，滨岸沼泽由咸水沼泽逐步过渡为半咸水沼泽以至淡水沼泽。其中淡水沼泽在成煤沼泽中占有重要的地位，它在我国分布很广，如四川西北部的若尔盖沼泽就是典型的淡水沼泽。

按照水分的补给来源，泥炭沼泽可划分为低位泥炭沼泽、中位泥炭沼泽和高位泥炭沼泽3种类型。

（1）低位泥炭沼泽。主要为由地下水补给或潜水面较高的沼泽，多处于泥炭沼泽发育的初期，其地下水面的高度几乎与沼泽表面相等。沼泽表面由于泥炭的积累不厚，尚未改变原有的地表低洼形态，常被水淹没或周期性地被水淹没（图2-2a）。随着水流，溶于水中的矿物质养分丰富，灰分较高，因此它又被称为富养泥炭沼泽。沼泽中高等植物容易大量繁殖，形成茂密的植被，这为泥炭形成提供了有利条件。沼泽中的植物主要是苔草、芦苇、嵩草、水松等，故它又被称为草本沼泽。我国第四纪泥炭形成于这种类型的沼泽约占90%。

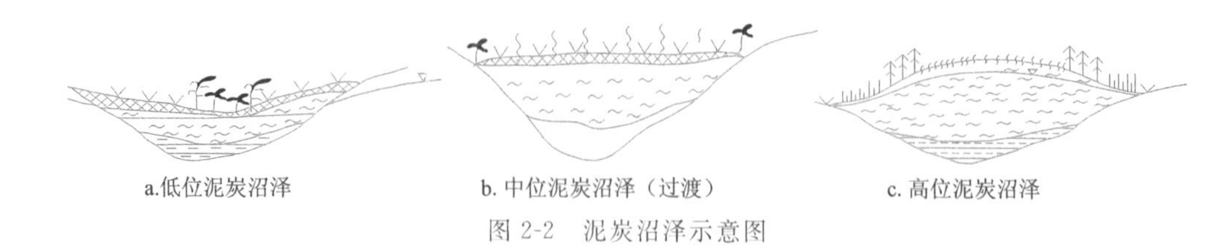

图 2-2　泥炭沼泽示意图

(2)高位泥炭沼泽。主要以大气降水为补给来源的沼泽，多处于泥炭沼泽演化的后期，其地下水面经常低于凸起的沼泽表面，水不充足，水中缺少矿物质养分，灰分含量低，又称为贫养泥炭沼泽。在沼泽的边缘部分，易得到周边流水所携带的丰富营养；中心部位则难以得到富养分的地表水和地下水的补给，仅靠大气降水补给，促使贫营养植物（泥炭藓）增长，首先出现于中心地带。中心地带植物残体分解速度慢，使得泥炭增长速度快，与沼泽周边相比，泥炭积累快，泥炭层增厚，于是沼泽中部隆起，高于周围（图 2-2c）。这类沼泽生长的植物多为草本或藓类植物，种属较为稀少，如苔藓植物和小灌木杜香、越橘以及草本植物棉花莎草，尤其以泥炭藓为优势，形成高大藓丘，所以又称泥炭藓沼泽。它多发育在地势较高且较冷和较潮湿的气候条件下，如我国北方针叶林带（大兴安岭、阿尔泰）。

(3)中位泥炭沼泽。又称过渡类型或中营养泥炭沼泽，多出现于前两类沼泽的过渡地带，兼有低位沼泽和高位沼泽的特点，其水源由大气降水与地表水混合补给，营养状态中等。泥炭沼泽的表面，由于泥炭的积累趋于平坦或中部轻微凸起（图 2-2b）。地表水和地下水通过周边的泥炭层时，其中的水分和养分当被部分吸收到达中心地带时，已大为减少，营养状况变差，泥炭层也处于中性到微酸性，植被以木本中养分植物为主，苔藓植物较多，但尚未形成藓丘，地表形态平坦，故又称木本沼泽。

这 3 种沼泽类型的划分不仅与地貌、水文条件有关，也与沼泽的发展阶段有关。如一个低位沼泽，随着植物遗体的不断堆积，泥炭层不断加厚，在沼泽中部养分、矿物质来源减少的情况下，发育了一些不需要很多养分的特有植物，如水苔类。这种植物的抗分解能力很强，它们逐步积累可使沼泽表面逐渐凸出水面，浅水面相对下降，从而形成中位泥炭沼泽，并进一步转化为高位泥炭沼泽。

3. 泥炭沼泽形成与气候、地貌、水文条件的关系

泥炭沼泽是一定气候和地貌、水文条件下的产物。气候条件主要是湿度（年降水量大于年蒸发量），而温度则会影响植物的生长速度和植物群的种类。

沼泽的形成在地貌条件上需要低洼的、能保持积水的地形（只有少量的高位泥炭沼泽除外，但对于泥炭的聚积来说，这些沼泽不占主要地位）。

泥炭沼泽的形成在水文条件上要求入水量大于出水量，这样才能使沼泽化地区有充分的积水，因此沼泽地区的水文平衡方程可简单地用下式表示：

$$入水量=出水量+存水量$$

式中：入水量应包括地表水、地下水的流入量和大气降水；出水量应包括地表水和地下水的流出量以及蒸发量。沼泽总是在充分积水的地方发育。

具有上述气候、地貌和水文条件的地方就容易发生沼泽化。按照沼泽化的方式可概括为两种情况:①湖泊、海湾、潟湖等水体在其发展过程中逐步淤浅而沼泽化;②洼地的沼泽化,即本来并不存在水体的洼地,由于水流的停滞、潜水面的上升等,土地过分湿润而发生的沼泽化。

以若尔盖的低位沼泽为例,该沼泽由以下 3 种情况发育而成(武汉煤田地质教研室,1985)。

(1)水体沼泽化。包括岸缘平缓和较陡的湖泊以及河流小溪的沼泽化过程。虽然它们具体的沼泽化过程有所不同,但大体上是由于河流带入的泥沙沉积及植物遗体与浮游生物的堆积,湖泊逐渐变浅,湖面收缩,岸边植物带则相应地向湖心蔓延,导致湖泊的消失,演化成沼泽。

(2)陆地沼泽化。地表间歇性的过渡湿润,特别是河水的泛滥及受邻近水体沼泽化的影响,使潜水位升高或地下水出露地表,造成草甸的过渡湿润,以致低洼处的水分聚积,使土壤通气不良而促使草甸沼泽化的迅速发展。

(3)复合沼泽化。若尔盖地区的复合沼泽体指的是大面积已连成片的平坦巨大沼泽,其原来的地貌单元已难以辨认。这类沼泽位置大多处于河流谷地或更大面积的宽谷地区,有的属于没有排水孔道的闭流区,有的则属于被表面植物掩盖的伏流区。

图 2-3 是闭流宽谷中湖泊的沼泽化发育过程。由于沼泽的迅速发展,泥炭层积累很厚,边缘的缓坡地也发生了草甸沼泽化,同时两侧古冰斗中由于排水不良,也演化成沼泽,薄层泥炭几乎布满整个古冰斗底部。

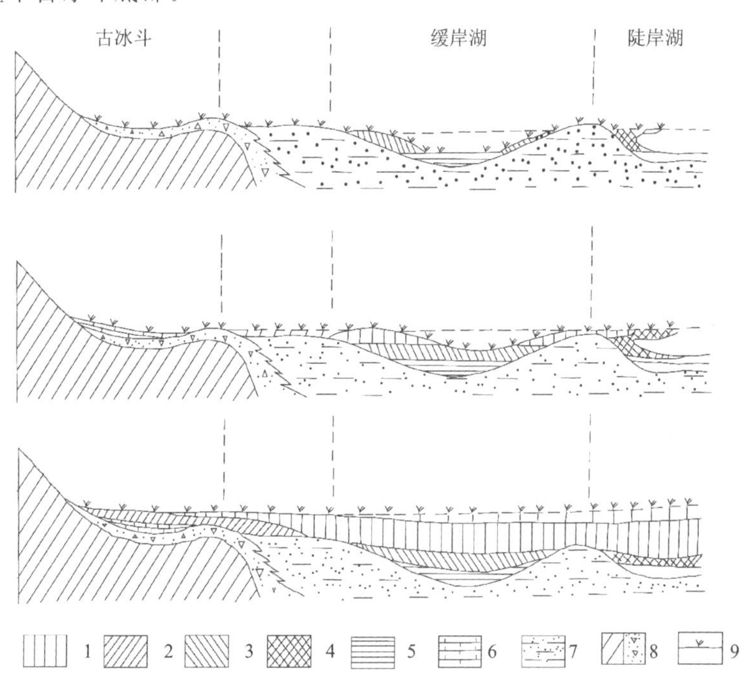

图 2-3 闭流宽谷中湖泊的沼泽化发育过程示意图

(据中国科学院西部地区南水北调综合考察队,1965 简化)

1. 苔草泥炭;2. 苔草-蒿草泥炭;3. 眼子草藻类泥炭;4. 苔草甜草泥炭;5. 腐泥;6. 淤泥;7. 湖泊沉积物;8. 基岩和坡积物;9. 苔草等植物

图 2-4 表示河漫滩的旧河道及牛轭湖先以水体沼泽化的形式发展成沼泽，堤外洼地则常常是从草甸沼泽化开始，发展到后期二者连成一片。目前，这类复合沼泽体已因地壳上升成为阶地上的沼泽，并处于不同程度的退化过程中。

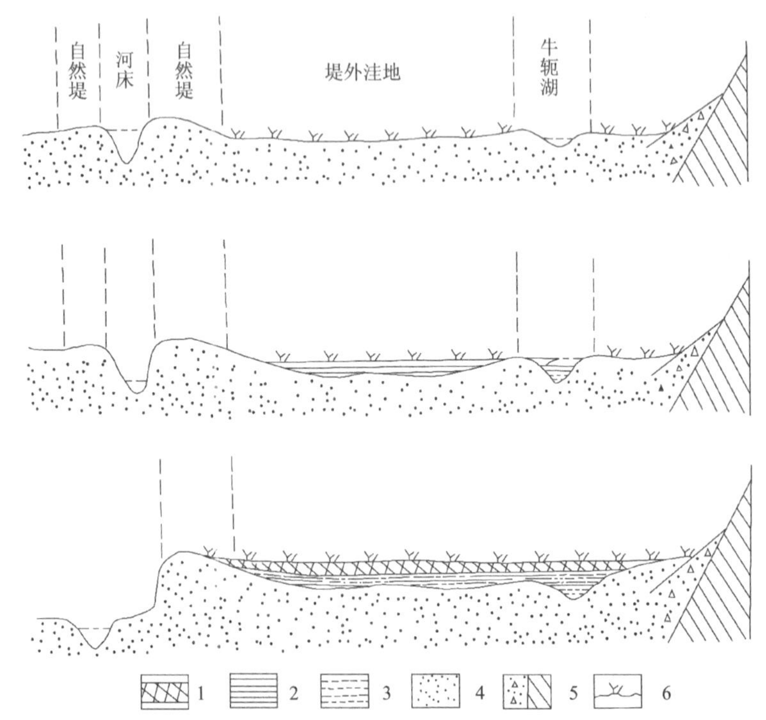

图 2-4　阶地沼泽发育过程示意图(据中国科学院西部地区南水北调综合考察队，1965 简化)

1. 苔草-嵩草泥炭；2. 淤泥；3. 腐泥；4. 河床冲积物；5. 基岩和坡积物；6. 苔草等植物

四、植物遗体的堆积方式

植物遗体的堆积方式按其是否经过搬运分为原地生成和异地生成两大类。

自然界绝大多数煤层都是原地生成的，即植物遗体在原来生长的沼泽中堆积并形成了泥炭。原地生成煤的底板大多有根土岩的存在，煤层中直立的树干也是原地生成的证据。

若植物遗体经过相当距离的搬运再沉积而形成泥炭，则称为异地生成，如漂流的树干在河口三角洲地区的堆积。已经形成的泥炭经过搬运而再沉积属于异地生成的另一种情况。

从地史上形成的煤层来看，绝大多数都属于原地生成，因为通过煤岩学研究发现绝大多数煤层一般没有显微组分被搬运的痕迹，根土岩亦很普遍地存在。但有时发现煤中一些薄夹层的显微组分经过搬运的，而出现了组分磨损以及较多碎屑矿物和结构破碎、混杂等现象。这种情况属于沼泽范围内流动的水将植物遗体和部分已形成的泥炭短距离搬运然后再堆积的结果，称为微异地生成，总体仍属于原地生成的范畴。

第二节 成煤作用

成煤作用是原始成煤物质最终转化成煤的全部作用，它分成泥炭化作用(或腐泥化作用)和煤化作用两个相继的作用阶段(图2-5)。从成煤原始物质的堆积，经生物化学作用直到泥炭(或腐泥)的形成，称为泥炭化作用(或腐泥化作用)阶段；当泥炭形成后，由于沉积盆地的沉降以及上覆覆盖层的不断增厚，泥炭被埋藏于深处，在温度、压力增高等物理和化学作用下，形成褐煤、烟煤、无烟煤，称为煤化作用阶段。对于腐泥来说，它则经历了由硬腐泥、腐泥褐煤、腐泥亚烟煤、腐泥烟煤到腐泥无烟煤的煤化作用过程。

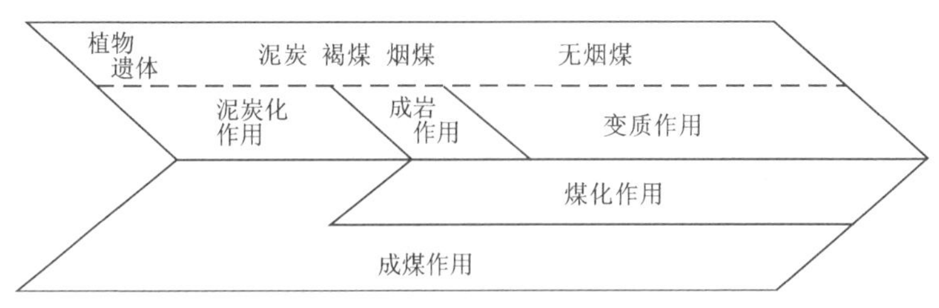

图2-5 成煤作用的阶段划分

一、泥炭化作用

1. 泥炭化作用概念

高等植物死亡以后，变成泥炭的生物化学和物理化学作用过程称为泥炭化作用。

一般认为泥炭化过程的生物化学作用大致分为两个阶段：第一阶段，植物遗体中的有机化合物，经过氧化分解和水解作用，转化为化学性质活泼的简单化合物，简称为氧化分解阶段；第二阶段，分解产物相互作用，进一步合成新的较稳定的有机化合物，如腐植酸、沥青质等，简称为还原聚合阶段。这两个阶段不是截然分开的，在氧化分解作用进行不久后，还原聚合作用也就开始了。这两个阶段的全过程都是在微生物参与之下进行的。

第一阶段：需氧细菌和真菌对植物进行氧化分解与水解作用。

植物各有机组分抵抗微生物分解的能力不同，按其稳定性来看，最易分解的是原生质，其次是脂肪、果胶质、纤维素、半纤维素，而后是木质素、木栓质、角质、孢粉质、蜡质和树脂。

在各种类微生物中，需氧细菌中的无芽孢杆菌具有强烈分解蛋白质的能力，在植物遗体分解初期占优势。某些真菌能分解糖类、淀粉、纤维素、木质素和丹宁等有机物质，在我国滨海红树林沼泽中就有很多真菌。不少放线菌及芽孢杆菌可以分解纤维素、木质素、丹宁及较难分解的腐植质。分解纤维素的微生物种类很多，例如，需氧性细菌通过纤维素酶的催化作用把纤维素水解成葡萄糖等单糖，单糖则进一步氧化分解成二氧化碳和水。蛋白质在微生物的作用下，最后分解成水、氨、二氧化碳及硫、磷的氧化物等，在分解过程中也可以生成氨基酸、卟啉等含氮化合物参与泥炭化作用。比较稳定的木质素也能被特种的真菌和芽孢杆菌所分解。

植物的角质膜、孢子、花粉和树脂具有抗微生物的性能，所以当其他组分早已分解消失之后，它们仍能很好地保存下来。当然，植物各有机组分对微生物分解作用的稳定性是相对的，随着一定的条件而变化。在通气条件好、pH 值高的条件下，孢子很快被分解，有的煤中就发现过经受了凝胶化作用和丝炭化作用的孢子。

第二阶段：厌氧细菌存在下发生还原聚合反应。

第二阶段对于泥炭化与成煤至关重要。如果氧化分解作用一直进行到底，植物遗体将全部遭到破坏，变为气态或液态产物而逸去，就不可能形成泥炭。但实际上泥炭沼泽中植物遗体的氧化分解作用往往是不充分的。在沼泽环境下，第二阶段的发生是必然的，这是因为：①泥炭沼泽覆水程度的增强和植物遗体堆积厚度的增加，使正在分解的植物遗体逐渐与大气隔绝，进入弱氧化或还原环境。一般距泥炭沼泽表面 0.5m 以下，需氧细菌和真菌等微生物急剧减少，而厌氧细菌则逐步增加。②微生物要在一定的酸碱度环境中才能正常生长，多数细菌和放线菌在中性至弱碱性（pH＝7.0～7.5）环境中繁殖最快，仅真菌对酸碱度的适应范围较广，在泥炭化过程中，植物分解出的某些气体、有机酸、酸胶体和微生物新陈代谢的酸性产物，使沼泽水变酸，不利于需氧性细菌的生存，因而泥炭的酸度越大，细菌越少，植物的结构就保存得越好。③有的植物本身就有防腐和杀菌的成分，如高位沼泽泥炭藓能分泌酚类，某些阔叶树有丹宁保护纤维素，某些针叶树含酚并有树脂保护纤维素，都使植物不致遭到完全破坏。

随着植物遗体的堆积和分解，在泥炭层的底层，氧化环境逐渐被还原环境所代替，分解作用逐步减弱。与此同时，在厌氧细菌的参与下，分解产物之间的合成作用和分解产物与植物遗体之间的相互作用开始占主导地位，这种合成作用导致一系列新产物的出现。如木质素、纤维素、蜡质、脂肪及其水解、氧化产物都含有大量活泼官能团，即 CO、—OH、—COOH 以及活泼的 α-氢。这些活泼官能团互相反应、互相作用，同时微生物本身含有大量蛋白质，它本身也参与了成煤作用。合成作用形成了腐植酸和沥青质等泥炭中的主要有机组分。

泥炭的有机组分主要包括以下几个部分：①腐植酸，是泥炭中最主要的成分，是由高分子羟基芳香羧酸所组成的复杂混合物，具酸性，溶于碱溶液而呈褐色，是一种无定形的高分子胶体，能吸水而膨胀；②沥青质，可由合成作用形成，也可以由树脂、蜡质、孢粉质等转化而来，沥青质溶于一般的有机溶剂；③未分解纤维素、半纤维素、果胶质和木质素；④变化不太稳定的组分，如角质膜、树脂、孢粉等。在显微镜下，可以看到泥炭中有由植物变化而来的各种植物组织的碎片，这些碎片有的保存了植物的细胞结构，有的细胞壁已经膨胀而看不出原来的结构，有的甚至彻底分解成细碎的小块或无结构的胶体物质。

由植物转变为泥炭后，植物中含有的蛋白质在泥炭中消失了，木质素、纤维素等在泥炭中很少，而产生了大量植物中没有的腐植酸。元素组成中，泥炭的碳含量比植物高，氮含量有所增加，而氧含量减少，说明在泥炭化的过程中，植物的各种有机组分发生了复杂的变化，出现了新的产物。这些产物的组分和性质与原来植物的组分和性质是不同的。

2. 泥炭化过程中的凝胶化作用

泥炭化作用中，植物的主要组成部分（木质纤维组织）在不同的转变条件下，可以转变为成分和性质完全不同的产物，即在弱氧化至还原的条件下发生凝胶化作用，在强氧化条件下发生丝炭化作用。

凝胶化作用是指植物的木质纤维组织在泥炭化过程中经过生物化学变化和物理化学变化，形成以腐植酸和沥青质为主要成分的胶体物质(凝胶和溶胶)的过程。凝胶化作用发生在沼泽中较为停滞、不太深的覆水条件下，弱氧化至还原环境，在厌氧细菌的参与下，植物的木质纤维组织一方面发生生物化学变化，另一方面发生胶体化学变化，二者同时进行，导致物质成分和物理结构两方面都发生变化。

在泥炭化的生物化学作用中，植物的木质纤维组织(木质素及纤维素)在覆水环境中膨胀，失去它们的纤维状结构，逐步离解成分子集合体，这些集合体再结合起来形成胶体或分离成分子。其中，分离成的分子还可构成另外的集合体，从而又形成新的胶体。这些胶体在与水接触中易碎成小的颗粒(称为胶粒，micelles)，进而形成溶胶。由于植物的木质素与纤维素在物理化学性质上都属于凝胶体，有很强的吸水能力，在还原环境下逐渐分解，细胞壁不断吸水膨胀，胞腔缩小，以致完全丧失细胞结构，形成无结构胶体，或进而分解成溶胶，这个转化过程总称为凝胶化作用或生物化学凝胶化作用。

3. 泥炭化过程中的丝炭化作用

丝炭化作用是成煤植物的木质纤维组织在积水较浅、湿度不定的条件下经脱水和缓慢氧化作用后，氧化的植物组织转入缺氧的环境(如水层、泥煤层、上覆岩层的覆盖)而生成具有一定细胞结构的丝炭或遭受“森林火灾”而炭化成木炭的过程。

丝炭化物质和凝胶化物质一样，主要也是由植物的木质纤维组织(木质素和纤维素)转变而形成的，但由于其变化条件和变化过程的不同，因而形成了与凝胶化物质性质完全不同的物质。这些丝炭化物质的共同特点是富碳贫氢。由于丝炭化过程经历了较大程度的芳烃化和聚合作用，这些丝炭化物质反射率显著高于凝胶化物质。

丝炭的成因长期以来都有不同的解释。在煤田地质学发展的早期阶段，有人提出了“森林火灾说”，即认为丝炭是由古代沼泽森林起火后形成的木炭状残余物转化而成的。德国煤岩学家 Teichmüller 等(1981)将森林沼泽中树木或泥炭起火形成的丝炭命名为火焚丝炭(pyrofusinite)，但这种观点难以解释下列现象：有些煤田中存在着以丝炭化物质为主构成的厚煤层；以丝炭化物质为主的分层与以凝胶化物质为主的分层交替十分频繁；丝炭化与凝胶化组分之间存在着各种过渡类型等。因此，森林起火造成的丝炭化物质确实存在，但丝炭化物质的成因主要不是来自森林起火。

丝炭化物质的形成主要是由于氧化作用和脱氢、脱水作用，它是在沼泽覆水程度发生变化，沼泽表面变得比较干燥，氧的供应较为充分的情况下形成的。氧化过程中有机物在微生物参与下由于失去被氧化的原子团而脱氢、脱水，碳含量相对增加。但是，这种氧化作用无限制地继续并不能形成丝炭，这是因为氧化作用的持续发生将导致植物遗体的全部分解。只有当氧化到一定阶段后植物体迅速转入覆水较深的弱氧化以至还原条件下或被泥沙所覆盖而与空气隔绝，中断了氧化作用后，在煤化作用中才能转变成富碳贫氢的丝炭。

部分丝炭没有经过明显的凝胶化作用，因而植物细胞结构几乎未经膨胀变形，仍然保留完整的植物组织结构。还有一些丝炭化物质由于曾经历过不同程度的凝胶化作用，而后随环境发生变化(特别是覆水程度的变化),从而又发生丝炭化作用。因此,同一植物遗体可先后经历两种不同的转变过程,并形成相应的组分。那些已经经受不同程度凝胶化作用的植物组织,如果由于潜水面下降等情况,沼泽变得较为干涸,从而转入充分氧化的条件时,凝胶化的植物组织即因脱氢、脱水,相对地增碳而向丝炭化物质转化。但是已经经过充分丝炭化作用而形成的丝炭化物质,即使再经受适于进行凝胶化作用的不太深覆水条件,也不能再发生凝胶化作用而形成凝胶化物质。因此,凝胶化物质一旦已完成了向丝炭化物质的彻底转化后就不可能再产生逆向的转化。

凝胶化作用和丝炭化作用,都是指成煤植物在泥炭形成阶段发生的生物化学和物理化学变化,是两种不同的转变作用。它们不仅发生在沼泽中泥炭形成的阶段,而且在成岩过程中还要继续相当长的时期,经过成岩作用后,分别转化为煤中的凝胶化组分和丝炭化组分。

二、残植化作用

残植化作用可认为是泥炭化作用的一种特殊情况,即在泥炭化过程中的水介质流动通畅、经常有新鲜氧气供给的条件下,凝胶化作用和丝炭化作用的产物被分解破坏并不断被流水带走,使植物残体中的稳定组分大量地集中形成残植煤的过程。因此,残植煤的形成条件是要有较多的稳定组分和有利于稳定组分富集的环境。

煤中的稳定组分是由植物体中的角质膜、树脂、树蜡、木栓质和孢粉质等成分转化而成的。植物体中这些成分所占比例不大,如在松柏植物中仅占1%～3%,在石松植物中也只占3%～5%。但是,经过残植化作用,这些成分形成的稳定组分在残植煤中的含量却很高,可达80%～90%,这是由于成煤植物里的稳定组分在残植化过程中逐渐富集的结果。若这个过程持续越久,所保存下来的稳定组分占的比例就越大,凝胶化组分和丝炭化组分就越少。此外,若已形成的泥炭后期由于潜水面的下降而露出水面,遭到氧化分解后能使稳定组分得以集中(图2-6),也可形成残植煤。以上两种方式都属于残植煤的原地生成方式。

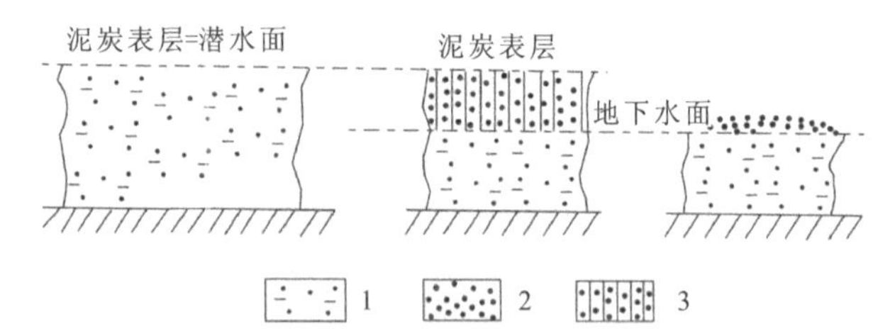

图2-6 由于潜水面降低原地生成的残植煤(据邹常玺和张培础,1989)

1.在泥炭中分散存在的植物稳定组分;2.集中后的植物稳定组分;
3.在有氧环境下遭受氧化分解的泥炭层

残植煤的形成也有异地生成的方式。如在泥炭被搬运过程中,大部分凝胶化组分和丝炭化组分被破坏,而稳定组分相对得以富集,从而形成残植煤。

综合上述情况可以看出,在泥炭化过程中,植物的不同有机组分的相对稳定性和泥炭沼泽的覆水条件,是决定煤中各种显微组分含量的主要因素。其中植物各种有机组分是相对稳定的,而沼泽的覆水条件则与地壳小的振荡运动、降水量、蒸发量及地下水补给量的变化和沼泽中植物遗体堆积速度等密切相关，因而成为煤中各种显微组分变化的不稳定因素，如覆水条件多次变化，就形成各种不同的煤岩组分的互层，构成煤的条带状结构。因此，聚煤环境也是影响煤质的重要因素之一。

三、腐泥化作用

腐泥化作用是低等植物（藻类）和浮游生物遗体在滞留还原环境和厌氧微生物的参与下，经过复杂的生物化学变化形成富含水分的有机软泥（腐泥）的过程。

腐泥可以形成在沼泽的深水地带或逐渐沼泽化的丛生湖泊中，也可以形成在淡水和半咸水湖泊中，还可以形成在半咸水的潟湖和海湾中。腐泥有机质的来源主要是水中浮游生物，包括绿藻、蓝绿藻等群体藻类和浮游的微体动物等，还有水底和浅水的植物群，有时也会混入一些被风或水带来的高等植物遗体，如孢子、花粉、角质膜和植物组织的碎片等。腐泥中常含有细小的泥质和砂质颗粒。

腐泥形成的大致过程如下：水体中浮游生物和菌类死亡后，在水体表层和下沉到湖底的过程中先遭受一定程度的氧化分解作用。当它们沉向水底后，由于水层和随后沉积物的覆盖转而处于缺氧的还原环境，低等植物和浮游生物中的蛋白质、脂肪等主要成分即在厌氧细菌的作用下进行腐泥化作用，经过聚合作用和缩水作用，形成一种含水很多的棉絮状胶体物质（腐胶质），这种物质再经过进一步脱水、压实逐渐形成腐泥，即腐泥煤的前身。

腐泥通常呈黄色、暗褐色、黑灰色等，新鲜的腐泥含水量很高，可达70%～92%，是一种粥状流动的或冻胶淤泥状的物质，变干时含水量降到18%～20%，成为具有弹性的橡皮状物质。湖泊中形成的腐泥，灰分多少不一，可达20%～60%。黏土物质往往呈悬浮状态与有机质同时沉淀，森林沼泽深水地带形成的腐泥，灰分一般很低。干馏时，腐泥的焦油产率高。

四、煤化作用

煤化作用包括成岩作用和变质作用两个连续的过程。从泥炭向年轻褐煤的转变是历经成岩作用的结果，从亮褐煤到变无烟煤的演化是煤的变质作用的结果。变无烟煤再进一步演化成石墨，称为石墨化作用。由于石墨不再属于煤，所以煤的变质作用不包括石墨化阶段。

煤与岩石的成岩作用和变质作用不完全等同，主要是因为煤是一种可燃有机岩石，对于温度、压力变化的反应比无机沉积物敏感得多，所以沉积物的成岩与变质作用往往要滞后于煤。煤的物理和化学煤化作用，表现为煤级或煤的成熟度的变化，是低程度变质作用在有机岩石中的一种表现形式（王华和严德天，2015）。

煤层、煤屑及其他广泛分布的分散有机质，对温度和压力的反应比无机矿物灵敏得多，近代各种不同物理化学的煤化作用程度的测试技术迅速发展，促进了应用煤化作用的各种特征来研究和解决地质问题，以及煤炭资源的加工利用问题。近年来煤化作用研究在煤盆地的构造形成与演化中已得到广泛应用，例如确定沉积盆地原始边界、分析盆地形成的古构造格局及演化、阐明盆地形成后的构造形变、研究盆地热演化，以及确定地层剥蚀厚度、研究大规模构造形变、研究推覆构造的形成与演化、确定断裂变形特征、研究古地温、圈定隐伏侵入体、分析浅层变质作用、寻找油气及煤层甲烷资源等。

（一）煤化作用的阶段与特征

1.煤的成岩作用与变质作用

无论是岩石学还是煤田地质学领域，对于成岩与变质作用的划分都存在着不同的认识。一般认为，由于亮褐煤（中国的老褐煤、美国的亚烟煤）已出现镜煤，具有强烈的镜煤化作用，并且具有微弱的光泽，因此，主张煤的成岩与变质作用的分界开始于亮褐煤的形成。

1）煤的成岩作用

泥炭形成后，由于盆地的沉降，在上覆沉积物的覆盖下被埋藏于地下，经压实、脱水、增碳，游离纤维素消失，出现了凝胶化组分，逐渐固结并具有了微弱的反射力，经过这种缓慢的物理化学作用，泥炭逐渐转变成较为致密的岩石状年轻褐煤，这一转变过程所经历的作用称为煤的成岩作用。这种作用大致发生于深度不大（200～400m）的地下浅层，温度小于60℃（Stach et al.，1982）。

在成岩作用中，煤受到复杂的化学煤化作用和物理煤化作用。化学煤化作用主要反映在泥炭内的腐植酸、腐植质分子侧链上的亲水官能团以及环氧数目不断减少的情况下，形成各种挥发性产物，并导致碳含量增加，氧和水分含量减少。这是由于有机质的基本结构单元主要是带有侧链和官能团[如羟基（—OH）、甲氧基（—OCH_3）、羧基（—COOH）、甲基（—CH_3）、醚基（—C—O—C）、羰（—=C=O）等]的聚合稠环芳烃体系，C元素主要集中于稠环中。稠环的结合力强，具较好的稳定性。侧链和官能团之间及其与稠环之间的结合力相对较弱，稳定性差。因此，在煤化过程中，随温度及压力的增加，侧链和官能团不断发生断裂和脱落，数目减少，从而形成各种挥发性产物，如CO_2、H_2O、CH_4等逸出。煤的物理煤化作用主要反映在发生了物理胶体反应，即成岩凝胶化作用，从而使未分解或未完全分解的木质纤维组织不断转变为腐植酸、腐植质，使已经形成的腐植酸、腐植质变为黑色具有微弱光泽的凝胶化组分。

2）煤的变质作用

煤的变质作用是指年轻的褐煤，在较高的温度、压力及较长的地质时间等因素的作用下，进一步发生物理化学变化，变成老褐煤（亮褐煤）、烟煤、无烟煤、变无烟煤的过程。

当褐煤层继续沉降到地壳较深处时，上覆岩层压力不断增大，地温不断增高，褐煤中的物理化学作用速度加快，煤的分子结构和组成产生了较大的变化，褐煤逐渐转化成为烟煤、无烟煤。

这一阶段所发生的化学煤化作用表现为腐植物质进一步聚合，失去大量的含氧官能团[如羧基（—COOH）和甲氧基（—OCH_3）]，腐植酸进一步减少，使腐植物质由酸性变为中性，出现了更多的腐植复合物。物理煤化作用表现为结束了成岩凝胶化作用，形成凝胶化组分，植物残体已不存在，稳定组分发生沥青化作用，使叶片表皮蜡质和孢粉质的外层脱去甲氧基，进而形成易软化、塑性强、具黏结性的沥青质，并开始具有微弱的光泽。在温度、压力的继续作用下，腐植复合物不断发生聚合反应，使稠环芳香系统不断加大，侧链减少，不断提高芳香化程度和分子排列的规则化程度，变质程度不断提高，进而转变为烟煤、无烟煤和变无烟煤。

2.煤化作用特点

煤在连续的系列演化过程中,可明显地显现出增碳化趋势,即由泥炭阶段含有C、H、O、N和S共5种主要元素,演变到无烟煤阶段基本上只含C一种元素。其次,它也表现为结构单一化趋势,即由泥炭阶段含多种官能团的结构,逐渐演变到无烟煤阶段只含聚合芳核的结构,最后演变为石墨结构。因此,煤化作用过程实质是依次排除不稳定结构的过程。煤化作用过程还表现为结构致密化和定向排列的趋势,即随煤化作用的进行,煤的有机分子侧链由长变短,数目变少,腐植复合物的稠核芳香系统不断增大,逐渐趋于紧密,分子量加大,聚合度提高,分子排列逐渐规则化,从混杂排列到层状有序排列,因此反光性能增强。

煤化作用过程中还表现为煤显微组分性质的均一性趋势,在煤化作用的低级阶段,煤显微组分的光性和化学组成结构差异显著,但随着煤化作用的进行,这些差异趋于一致,并变得愈来愈不易区分。

煤化作用是一种不可逆的反应。煤化作用能否形成连续的系列演化过程,决定于具体地质条件。例如,含煤盆地由沉降转变为抬升,就会导致煤化作用的终止;如果后来由于岩浆作用加剧,或盆地再度沉降,那么煤化作用还有可能再次进行下去。

煤化作用的发展是非线性的,表现为煤化作用的跃变,简称煤化跃变。煤的各种物理、化学性质的变化,在煤化进程中,快、慢、多、少是不均衡的。20世纪40年代,英国煤岩学家指出,煤化过程中镜质体反射率的增高是跳跃式的。1939年Stach提出,挥发分产率为28%时类脂组出现煤化作用转折。20世纪70年代以来,他提出了煤化过程中的4次明显变化,即煤化作用跃变。

第一次跃变发生在长焰煤开始阶段(干燥无灰基碳含量C_{daf}=75%~80%,干燥无灰基灰分产率V_{daf}=43%,镜质体最大反射率$R_{o,max}$=0.6%),它与石油开始形成阶段相当。本阶段跃变的特点是沥青化作用的发生,随煤化程度的提高,各种含氧官能团逐渐脱落,在$R_{o,max}$=0.6%以前主要以析出CO_2和H_2O为特征;当煤化作用达到$R_{o,max}$=0.5%~0.6%阶段时,芳香核稠环上开始脱落脂肪族和脂肪族官能团及侧链,形成以甲烷为主的挥发物,于是发生沥青质的沥青化作用。

第二次煤化跃变出现在肥煤到焦煤阶段(C_{daf}=87%,V_{daf}=29%,$R_{o,max}$=1.3%)。跃变的发生是因煤中甲烷的大量逸出,从而释放出大量的氢所造成的。本阶段开始,由于富氢的侧链和键的大量缩短及减少,煤的密度下降到最小值。在压力的作用下,煤的显微孔隙度逐渐缩小,水分减少。到焦煤阶段(C_{daf}=89%,V_{daf}=20%,$R_{o,max}$≈1.7%),腐植凝胶基本上完成了脱水作用,水分和孔隙度都达到了最小值,发热量则升高到最大值(这与镜质体的硬度、密度的最小值,以及炼焦时可塑性最大值相一致),随后由于化学结构的变化,水分含量又有所回升。此外,第二次跃变中还有耐磨性、焦化流动性、黏结性和内生裂隙数目等都达到极大值,内面积和湿润热等达到最小值。这些性质变化曲线的明显转折,称为煤化作用转折。自第二次跃变后,类脂体与镜质体在颜色、突起、反射率等方面的差异愈加变小,当V_{daf}=22%时,无论用化学方法还是用光学方法都不能使孢子体、花粉体与镜质体分开,角质体也有类似趋势,其反射率甚至高于镜质体。因此,类脂体在V_{daf}=22%~29%这一阶段的明显变化又称为煤化台阶。本阶段与油气形成的深成阶段后期(即热裂解气开始形成阶段)相当,石油烃转化为气体烃,因此它对应于石油的“死亡线”。

第三次跃变发生于烟煤变为无烟煤阶段($C_{daf}=91\%$,$V_{daf}=8\%$,$R_{o,max}=2.5\%$)。煤化作用的第三次跃变以后,就是有人称为无烟煤化作用和半石墨化作用的阶段,它们代表了煤化作用的最终阶段,该阶段的产物是无烟煤和变无烟煤。

第四次跃变为无烟煤与变无烟煤的分界($C_{daf}=93.5\%$,$H_{daf}=2.5\%$,$V_{daf}=4.0\%$,镜质体最大反射率$R_{o,max}=4\%$)。本阶段和初期煤化作用阶段相比有较多的不同:在化学煤化作用方面,主要表现为氢含量与氢碳原子比的急剧下降,碳含量随埋藏深度的增加而明显地增大,同时芳香单元的芳香度和聚合度也急剧增加;在物理煤化作用方面,不仅首先反映在硬度增大、光泽增强上,到变无烟煤时几乎呈浅黄色金属光泽,宏观上微层理已不明显;更为明显的变化是在光学特征上,即在非偏光下,无烟煤与变无烟煤都更加显示出均质性的特征,在正交偏光下,主要显微组分又可显出差异,角质体和孢子体达到了最大反射率,且双反射率也较高,惰质体的最大反射率约等于或低于镜质体的反射率,镜质体的最大反射率在无烟煤阶段以后有时可以超过惰质体。

无烟煤阶段镜质体反射率随着煤化作用进一步增强,进入变无烟煤以后,由于镜质体最小反射率($R_{o,min}=6\%$)迅速减小,双反射率急剧加大。镜质体反射率在无烟煤和变无烟煤(超无烟煤)阶段数据分布如此离散的原因,一是镜质体具有二轴光性特征,二是难以区别各种不同显微组分。

本阶段在煤的结构上主要表现为芳香族稠环体系的聚合度进一步增加,侧链减少得更加明显,芳香单元直径加大,层系间空间减小,使得顺层面三维的定向排列更加紧密。

在煤化作用中,腐植物质的煤化作用与沥青质的沥青化作用是同期进行的。沥青化作用是指类脂体(包括藻类体)和镜质体在煤化过程中形成沥青质,即石油型烃类的一种作用。这种作用起始于硬褐煤阶段($\overline{R}_o=0.5\%$),持续到早期肥煤阶段($\overline{R}_o=1.2\%$)。

荧光显微镜的发展进一步促进了学者对沥青化的认识。在荧光显微镜下观察老褐煤、亚烟煤和高挥发分烟煤的裂隙和微孔,发现其中充填有弱反射的具强荧光的有机物质。烟煤中的沥青质来源于类脂体和镜质体,尤其是富氢镜质体。在一些用聚酯树脂浸润过的高挥发分烟煤光片上,用短波光照射时,可见到从镜质体裂隙、树脂体及渗出沥青体中析出的显示绿—黄荧光的油滴,在某些低煤化烟煤光片中可见到从镜质体微孔中渗出的沥青质所形成的薄膜。在$\overline{R}_o$为$0.6\%\sim0.8\%$阶段,有些沥青质和部分树脂体一起转变为微粒体。

由于镜质体中有$0.6\mu m$以下的极微孔隙起着分子筛的作用,煤中生成的沥青质不能自由移动,而以吸附方式(可能还有化学方式)等为镜质体所吸收,只有少部分在裂隙微孔中形成渗出沥青体。

富含沥青的煤多与海相或钙质沉积有关,含有丰富的类脂体(包括藻类体)和基质镜质体,黄铁矿与有机硫含量较高,并以氢含量和焦油产率高、水分低、反射率低、荧光性强的微镜煤为特点。这种煤在炼焦时,软化早且可塑性强,甚至在低煤化阶段就显示出良好的黏结性,显然这与沥青化作用的影响有关。煤中沥青质的产生,促进了煤化作用中的成岩凝胶化,从而使煤的结焦性较好，而且沥青化阶段的煤($\overline{R}_o$=0.5%～1.3%)最适合于煤的加氢。

(二)煤化作用的影响因素

煤化作用的演化主要由温度的高低、经历的时间长短及压力的大小决定，其中对煤化作用影响较大的因素主要是温度。

1. 温度

随着沉降深度的变化，温度的增加使得煤化作用程度提高，因此煤化作用的演化决定于煤的受热史。煤化程度增高的速度，有人称为“煤级梯度”或“煤化梯度”，它首先决定于地区的地热条件，即地热梯度变化。

20世纪70年代以来，年轻含煤盆地的受热历史及现代地热流值易于确定，往往成为研究煤化作用与地热关系的良好对象。Barker(1979)研究了墨西哥下加利福尼亚 Ceerro Prieto 地热田，该地热田受裂谷系的控制，具有很高的地热流值，由小于0.6Ma的岩浆侵入造成，地热梯度达到160℃/km。良好的围岩封闭条件使相应的煤化作用梯度为0.27%R_o/100m。在2000m深处的绿色片岩矿物(黑云母、阳起石)已开始浅变质作用，煤的随机反射率R_o仅为4%，个别达到6%左右，但各向异性较弱，可能是由缺少上覆压力所致。这明显地反映出，由于地区地热流值高，地热梯度高，所以煤化梯度也相当高。

地热条件相类似的地区，由于下伏和共生岩石的导热性能不同，对于煤化梯度的影响也不相同。岩石的导热性首先决定于岩石本身的热导率，也还受到岩石的孔隙、裂隙、溶洞、构造破坏程度等的影响。我国四川武胜县某基准钻井的地温梯度，在二叠系岩层中为4.1℃/100m，在侏罗系中为2.33℃/100m，在三叠系中总的平均地温梯度为2.51℃/100m；而在嘉陵江灰岩中由于白云岩和石膏含量高，地温梯度出现了1.9℃/100m、1.5℃/100m、1.3℃/100m等较低数值。这是由白云岩等易溶岩石的导热率较高及裂隙、溶洞发育，使其导热性能较好造成的(王华和严德天，2015)。

2. 时间

在煤化作用中，煤在温度、压力作用下所经历的时间长短，特别是在地质上的时间延续，也是影响煤化作用的重要因素。

Karweil(1956)第一次从化学动力学角度评价了煤化作用的持续时间，从而开创了定量评价煤化作用因素的方法。他根据煤化作用的热动力模拟，近似地计算出烟煤各煤化阶段的反应速度，绘制了煤化温度、时间与挥发分产率的关系曲线，进一步论证了煤级(煤化程度)是温度和时间的函数，即在较短时间的较高温度下与较长时间的较低温度下，可以形成相同煤级的煤。应该指出，时间因素在较高的温度下往往更加明显，温度过低，时间因素就不易起作用了。如俄罗斯莫斯科近郊煤田早石炭世的煤仍处于褐煤阶段，这主要是由于煤系本身的厚度不足百米，且上覆岩系很薄，从未受到高于25℃的温度，显然这是低于能使时间因素起作用的下限温度。

此外，时间因素还涉及沉陷快慢所引起的受热速率问题。在同样沉降幅度的盆地，由于达到相同埋藏深度的沉降速率不同，其受热增温速率也不同。澳大利亚煤岩学家Ktantsler等(1978)提出，古近纪—新近纪沉降较快的吉普斯兰盆地，煤的反射率变化滞后于温度的增高。苏联学者纳高日内等(1980)认为，煤在其最大埋藏深度上，若持续时间不足50Ma，就不会达到其相应的煤化程度。为此，Teichmüller(1981)认为应考虑两种因素：①在快速沉降的盆地中，对于一定深度和地热梯度来说，还可能未达到温度平衡；②对于一定温度下，煤化平衡也可能尚未达到。

3. 压力

近年来，在不同压力下的煤化实验更加确认了静压力对化学煤化作用起着抑制作用。在煤化作用中，起决定作用的是化学煤化作用，而不是物理煤化作用。压力因素虽阻碍化学反应，但引起煤的物理结构发生变化，如静压力使煤的孔隙率和水分降低、密度增加，还促使芳香族稠环平行于层面做有规则的排列。构造应力影响到反射率值及镜质体的各向异性，其光性也发生变化。在强烈变形影响的煤中，光性从典型的一轴负光性转变为二轴正光性，最大的反射率轴垂直于应力方向。

在煤化作用的最后阶段，特别是变无烟煤的形成阶段，煤化作用除了有高温和压力作用外，剪切应力的作用亦较为明显。在构造压应力作用下，剪切与拉伸能使芳香族单元层沿石墨形成的方向排列更加有序，这在半石墨化、石墨化阶段表现得更为明显。

第三章　煤的显微岩石学特征

煤岩学是煤地质学的一门重要分支学科，从岩石学的角度，研究煤的组分、结构构造、物理性质等特征。煤的岩石学特征可以分为宏观岩石学特征和显微岩石学特征。其中，宏观岩石学特征是在肉眼观察下区别和辨识出的煤的岩石学特征；显微岩石学特征是在显微镜下区别和辨识出的煤的岩石学特征。

第一节　煤的显微组分

“煤的显微组分”这一术语为英国煤岩学家 Stopes 于 1935 年提出，指在显微镜下可以区分和辨认的煤的基本组成成分，用以表示煤的组成的最小单位，与岩石学中的“造岩矿物”意义相当。严格来说，煤的显微组分依据煤的成分和性质分为有机显微组分和无机显微组分两大类。有机显微组分指在显微镜下观察到的煤中由植物残体转变而成的显微组分，无机显微组分指在显微镜下观察到的煤中矿物质。通常所说的煤的显微组分一般是指煤的有机显微组分，而将煤的无机显微组分称为煤中矿物质。

煤的显微组分的镜下观察通常有两种方法：一种是在透射光下观察煤的薄片，主要鉴定标志包括组分的透射光色、形态、结构、透明度、轮廓等；另一种是在反射光下观察煤的光片(块煤光片和粉煤光片)，主要鉴定标志除反射光色、形态、结构和轮廓外，还有突起和反射光性等。反射光下用油浸物镜代替干物镜，提高了各显微组分影像的反差和清晰度，使之更易于识别，因此在反射光下常用油浸物镜观察煤的显微组分(韩德馨，1996)。

煤的显微组分的鉴定和分类的依据是各显微组分的形态、原始物质、颜色或反射能力和成因性质。归纳国内外学者的研究，煤的显微组分的分类大致概括为两种方案。

一种侧重于工艺性质的研究，分类较为简明，主要在反射光下进行观察分类，如国际煤岩学委员会的显微组分分类：在反射光下观察块煤或者粉煤光片，将煤的显微组分分为镜质组、壳质组和惰质组(表 3-1)。

另一种侧重于成因研究，对组分及组划分较细，主要在透射光下进行观察分类，如热姆丘日尼柯夫和金兹堡(1960)的分类：在透射光下观察煤薄片，按照成因的不同将煤的显微组分分为凝胶化组、弱丝炭化组、丝炭化组、角质组、树脂组和藻类组(表 3-2)。

表 3-1 国际煤岩学委员会显微组分分类方案之 Stopes Heerlen 分类方案

显微组分组 (Maceral Group)	显微组分 (Maceral)	亚显微组分 (Submaceral)	显微组分变种 (Maceral Variety)
镜质组 (Vitrinite)	结构镜质体 (Telinite)	结构镜质体 1 (Telinite 1) 结构镜质体 2 (Telinite 2)	科达木结构镜质体 (Cordaitotelinite) 真菌质结构镜质体 (Fungotelinite) 木质结构镜质体 (Xylotelinite) 鳞木结构镜质体 (Lepidophytotelinite) 封印木结构镜质体 (Sigillariotelinite)
	无结构镜质体(Collinite)	均质镜质体(Telocollinite) 胶质镜质体(Gelocollinite) 基质镜质体(Desmocollinite) 团块镜质体(Corpcollinite)	
	碎屑镜质体(Vitrodetrinite)		
壳质组/ 稳定组 (Exinite)	孢子体 (Sporinite)		薄壁孢子体(Tenuisporinite) 厚壁孢子体(Crassisporinite) 小孢子体(Microsporinite) 大孢子体(Macrosporinite)
	角质体(Cutinite)		
	木栓质体(Suberinite)		
	树脂体(Resinite)		
	渗出沥青体(Exsudatinite)		
	沥青质体(Bituminite)		
	藻类体 (Alginite)	结构藻类体(Telalginite)	皮拉藻类体(Pila-Alginite) 伦奇藻类体(Reinschia-Alginite)
		层状藻类体(Lamialginite)	
	荧光体(Fluorinite)		
	碎屑壳质体(Liptodetrinite)		
惰质组 (Inertinite)	微粒体(Micrinite)		
	粗粒体(Macrinite)		
	半丝质体(Semifusinite)		
	丝质体 (Fusnite)	火焚丝质体(Pyrofusinite) 氧化丝质体(Degradofusinite)	
	菌类体 (Sclerotinite)	真菌菌质体 (Fungosclerotinite)	薄壁菌质体 (Plectenchyminite) 浑圆菌类体 (Corposclerotinite) 假浑圆菌质体 (Pseudo Corposclerotinite)
	碎屑惰质体(Inertodetrinite)		

注:引自 Stach 等《煤岩学教程》(1982),并按国际煤岩学委员会 1987 年的有关规定进行增补。

表 3-2 热-金显微组分成因分类方案

组	显微组分
凝胶化组	木煤
	木质镜煤
	镜煤(无结构的、隐结构的、结构的)
	菌核
	基质(均一的、团块的)
弱丝炭化组	半丝质体
	木质镜煤—半丝炭
	镜煤—半丝炭
	菌核
	基质
丝炭化组	丝炭和木煤—丝炭
	木质镜煤—丝炭
	镜煤—丝炭
	菌核
	基质
角质组	小孢子
	大孢子
	花粉
	角质层
	木栓质物质
树脂组	树脂体
	类树脂形成物
藻类组	藻类
	腐泥基质

注:转引自韩德馨《中国煤岩学》(1996)。

由于在透射光下煤薄片在低中煤阶煤中显微组分有红、黄、棕、黑等各种颜色,易于区别,但在中高煤阶煤中由于透射光性较差,显微组分逐渐变得不透明,不便于区别各种显微组分,而且煤薄片和块煤光片采用局部块煤制备,代表性差。相比之下,反射光粉煤光片采用组合样缩分制备,代表性较好;加之粉煤光片比煤薄片制作容易,目前煤的显微组分的分析通常选用粉煤光片在反射光下进行。显微组分的分类多采用工艺性质的分类方案,详细的分类方案如下。

一、显微组分的国际分类方案

国际煤岩学委员会的显微组分分类是国际上广泛应用的分类，按其修订和发表的时间主要包括新、旧两种分类方案，即 Stopes Heerlen 分类方案和 ICCP System 1994 分类方案（ICCP，1998，2001；Sykorova et al.，2005；Pickel et al.，2017）。

（一）Stopes Heerlen 分类方案

Stopes Heerlen 烟煤显微组分分类方案在 1963 年被写入《国际煤岩学手册》（第二版）（ICCP，1998）。但国际煤岩学委员会于 1971 年和 1975 年两次对 1963 年《国际煤岩学手册》（第二版）作了增补。其中的显微组分术语已被国际标准化组织（ISO，1974）在煤岩分析中采用，适用于烟煤和无烟煤。该分类方案将所有的显微组分分为 3 个组，即镜质组、壳质组和惰质组，每个组都包括一系列成因、物理性质和化学工艺性质相近的显微组分，但 3 个组之间在显微组分化学成分和性质上有相当明显的区别（表 3-1）。

（二）ICCP System 1994 分类方案

随着煤岩学的广泛应用和对分散有机质的深入研究，考虑到最初的一套分类方案已不能满足煤岩学和有机岩石学研究的需要（ICCP，1998）。1991 年国际煤岩学委员会决定成立工作小组，以反射光下的观察为基础，着手进行硬煤（烟煤和无烟煤）中显微组分新的定义和分类工作。经过多次修订和讨论，工作小组在 1994 年第 46 届国际煤岩学委员会年会上将硬煤的镜质体进行了新的分类。1998 年国际煤岩学委员会在 *Fuel* 发布确定了镜质体显微组分组、亚组和显微组分的定义和分类（ICCP，1998）；2001 年国际煤岩学委员会在 *Fuel* 发布了新的惰质体定义和分类方案（ICCP，2001）；2005 年 Sykorova 等在 *International Journal of Coal Geology* 发表了低阶煤中腐植体的定义和分类方案；2017 年 Pickel 等在 *International Journal of Coal Geology* 发表了类脂体的定义和分类方案。上述 4 个分类方案被统一命名为“ICCP System 1994”。与旧的分类方案相比，新的分类体系中引入了显微组分亚组，采用显微组分组、显微组分亚组和显微组分的分类系统。组的分类是依据组分的反射率，亚组的分类是依据组分被破坏的程度，而显微组分的分类是依据组分的形态或凝胶化程度。

基于“ICCP System 1994”，代世峰等（2021a，b，c，d）对“ICCP System 1994”中镜质体、惰质体、类脂体和腐植体等显微组分组分类提出了尽可能规范的中文名称（表 3-3），并对各亚组和各显微组分的定义、光学特征、物理和化学特征、来源以及实际应用等方面进行了解析。其中，镜质体分类通常适于中阶煤（烟煤，bituminous coal）和高阶煤及其相应变质程度沉积岩中的分散有机质；惰质体和类脂体分类适用于所有煤化作用程度的煤和变质程度的沉积岩中的分散有机质；腐植体分类适用于低阶煤（R_o＜0.5%）及其相应变质程度沉积岩中的分散有机质。

表 3-3　"ICCP System 1994"中镜质体、惰质体、腐植体和类脂体分类方案(据代世峰等,2021a,b,c,d)

显微组分组(Maceral Group)	显微组分亚组(Maceral Subgroup)	显微组分(Maceral)
镜质体(Vitrinite)	结构镜质体(Telovitrinite)	镜质结构体(Telinite)
		胶质结构体(Collotelinite)
	凝胶镜质体(Gelovitrinite)	团块凝胶体(Corpogelinite)
		凝胶体(Gelinite)
	碎屑镜质体(Detrovitrinite)	胶质碎屑体(Collodetrinite)
		镜质碎屑体(Vitrodetrinite)
惰质体(Inertinite)		丝质体(Fusinite)
		半丝质体(Semifusinite)
		真菌体(Funginite)
		分泌体(Secretinite)
		粗粒体(Macrinite)
		微粒体(Micrinite)
		碎屑惰质体(Inertodetrinite)
类脂体(Liptinite)		角质体(Cutinite)
		木栓质体(Suberinite)
		孢子体(Sporinite)
		树脂体(Resinite)
		渗出沥青体(Exsudatinite)
		叶绿素体(Chlorophyllinite)
		藻类体(Alginite)
		类脂碎屑体(Liptodetrinite)
		沥青质体(Bituminite)
腐植体(Huminite)	结构腐植体(Telohuminite)	木质结构体(Textinite)
		腐木质体(Ulminite)
	碎屑腐植体(Detrohuminite)	细屑体(Attrinite)
		密屑体(Densinite)
	凝胶腐植体(Gelohuminite)	团块腐植体(Corpohuminite)
		凝胶体(Gelinite)

值得注意的是,低阶煤包括褐煤和亚烟煤。而腐植体及其亚组是针对褐煤(lignite)/软褐煤(soft brown coal)而定义的(即腐植体油浸随机反射率 $0.2\%<R_{o,ran}<0.4\%$);由于亚烟煤(sub-bituminous coal)是低阶煤中煤阶最高的煤($0.4\%\leqslant R_{o,ran}<0.5\%$),也可采用"镜质体"

的分类术语。因此，对于低阶煤，研究者可根据煤的性质和分析目的，选择腐植体和镜质体两个分类体系中的一个来使用（代世峰等，2021a，b）。

下面将详细对各显微组分组的定义和分类进行阐述。

1. 镜质体

“镜质体”这一术语是 Stopes 于 1935 年首次提出并用以命名中阶煤的光亮煤（镜煤）中的主要成分（Stopes，1935）。“ICCP System 1994”将镜质体定义为反射率介于暗色类脂体和浅色惰质体之间的灰色显微组分组（ICCP，1998）。在低煤化烟煤中，镜质体的透射光色为橙—橙红色，反射光下为灰色，无突起，油浸反射光下呈深灰色；随着煤级增高，反射色变浅，在高煤化烟煤和无烟煤中呈白色。由此看出，镜质体反射率随煤级升高而增大的规律明显。

镜质体是腐植煤中最主要的显微组分。镜质体主要起源于高等植物茎干、根和叶的木质组织及薄壁组织细胞壁的木质素和纤维素，部分亦来自渗入细胞壁和充填细胞腔的丹宁、蛋白质、类脂物质（包括细菌的），细菌、真菌的代谢产物也参与了镜质体的形成（Teichmüller，1989）。镜质体的胞腔保存程度，取决于植物组织分解过程、凝胶化作用及煤化作用程度。镜质体中各显微组分就是按照其不同的结构命名的，这些结构受控于显微组分的不同来源以及在沼泽中的不同转化途径（ICCP，1998）。

据此，根据植物组织的破坏程度，将镜质体显微组分分为 3 个亚组，即结构镜质体亚组、凝胶镜质体亚组和碎屑镜质体亚组。根据成煤物质凝胶化作用的程度和特定的形貌特征，将每个亚组分为 2 个显微组分，其中结构镜质体亚组包括镜质结构体和胶质结构体 2 个显微组分，凝胶镜质体亚组包括团块凝胶体和凝胶体 2 个显微组分，碎屑镜质体亚组包括胶质碎屑体和镜质碎屑体 2 个显微组分（表 3-3）。

1）结构镜质体（Telovitrinite）

结构镜质体是指显微镜下显示植物细胞结构的镜质体（指细胞壁部分），在反射光下细胞结构明显可见或不明显（ICCP，1998）。结构镜质体起源于由木质素和纤维素组成的草本和树木植物的根、茎、树皮和叶的薄壁和木质组织。低阶煤中的结构镜质体的前身是结构腐植体（Telohuminite）。

结构镜质体亚组由镜质结构体（Telinite）和胶质结构体（Collotelinite）组成，由于它们经历不同地球化学凝胶化作用程度（镜煤化程度）而易于鉴别（代世峰等，2021b）。镜质结构体由具有基本完整植物组织并易于识别的细胞壁构成，与 Stopes Heerlen 分类方案中的结构镜质体对应；而胶质结构体基本上不显结构，细胞结构可用化学浸蚀法揭示（韩德馨，1996；代世峰等，2021b），在切片中大致均质地顺层理展布，空间延展范围较大（ICCP，1998），对应于与 Stopes Heerlen 分类方案中的均质镜质体（表 3-4）。

镜质结构体起源于由木质素和纤维素组成的草本和树木植物的根、茎的薄壁和木质组织细胞壁，其胞腔的大小、形状和闭合程度取决于原始成煤植物物质和切片方向。尽管细胞形状经常变化，但多为似球形或椭圆形（图 3-1、图 3-2）。少数镜质结构体的胞腔是空的，但由于细胞壁的膨胀，胞腔多呈闭合状，也可被其他显微组分或矿物充填，胞腔充填物通常为凝胶体、树脂体、团块凝胶体、微粒体、黏土和碳酸盐矿物。

表 3-4　镜质体新老分类方案对比

<table>
<tr><td colspan="3">ICCP System 1994 分类方案</td><td colspan="3">Stopes Heerlen 分类方案</td></tr>
<tr><td>显微组分组
(Maceral Group)</td><td>显微组分亚组
(Maceral Subgroup)</td><td>显微组分
(Maceral)</td><td>亚显微组分
(Submaceral)</td><td>显微组分
(Maceral)</td><td>显微组分组
(Maceral Group)</td></tr>
<tr><td rowspan="6">镜质体
(Vitrinite)</td><td rowspan="2">结构镜质体亚组
(Telovitrinite)</td><td>镜质结构体
(Telinite)</td><td>结构镜质体－1,2
(Telinite 1,2)</td><td>结构镜质体
(Telinite)</td><td rowspan="6">镜质组
(Vitrinite)</td></tr>
<tr><td>胶质结构体
(Collotelinite)</td><td>均质镜质体
(Telocollinite)</td><td rowspan="4">无结构镜质体
(Collinite)</td></tr>
<tr><td rowspan="2">凝胶镜质体亚组
(Gelovitrinite)</td><td>团块凝胶体
(Corpogelinite)</td><td>团块镜质体
(Corpocollinite)</td></tr>
<tr><td>凝胶体
(Gelinite)</td><td>胶质镜质体
(Gelocollinite)</td></tr>
<tr><td rowspan="2">碎屑镜质体亚组
(Detrovitrinite)</td><td>胶质碎屑体
(Collodetrinite)</td><td>基质镜质体
(Desmocollinite)</td></tr>
<tr><td>镜质碎屑体
(Vitrodetrinite)</td><td></td><td>碎屑镜质体
(Vitrodetrinite)</td></tr>
</table>

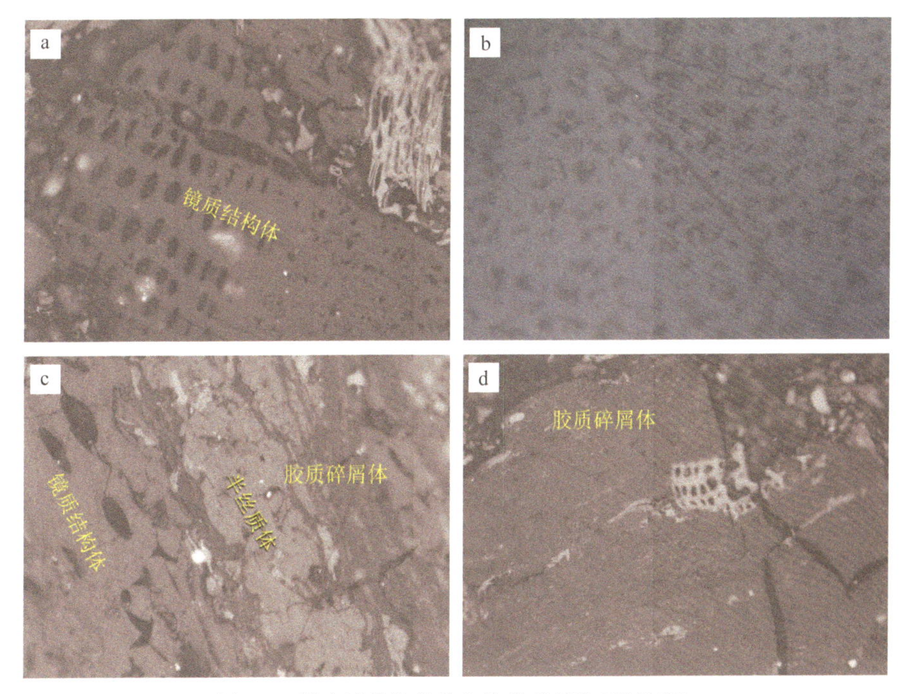

图 3-1　煤中镜质结构体与胶质碎屑体(反射光)

a、b. 镜质结构体;c. 镜质结构体、半丝质体与胶质碎屑体;d. 胶质碎屑体

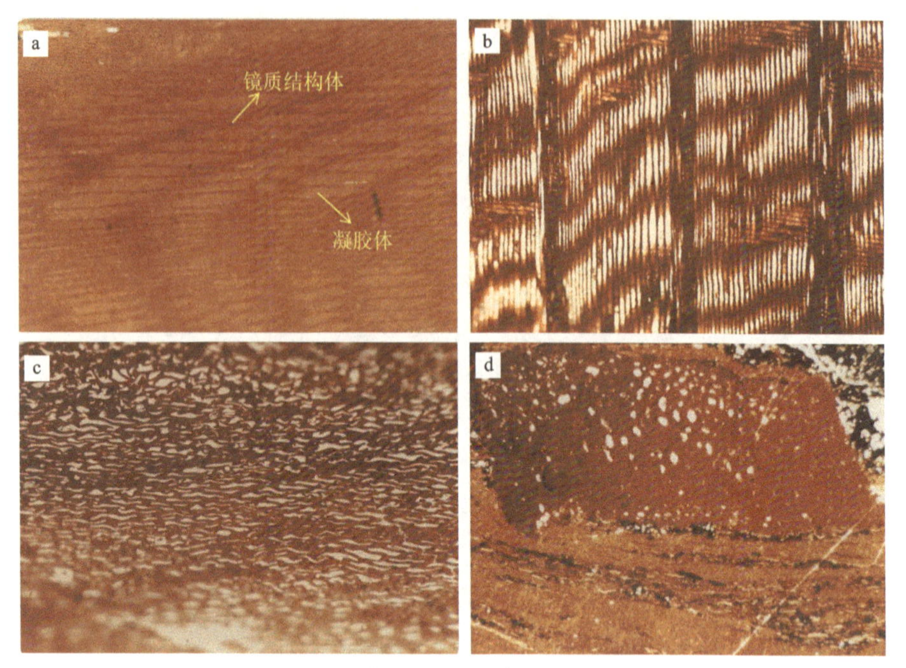

图 3-2　煤中镜质结构体(透射光)

a. 镜质结构体,胞腔充填凝胶体;b～d. 镜质结构体

胶质结构体同样起源于由木质素和纤维素组成的草本和树木植物的根、茎、树皮和叶的薄壁和木质组织。但由于这些成煤物质遭受了较强的地球化学凝胶化作用(镜质化作用),使细胞结构消失,常呈条带状或透镜状出现,时有垂直于层面的裂纹,纯净均一,轮廓清晰(图 3-3),反映来源于强凝胶化的植物组织。胶质结构体未显示细胞结构的原因之一是充填细胞腔的腐植凝胶与凝胶化的细胞壁的折光率、颜色很相似,因而在普通显微镜下难以区分。当用溶于硫酸的高锰酸钾溶液或铬酸浸蚀后,或用二碘甲烷作浸液并用专用物镜进行观察,或用放射性照射,仍能显示出原有的结构,称为隐结构显微组分(韩德馨,1996)。

2)凝胶镜质体(Gelovitrinite)

凝胶镜质体是由植物空隙中的镜质凝胶物质充填物组成的镜质体中的显微组分亚组(ICCP,1998)。凝胶镜质体亚组不限于特定的植物组织,多来源于在植物组织分解和成岩作用过程中,植物细胞内的物质或植物组织本身形成的腐植流体,随后以胶体凝胶方式在空洞中沉淀(代世峰等,2021b)。

凝胶镜质体亚组由团块凝胶体和凝胶体组成。团块凝胶体是指相互分离均质团块或均质的细胞充填物,是原位成因的细胞腔鞣质充填物或单独分布于煤和矿物基质中的孤立个体,与 Stopes Heerlen 分类方案中的团块镜质体对应(表 3-4);凝胶体是指微裂隙、内生裂隙或空隙中次生成因的均质的无结构充填物,与 Stopes Heerlen 分类方案中的胶质镜质体对应(表 3-4)。

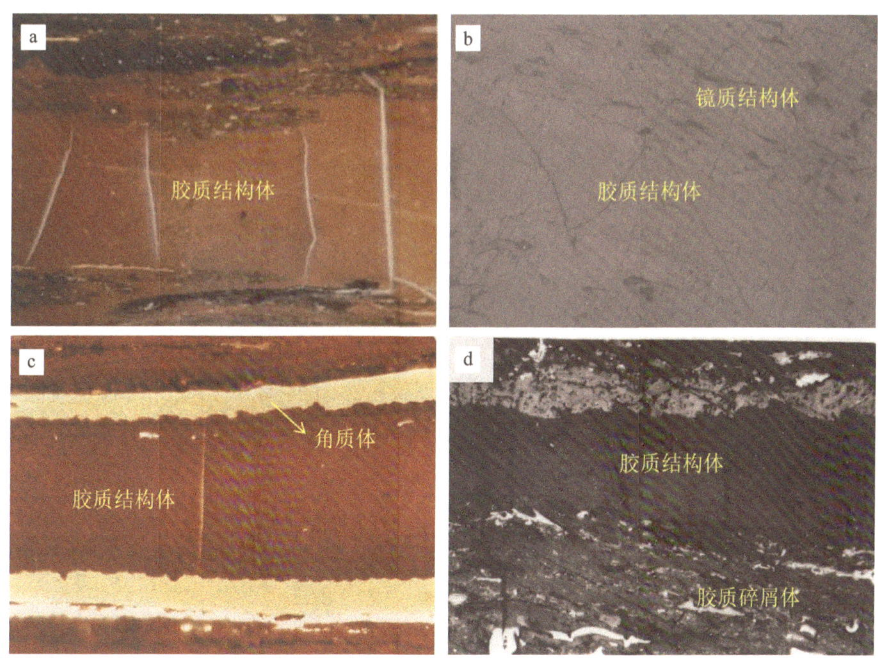

图 3-3 煤中胶质结构体与胶质碎屑体及角质体

a. 胶质结构体(透射光);b. 胶质结构体与镜质结构体(反射光);

c. 胶质结构体与角质体(透射光);d. 胶质结构体与胶质碎屑体(反射光)

团块凝胶体主要来源于细胞内部物质,部分来源于鞣酸类物质。它也可能来源于细胞壁分泌物,或者由腐植流体形成的植物组织中的次生充填物构成,该充填物随后在泥炭化阶段或煤化作用早期阶段以凝胶形式沉淀(代世峰等,2021b)。团块凝胶体可原位沉淀于镜质结构体内,或者呈不连续状分布于植物组织降解的碎屑基质内。因此,团块凝胶体可呈集合状分布,也可以单独个体出现,依据其方向,它的形态可呈圆形、椭圆形、长圆形或拉长状(图 3-4)。充填在胞腔中的与呈集合状出现的团块镜质体的大小基本一致,与细胞腔的大小相近,多为 20～100μm,而单独的团块镜质体可达 150μm 以上。

凝胶体起源于植物早期成岩的腐植凝胶或次生空隙充填沉淀胶体,也可由煤化作用晚期煤固结后的凝胶充填形成。凝胶体为次生成因,它可以在煤层的微断层中,以胶结糜棱化煤颗粒的基质形式出现,也可出现在镜质结构体、孢子体、真菌体、丝质体、半丝质体的细胞内(图 3-2、图 3-4)。它的大小及形态取决于所充填的空隙结构。

3)碎屑镜质体(Detrovitrinite)

碎屑镜质体是由孤立或被无定形镜质化物质胶结的镜质化的植物残骸碎屑组成的镜质体中的显微组分亚组(ICCP,1998)。镜质碎屑体起源于经强烈分解的由木质素和纤维素组成的草本和木本植物的根、茎、树皮和叶的薄壁和木质组织。通过化学和机械磨损作用,成煤植物的细胞结构可被分解。大量碎屑镜质体的存在,表明细胞结构遭到高度破坏(代世峰等,2021b)。

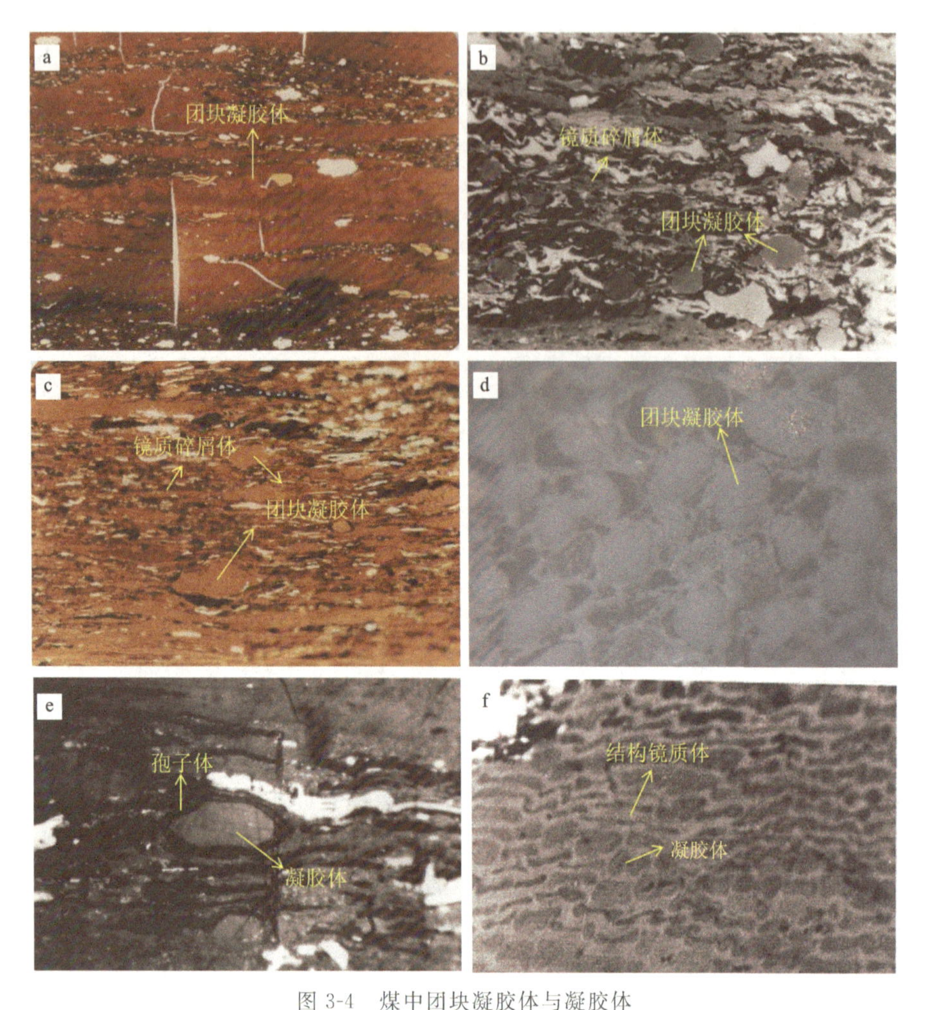

图 3-4　煤中团块凝胶体与凝胶体

a. 团块凝胶体(透射光);b. 镜质碎屑体与团块凝胶体(反射光);c. 镜质碎屑体与团块凝胶体(透射光);
d. 充填于镜质结构体胞腔的团块凝胶体(反射光);e. 充填于孢子体中的凝胶体(反射光);
f. 充填于结构镜质体胞腔中的凝胶体(反射光)

碎屑镜质体亚组由镜质碎屑体和胶质碎屑体组成。镜质碎屑体是清晰可见的镜质体颗粒,它们或孤立,或被无定形镜质物质或矿物胶结,对应于 Stopes Heerlen 分类方案中的碎屑镜质体(表 3-4),胶质碎屑体是胶结其他煤成分时显示斑状结构的镜质基质(ICCP,1998),是镜质体的集合体或基质,由凝胶化作用导致颗粒的边界无法辨认,对应于 Stopes Heerlen 分类方案中的基质镜质体(表 3-4)。

镜质碎屑体来源于经过强烈分解的由木质素和纤维素组成的草本和木本植物的根、茎、树皮和叶的薄壁和木质组织,它在搬运沉积前或在沉积后经历了凝胶化作用。镜质碎屑体以分散的不同形状的小颗粒形式存在(图 3-4b,c)。圆形颗粒最大直径小于 10μm,呈线状的碎屑的短轴小于 10μm。离散状的赋存形态是鉴别镜质碎屑体的重要标志。

胶质碎屑体同样来源于由木质素和纤维素组成的草本和木本植物的根、茎、树皮和叶的薄壁和木质组织。泥炭堆积的初始阶段,原始植物组织因遭到强烈分解而被破坏严重,小颗粒被泥炭内腐植凝胶胶结，随后经地球化学凝胶化作用（镜煤化作用）而被均质化。它是由小于 10μm 镜质体颗粒与无定形镜质物质组成的混合物（图 3-1c、d，图 3-3d，图 3-5）。与镜质碎屑体不同，由于较高的均质化作用，胶质碎屑体中的成分颗粒在光学显微镜下不能清晰地被辨认（代世峰等，2021b）。镜质碎屑体常被胶质碎屑体所胶结，有时也被凝胶体所胶结，由于其光性相似，不易区分，只有用二碘甲烷作为浸液进行观察，彼此才能区分（韩德馨，1996）。

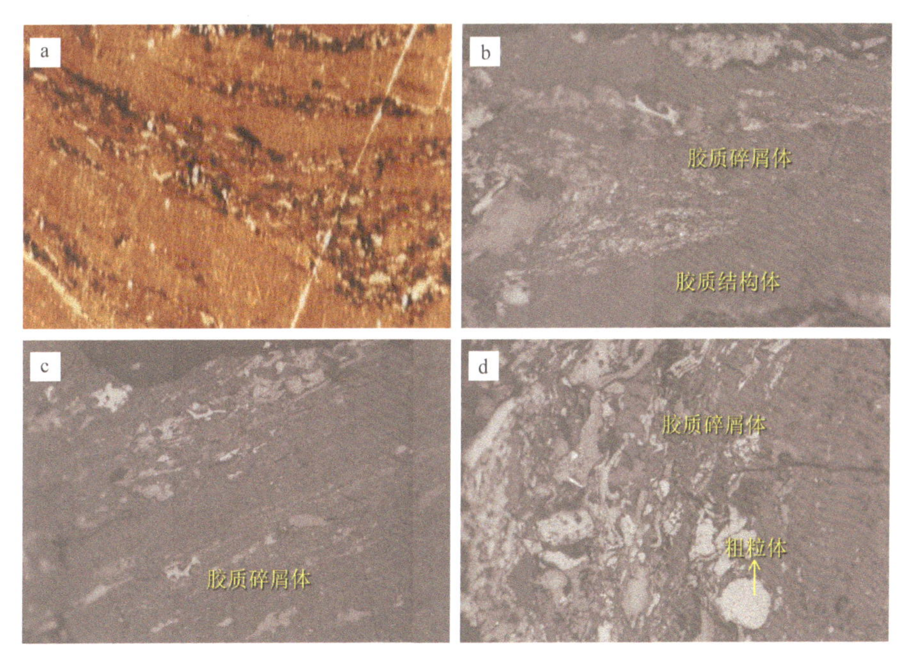

图 3-5　煤中的胶质碎屑体

a. 胶质碎屑体（透射光）；b. 胶质碎屑体与胶质结构体（反射光）；c. 胶质碎屑体（反射光）；d. 胶质碎屑体与粗粒体（反射光）

2. 惰质体（Inertinite）

据“ICCP System 1994”，惰质体为显微组分，在低、中阶煤和低、中变质程度的沉积岩中，惰质体显微组分的反射率比镜质体（Vitrinite）和类脂体（Liptinite）显微组分高（ICCP，2005），由于在焦化过程中，大多数惰质体组分并不软化具惰性而得名。惰质体的反射率在 3 个显微组分组中是最高的，仅在高阶无烟煤阶段，镜质体和类脂体的最大反射率可超过惰质体；在同一煤层中，各种不同的惰质体组分的反射率值可有相当大的变化。惰质体的透射色呈棕色、深棕色至黑色，其反射色由浅灰色、灰白色、白色到黄白色。惰质体具正突起，无荧光或具弱荧光（韩德馨，1996）。

惰质体显微组分的来源包括真菌或高等植物组织、细碎屑、胶凝的无定形物质及在泥炭化过程中经氧化还原作用和生物化学作用改变的细胞分泌物（代世峰等，2021c）。最近的研究发现，个别煤中惰质体可能来源于动物的排泄物粪便（Dai et al.，2012d，2015a；Hower et al.，2013）。惰质体的成因多种多样，如植物组织的火焚、腐解、受真菌侵袭，以及地球化学煤化作用和氧化作用等，都能导致惰质化（韩德馨，1996）。

在“ICCP System 1994”分类系统中，惰质体显微组分组不包含亚组，包含了丝质体、半丝质体、真菌体、分泌体、粗粒体、微粒体和碎屑惰质体 7 种显微组分，其中真菌体和分泌体与 Stopes Heerlen 分类方案中的菌类体对应，其他显微组分和旧分类方案中没有太大区别(表 3-5)。

表 3-5　惰质体新旧分类方案对比

<table>
<tr><th colspan="3">ICCP System 1994 分类方案</th><th colspan="3">Stopes Heerlen 分类方案</th></tr>
<tr><th>显微组分组
(Maceral Group)</th><th>显微组分亚组
(Maceral Subgroup)</th><th>显微组分
(Maceral)</th><th>亚显微组分
(Submaceral)</th><th>显微组分
(Maceral)</th><th>显微组分组
(Maceral Group)</th></tr>
<tr><td rowspan="8">惰质体
(Inertinite)</td><td rowspan="8"></td><td rowspan="2">丝质体
(Fusinite)</td><td>火焚丝质体
(Pyrofusinite)</td><td rowspan="2">丝质体
(Fusnite)</td><td rowspan="8">惰质组
(Inertinite)</td></tr>
<tr><td>氧化丝质体
(Degradofusinite)</td></tr>
<tr><td>半丝质体
(Semifusinite)</td><td></td><td>半丝质体
(Semifusinite)</td></tr>
<tr><td>真菌体
(Funginite)</td><td>真菌菌质体
(Fungosclerotinite)</td><td rowspan="2">菌类体
(Sclerotinite)</td></tr>
<tr><td>分泌体
(Secretinite)</td><td></td></tr>
<tr><td>粗粒体
(Macrinite)</td><td></td><td>粗粒体
(Macrinite)</td></tr>
<tr><td>微粒体
(Micrinite)</td><td></td><td>微粒体
(Micrinite)</td></tr>
<tr><td>碎屑惰质体
(Inertodetrinite)</td><td></td><td>碎屑惰性体
(Inertodetrinite)</td></tr>
</table>

1)丝质体

丝质体最初由 Stopes 提出，用来描述煤中不透明的、具细胞结构的煤成分(Stopes，1935)。“ICCP System 1994”将丝质体定义为具有高反射率值及保存有完好的细胞结构，至少有一处保存完整的薄壁组织、厚角组织或厚壁组织的细胞结构(ICCP，1998)。

与镜质体一样，丝质体主要来源于植物茎干、根、枝的木质部，但木质纤维素细胞壁遭受强烈丝炭化作用。某些煤中的丝质体，特别是在地层空间横向上延展的丝炭层中的丝质体，可能是源于野火而形成的火焚丝质体(Goodarzi，1985a；Scott，1989；Jones et al.，1991)。丝质体还可以通过在真菌和细菌的参与下使植物组织脱羧，或者通过脱水和风化而生成，也就是氧化丝质体(Varma，1996；Taylor et al.，1998)。

丝质体通常以分散的透镜体、薄层或条带赋存在煤中。在透射光下细胞壁为黑色，不透明(图 3-6a，b)，反射光下突起高且反射力强，呈亮白色(图 3-6c～e)。丝质体中植物细胞结构保存很好，甚至胞间隙也清晰可见。丝质体既可以是规则的、保存完好的组织，呈“筛状结构”(图 3-6d)，也可以是上述细胞组织的弧形碎片(当多个薄壁碎片聚集时出现弧形结构，图 3-6c)。丝质体也可能显示出膨胀的细胞壁。根据植物来源、微生物破坏的程度和切片的方向，细胞腔显示出不同的大小和形状(图 3-6e)。丝质体的细胞腔通常是空的，但偶尔会充填凝胶体、渗出沥青体或矿物(如黏土或黄铁矿，Dai et al.，2015b；Liu et al.，2020)。

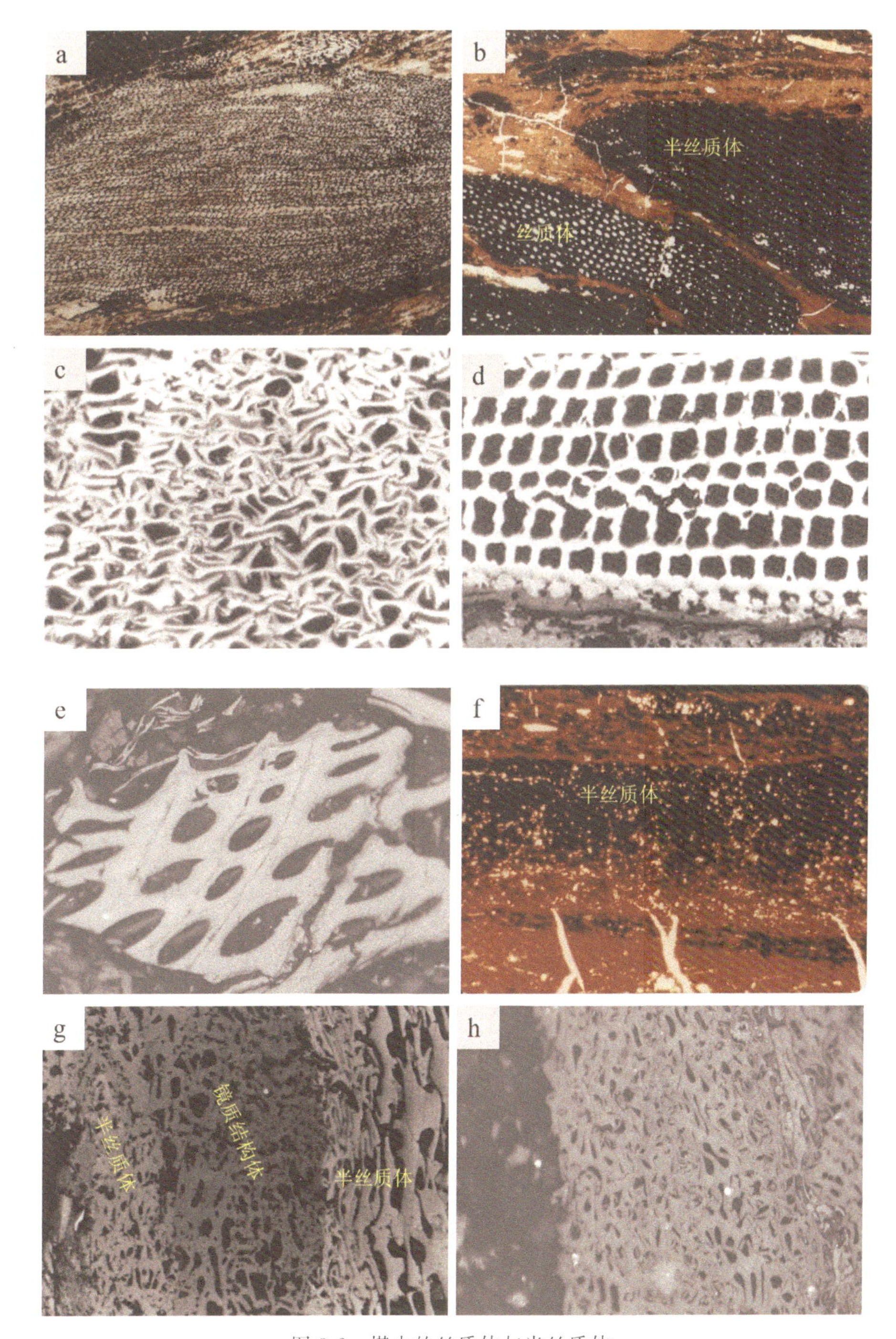

图 3-6 煤中的丝质体与半丝质体

a. 丝质体(透射光);b. 丝质体与半丝质体(透射光);c～e. 丝质体(反射光);

f. 半丝质体(透射光);g. 半丝质体与镜质结构体(反射光);h. 半丝质体(反射光)

2)半丝质体

半丝质体是指在同一煤层或沉积岩中反射率和结构介于腐植结构体/镜质结构体和丝质

体之间的一种惰质体显微组分(ICCP,2001)。半丝质体来源于草本和木本植物的茎以及叶片中的薄壁组织和木质组织,这些组织由纤维素和木质素组成。木质纤维素细胞壁在泥炭阶段通过弱腐植化、脱水和氧化还原作用形成半丝质体(图3-6f)。

半丝质体在反射光下的灰度为灰色至白色(图3-6g,h),中突起,呈条带状、透镜状或不规则状,具细胞结构,有的呈现较清晰的、排列规则的木质细胞结构,有的细胞壁膨胀或仅显示细胞腔的残迹。即使在同一个煤颗粒中,胞腔的大小和形状也可能有所不同,但通常小于丝质体中相应组织的胞腔。如果半丝质体的胞腔闭合,则细胞壁通常不会显示清晰的轮廓。半丝质体的胞腔可能是空的或充填了其他显微组分(如渗出沥青体)或矿物(如黏土矿物等,代世峰等,2021c)。

3)真菌体

真菌体由Benes提出,并由Lyons在1996年的国际煤岩学委员会会议上以口头报告形式提出,指的是煤和沉积岩中的真菌遗骸(ICCP)。"ICCP System 1994"将真菌体定义为主要由高反射率的单细胞或多细胞真菌孢子、菌核、菌丝、菌丝体(菌基质和菌根)及其他真菌遗骸组成的一种惰质体显微组分。

真菌体来源于真菌孢子、菌核、菌丝和其他真菌组织。从泥盆纪到现代的泥炭、煤和沉积岩中都可能出现少量真菌体。真菌体可与其他任何显微组分伴生,偶尔也富集成团块或富集成层(Stach et al.,1982)。

在油浸反射光下,真菌体呈浅灰色到白色(图3-7),黄白色较少见,中—高突起,显示真菌的形态和结构特征,无荧光。来源于真菌菌孢的真菌体,外形呈椭圆形、纺锤形,内部显示单细胞腔、双细胞腔或多细胞腔结构;形成于真菌核的真菌体,外形呈近圆形,内部显示蜂窝状或网状的多细胞结构。古近纪、新近纪及更年轻沉积物中的真菌体主要由圆形单细胞到椭圆形多细胞组成,根据细胞数量可将其分为单细胞真菌孢子、双细胞真菌孢子和多细胞真菌孢子、纺锤形的冬孢子和多细胞圆形的菌核。真菌体也以管状形式(菌丝)和细管结构(菌丝体和密丝组织)出现。真菌体在较老的古生代煤和沉积物中较罕见,主要以菌核衍生物和不同类型的真菌组织的形式出现(代世峰等,2021c)。一些现代泥炭中的真菌孢子尺寸为10～30μm,菌核和其他真菌组织尺寸为10～80μm(Moore et al.,1996)。真菌体有时存在于粗粒体中(Dai et al.,2012),煤中有的粗粒体和真菌体与细菌活动密切相关(Dai et al.,2012;Roweret al.,2009,2011;O'keefe et al.,2011a,b)。

4)分泌体

分泌体最早由Lyons等(1986)提出并于1997年被国际煤岩学委员会采用,"ICCP System 1994"将分泌体定义为形状通常为圆形—椭圆形、有气孔或无气孔、无明显植物结构的一种惰质体显微组分。

分泌体通常被认为是由树脂、丹宁等分泌物经丝炭化作用形成的,因而常被称为氧化树脂体。但它也可能起源于腐植质凝胶(Lyons et al.,1986),其次形成于其他维管植物中的细胞和导管(代世峰等,2021c)。

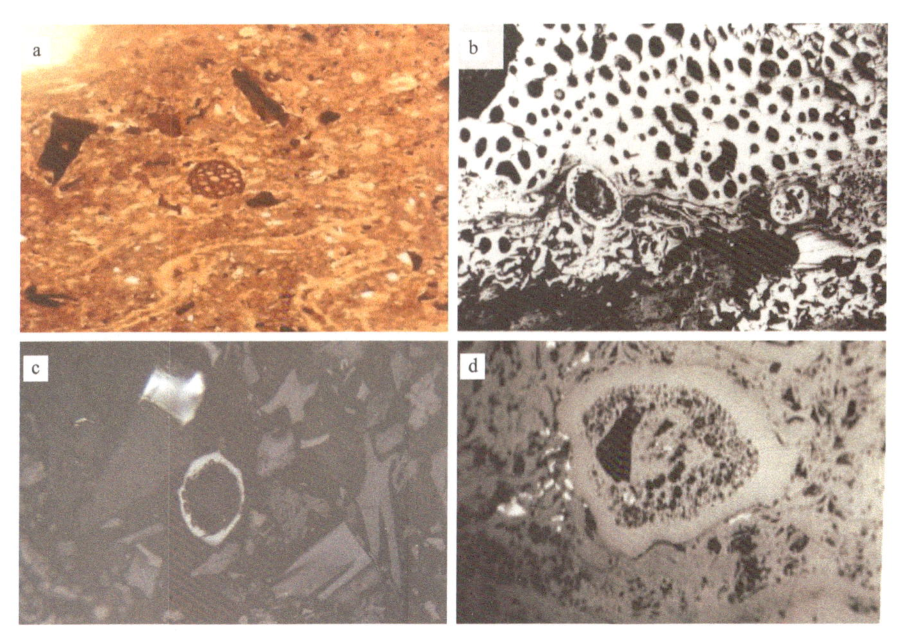

图 3-7 煤中的真菌体

a. 真菌体(透射光);b～d. 真菌体(反射光)

分泌体油浸反射光下为灰白色、白色至亮黄白色,中高突起,形态多呈圆形、椭圆形,也可能以月牙形、多边形或不规则形状产出,大小不一,轮廓清晰(图 3-8a)。分泌体的横截面一般为60～400μm,可小至 10μm,或长至 2000 多微米。分泌体可能有特征性裂隙,也可能有氧化边和内部裂隙(Lyons et al.,1986)。根据结构不同,分泌体可分为无孔洞的、有孔洞的和具裂隙的 3 种。无孔洞的多为较小的浑圆状,表面光滑,轮廓清晰;有孔洞的往往具有大小相近的圆形小孔;具裂隙的则呈现出方向大约一致或不一致的氧化裂纹(韩德馨,1996)。

5)粗粒体

粗粒体由 Alpern 于 1963 年提出,用来描述无细胞结构的、相对大且致密的惰质体显微组分。"ICCP System 1994"进一步将粗粒体定义常以无定形基质或以形态各异的、离散的、无结构块体出现的一种惰质体显微组分(ICCP,2001)。

粗粒体可能来源于絮凝的腐植质基质。由于短暂的地下水位下降,这些腐植质基质物质在早期炭化过程中经历脱水和氧化还原过程形成粗粒体(Goodarzi,1985a;Diessel,1992)。粗粒体也可能是真菌和细菌的代谢产物,孤立存在的粗粒体的集合体可能来自粪化石(Stach et al.,1982)。Dai 等(2012,2015a)在内蒙古胜利煤田白垩纪亚烟煤中发现成群出现的来自粪化石的粗粒体,认为低煤级煤中粗粒体可能形成于缓慢的泥炭火灾。Hower 等(2013)在内蒙古胜利煤田白垩纪亚烟煤中发现没有植物组织结构的粗粒体,认为煤中有的粗粒体是降解作用形成的显微组分。

粗粒体在透射光下呈黑色至黑褐色,油浸反射光下为灰白色、白色、淡黄白色,中高突起。有的完全均一,有的隐约可见残余的细胞结构。通常在垂直于层理的切面上,粗粒体无特定形状，可呈不定形基质状、条带状或透镜状产出，也可呈大小不同的单独的浑圆形颗粒出现，最小直径一般大于 10μm（图 3-8b～f）。

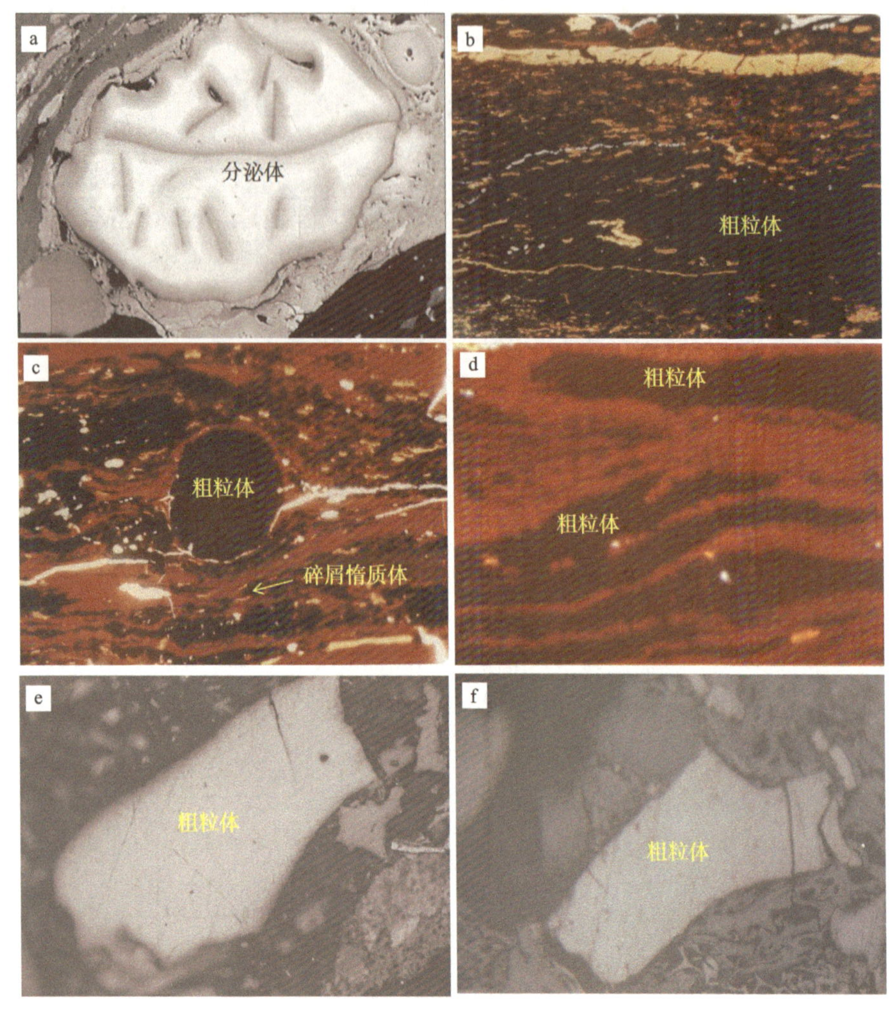

图 3-8　煤中的分泌体与粗粒体

a. 分泌体（反射光）；b. 粗粒体（透射光）；c. 粗粒体与碎屑惰质体（透射光）；d. 粗粒体（透射光）；e、f. 粗粒体（反射光）

6）微粒体

微粒体源于 Stopes（1935）提出的"micronite"（微粒）。"ICCP System 1994"将微粒体定义为以很小的圆形颗粒存在的惰质体显微组分（ICCP，2001）。在实际应用中，为了与惰质碎屑体区别开来，把微粒体最大尺寸定为 2μm（Diessel，1992）。微粒体是中阶煤中常见的显微组分，在低阶煤中较为罕见。微粒体在煤中以独立细小颗粒或颗粒集合体形式存在（代世峰等，2021c）。在微粒体集合体中，不同程度地共生有细分散黏土矿物（韩德馨，1986）。Faraj 等（1993）应用透射电镜对煤中的微粒体进行研究，发现微粒体富集区含有大量 Al、Si 和 O 元素，选区 X 射线衍射证实，与微粒体共生的是具有典型晶格参数的高岭石微晶。

目前对微粒体的成因主要有两种观点。

一种以 Teichmüller(1974)为代表，认为微粒体是类脂物质(类脂体或富氢镜质体)的残渣。Teichmüller 于 1944 年在上西里西亚低煤化烟煤中发现细胞充填物树脂体变成微粒体，1955 年指出在鲁尔煤田具海相顶板的煤中微粒体含量高，其特殊的煤岩特征和工艺性质表明它是在一种较为缺氧的沉积环境中形成的。近年来，随着油源岩有机岩石学研究的进展，学者们普遍认为，微粒体是沥青质体、富氢镜质体等油源型显微组分在煤化作用过程中经歧化反应，排出液态沥青后的高反射率的固态裂解残体；在低煤化烟煤阶段，也可由某些树脂体和孢子体生成微粒体。国内外大多数研究人员支持此种观点(韩德馨，1986)。

另一种以 Schopf(1977)、柴岗道夫(1978，1983)、Cohen(1980)为代表，认为微粒体是次生细胞壁或细分散腐植碎屑在泥炭化作用早期阶段经氧化而形成的。如柴岗道夫(1983)认为，充填细胞腔的微粒体是泥炭中多孔凝胶体在喜氧环境下经部分氧化而形成的，而分散的微粒体是丝质体、半丝质体和低反射率的惰质体的微细碎片。有些微粒体被称为在煤化作用中形成的"次生显微组分"，可能是厚壁组织的煤化作用产物，也可能是由次生管胞壁的残余物形成(Thiessen and Sprunk，1936)。

微粒体在油浸反射光下呈浅灰色至灰白色，细小圆形或似圆形的颗粒，粒径一般在 1μm 以下，不发荧光，突起微弱或不显突起。常聚集成小条带、小透镜状或细分散在无结构镜质体中(图 3-9a～c)，也常充填于结构镜质体的胞腔内或呈不定形基质状出现。在同一煤样中，微粒体反射率比镜质体高但常低于惰质体中的其他显微组分。

7)碎屑惰质体

"ICCP System 1994"将碎屑惰质体定义为以细小的、呈分散状和不同形状的惰质体碎片形式存在的惰质体显微组分(ICCP，2001)。它为惰质体的碎屑成分，形态极不规则，由于粒度细小，难于确切识别其来源，大多是丝质体、半丝质体的碎片。

碎屑惰质体有不同植物组织来源，如植物细胞壁或其填充物、已分解组织中的鞣质、氧化孢子、真菌成分(Taylor et al.，1998)，它们都遭受过一定程度的丝炭化作用。有些碎屑惰质体来源于野火后泥炭的残骸(Goodarzi，1985b)。碎屑惰质体碎片的形状和棱角在一定程度上反映了分解压实前和分解压实过程中的丝炭化成分干燥程度、机械破碎程度和磨损程度(代世峰等，2021c)。

颗粒呈分散状和颗粒大小是识别碎屑惰质体的重要标准(图 3-8c、图 3-9d)。短粗状的颗粒最大粒径小于 10μm，线状碎片的短轴尺寸小于 10μm。需要注意的是，粒径小于 2μm 的颗粒应当鉴定为微粒体，而无论尺寸的大小，那些惰性的、孤立存在的并具完整细胞和"弧状结构"的弯曲细胞壁碎片属于丝质体，不能鉴定为惰质碎屑体(代世峰等，2021c)。

3. 类脂体(Liptinite)

类脂体在国际煤岩学委员会出版的《国际煤岩学手册》中也被称为壳质组或稳定组(ICCP，1963，1971，1975，1993)，而新的分类方案中采用类脂体这一术语(Pickel et al.，

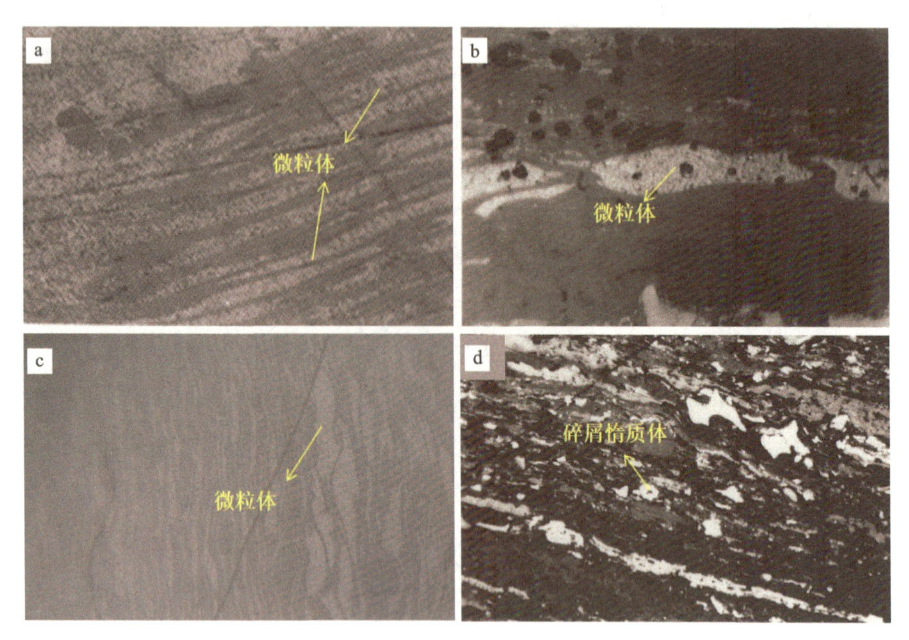

图 3-9 煤中的微粒体与碎屑惰质体

a～c. 微粒体(反射光);d. 碎屑惰质体(反射光)

2017)。“ICCP System 1994”将类脂体定义为源自非腐植化的植物组织的一类显微组分(Taylor et al.,1998),包括孢粉素、树脂、蜡和脂肪等相对富氢的残余物。

在反射光下,类脂体呈深灰色至黑色;在透射光下,类脂体的颜色因煤级不同而有所变化,在挥发分产率大于35%的煤中为橙黄色,在挥发分产率为20%～35%的煤中为棕红色。同时,类脂体具有较强的荧光性:低阶煤中类脂体的荧光色为绿黄色(紫外光激发)或黄色(蓝光激发),在较高阶煤中则为橙色。荧光强度随煤级的升高而降低,荧光色的波长也随之增加。类脂体反射率随煤级/热成熟度的升高而增大:在镜质体反射率 R_o 小于1.3%时,类脂体以其较低的反射率有别于其他显微组分;当镜质体反射率达到约1.3%时,类脂体与镜质体的反射率接近(代世峰等,2021d)。

类脂体起源于高等植物中的孢粉外壳、角质层、木栓层等较稳定的器官、组织,树脂、精油等植物代谢产物,以及藻类、微生物降解物。植物的类脂物及蛋白质、纤维素和其他碳水化合物是类脂体典型的物源(韩德馨,1996)。

在“ICCP System 1994”分类系统中,类脂体显微组分组不包含亚组,但包含了角质体、孢子体、木栓质体、树脂体、渗出沥青体、叶绿素体、藻类体、沥青质体、类脂碎屑体9种显微组分。与旧的分类方案相比,增加了叶绿素体,并将荧光体归为树脂体(表3-6)。在该分类系统的基础上可以对显微组分进一步细分为亚组分,例如藻类体中的结构藻类体和层状藻类体、树脂体中的荧光体等。与 Stopes Heerlen 分类相比,“ICCP System 1994”分类适合于所有煤阶的煤和分散有机质(代世峰等,2021d)。

表 3-6 类脂体的新旧分类方案对比

ICCP System 1994 分类方案			Stopes Heerlen 分类方案		
显微组分组(Maceral Group)	显微组分亚组(Maceral Subgroup)	显微组分(Maceral)	显微亚组分(Submaceral)	显微组分(Maceral)	显微组分组(Maceral Group)
类脂体(Liptinite)		角质体(Cutinite)		角质体(Cutinite)	壳质组/稳定组(Exinite)
		孢子体(Sporinite)		孢子体(Sporinite)	
		木栓质体(Suberinite)		木栓质体(Suberinite)	
		树脂体(Resinite)		树脂体(Resinite)	
		渗出沥青体(Exsudatinite)		渗出沥青体(Exsudatinite)	
		叶绿素体(Chlorophyllinite)		荧光体(Fluorinite)	
		藻类体(Alginite)		藻类体(Alginite)	
		沥青质体(Bituminite)		沥青质体(Bituminite)	
		类脂碎屑体(Liptodetrinite)		碎屑壳质体(Liptodetrinite)	

1)角质体

角质体最早由 Stopes(1935)提出,“ICCP System 1994”将其定义为由叶和茎的角质层形成的一种类脂体显微组分(Pickel et al.,2017)。

角质体来源于植物的叶和嫩枝、幼芽、茎、果实的表皮所覆盖着的角质层。角质层是由植物表皮细胞向外分泌而形成的,具有保护植物、防止过度蒸发和防御病菌侵袭的作用(韩德馨,1996)。煤中大多数的角质层碎片源自树叶。此外,角质体的原始物质中还含有内胚层物质和胚珠的胚囊(代世峰等,2021d)。

显微镜下,在垂直于层理的方向上,角质体呈厚度不等的细长条带出现,外缘平滑,而内缘大多呈锯齿状(图 3-10a~c);角质体有时呈断片平行层理分布,易与大孢子混淆(图 3-10d、e);有时细长的角质体保存在叶肉组织所形成的叶镜质体周围,也有时被挤压成叠层状或盘肠状(图 3-10c、f)。根据角质体的形状、锯齿状内缘及尖角状末端折曲,一般容易与大孢子体相区别。在反射光下,角质体在低阶煤中呈深灰色至黑色(比同一煤阶中的孢子体颜色略浅),部分呈红色,有时还有橙色的内反射色。在透射光下,角质体的颜色随煤级不同而有所变化,在挥发分产率大于 35%的煤中为橙黄色,在挥发分产率为 20%~35%的煤中为棕红色。角质体的荧光强度随煤阶的升高而降低,荧光色由浅到深为绿黄色(紫外光激发下有时偏蓝)或黄色(蓝光激发)(图 3-10f~h)。

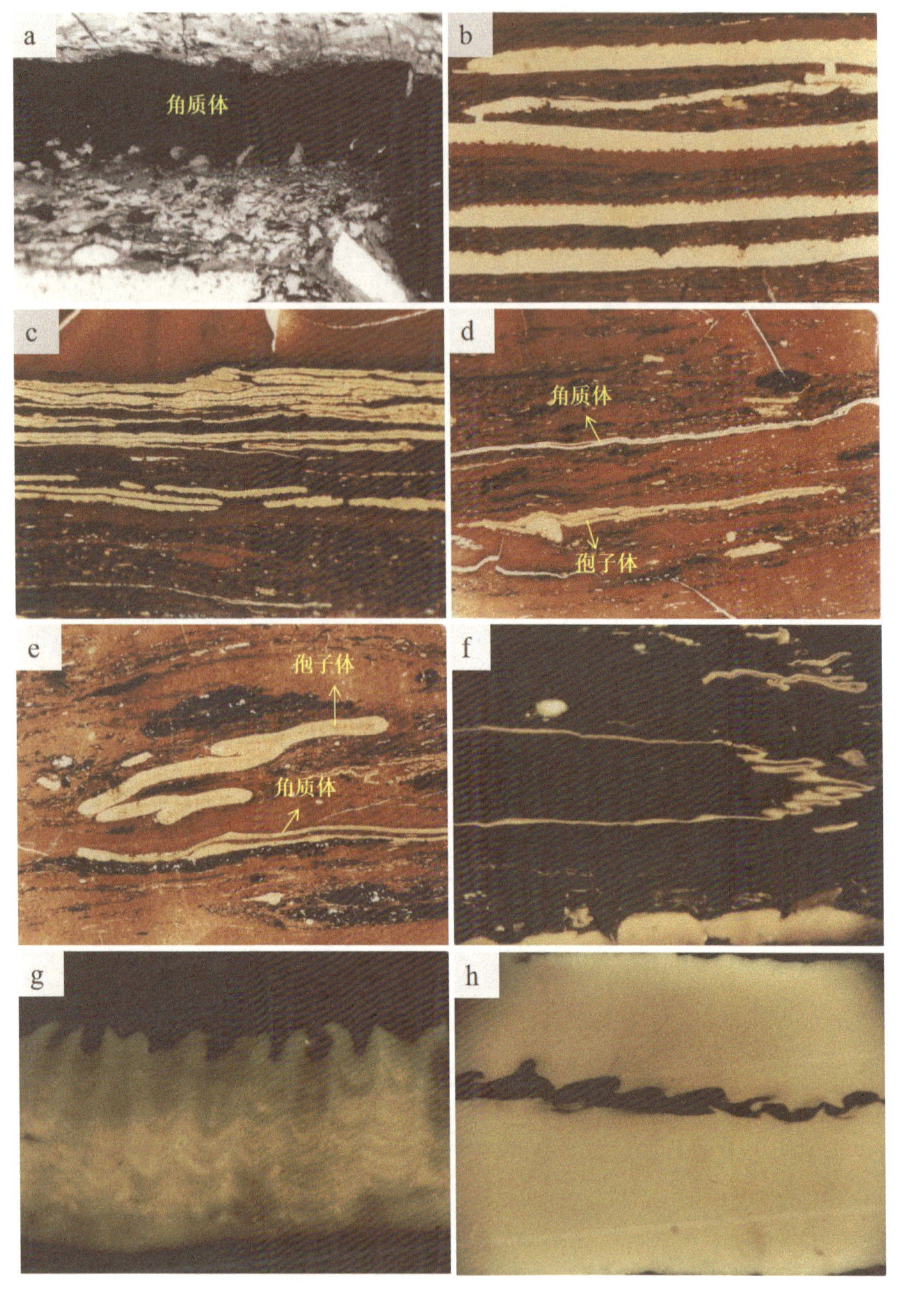

图 3-10　煤中的角质体与孢子体

a. 角质体(反射光);b、c. 角质体(透射光);d、e. 角质体与孢子体(透射光);f～h. 角质体(荧光)

2)孢子体

Seyler(1943)提出孢子体是由孢子和花粉形成的。"ICCP System 1994"将孢子体定义为由孢子外膜(外壁和周壁层)构成的一种类脂体显微组分,其中的"孢子"包括孢子(狭义)和花粉粒。

孢子体来自成煤植物的孢子和花粉,是由植物孢子与花粉的外壁和周壁层形成的。孢子是孢子植物的繁殖器官。孢子细胞内部是原生质，孢子壁由内壁、外壁和周壁构成。内壁主要由纤维素组成，在泥炭化过程中，孢子细胞内的原生质容易被破坏。外壁由孢粉素组成，孢粉素是由胡萝卜素及其酯类组成的交联的高度聚合物，致密，抗分解能力强，易于保存，所以煤中所见的孢子主要是孢子的外壁。周壁不易保存，有时在垂向切片的光片中用荧光照射时可见(韩德馨，1996)。在古生代，孢子的外膜主要由蕨类植物和裸子植物产生，在中生代由裸子植物产生，从白垩纪末开始则由越来越多的被子植物产生，苔藓植物孢子只零星出现(代世峰等，2021d)。各门类孢子植物孢子的大小、外形不同。异孢植物一般雌性孢子个体较大，称为大孢子；雄性孢子个体小，称为小孢子。同孢植物有的孢子大小、外形彼此相似，且无雌、雄之分。

在反射光干物镜下，低阶煤中的孢子体为深灰色、锈褐色，偶尔为近黑色(图 3-11a～c)，油浸反射光下为灰黑色，中到高突起；随着煤级升高，孢子体在反射光下变为浅灰色，逐渐与镜质体类似，突起不明显。在透射光下，孢子体在低阶煤中呈浅黄—亮黄色，随着煤级升高逐渐变为金黄色、橙黄色和红色(图 3-11d～f)。孢子体的荧光色取决于煤级和植物种类。随着煤级升高，荧光强度随之降低。当镜质体反射率约为 1.3%时，孢子体的荧光消失(代世峰等，2021d)；紫外光激发下孢子体的荧光色呈蓝白色、黄白色、赭棕色；蓝光激发下孢子体的荧光色呈亮黄色、橙色、棕色(图 3-11g，h)。

孢子体的尺寸在 10～2000μm 的范围内，大孢子体在煤片中一般长度大于 100μm，鳞木的大孢子体个体很大，粒径可达 3mm 以上。在煤片中大孢子体呈被压扁的扁平体，纵切面呈封闭的长环状，折曲处呈钝圆形，大孢子体外缘多半光滑，有时表面具有瘤状、棒状、刺状等各种纹饰。小孢子体粒径一般小于 100μm，纵切面多呈扁环状，细短的线条状或蠕虫状或似三角形。有时小孢子体成堆出现，称为小孢子堆(韩德馨，1996)。

3)木栓质体

“ICCP System 1994”将木栓质体定义为煤化的细胞壁，它不同于结构腐植体亚组(Telohuminite)的原因在于其具有类脂体特征，并且是由木栓化的细胞壁形成的(Pickel et al.，2017)。

木栓质体来源于树皮的木栓组织及根的表面和茎、果实上的木栓化细胞壁，尤其是树皮的周皮。周皮是由特定的次生分生组织的活动而形成的，这些次生分生组织形成于植物器官外围，使其厚度不断增加，被称为木栓形成层。绝大多数情况下，很多植物上老的柄、枝、茎、根、果实和鳞茎都被周皮层所覆盖。所有的种子植物以及部分蕨类植物受伤后也可形成木栓质层，即这些植物的伤口组织。木栓化可形成扩散屏障，因此木栓组织起到防水层的作用。植物的茎干(树皮)、根和果实上均存在此种现象(Tyson，1995)。木栓组织由多层扁平的长方形、砖状或不规则多边形(一般为 4～6 边)的木栓细胞组成，常以轮廓清晰的宽条状块体或碎片状出现，其中木栓化细胞壁为木栓质体，细胞腔多为团块镜质体(韩德馨，1996)。木栓化细胞壁由纤维素、木质化纤维素和木栓质组成，木栓质在木栓组织中含量达 25%～50%。现今的木栓质类似于角质，是一种非常特殊的高分子聚合物，含有芳烃和聚酯(Taylor et al.，1998)。

在反射光下，木栓质体几乎均为黑色、深灰色或中灰色，颜色变化与煤化程度有关。在透射光下，木栓质体呈淡黄色至金黄色、红色或棕色，取决于薄片厚度、煤化程度以及植物种类。

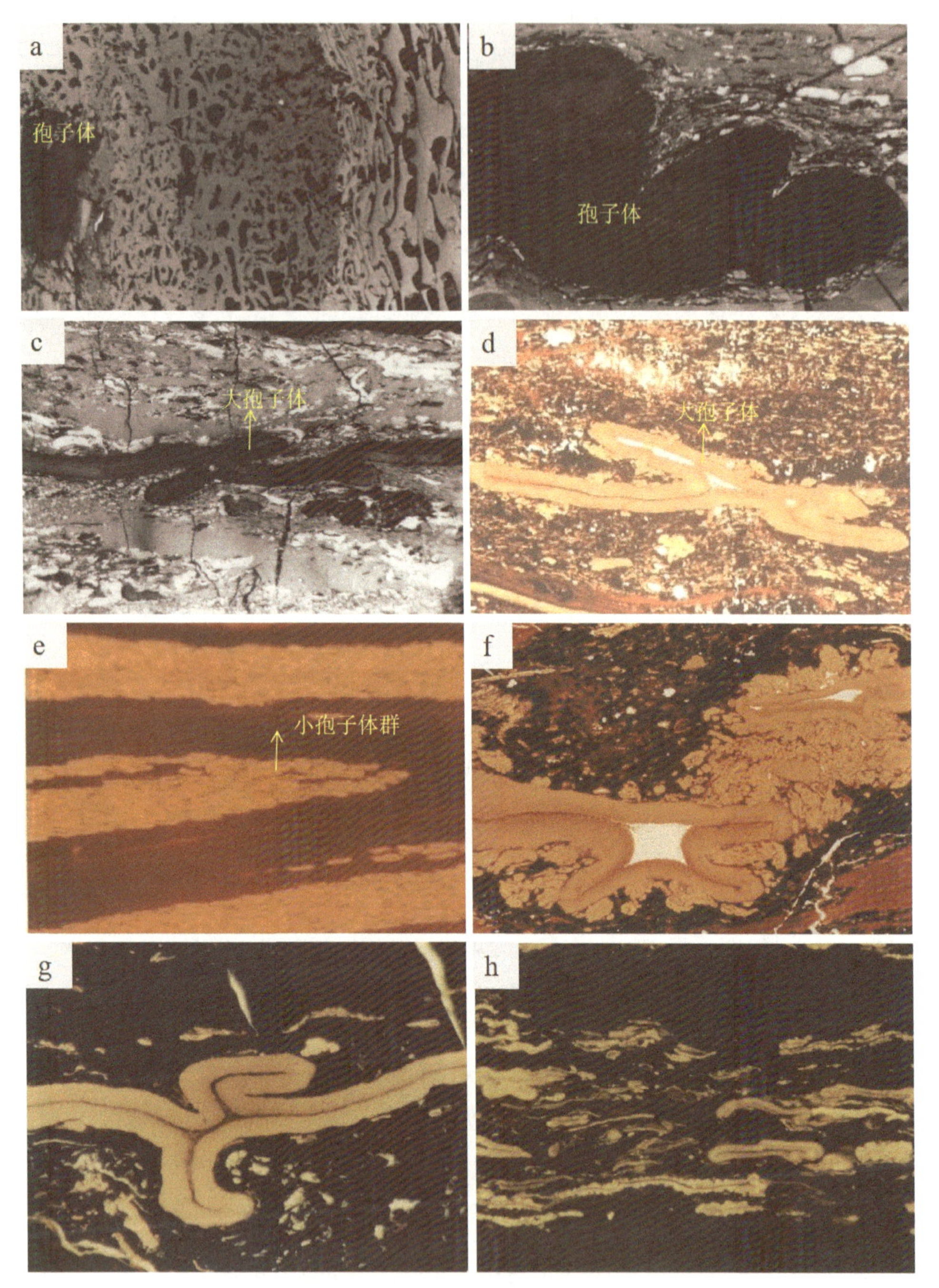

图 3-11 煤中的孢子体

a～c. 孢子体(反射光);d～f. 孢子体(透射光);g、h. 孢子体(荧光)

在显微镜下,多数木栓质体保持原有木栓细胞的形态和结构特征,常呈叠瓦状、鳞片状出现,轮廓清楚(图 3-12);少数情况下细胞结构隐约可见,当木栓质体碎片缺乏可辨识的结构时,则被归为类脂碎屑体。我国南方晚二叠世煤中木栓质体分布普遍,江西乐平煤中木栓质体高度富集,形成典型的树皮残植煤。

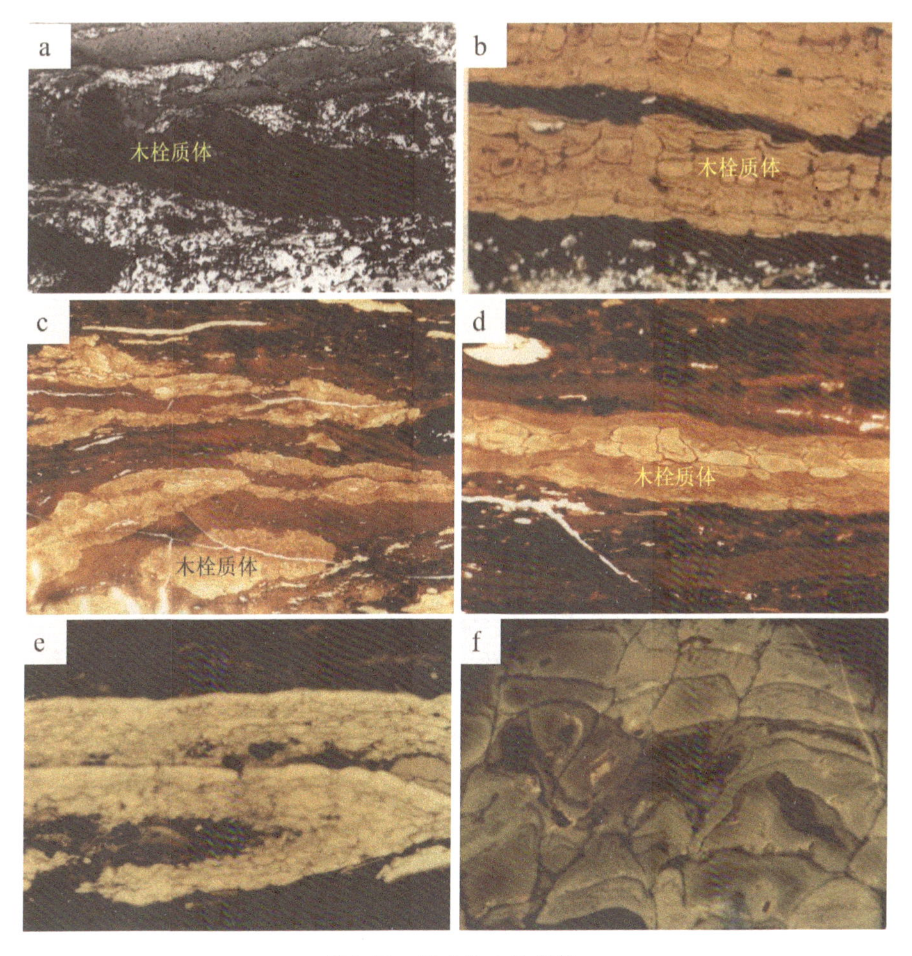

图 3-12 煤中的木栓质体

a. 木栓质体(反射光);b～d. 木栓质体(透射光);e、f. 木栓质体(荧光)

4)树脂体

树脂体由 Stopes(1935)提出,"ICCP System 1994"将其定义为源自树脂和蜡,主要以原位细胞填充物或孤立体的形式存在于煤中的一种类脂体显微组分(Pickel et al.,2017)。

树脂体来源于成煤植物的树脂和柯巴脂,以细胞分泌物的形式出现在植物的不同部位(树皮、树干、树叶等)、薄壁组织或髓射线细胞,以及裸子和被子植物的裂生或溶源性树脂导管中(Pickel et al.,2017)。树脂体也可以由树胶、胶乳、脂肪和蜡质形成(Taylor et al.,1998)。Teichmüller(1982)将树脂体按来源和化学组成分为萜烯树脂体和类脂树脂体两种。萜烯树脂体由树脂、树胶、硬树脂、胶乳和香精油形成,萜烯是较稳定的异戊二烯缩聚化合物;类脂树脂体由脂肪和蜡质形成,脂肪是含有不同脂肪酸的甘油酯的化学混合物,蜡质是高级脂肪酸与高级脂族醇的酯类。与萜烯树脂体相比,类脂树脂体通常不以填充植物胞腔的形式出现。大部分树脂体来源于树脂。

"ICCP System 1994"将旧分类方案中的荧光体看作是树脂体的一种。这是因为树脂体的荧光强度变化很大,孤立的荧光体难以与树脂体进行区分。另外,植物学上认为形成荧光体的精油是一种低分子量的树脂(香脂介于两者之间),因此将荧光体归为树脂体的一种(图 3-13f,代世峰等,2021d)。

在显微镜下,树脂体在垂直切片中的形态为不同形状的离散个体,横截面呈圆形、椭圆形或纺锤形、杆状,有时呈弥散浸渍状或填充于镜质结构体胞腔,有时呈分散状或分层状出现。树脂体油浸反射色深于孢子体和角质体,多为黑色至深灰色,一般不显示突起(图 3-13a)。在透射光下,树脂体色较浅,多呈淡黄白色、柠檬黄色、黄色(图 3-13b,c);树脂体通常具有环带状结构,低阶煤中树脂体的外部环带为浅灰色,内反射色通常为黄色、橙色或红色(代世峰等,2021d)。树脂体在紫外光激发下发蓝色到蓝绿色荧光,在蓝光激发下则发黄色、橙色到浅棕色荧光(图 3-13d,e,f)。树脂体经较强的氧化而反射呈亮白色时,说明已变成惰质体。

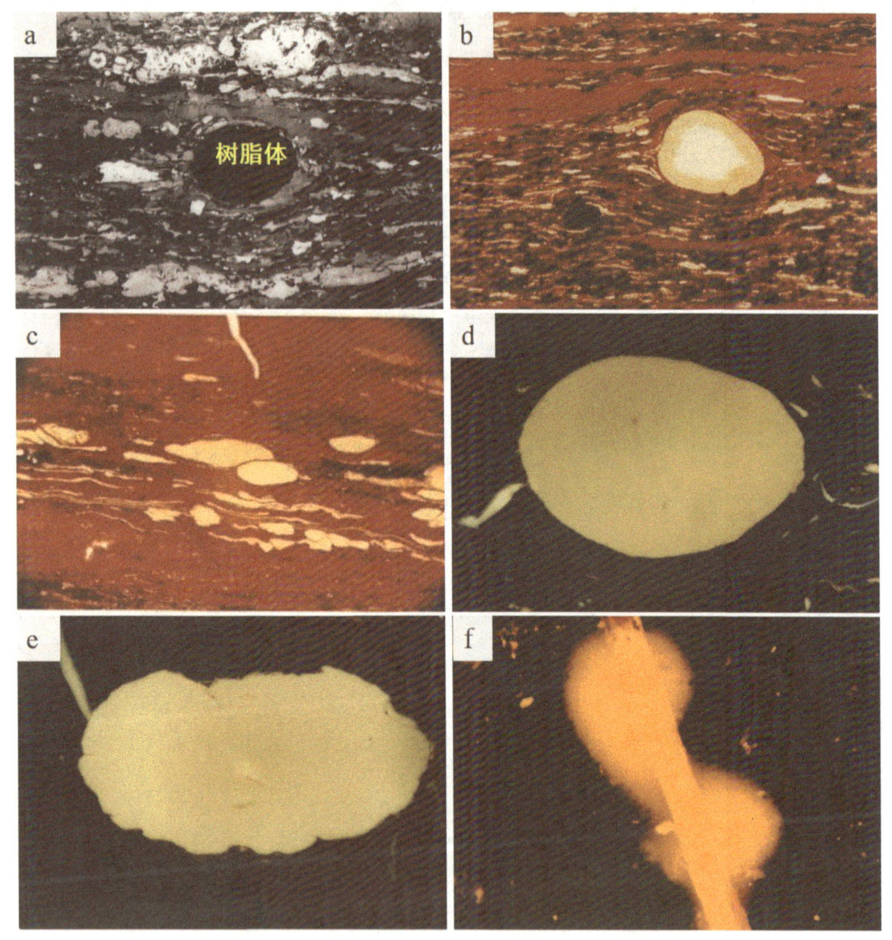

图 3-13　煤中的树脂体

a. 树脂体(反射光);b、c. 树脂体(透射光);d、e. 树脂体(荧光);f. 荧光体

("ICCP System 1994"分类中将其作为树脂体的一种)

5)渗出沥青体

渗出沥青体这一术语是由 Teichmüller(1974)提出的,"ICCP System 1994"将其定义为在煤化过程中生成并填充到孔隙中的(如裂隙、裂缝和其他孔洞等)一种次生显微组分(Pickel et al.,2017)。渗出沥青体是原始石油类物质的固体残留物,通常具有沥青特征,是由富氢成分(通常为类脂体和富氢镜质体)生成的。它与类脂体其他显微组分以及富氢镜质体的区别在于它与液态烃的生成密切相关(代世峰等,2021d)。

渗出沥青体存在于低、中阶烟煤以及热成熟度处于生油窗范围内的页岩中。只有当渗出沥青体与其他显微组分有明确继承关系,或在一些特殊位置产出时(例如在丝质体的胞腔中),才能将这一显微组分鉴定为渗出沥青体(代世峰等,2021d)。渗出沥青体多充填于裂隙或孔隙中,在蓝光激发下多为亮黄色或暗黄色(图 3-14a)。

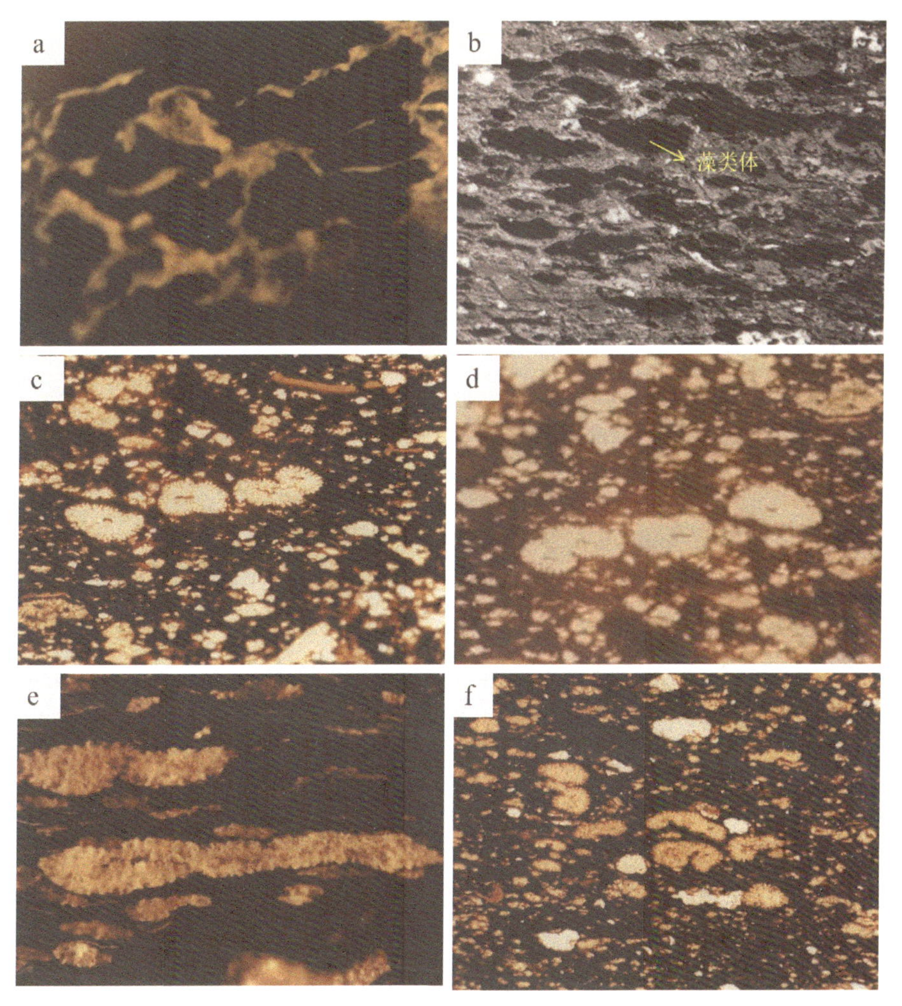

图 3-14 煤中的渗出沥青体和结构藻类体

a. 渗出沥青体(荧光);b. 藻类体(反射光);c、d. 藻类体(透射光);e、f. 藻类体(荧光)

6)叶绿素体

叶绿素体是由国际煤岩学委员会命名小组委员会于 1971 年提出的。"ICCP System 1994"将叶绿素体定义为直径 1~5μm 的小圆形颗粒,具有红色荧光特性的一种类脂体显微组分(Pickel et al.,2017)。在极少数情况下,例如藻类的叶绿素体直径可能达到 100μm。当叶绿素体保存良好时,很容易通过红色荧光识别,但当保存不完整时,通常会被鉴定为类脂碎屑体。在紫外光或蓝光激发后的几分钟内，它的红色荧光将逐渐变为淡橙色（代世峰等，2021d）。

叶绿素体来源于叶绿素色素（基粒）和透明原生质物质（基质），由叶绿素基团的各种色素及其分解产物组成（代世峰等，2021d）。基粒和基质结合形成细小的叠层状构造，称为叶绿体。在高等植物中，它们主要呈透镜状或圆盘状，存在于叶片、幼茎、幼果等中。许多藻类含有形态迥异的叶绿素体。叶绿素体的主要部分在泥炭化作用发生之前就被破坏了，只有在强厌氧条件下和中低温气候下，叶绿素才能以叶绿素体的形式保存下来，因此叶绿素体主要存在于高度凝胶化的软褐煤以及藻泥/腐植黑泥和其他腐泥中（Pickel and Wolf，1989），为褐煤、腐泥和泥炭沉积物的有机组成部分。

叶绿素体通常由小颗粒组成，在反射光下很难与类脂碎屑体区分开；在透射光下，当叶绿素体高度密集时，可以通过淡绿色的颜色识别出叶绿素体，但是这种微弱的颜色可能会被褐色的腐植质所掩盖（Potonié，1920）。叶绿素体显示出强烈的血红色荧光，可依此准确鉴别颗粒很小的叶绿素体颗粒（图 3-15a，b；代世峰等，2021d）。叶绿素体的轻度分解可以引起其荧光颜色从血红色到玫瑰色以至乳白色的转变，在蓝光或紫外光辐射 10～15min 内，会使叶绿素体产生这种荧光颜色转变，而这种变化是不可逆的（代世峰等，2021d）。

7）藻类体

藻类体是由单细胞生物或浮游和底栖的藻类形成的显微组分。藻类体是腐泥煤和一些油页岩的主要组分。根据形态，藻类体细分出结构藻类体和层状藻类体 2 种亚组分。

（1）结构藻类体。

结构藻类体相当于 Hutton 等（1980）提出的藻类体 A。“ICCP System 1994”将结构藻类体定义为一种以离散的透镜状、扇形体或压扁的圆盘形式存在的藻类体，这些结构藻类体都有独特的外部形态，在大多数情况下，它们还具有内部结构。

结构藻类体来源于群体藻类或厚壁单细胞藻类，藻类群体在纵切面上呈透镜状、扇形、纺锤形，在水平切面上呈近圆形。群体的外形清晰，边缘大多不平整，呈齿状，表面呈蜂窝状或海绵状，有时可见每个群体是由几百个管状单细胞组成的，呈放射状排列，群体中部具空洞或裂口（韩德馨，1996）。代世峰等（2021d）指出结构藻类体来源于富含脂质的藻类，迄今确定的属主要在浮游的绿藻纲（Chlorophyceae）中，如与塔斯马尼亚藻、黏球形藻、丛粒藻相关的结构藻类体。

在透射光下，结构藻类体颜色呈浅黄色至棕色，在很大程度上受其煤阶的影响（图 3-14c，d）；在油浸反射光下，结构藻类体比孢子体颜色暗，呈灰黑色至暗黑色（图 3-14b）。结构藻类体具突起，有时在抛光后易留下擦痕。结构藻类体有时具黄色、褐色或红色的内反射，并且由于自发荧光，在反射光下可能显示绿色。在紫外光/紫光/蓝光激发下，结构藻类体在低阶煤中发亮绿色至绿黄色荧光；当镜质体反射率在 0.6%～0.9%时，结构藻类体荧光呈黄色至橙色；结构藻类体在高阶煤中的荧光色为暗橙色（图 3-14e，f）；当镜质体反射率超过1.3%时，结构藻类体不发荧光。

结构藻类体反射率随煤阶的增加而增加，褐煤中结构藻类体的反射率通常为 0.1%。当煤中存在结构藻类体时，该煤的镜质体反射率值通常会受到抑制而较低；当它的反射率约 0.8%时，相应的镜质体反射率为 1.1%。

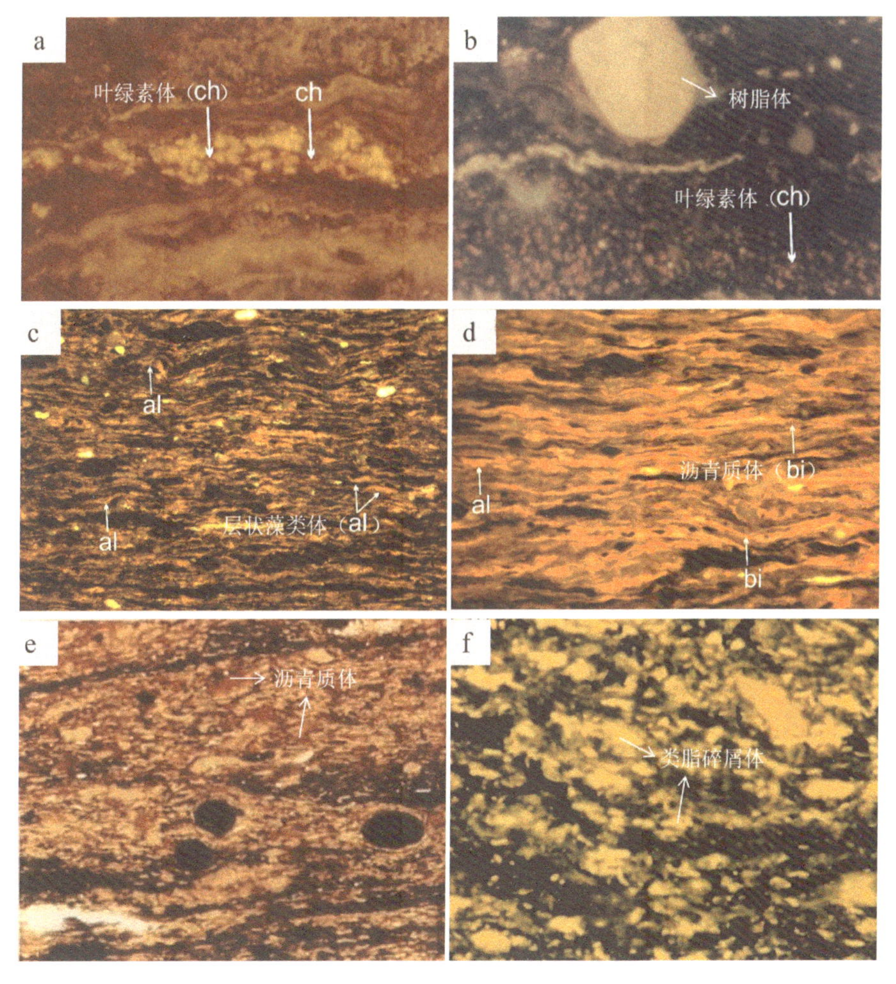

图 3-15 煤中的叶绿素体、沥青质体、层状藻类体与类脂碎屑体

a、b. 叶绿素体(荧光,据代世峰等,2021d);c、d. 层状藻类体与沥青质体(荧光,据代世峰等,2021d);e. 沥青质体(荧光);f. 类脂碎屑体(荧光)

(2)层状藻类体。

层状藻类体相当于 Hutton 等(1980)提出的藻类体 B。"ICCP System 1994"将层状藻类体定义为常以薄层状出现、典型的薄层厚度小于 5μm、侧向宽度通常小于 80μm 的一种藻类体。

多数层状藻类体来源于小的单细胞藻或薄壁浮游藻类,但是某些层状藻类体也可能来源于底栖藻类群体。层状藻类体在纵切面上呈细薄层状,或单独出现,或与其他组分互层,植物内部结构较难辨别(韩德馨,1996)。Hutton 等(1980)认为,层状藻类体可分为两种类型,一种是单独存在的层状藻类体,厚度小于 5μm,大多在 1μm 左右,长度可达 100μm;另一种是由许多薄片状藻类遗体组成的薄层,藻类受到不同程度的生物降解或物理化学降解,以致轮廓已难以分辨,薄层厚度可达 20μm 长,在平行切片中有时可见薄层是由扁平的小浑圆体所组成。层状藻类体中最常见的种类是古近系和新近系中湖相成因的浮游藻类盘星藻属

(*Pediastrum*)中的层状藻类体(Hutton,1982),在海相岩石中含有一些甲藻和疑源类来源的层状藻类体(代世峰等,2021d)。

在透射光下,低阶煤中的层状藻类体是半透明的,通常与黏土矿物难以区别;在油浸反射光下通常无法辨认,没有内反射,在白光下不自发荧光。层状藻类体的抛光硬度适中,其正突起远小于结构藻类体。在紫外光/紫光/蓝光激发模式下,低阶煤中层状藻类体荧光色为绿黄色至橙色(图 3-15c,d),当镜质体反射率为 0.6%～0.9%时,荧光色为黄色至橙色,而较高阶煤中的层状藻类体的荧光色为暗橙色(代世峰等,2021d)。与结构藻类体相比,层状藻类体比较小,通常具有更大的长厚比值,荧光强度更低;与沥青质体相比,层状藻类体的反射率低而荧光性强(图 3-15d)。

8)沥青质体

国际煤岩学委员会于 1975 年引入"沥青质体"这一术语,并将其定义为褐煤中缺乏明确形状的类脂体显微组分。Teichmüller(1974)在石油烃源岩中将部分类脂体显微组分称为沥青质体,并定义了煤中的显微组分沥青质体(Stach et al.,1982)。"ICCP System 1994"将沥青质体定义为一种类脂体显微组分,在褐煤、烟煤和沉积岩的层理切面上,沥青质体既可以呈细颗粒基质形式出现,也可以呈薄层状、不规则纹理状、束状、鳞片状、荚状、线头状、条带状、似脉状的细长透镜体状、细粒浸染状等形式出现;在平行层理的切面上,沥青质体以较均匀的、弥散状的、形态各异的、等粒状的等形式赋存(代世峰等,2021d)。

沥青质体是腐泥煤和富壳质组分的微亮煤和微暗煤的典型显微组分,也是油页岩和其他海相和湖相石油烃源岩中占优势的显微组分。沥青质体主要是各种有机物质在缺氧和弱氧化条件下强烈降解的产物,通常认为其主要有机物质前身是藻类、浮游生物、细菌和较高等的动物(鱼、小虾等)(Cook,1982; Powell et al.,1982; Ramsden,1983)。沥青质体在生油和运移后,留下的固体残渣为微粒体。

在油浸反射光下,沥青质体为深棕色、深灰色,有时几乎是黑色的,成熟度较低时有内反射;在偏光下,颜色为黑色,很容易与低阶的矿物基质区分开。在透射光下,沥青质体呈橙色、红色或棕色(代世峰等,2021d)。沥青质体的内部结构可呈均质状、条纹状、流体状、细粒状,通常仅在蓝光或紫光的激发下才能看到沥青质体的结构,内部细小颗粒在镜下常呈模糊的弥散状,大多无定形,呈细小的透镜状、线理状产出,或作为其他显微组分和矿物的基质存在(图 3-15d,e),很软,难以抛光。在蓝光激发下,受煤的类型和煤阶影响,沥青质体的荧光颜色可以由淡黄色、浅橙色、浅棕色到深棕色变化(Teichmüller and Ottenjann,1977; Creaney,1980);在 $0.5\%<R_o<0.8\%$时,沥青质体荧光呈深褐色并带有红色;当 $0.8\%<R_o<0.9\%$时,沥青质体不再发荧光;在成熟度高时,由于沥青质体反射率与镜质体反射率接近而难以识别。

由于沥青质体是各种有机物的改造或降解产物,其光学性质,尤其是荧光性的变化范围较大。因此,可以在不同的烃源岩中区分出不同类型的沥青质体,例如在德国里阿斯统波西多尼亚页岩中可鉴别出沥青质体Ⅰ、Ⅱ和Ⅲ3 种类型,从Ⅰ类沥青质体到Ⅲ类沥青质体,生烃潜力逐渐降低,同时荧光强度亦逐渐降低(Teichmüller and Ottenjann,1977)。

9)类脂碎屑体

类脂碎屑体是国际煤岩学委员会命名小组委员会在1971年引入的，“ICCP System 1994”将其定义为各种类脂体的显微组分细小碎片的统称，与旧分类系统中的碎屑壳质体对应。由于类脂碎屑体的颗粒非常细小，不能准确鉴别它是类脂体某个特定显微组分。

类脂碎屑体由机械分解或通过微生物作用产生的孢子、花粉、角质层、树脂、蜡质、角质化和木栓质化的细胞壁、藻类等类脂体的显微组分的碎片或残骸组成。类脂碎屑体的颗粒只有几微米的大小，来源不明，形态各异，如呈棒状、尖锐碎片状、线状、圆形等，呈圆形的类脂碎屑体的直径通常只有2～3μm。在反射光下，类脂碎屑体为黑色、深灰色或深棕色，当类脂碎屑体堆积成致密微层时，它具有褐色或淡红色的内反射。在透射光下，类脂碎屑体颜色为白色、黄色、红色或黄色。类脂碎屑体荧光强度变化很大，可以呈黄绿色、柚子黄色、黄色、橙色或浅棕色，主要受原始成煤物质、堆积环境、煤化程度以及切片方向等因素影响(代世峰等，2021d)。

4.腐植体

“腐植体”一词最初由Kardoss(1946)提出，用来描述褐煤中一种具有结构的组分。1970年该术语被国际煤岩学委员会采纳，作为褐煤的显微组分组之一，“ICCP System 1994”将腐植体定义为呈中灰色的反射率介于同一样品中较暗的类脂体和较亮的惰质体之间的一种显微组分组(Sykorova et al.，2005)。腐植体的颜色通常呈暗灰色至中灰色，其颜色和反射率均取决于煤级、凝胶化程度、植物来源及其化学成分(Cameron，1991；Taylor et al.，1998)。荧光的颜色和强度取决于煤阶以及腐植体的降解、腐植化和沥青化程度。荧光颜色为黄棕色至红棕色，木质结构体A和腐木质体A的荧光最为强烈(Taylor et al.，1998)。腐植体抛光硬度较软，与伴生的类脂体和惰质体相比，腐植体无突起(团块腐植体除外)。

腐植体是镜质体的前身，煤中的腐植体来源于薄壁木质组织以及根、茎、树皮和富含纤维素、木质素和鞣酸的叶片的胞腔充填物，由泥炭中的木质纤维素在厌氧条件下保存形成，在泥炭、土壤(表土层)和沉积物中均可见。在腐植黏土中，如果有机物和矿物质被快速埋藏，腐植体也能被保存下来(代世峰等，2021b)。因植物的分解过程、腐植化、凝胶化程度和煤阶存在差异，细胞结构被保存的完好程度、可见程度也不同(Dai et al.，2012，2015b，2015c)。在大部分古近纪和新近纪煤中，腐植体是主要的显微组分组，其含量可以超过90%，如我国云南临沧新近纪煤层中腐植体含量高达95.7%(Dai et al.，2015d)。

依据显微组分的结构(植物组织的保存完好程度)，腐植体可划分为3个显微组分亚组；依据植物组织的凝胶化程度(凝胶腐植体除外)，各显微组分亚组又进一步划分为2个显微组分(表3-3)；依据反射率的差异，显微组分可以进一步划分为显微亚组分、显微组分种，显微组分种A的反射率通常低于显微组分种B的反射率(表3-7)。

1)结构腐植体

结构腐植体由国际煤岩学委员会在1970年提出，指具有细胞结构的腐植体。在反射光下，结构腐植体细胞结构具有不同的保存程度，“ICCP System 1994”将其定义为植物细胞结构保存完整(可具有不同的保存程度)以及具有独立细胞结构、反射率介于较暗的类脂体和较亮的惰质体之间的一种腐植体的显微组分亚组(Sykorova et al.,2005)。

结构腐植体是中阶煤和高阶煤中结构镜质体的前身。结构腐植体中的显微组分主要来自草本和木本植物的根、茎、树皮、叶等的富纤维素、木质素的薄壁组织和木质组织(代世峰等,2021b)。若煤中有丰富的结构腐植体,则表明在森林泥炭地和森林高位沼泽中的低 pH 环境下细胞组织被高度保存(Diessel,1992)。

表 3-7　腐植体显微组分组的次级划分方案

显微组分组(Maceral Group)	显微组分亚组(Maceral Subgroup)	显微组分(Maceral)	显微亚组分(Submaceral)	显微组分种(Maceralvariety)
腐植体(Huminite)	结构腐植体(Telohuminite)	木质结构体(Textinite)		A(暗)
				B(浅)
		腐木质体(Ulminite)		A(暗)
				B(浅)
	碎屑腐植体(Detrohuminite)	细屑体(Attrinite)		
		密屑体(Densinite)		
	凝胶腐植体(Gelohuminite)	团块腐植体(Corpohuminite)	鞣质体(Phlobaphinite)	
			假鞣质体(Pseudophlobaphinite)	
		凝胶体(Gelinite)	均匀凝胶体(Levigelinite)	
			多孔凝胶体(Porigelinite)	

结构腐植体包括木质结构体和腐木质体,二者可通过凝胶化程度加以区分。木质结构体具有独立的细胞壁,而腐木质体细胞壁虽然清晰可见,但已被压缩和凝胶化。

(1)木质结构体。

木质结构体由国际煤岩学委员会于 1963 年提出,指褐煤(软褐煤)中腐植体的细胞壁物质。1970 年国际煤岩学委员会对该术语进行了限定,仅指未凝胶化的细胞壁物质。"ICCP System 1994"将木质结构体定义为腐植体显微组分组中结构腐植体亚组的一种显微组分,主要包括未凝胶化的离散的但是具有保存完整的细胞壁,或植物组织中的细胞壁。根据木质结构体反射率的差异,木质结构体可分为木质结构体 A 和木质结构体 B 两种类型,前者的反射率低于后者。

木质结构体是中阶煤中镜质结构体的前身,主要来源于草本或乔木植物的根、茎、树皮的薄皮组织和木质组织,少量来源于由纤维素和木质素组成的叶片。大部分木质结构体 A 来源于裸子植物(杉科、柏科)的木材或特殊的根(如 Marcoduriainopinata)。木质结构体 B 来源于被子植物的木质组织和草本植物(Diessel,1992)。

木质结构体的植物组织细胞的尺寸和形态虽可能存在差异,细胞壁可能发生变形或被破坏,但其与原始的细胞结构非常相似。胞腔通常为开放状态或者充填其他显微组分或矿物,充填物一般为树脂体、团块腐植体、多孔凝胶体、微粒体、黏土矿物和碳酸盐矿物(代世峰等,2021b)。在反射光下,木质结构体具有各向同性。木质结构体 A 呈暗灰色,常略带褐色,内反射色呈橙色至红褐色。木质结构体 B 呈灰色,无内反射。在透射光下,纤维素残余物的存在,可导致木质结构体 A 具有显著的各向异性。木质结构体的荧光一般呈脏黄色至棕色。木质结构体 A 的荧光性比木质结构体 B 强,有时甚至接近类脂体,但二者的荧光强度均低于伴生的类脂体。木质结构体抛光硬度较小,在抛光的煤块样品中不显任何突起。

(2)腐木质体。

腐木质体最初由 Stopes(1935)提出,用以描述煤中完全凝胶化的植物组织。1970 年国际煤岩学委员会引入该术语,指发生不同程度凝胶化作用的植物组织,但依然可以观察到这些组织的细胞结构。"ICCP System 1994"将腐木质体定义为腐植体中结构腐植体亚组的一种显微组分,指不同凝胶化程度的组织中的细胞壁。根据反射率的不同,可将腐木质体分为腐木质体 A 和腐木质体 B,前者的反射率低,而后者的反射率较高。

腐木质体是中、高阶煤中胶质结构体的前身,来源于草本和乔木植物的根、茎、树皮的薄壁组织和木质组织,以及富纤维素和木质素的叶片。腐木质体主要形成于潮湿环境下泥炭、土壤以及湖相沉积物中,同时也受煤阶影响。潮湿森林泥炭地形成的褐煤比干燥环境中腐化作用强烈条件下形成的褐煤更富含腐木质体。随着煤阶的升高,木质结构体含量降低,而腐植体含量增加(代世峰等,2021b)。

腐木质体中细胞壁的大小和形态可能存在差异。受均质化作用,细胞壁的结构已经消失,胞腔闭合。凝胶化作用使细胞壁发生显著的膨胀,导致在同一植物组织中,腐木质体细胞壁的厚度大于木质结构体细胞壁的厚度,并且在腐木质体中,细胞壁被压缩,从而可能使细胞产生收缩裂缝。在光学显微镜下,腐木质体 A 呈暗灰色,可能会有微弱的橙色内反射;腐木质体 B 呈灰色,少量带有褐色色调。腐木质体 A 的荧光强度高于腐木质体 B。腐木质体 A 的荧光性为脏黄色、褐色至深褐色;腐木质体 B 的荧光性取决于煤阶,随着凝胶化程度和煤阶的增加,腐木质体荧光强度降低。腐木质体的抛光硬度较小,与其他显微组分相比,不显突起。

2)碎屑腐植体

碎屑腐植体由国际煤岩学委员会于 1970 年引入,"ICCP System 1994"将其定义为腐植体的一个显微组分亚组,主要包括反射率介于共伴生的类脂体和惰质体之间的细小的腐植碎片(<10μm),这些碎片可能会被无定形的腐植物质胶结(Sykorova et al.,2005)。

碎屑腐植体是中、高阶煤中碎屑镜质体的前身,主要由草本和乔木植物茎、叶的薄壁组织和木质组织经强烈的分解形成(Diessel,1992; Taylor et al.,1998)。根据凝胶化程度,碎屑腐植体包含未凝胶化的细屑体和凝胶化的密屑体两种显微组分。

(1)细屑体。

细屑体最早由 Babinkova 和 Moussial 在 1963 年的苏联煤岩学会上提出,1970 年,国际煤岩学委员会引用该术语作为腐植体中的显微组分,主要为细小的、构成(褐)煤中未凝胶化基质的腐植颗粒。"ICCP System 1994"将细屑体定义为腐植体中碎屑腐植体亚组的显微组分，是由不同形态的小于 10μm 的腐植组颗粒和海绵状至多孔状、未凝胶化的无定形腐植物质组成的混合物。

细屑体中的碎屑物是以纤维素及部分木质素为主要组成的草本和乔木植物的茎、叶的薄壁组织和木质组织，经强烈的分解作用形成。细屑体形成于有氧环境中，高含量的细屑体表明泥沼表层有相对干燥的条件，植物的腐植化部分在有氧条件下发生分解(von der Brelie and Wolf，1981)。细屑体中的无定形、多孔部分主要由絮凝腐植质胶体组成。在煤化作用过程中，细屑体经凝胶化作用形成密屑体、经镜煤化作用形成胶质碎屑体。虽然如此，在一定的沉积条件下，密屑体与细屑体在同一煤层中也可能共存(代世峰等，2021b)。

在反射光下，细屑体的海绵状结构导致它比腐植体的其他显微组分颜色偏暗，呈暗灰色。细屑体的荧光性与其成分有关，呈浅棕色。若细屑体来源于裸子植物组织的残余物，那么荧光性会增强。细屑体的抛光硬度较小，不显任何突起。

(2)密屑体。

密屑体由国际煤岩学委员会在 1970 引入，指腐植体中被无定形的腐植物质黏结的细小凝胶化颗粒，"ICCP System 1994"将其定义为腐植体中碎屑腐植体亚组的显微组分，主要为被无定形致密腐植物质黏结的不同形态的细小腐植质颗粒(<10μm)。密屑体为凝胶化的相对均匀的腐植基质，胶结着煤中其他成分，因此，在抛光的煤颗粒上，密屑体表面均一、极少有杂色斑点。密屑体呈灰色，无荧光性或在荧光下呈较弱的暗褐色。密屑体的抛光硬度较小，在抛光面上无明显突起，其反射率取决于煤化程度，随机反射率介于 0.2%～0.4%之间。

密屑体主要有两种成因：一是由纤维素和木质素构成的茎、叶的薄皮组织和木质组织发生强烈的腐化，随后在泥炭阶段潮湿条件下经生物化学凝胶化作用形成；二是随着煤化作用的进行，由原来的细屑体发生地球化学凝胶化作用而形成。与泥沼表层相对干燥条件形成的褐煤中高含量的细屑体不同，在古近纪和新近纪潮湿环境下堆积的泥炭形成的低阶褐煤中，通常有较高含量的密屑体(代世峰等，2021b)。

3)凝胶腐植体

凝胶腐植体由国际煤岩学委员会引入，用于指无定形腐植质形成的显微组分亚组。"ICCP System 1994"将凝胶腐植体定义为腐植体显微组分组中的显微组分亚组，是灰色、无结构、均一、具有腐植体反射率的物质(Sykorova et al.，2005)。

凝胶腐植体有多种成因，如可能来源于强烈凝胶化的植物组织和腐植碎屑，并且在反射光下，已无法辨认其结构，也可能来源于沉淀的腐植凝胶，或者植物原生的鞣质体胞腔充填物(主要在裸子植物中)(代世峰等，2021b)。

凝胶腐植体包括团块腐植体和凝胶体。前者是相互分离的均质团块个体或原地形成的鞣质体胞腔充填物；后者为次生、均一的充填物，常充填在之前已存在的空隙中。

(1)团块腐植体。

国际煤岩学委员会于 1970 年引入团块腐植体术语，用于指腐植体的一种显微组分，由无结构的腐植胞腔充填物组成。"ICCP System 1994"将团块腐植体定义为腐植体显微组分组中凝胶腐植体亚组中的显微组分，或者呈均质的、离散状的腐植胞腔原位充填物，与木质结构体或腐木质体伴生;或者呈离散状独立存在于细屑体、密屑体或黏土中。

团块腐植体中有2个显微亚组分,即鞣质体和假鞣质体。它们只有赋存在木质结构体或腐木质体中,才可被辨别。鞣质体为原生细胞分泌物的煤化作用产物,如果充填物未与闭合的细胞壁接触(孤立地位于胞腔内),则为鞣质体;假鞣质体来源于腐植凝胶物质形成的次生胞腔充填物,如果胞腔内完全被无定形的腐植质充填,并且细胞壁和充填物间的界线模糊,则为假鞣质体(代世峰等,2021b)。

团块腐植体在褐煤和泥炭中常见但含量不高,它在植物的树皮和皮层组织中,常以胞腔充填物形式存在,且含量丰富(Soós,1964)。其中,鞣质体来源于富鞣酸的细胞分泌物,通常沉淀于表皮细胞、薄皮组织或髓射线细胞中,特别是在木栓组织中。假鞣质体来源于胶质腐植溶液沉淀,在杉科植物中较常见,在含树脂道的松柏类植物中较为少见(Soós,1963,1964)。团块腐植体常呈孤立团块状,在部分煤分层中含量丰富,表明其抗腐化能力强。

团块腐植体的颜色呈灰色至浅灰色,无荧光。团块腐植体的抛光硬度不一,取决于团块腐植体的来源。一般情况下,在抛光的煤颗粒上不显突起。团块腐植体的形态取决于所充填的胞腔的形状和切片的方向,多呈球形、椭圆形或长条状(代世峰等,2021b)。团块腐植体的大小也受细胞原始大小的影响(Szádecky-Kardoss,1952;Mader,1958;Soós,1964)。在古近纪和新近纪煤中,球形的团块腐植体粒径为10~40μm,长条状的团块腐植体尺寸为20~170μm(代世峰等,2021b)。

(2)凝胶体。

凝胶体由Szádecky-Kardoss(1949)提出,指沉淀的腐植凝胶,随后被国际煤岩学委员会采用,指腐植体中由无定形的腐植凝胶形成的显微组分。"ICCP System 1994"将凝胶体定义为腐植体显微组分组中凝胶腐植体亚组的一种显微组分,在反射光下,均匀、无结构或呈多孔状的物质,与腐植体反射率相同。凝胶体可分为2个显微亚组分,即均匀凝胶体(Levigelinite)和多孔凝胶体(Porigelinite)。

①均匀凝胶体。均匀凝胶体不显任何结构,呈致密均匀状,在干燥条件下可见收缩裂缝。化学浸蚀后,它可分辨出3种隐显微组分:结构凝胶体可见细胞结构、碎屑凝胶体具有细屑体形态、均质凝胶体无结构。均质凝胶体充填植物胞腔,有裂隙和其他空洞(代世峰等,2021b)。

②多孔凝胶体。多孔凝胶体呈海绵状、多孔状或微粒状(代世峰等,2021b)。多孔凝胶体也可能出现于细屑体中,与碎屑腐植物质混合。由于这种充分的混合,多孔凝胶体成为细屑体的一部分,粒径小于10μm的凝胶体可归为细屑体。多孔凝胶体内部呈离散状的橙色内反射(Mukhopadhyay and Hatcher,1993)。

凝胶体呈中至浅灰色,由于孔隙的存在,同一煤层中多孔凝胶体可能比均匀凝胶体颜色略深。凝胶体无荧光性,外观均匀,抛光后无突起。

凝胶体可形成于同生和后生阶段。在泥炭堆积阶段的潮湿环境下,无定形腐植体从胞腔内分泌出,并充填于原始的细胞腔,形成同生的均匀凝胶体和多孔凝胶体。胶质腐植溶液沉淀并充填于次生的胞腔中,形成后生的均匀凝胶体和多孔凝胶体。均匀凝胶体中的结构凝胶体和碎屑凝胶体是泥炭中植物组织或腐植质残体经强烈凝胶化的结果,并且在泥炭中,结构凝胶体、碎屑凝胶体可能与均匀凝胶体共存。结构凝胶体和碎屑凝胶体也可能在煤化作用过程中，经凝胶化作用形成。均匀凝胶体和多孔凝胶体是中、高阶煤中凝胶体的前身。结构凝胶体和碎屑凝胶体分别是胶质结构体和胶质碎屑体的前身（代世峰等，2021b）。

以上就是显微煤岩组分的国际分类方案，其中“ICCP System 1994”对显微组分的分类和命名，涵盖了截至目前煤与沉积岩中发现的几乎所有的显微组分的种类及其反射光下和荧光下的光学特征。但是，由于煤的岩石组成非常复杂，在个别的煤中还存在着有争议的或者“ICCP System 1994”分类体系中未包含的显微组分或其描述的光学特征，因此，随着人们对煤中显微组分和沉积岩中分散有机质认识的不断深入，“ICCP System 1994”分类体系需要不断地完善和发展。

二、中国烟煤的显微组分分类方案

我国煤岩学研究始于20世纪30年代，但是直到1980年才成立中国煤田地质专业委员会煤岩学组。自成立以来，该委员会召开了多次煤岩学学术会议，促进了中国煤岩学的发展，在制定关于煤的显微组分分类的国家标准方面作出了重要贡献，先后制定并完善了多个版本的国家标准——《烟煤显微组分分类》。

《烟煤显微组分分类》是总结了中国煤岩工作的经验，以《国际煤岩学手册》中显微组分定义和分类为基础，并参考国际硬煤显微组分分类方案（即Stopes Heerlen分类方案）制定的。目前最新版的国家标准为2013年正式发布的《烟煤显微组分分类》（GB/T 15588—2013），分类原则采用成因与工艺性质相结合的原则，以显微镜油浸反射光下的特征为主，结合透射光和荧光特征进行分类。首先根据煤中有机成分的颜色、反射力、突起、形态和结构特征，划分出镜质组、惰质组和壳质组3个显微组分组。再根据细胞结构保存程度、形态、大小及光性特征的差别，将3个显微组分组又进一步划分出20个显微组分、14个显微亚组分（表3-8）。在我国国家标准中，一直缺少褐煤的显微组分分类，为此我国学者主要以《国际煤岩学手册》中褐煤显微组分分类为基础。

《烟煤显微组分分类》（GB/T 15588—2013）和“ICCP System 1994”相比，首先前者采用了显微组分组、显微组分和显微亚组分的分类方案，后者采用了显微组分组、显微组分亚组和显微组分的分类方案。其次组分划分的依据不同，国家标准《烟煤显微组分分类》采用成因与工艺性质相结合的原则，以显微镜油浸反射光下的特征为主，结合透射光和荧光特征，根据煤中有机成分的颜色、反射力、突起、形态和结构特征，划分出显微组分组，再根据细胞结构的保存程度、形态、大小以及光性特征的差异，将显微组分组进一步划分为显微组分和显微亚组分。而“ICCP System 1994”主要依据反射光下的特征进行分类，根据反射率高低水平划分出显微组分组，根据植物组织的破坏程度划分出显微组分亚组，根据形态和（或）凝胶化程度划分出显微组分。

对于镜质组的分类，《烟煤显微组分分类》（GB/T 15588—2013）将均质镜质体、基质镜质体、团块镜质体和胶质镜质体划入无结构的显微亚组分（表3-8）；而“ICCP System 1994”将胶质结构体（对应前者的均质镜质体）划入有结构的显微组分亚组（结构镜质体亚组）中，将胶质碎屑体（对应前者的基质镜质体）划入具有碎屑特征的显微组分亚组（碎屑镜质体亚组）中，将凝胶体（对应前者的胶质镜质体）和团块凝胶体（对应前者的胶质镜质体）划入具有凝胶特征的显微组分亚组(凝胶镜质体亚组)中(表 3-4)。

表 3-8 中国《烟煤显微组分分类》(GB/T 15588—2013)

显微组分组(Maceral Group)	代号(Symbol)	显微组分(Maceral)	代号(Symbol)	显微亚组分(Submaceral)	代号(Symbol)
镜质组(Vitrinite)	V	结构镜质体(Telinite)	T	结构镜质体 1(Telinite 1)	T1
				结构镜质体 2(Telinite 2)	T2
		无结构镜质体(Collinite)	C	均质镜质体(Telocollinite)	TC
				基质镜质体(Desmncohinite)	DC
				团块镜质体(Corpocollinite)	CC
				胶质镜质体(Gelocollinite)	GC
		碎屑镜质体(Vitrodetrinite)	VD	—	—
惰质组(Inertinite)	I	丝质体(Fusinite)	F	火焚丝质体(Pyrofusinite)	PF
				氧化丝质体(Degradofusinite)	OF
		半丝质体(Semifusinite)	Sf	—	—
		真菌体(Funginite)	Fu	—	—
		分泌体(Secretinite)	Se	—	—
		粗粒体(Macrinite)	Ma	粗粒体 1	Ma1
		微粒体(Micrinite)	Mi	粗粒体 2	Ma2
				—	—
		碎屑惰质体(Inertodetrinite)	ID	—	—
壳质组(Exinite)	E	孢粉体(Sporinite)	Sp	大孢子体(Macrosporinite)	MaS
				小孢子体(Microsporinite)	MiS
		角质体(Cutinite)	Cu	—	—
		树脂体(Resinite)	Re	—	—
		木栓质体(Suberinite)	Sub	—	—
		树皮体(Barkinite)	Ba	—	—
		沥青质体(Bituminite)	Bt	—	—
		渗出沥青体(Exsudatinite)	Ex	—	—
		荧光体(Fluorinite)	Fl	—	—
		藻类体(Alginite)	Alg	结构藻类体(Telalginite)	TA
				层状藻类体(Lamalginite)	LA
		碎屑类脂体(Liptodetrinite)	LD	—	—

对于惰质组的分类,《烟煤显微组分分类》(GB/T 15588—2013)和“ICCP System 1994”分类方案的主要区别是:前者采用了显微组分组、显微组分和显微亚组分 3 个级别的分类方案(表 3-8),后者只有显微组分组和显微组分(表 3-3),但两者所对应的惰质组显微组分是一

致的，即都包含丝质体、半丝质体、真菌体、分泌体、粗粒体、微粒体和碎屑惰质体（表3-3、表3-8）。而在我国的国标分类方案中，根据成因和反射色不同将丝质体分为火焚丝质体和氧化丝质体两个亚组分；根据细胞结构形态将粗粒体分为粗粒体1和粗粒体2两个亚组分（表3-8）。火焚丝质体是指植物或泥炭在泥炭沼泽发生火灾时，受高温碳化热解作用转变形成的丝质体，其细胞结构清晰，细胞壁薄，反射率和突起很高，油浸反射光下为亮黄白色。与火焚丝质体相比，氧化丝质体细胞结构保存较差，反射率和突起稍低，油浸反射光下为亮白色或白色。粗粒体1在油浸反射光下为灰白色，具有一定外形轮廓；粗粒体2在油浸反射光下为亮白色或亮黄白色，呈无定形基质状。

对于壳质组的分类，《烟煤显微组分分类》(GB/T 15588—2013)和"ICCP System 1994"相比，前者采用了显微组分组、显微组分和显微亚组分3个级别的分类方案（表3-8），后者只有显微组分组和显微组分（表3-3）。对于显微组分的划分，"ICCP System 1994"分类方案中有叶绿素体，并将荧光体作为树脂体的一种（图3-13f）。我国国家标准《烟煤显微组分分类》(GB/T 15588—2013)中有树皮体和荧光体，没有叶绿素体，并明确地划分出了显微亚组分（如孢粉体分为大孢子体和小孢子体，藻类体分为结构藻类体和层状藻类体）。关于树皮体，是中国一些煤中特有的组分，很多研究认为树皮体可能来源于植物茎和根的皮层组织，细胞壁和细胞腔的充填物皆栓质化（韩德馨，1996；Sun，2002，2003；Wang et al.，2017）。在油浸反射光下呈灰黑色至深灰色，低突起或微突起。树皮体有多种保存形态，常为多层状，有时为多层环状或单层状等，在纵切面上，由扁平长方形细胞叠瓦状排列而成，呈轮廓清晰的块状，水平切面上呈不规则的多边形。透射光下呈柠檬黄色、金黄色、橙红色及红色。具有明显的亮绿黄色、亮黄色至黄褐色荧光，各层细胞的荧光强度不同，荧光色差异较大。但国际煤岩学委员会尚未承认树皮体这一显微组分，国际上有些学者对此显微组分也存在争议（Howeret al.，2007；Mastalerz et al.，2015）。

对于腐植组的分类，由于我国没有低阶煤中腐植组的显微组分分类方案，因此"ICCP System 1994"中关于腐植体显微组分的定义和分类方案对我国学者更具有特殊的意义。这两种分类方案各有特色，国内研究者均可以采用，但是国内研究者在与国际学者交流时，建议采用"ICCP System 1994"分类方案，以便交流（代世峰等，2021a）。

第二节　煤的显微岩石类型

显微岩石类型是指显微镜下划分出的不同显微组分或组分组的不同组合。不同的显微岩石类型反映了煤的成因、煤相、原始成煤物质和煤的化学工艺性质的差异。自从煤岩学家赛勒1954年在给国际煤岩学委员会术语分会的信中首先提出"显微煤岩类型"一词，并被国际煤岩学委员会采纳之后，显微煤岩类型测定开始广泛应用于聚煤方式、煤相、煤的层序地层格架对比，以及评价煤的可选性、炼焦工艺性质等方面。将煤作为一种岩石，根据肉眼或显微镜观察描述煤的组成、结构、物理性质的差异性，划分出不同的类型，称为煤的岩石类型。在肉眼观察下所作的划分，通常称为"宏观煤岩类型"；在显微镜下所作的划分，称为"显微煤岩类型"。显微煤岩类型是显微镜下所见各组（种）显微组分的组合。

根据研究目的的不同，显微煤岩类型有两种分类方案：一种以研究煤的成因为主要目的，另一种以研究煤的化学工艺性质为目的。显微煤岩类型的成因分类方案由热姆丘日尼柯夫和金兹堡(1965)提出，分类的目的是研究腐植煤和煤层形成条件、煤的岩石类型，意在将微观研究与肉眼观察相结合，因此这些术语既可以在镜下观察时用以表示显微组分的组合，即显微煤岩类型，又可以在肉眼观察时使用(韩德馨，1996)。这套方案首先按照结构把腐植煤划分为均一煤类和不均一煤类。对于结构均一的煤类，按照凝胶化组分(镜质体)含量，可分为丝炭-木煤质煤、暗煤质煤、亮暗煤质煤、暗亮煤质煤、亮煤质煤、木质镜煤-镜煤质煤共 6 个类型及其相应的亚型(表 3-9)。

表 3-9　显微煤岩类型的成因分类(据热姆丘日尼柯夫和金兹堡，1965)

按外观区分的类型	凝胶化物质含量/%	在显微镜下区分的亚型					类型和亚型的光泽程度
		茎干亚型	茎干和壳质亚型	孢子亚型	角质层亚型	树脂亚型	
丝炭-木煤质煤	0～10	丝炭-木煤质煤 丝炭	—	—	—	—	暗淡
暗煤质煤	10～25	丝炭-木煤型暗煤	混合暗煤	孢子暗煤	角质暗煤	树脂暗煤	
亮暗煤质煤	25～50	丝炭-木煤型暗煤	混合亮暗煤	孢子亮暗煤	角质亮暗煤	树脂亮暗煤	半暗
暗亮煤质煤	50～75	丝炭-木煤型暗亮煤	混合暗亮煤	孢子暗亮煤	角质暗亮煤	树脂暗亮煤	半亮
亮煤质煤	75～100	丝炭-木煤型亮煤	混合亮煤	孢子亮煤	角质亮煤	树脂亮煤	光亮
木质镜煤-镜煤质煤	90～100	木质镜煤-镜煤	—	—	—	—	

显微煤岩类型的化学工艺性质的分类目的在于研究煤的工艺性质和用途，是目前国际煤岩学界广泛使用的分类方案。国际煤岩学委员会及中国显微煤岩类型分类的国家标准均采用该依据进行分类。

一、国际煤岩学委员会的显微煤岩类型分类

国际煤岩学委员会于 1955 年提出了国际显微煤岩类型的分类方案(表 3-10)。该分类方案侧重于研究煤的工艺性质和用途，规定各种显微煤岩类型条带的最小宽度为 50μm，或最小覆盖面为 50μm×50μm，以镜质体(V)、类脂体(L)和惰质体(I)含量百分比来划分类型。显微煤岩类型按显微组分的组合情况，可分为单组分组类型、双组分组类型和三组分组类型 3 种(表 3-10)。

表 3-10 国际显微煤岩类型分类

<table>
<tr><th>显微镜岩类型</th><th>显微组分组成
（不包括矿物质）</th><th>显微煤岩类型</th><th>显微组分组的组成
（不包括矿物质）</th><th colspan="2">显微煤岩类型组</th></tr>
<tr><td rowspan="3">单组分组类型</td><td>无结构镜质体>95%
结构镜质体>95%
镜屑体>95%</td><td>（微无结构镜煤）
（微结构镜煤）</td><td>V>95%</td><td colspan="2">微镜煤</td></tr>
<tr><td>孢子体>95%
角质体>95%
树脂体>95%
藻类体>95%
壳屑体>95%</td><td>微孢子煤
微角质煤
微树脂煤
微藻类煤</td><td>L>95%</td><td colspan="2">微壳煤</td></tr>
<tr><td>半丝质体>95%
丝质体>95%
菌类体>95%
惰屑体>95%
粗粒体>95%</td><td>微半丝煤
微丝煤
微菌类煤
微惰屑煤
微粗粒煤</td><td>I>95%</td><td colspan="2">微惰煤</td></tr>
<tr><td rowspan="3">双组分组类型</td><td>镜质体＋孢子体>95%
镜质体＋角质体>95%
镜质体＋树脂体>95%
镜质体＋壳屑体>95%</td><td>微孢子亮煤
微角质亮煤
微树脂亮煤</td><td>V＋L>95%</td><td>微亮煤</td><td>微镜亮煤
微壳亮煤</td></tr>
<tr><td>镜质体＋粗粒体>95%
镜质体＋半丝质体>95%
镜质体＋丝质体>95%
镜质体＋菌类体>95%
镜质体＋惰屑体>95%</td><td></td><td>V＋I>95%</td><td>微镜惰煤</td><td>微惰镜煤
微镜惰煤</td></tr>
<tr><td>惰质体＋孢子体>95%
惰质体＋角质体>95%
惰质体＋树脂体>95%
惰质体＋壳屑体>95%</td><td>微孢子暗煤
微角质暗煤
微树脂暗煤</td><td>I＋L>95%</td><td>微暗煤</td><td>微惰暗煤
微亮暗煤</td></tr>
<tr><td>三组分组类型</td><td>镜质体、惰质体、
壳质体>5%</td><td>微暗亮煤
微镜惰壳煤
微亮暗煤</td><td>V>I、L
L>I、V
I>V、L</td><td>微三合煤</td><td>微镜三合煤
微壳三合煤
微惰三合煤</td></tr>
</table>

注：转引自韩德馨《中国煤岩学》(1996)。

单组分组类型的显微煤岩类型是指只有一种显微组分组占绝对优势(>95%)的显微煤岩类型,其中仅含很少(<5%)的其他有机组分组,如微镜煤、微壳煤、微惰煤。双组分组类型的显微煤岩类型是两种显微组分组之和大于95%,且其中每一组的含量必须大于5%,如微亮煤、微镜惰煤和微暗煤。由于这两组显微组分含量比例变化很大,影响煤的工艺性质,所以根据占主体的显微组分的组别来命名。例如,微亮煤中以镜质体为主时,称微镜亮煤;以壳质组为主时,称微壳亮煤。在三组分组类型的显微煤岩类型中,三组显微组分组的含量都大于5%,其中V>I、E的称微暗亮煤,I>V、E的称微亮暗煤,而E>I、V的称微镜惰壳煤(韩德馨,1996)。在各组显微煤岩类型中,可根据显微组分的组成特征加以细分,如微壳煤中可分出微孢子煤、微角质煤、微树脂煤和微藻类煤等(表3-10)。

上述分类适用于矿化程度低的煤,命名时只考虑有机显微组分含量,对矿物质忽略不计。对密度大于1.5g/cm^3,即含硫化物矿物大于5%或含20%以上的其他矿物,则按显微组分与矿物的比例不同,分别称为显微矿化类型或显微矿质类型(韩德馨,1996)。

国际煤岩学委员会从工艺性质出发,将密度为1.5~2.0g/cm^{3}的称为显微矿化类型,因为在煤的洗选中,密度1.5g/cm^{3}往往是精煤与中煤的界限,而2.0g/cm^{3}则为中煤与尾矸的界限。按矿物成分,可将显微矿化类型分为5种(表3-11)。

表3-11 煤的显微矿化类型分类

显微矿化类型	矿物种类	煤中矿物的体积分数,φ/%
微泥质煤	黏土	$20 \leqslant \varphi < 60$
微硅质煤	石英	$20 \leqslant \varphi < 60$
微碳酸盐质煤	碳酸盐	$20 \leqslant \varphi < 60$
微硫化物质煤	硫化物	$5 \leqslant \varphi < 20$
微复矿质煤	两种或两种以上矿物	$20 \leqslant \varphi < 60$(不含硫化物) $5 < \varphi < 45$(含硫化物为5%) $10 < \varphi < 30$(含硫化物为10%)

显微矿质类型是颗粒中矿物体积分数大于或等于表3-11中上限的物质总称,按矿物种类不同,可分为微泥质型、微硅质型、微碳酸盐质型、微硫化物质型及微复矿质型。

二、中国显微煤岩类型分类

中国地质科学院矿床地质研究所、四川省地质局重庆实验室(1974)煤岩学研究小组先后提出了中国腐植煤的显微煤岩类型分类方案(韩德馨,1996)。在此基础上,并参照国际煤岩学委员会显微煤岩组分的分类方案,中煤科工集团西安研究院、中国矿业大学(北京)联合起草,中国煤炭工业协会2013年提出并发布了《显微煤岩类型分类》(GB/T 15589—2013),为现行国家标准。该标准按照三大显微组分镜质组、壳质组、惰质组的单组分、双组分、三组分体积含量百分比（>95%），划分单组分、双组分、三组分显微煤岩类型（表3-12），其中三组分类型中每个显微组分都应大于或等于5%，其中可包含小于20%的矿物（如黏土、石英、碳酸盐矿物）或小于5%的硫化物矿物。如果矿物含量超过上述数值时，则按显微组分与矿物的比例不同分别确定显微矿化类型或者显微矿质类型。显微矿化类型或者显微矿质类型的划分方案与国际煤岩学委员会分类方案一致。

表3-12 中国显微煤岩分类［据《烟煤显微组分分类》（GB/T 15589—2013）］

显微煤岩类型		显微组分组的体积分数
单组分组类型	微镜煤	镜质组>95%
	微壳煤	壳质组>95%
	微惰煤	惰质组>95%
双组分组类型	微亮煤	（镜质组+壳质组）>95%
	微暗煤	（惰质组+壳质组）>95%
	微镜惰煤	（镜质组+惰质组）>95%
三组分组类型	微三合煤	（镜质组+壳质组+惰质组）>95%

注：①双组分组类型和三组分组类型中，任一显微组分组的体积分数大于或等于5%；

②根据需要可将各种显微煤岩类型按显微组分及其含量进一步划分为若干亚类型。

对于显微煤岩类型的成因，学者们有多种不同的认识。Teichmüller（1989）指出，富含微镜煤和贫壳质体的微亮煤是在潮湿的森林沼泽中形成的，富角质体的微亮煤是在湖泊近岸处的水下沉积形成的，而富惰质体的微亮煤及微惰煤是泥炭表层氧化的产物，反映相对干燥的环境。Smith（1962，1968）、Littke（1985，1987）等认为富含孢子体的微暗煤和微亮煤是在开阔的水域或芦苇沼泽的水下沉积形成的，像在腐泥质淤泥中一样，异地成因的孢粉在水中保护得很好，而在森林树冠中孢粉遭到破坏，由于富含孢子体的微暗煤常与碎屑岩夹层共生，更加深了这种认识。同时，Teichmüller（1989）也指出，显微煤岩类型的国际分类主要是从工艺性能的角度出发，根据三组显微组分的相对比例来命名，而在研究显微煤岩类型的成因时，必须注意每种显微组分、亚组分的特点和比例，注意矿物质的种类和含量，以及显微层理等结构构造标志（韩德馨，1996）。

第三节 煤中矿物质

煤中除了有机显微组分构成主体外，还有矿物质，通常把煤中矿物质理解为煤中包含的一切无机组分，包括结晶的矿物、非晶质的准矿物和非矿物的无机组分，其中非矿物的无机组分包括溶解于孔隙水中的可溶性岩盐和其他无机组分以及与有机质结合的无机元素（Ward，1989，2002，2016；Finkelman et al.，2019；Dai et al.，2020a）。非矿物的无机组分在低阶煤中常见，而中—高阶煤中以结晶的矿物为主体。煤中矿物质的多少，一方面直接影响到煤的开采、煤的洗选、燃煤过程中对锅炉和管道的腐蚀特性、煤的气化、煤的液化等方面；另一方面，煤中所富集的达到工业品位要求的关键战略金属元素（如稀有、稀散和稀土元素）是伴生的有用矿产，这些关键战略金属元素常赋存于矿物之中。因此，研究煤中矿物的种类、含量、分布状态及成因，对煤质评价和选择合理的加工工艺流程有重要意义。同时，煤中矿物的种类及其组合特征、赋存状态等，既可反映聚煤环境的地质背景，又能反映煤层形成后所经历的各种地质作用过程，因而也有助于阐明煤层的成因和煤化作用等基本理论问题。

一、煤中矿物质的分类

据 Finkelman 等（2019）的有关资料，煤中已鉴定出的矿物达 200 种以上。煤中矿物质的形成与沉积环境、生物活动、地下水循环、热液流体等多种地质因素有关。对煤中矿物研究目的不同，分类方案也不同。依据化学成分和晶体结构，煤中矿物可分为硅酸盐、硫化物、硒化物、磷酸盐、硫酸盐、氧化物、氢氧化物、草酸盐等；依据矿物含量，煤中矿物可分为常见矿物、不常见矿物和稀少矿物；依据矿物成因，煤中矿物分为植物成因、陆源碎屑成因、化学和生物化学成因；依据形成时间分为同生的（碎屑的和自生的）和后生的（充填裂隙的和变质作用改造的）；依据结晶状态分为晶质的、非晶质的和与有机质复合的。

煤中矿物质按形成时期可分为同生矿物和后生矿物两类。表 3-13 列举了煤中部分矿物的成因，此表转引自韩德馨（1996）出版的《中国煤岩学》，并做了部分修改。

表 3-13 煤中矿物成因

<table>
<tr><td rowspan="3">矿物分类</td><td colspan="2">成煤作用第一阶段</td><td colspan="2">成煤作用第二阶段</td></tr>
<tr><td colspan="2">同生矿物
（同沉积的-成岩作用早期的）</td><td colspan="2">后生矿物</td></tr>
<tr><td>流水带来的或风成的碎屑</td><td>自生矿物</td><td>充填割理/裂隙、空洞形成的</td><td>变质作用改造形成的</td></tr>
<tr><td>黏土矿物</td><td colspan="2">高岭石、伊利石、绢云母、混层黏土矿物、蒙皂石、黏土岩夹矸</td><td>高岭石、绿泥石</td><td>伊利石、绿泥石、叶蜡石</td></tr>
<tr><td>碳酸盐矿物</td><td></td><td colspan="2">菱铁矿、白云石、方解石、文石等</td><td></td></tr>
<tr><td>硫化物矿物</td><td></td><td>黄铁矿、白铁矿、胶黄铁矿、磁黄铁矿、黄铜矿、闪锌矿、方铅矿</td><td>黄铁矿、白铁矿、闪锌矿、方铅矿、黄铜矿、硫镍钴矿、雄黄、雌黄、辰砂</td><td>由原生菱铁矿结核变成的黄铁矿</td></tr>
<tr><td>氧化硅类矿物</td><td>石英</td><td colspan="2">石英、玉髓、蛋白石、硅藻土等</td><td></td></tr>
<tr><td>氧化物及氢氧化物矿物</td><td>锐钛矿、金红石、磁铁矿</td><td colspan="2">锐钛矿、金红石、赤铁矿、褐铁矿、针铁矿、纤铁矿</td><td></td></tr>
</table>

续表 3-13

矿物分类	成煤作用第一阶段		成煤作用第二阶段	
	同生矿物（同沉积的-成岩作用早期的）		后生矿物	
	流水带来的或风成的碎屑	自生矿物	充填割理/裂隙、空洞形成的	变质作用改造形成的
硫酸盐矿物			石膏、硬石膏、重晶石、天青石、水铁矾	
磷酸盐矿物	磷灰石、独居石	磷灰石、纤磷钙铝石、磷钡铝石、磷锶铝石、磷铝铈矿、磷镧镨矿		
其他矿物	锆石、长石、电气石、黑云母等	沸石、蜜蜡石	沸石、石盐等氯化物、硝酸盐	

（一）同生矿物

同生矿物（也称原生矿物）是指在成煤作用第一阶段泥炭聚集期和早期成岩作用阶段形成的矿物，主要为风力和水流机械带来的陆源碎屑矿物和溶解于水中的各种无机质。以化学溶剂的方式进入泥炭沼泽的无机质，有些在早期成岩阶段形成矿物，因此，同生矿物还可分为同沉积碎屑矿物和自生矿物。

1. 碎屑矿物

碎屑矿物指经风力或水流搬运，以机械堆积的方式进入到泥炭沼泽中的碎屑物质，主要包括矿物、岩屑和火山灰等。煤中常见碎屑矿物有石英、长石、黏土矿物、锐钛矿、金红石、锆石等，粒级比砂岩中的碎屑小，与泥岩中的碎屑粒级相等或更小。煤中碎屑矿物的种类、形态特征及含量取决于泥炭沼泽的周边地质环境和机械搬运力大小。

2. 自生矿物

自生矿物（也称准同生矿物）指泥炭沼泽中，由水溶液直接化学沉淀，或水溶液与有机质反应，以及煤中有机质和无机质反应后形成的矿物（Ward，2002，2016）。泥炭形成于富水的、多孔的、化学成分复杂的环境，在压实、脱水、固结等早期成岩作用下，形成多种矿物。自生矿物是成岩水溶液的记录，有些自生矿物对成岩作用和沉积环境有指示意义（Dai et al.，2020b）。自生矿物按形成的过程和方式，有化学成因、生物成因、胶体化学成因和风化成因等。生物成因的矿物主要有硫化铁矿物（如黄铁矿）；胶体化学成因的矿物有高岭石、黄铁矿、蛋白石、菱铁矿等；化学成因的矿物一般晶体发育较好，如自形晶黄铁矿。

（二）后生矿物

后生矿物是指在成煤作用第二阶段煤变质作用时形成的矿物。由地下水（包括热液）带来的矿物质，在适当的溶液浓度、pH 值、温度、压力等物理化学条件变化下，沉淀在煤空隙（割理、裂隙、孔隙、层间隙等）中的矿物，如黄铁矿、石英、高岭石、方解石、菱铁矿等，也包括在后生作用过程中，由于温度、压力的增高，原有的同生矿物，特别是黏土矿物，发生转变形成的矿物（变质作用改造的），还包括煤系地层重新接近地表，在表生作用下在煤层中形成的矿物，如石膏、褐铁矿等（表生作用）。

1. 充填空隙的后生矿物

由地下水活动形成的后生矿物大多以充填煤空隙的形式产出，其中以充填裂隙为主，产状是其成因识别的重要标志。充填裂隙的后生矿物，在宏观和微观上都比较常见，因此，有的学者称其为“裂隙矿物”。裂隙被后生矿物充填的形式有全充填和部分充填，全充填较多时，降低煤层渗透率。煤中充填空隙的后生矿物主要是碳酸盐类矿物，其次也有一些黏土矿物、氧化硅矿物、硫酸盐矿物等。充填空隙的后生矿物与自生矿物在形成方式上有相似之处，它们均沉淀于溶液中，溶液的化学性质是其主要控制因素，二者的区别是形成时间不同。

2. 变质作用改造的矿物

张慧等（2003）指出，褐煤和烟煤中的矿物基本保留其原始沉积特征，深成变质作用对矿物影响不明显。岩浆热变质作用形成的无烟煤（包括岩浆接触变质作用）中原有矿物明显被影响。高煤级煤中的矿物与有机质进一步分异，同时也形成一些低温（50～200℃）热变质矿物，从而改变原有的矿物组合、晶形及其赋存状态。变质作用改造或新产生的矿物也是后生的，与充填空隙的后生矿物不同的是，它们不是地下水带入煤层的矿物，而是煤层中原有矿物经更高温度、更高压力作用后生成的。所经受的温度、压力越高，煤中的矿物变化就越大。

黏土矿物（主要为高岭石、伊利石、绿泥石）是热敏矿物，容易受温度和压力的影响，变质作用对此类矿物的改造比较明显。高岭石在低—中煤级煤中，主要表现为浑圆状、胶凝状，在无烟煤中呈很薄的鳞片状、自形晶或半自形晶，显示成岩变质成因（张慧，1992）。山西晋城、贵州织金、河南焦作、宁夏汝箕沟等地的无烟煤中均发育薄的鳞片状高岭石，这是热变质作用下，煤中原有高岭石晶化度提高的表现。煤中同生高岭石、蒙脱石、伊/蒙混层（有些是成岩过程中形成的）等黏土矿物，在强烈变质作用下的热转变方向为伊利石或绿泥石。伊利石是常见的低温热变质矿物，被作为沉积岩成岩作用的指示矿物，伊利石的形成温度与无烟煤的变质温度（170～200℃）大体相当。张天乐（1978）在透射电镜下，以伊利石单体形态划分其成因类型，认为呈尖角直边状薄片或呈板条状的伊利石为热液蚀变或成岩变质成因，边界圆滑的伊利石为碎屑成因。无烟煤中的伊利石多呈尖角直边状或板条状薄片（张慧，1992），显示其为变质成因。

二、煤中常见矿物

煤中无机矿物的含量一般在百分之几至百分之几十之间，已发现的无机矿物的种类达到200 多种（唐修义等，2004；Finkelman et al.，2019）（表 3-14）。不过，煤中常见矿物种类有限，

表 3-14 煤中矿物

类别	矿物	化学式	含量	类别	矿物	化学式	含量
硫化物	斑铜矿	Cu_5FeS	稀少	氟化物	萤石	CaF_2	稀少
	辉银矿	Ag_2S	稀少	氧化物	尖晶石	$MgAl_2O_4$	稀少
	镍黄铁矿	$(Fe,Ni)_9S_8$	稀少		铬铁矿	$(Mg,Fe)Cr_2O_4$	稀少
	黄铜矿	$CuFeS_2$	常见		磁铁矿	Fe_3O_4	不常见
	硫镉矿	CdS	稀少		刚玉	Al_2O_3	稀少
	铜蓝	CuS	稀少		赤铁矿	Fe_2O_3	不常见
	闪锌矿	ZnS	常规		钛铁矿	$FeTiO_3$	不常见
	磁黄铁矿	$Fe_{1-x}S$	稀少		锡石	SnO_2	稀少
	针镍矿	NiS	不常见		金红石	TiO_2	常见
	方铅矿	PbS	常见		锐钛矿	TiO_2	常见
	含硒方铅矿	$Pb(Se,S)$	稀少		板钛矿	TiO_2	不常见
	硫锰矿	MnS	稀少		铌铁矿	$(Fe,Mn)Nb_2O_6$	稀少
	辰砂	HgS	稀少		钛铀矿	UTi_2O_6	稀少
	硫钴矿	$Co^{2+}Co_2^{3+}S_4$	不常见		沥青铀矿	UO_2	稀少
	辉镍矿	$Ni^{2+}Ni_2^{3+}S_4$	稀少	氢氧化物	针铁矿	$FeO(OH)$	不常见
	碲硫镍钴矿	$(Ni,Co)_3S_4$	稀少		三水铝矿	$Al(OH)_3$	不常见
	胶黄铁矿	Fe_3S_4	稀少		勃姆石	$\gamma-AlO(OH)$	不常见
	辉铋矿	Bi_2S_3	稀少		纤铁矿	$\gamma-FeO(OH)$	不常见
	辉锑矿	Sb_2S_3	稀少		硬水铝石	$\alpha-AlO(OH)$	不常见
	辉钼矿	MoS_2	稀少		蓝钼矿	$Mo_2O_8.nH_2O$	稀少
	方硫钴矿	CoS_2	稀少		深黄铀矿	$Ca(UO_2)_6O_4(OH)_6 \cdot 8H_2O$	稀少
	黄铁矿	FeS_2	常见	碳酸盐	方解石	$CaCO_3$	常见
	白铁矿	FeS_2	不常见		文石	$CaCO_3$	不常见
	砷黄铁矿	$FeAsS$	稀少		菱镁矿	$MgCO_3$	不常见
	镍硫锑矿	$NiSbS$	稀少		菱铁矿	$FeCO_3$	常见
	雄黄	$\alpha-As_4S_4$	稀少		铁白云石	$Ca(Fe,Mg,Mn)(CO_3)_2$	常见
	雌黄	As_2S_3	稀少		白云石	$CaMg(CO_3)_2$	常见
	硫砷锑矿	$AsSbS_3$	稀少		菱锶矿	$SrCO_3$	稀少
硒化物	灰硒汞矿	$HgSe$	稀少		毒重石	$BaCO_3$	不常见
	铁硒铜矿	$CuFeSe_2$	稀少		碳碱钙钡矿	$BaCa(CO_3)_2$	稀少
	硒铅矿	$PbSe$	常见		孔雀石	$Cu_2CO_3(OH)_2$	稀少
	方硒铜矿	$CuSe_2$	稀少		碳钠铝石	$NaAlCO_3(OH)_2$	不常见
	白硒铁矿	$FeSe_2$	稀少		氟碳铈矿	$(Ce,La)CO_3F$	稀少
卤化物	钠盐	$NaCl$	不常见	铬酸盐	铬铅矿	$PbCrO_4$	不常见
	钾盐	KCl	不常见	砷酸盐	翠砷铜铀矿	$Cu(UO_2)_2(AsO_4)_2 \cdot 10\sim16H_2O$	稀少
	水氯镁石	$MgCl_2 \cdot 6H_2O$	稀少		水砷钾铀矿	$K(UOF)(AsO_4) \cdot 3H_2O$	稀少

续表 3-14

类别	矿物	化学式	含量	类别	矿物	化学式	含量
硫酸盐类	无水芒硝	Na_2SO_4	稀少	磷酸盐	磷钇矿	YPO_4	不常见
	钙芒硝	$Na_2Ca(SO_4)_2$	稀少		独居石	$CePO_4$	不常见
	硬石膏	$CaSO_4$	常见		纤磷钙铝石	$CaAl_3(PO_4)_2(OH)_5 \cdot H_2O$	不常见
	重晶石	$BaSO_4$	常见		磷铝锶石	$SrAl_3(PO_4)_2(OH)_5 \cdot H_2O$	不常见
	天青石	$SrSO_4$	稀少		磷钡铝石	$BaAl_3(PO_4)_2(OH)_5 \cdot H_2O$	不常见
	明矾石	$KAl_3(SO_4)_2(OH)_6$	不常见		磷铝铈矿	$CeAl_3(PO_4)_2(OH)_6$	不常见
	钠明矾石	$(Na,K)Al_3(SO_4)_2(OH)_6$	不常见		磷灰石	$Ca_5(PO_4)_3(F,Cl,OH)$	常见
	黄钾铁矾	$KFe_3(SO_4)_2(OH)_6$	常见		蓝铁矿	$Fe_3^{2+}(PO_4)_2 \cdot 8H_2O$	稀少
	钠铁矾	$(Na,K)Fe_3(SO_4)_2(OH)_6$	不常见		次磷钙铁矿	$Ca_2(Fe_2,Mn_2)(PO_4)_2 \cdot H_2O$	稀少
	硫镁矾	$MgSO_4 \cdot H_2O$	稀少		磷镧镨矿	$Ce(PO_4) \cdot H_2O$	不常见
	水铁矾	$FeSO_4 \cdot H_2O$	不常见		钙铀云母	$Ca(UO_2)_2(PO_4)_2 \cdot 10\text{-}12H_2O$	稀少
	四水白铁矾	$FeSO_4 \cdot 4H_2O$	不常见		变钙铀云母	$Ca(UO_2)_2(PO_4)_2 \cdot 2\text{-}6H_2O$	稀少
	纤铁矾	$FeSO_4 \cdot 5H_2O$	稀少		氢铀云母	$(H_3O)(UO_2)(PO_4) \cdot 3H_2O$	稀少
	六水泻盐	$MgSO_4 \cdot 6H_2O$	不常见		钠铀云母	$Na_2(UO_2)_2(PO_4)_2 \cdot 8H_2O$	稀少
	水绿矾	$FeSO_4 \cdot 7H_2O$	稀少		钡铀云母	$Ba(UO_2)(PO_4)_2 \cdot 6\text{-}8H_2O$	稀少
	七水硫酸镁	$MgSO_4 \cdot 7H_2O$	不常见		铜铀云母	$Cu(UO_2)(PO_4)_2 \cdot 12H_2O$	稀少
	毛矾石	$Al_2(SO_4)_3 \cdot 17H_2O$	不常见		镁铀云母	$Mg(UO_2)(PO_4)_2 \cdot 10H_2O$	稀少
	粒铁矾	$FeFe_2(SO_4)_4 \cdot 12H_2O$	稀少		准铜铀云母	$Cu(UO_2)(PO_4)_2 \cdot 8H_2O$	稀少
	针绿矾	$Fe_2(SO_4)_3 \cdot 9H_2O$	不常见		铝铀云母	$HAl(UO_2)_4(PO_4)_4 \cdot 16H_2O$	稀少
	铁明矾	$FeAl_2(SO_4)_4 \cdot 22H_2O$	不常见	硅酸盐—岛状硅酸盐	橄榄石	$(Mg,Fe)_2SiO_4$	稀少
	镁明矾	$MgAl_2(SO_4)_4 \cdot 22H_2O$	不常见		锆石	$ZrSiO_4$	常见
	纤维钾明矾	$KAl(SO_4)_2 \cdot 11H_2O$	不常见		铀石	$U(SiO_4)_{1-x}(OH)_{4x}$	稀少
	明矾	$KAl(SO_4)_2 \cdot 12H_2O$	不常见		榍石	$CaTiSiO_4(O,OH,F)$	稀少
	铵明矾	$NH_4Al(SO_4)_2 \cdot 12H_2O$	不常见		石榴子石	$(Mg,Fe,Mn,Ca)_3(Al,FeTi,Cr)Si_3O_{12}$	不常见
	白钠镁矾	$Na_2Mg(SO_4)_2 \cdot 4H_2O$	不常见		钙铝榴石	$Ca_3Al_2Si_3O_{12}$	稀少
	芒硝	$Na_2SO_4 \cdot 10H_2O$	不常见		莫来石	$Al_{2x}^{4+}Si_{2-2x}O_{10-x}$	稀少
	石膏	$CaSO_4 \cdot 2H_2O$	常见		红柱石	$Al_2(SiO_4)O$	稀少
	烧石膏	$CaSO_4 \cdot 0.5H_2O$	常见		蓝晶石	$Al_2(SiO_4)O$	稀少
	叶绿矾	$FeFe_4(SO_4)_6(OH)_2 \cdot 20H_2O$	不常见		硅钙铀矿	$Ca(UO_2)_2SiO_3(OH)_2 \cdot 5H_2O$	稀少
	矾石	$Al_2SO_4(OH)_4 \cdot 7H_2O$	不常见		黄玉	$Al_2SiO_4(OH,F)_2$	稀少
	纤钠铁矾	$Na_2Fe(SO_4)_2(OH) \cdot 3H_2O$	不常见		十字石	$(Fe,Mg,Zn)_2(Al,Fe,Ti)_9O_6(Si,Al)O_4(O,OH)_4$	稀少

续表 3-14

类别	矿物	化学式	含量
双岛状硅酸盐	绿帘石	$Ca_2Al_2O(Al,Fe,Mn)OH[Si_2O_7]SiO_4$	不常见
	褐帘石	$(Ca,Mn,Ce,La,Y,Th)_2(Fe_2,Fe_3,Ti)(Al,Fe_3)_2O\cdot OH[Si_2O_7][SiO_4]$	稀少
环状硅酸盐	电气石	$(Na,Ca)(Mg,Fe,Mn,Li,Al)_3(Al,Mg,Fe^{3+})_6[Si_6O_{18}]_9[BO_3]_3(O,OH)_3(OH,F)$	不常见
链状硅酸盐	辉石	$(Ca,Na,Li)(Mg,Fe_2,Fe_3,Mn,Cr,Al)Si_2O_6$	不常见
	透辉石	$CaMgSi_2O_6$	稀少
	普通辉石	$(Ca,Mg,Fe^{2+},Al)Si_2O_6$	不常见
	透闪石	$(Na,K,Ca)(Na,Mg,Fe_2,Mn_2,Ca)_2(Na,Mg,Fe_2,Mn_2,Al,Fe_3,Cr_3,Mn_3,Ti)_5(Si,Al,Ti)_8O_{22}(OH,F,Cl,O)_2$	不常见
	角闪石	$Ca_2(Mg,Fe_2)_4Al(Si_7AlO_{22})(OH,F)_2$	稀少
	镁钠铁闪石	$(Na,K)Na_2Mg_4Fe^{3+}Si_8O_{22}(OH)_2$	稀少
层状硅酸盐-云母族	白云母	$KAl_2(AlSi_3)O_{10}(OH)_2$	不常见
	钠云母	$NaAl_2(AlSi_3)O_{10}(OH)_2$	不常见
	钒云母	$KV_2(AlSi_3)O_{10}(OH)_2$	稀少
	黑云母	$K(Mg,Fe^{2+})_3(Al,Fe^{3+})Si_3O_{10}(OH,F)_2$	不常见
层状硅酸盐	滑石	$Mg_6[Si_8O_{20}](OH)_4$	稀少
	温石棉	$Mg_3[Si_2O_5](OH)_4$	稀少

类别	矿物	化学式	含量
层状硅酸盐-绿泥石族	叶蜡石	$Al_4[Si_8O_{20}](OH)_4$	不常见
	绿泥石	$(Mg,Fe^{2+},Fe^{3+},Mn,Ni,Na,Li,Al)_6[(Si,Al)_4O_{10}](OH)_8$	不常见
	鲕绿泥石	$Fe_6^{2+}(Fe_4^{2+},Al_2)[Si_6,Al_2)O_{20}](OH)_{16}$	不常见
	锂绿泥石	$Al_4(Li_2,Al_4)[Si_6,Al_2)O_{20}](OH)_{16}$	不常见
	锰绿泥石	$Mn_6^{2+}(Mn_4^{2+},Al_2)[Si_6,Al_2O_{20}](OH)_{16}$	稀少
	斜绿泥石	$Mg_5Al(AlSi_3O_{10})(OH)_8$	不常见
架状硅酸盐矿物-硅质矿物	石英	SiO_2	常见
	蛋白石	$SiO_2\cdot nH_2O$	不常见
	玉髓	SiO_2	不常见
架状硅酸盐矿物-长石族矿物	微斜长石	$KAlSi_3O_8$	不常见
	正长石	$KAlSi_3O_8$	不常见
	透长石	$(Na,K)AlSi_3O_8$	不常见
	斜长石	$NaAlSi_3O_8$	不常见
	钙长石	$CaAl_2Si_2O_8$	不常见
	钠长石	$NaAlSi_3O_8$	不常见
	水铵长石	$NH_4AlSi_3O_8$	不常见

续表 3-14

类别	矿物	化学式	含量	类别	矿物	化学式	含量
层状硅酸盐-黏土矿物	高岭石	$Al_2[Si_2O_5](OH)_4$	常见	架状硅酸盐矿物-沸石族矿物	方沸石	$Na[AlSi_2O_6] \cdot H_2O$	稀少
	地开石	$Al_2[Si_2O_5](OH)_4$	不常见		片沸石	$(Ca_{0.5}, Sr_{0.5}, Ba_{0.5}Mg_{0.5}, Na, K)_9[Al_9Si_{27}O_{72}] \cdot 24H_2O$	稀少
	珍珠陶土	$Al_2[Si_2O_5](OH)_4$	稀少		斜发沸石	$(Na, K, Ca_{0.5}, Sr_{0.5}, Ba_{0.5}, Mg_{0.5})_6[Al_6Si_{30}O_{72}] \cdot 22H_2O$	稀少
	埃洛石	$Al_2[Si_2O_5](OH)_4 \cdot 2H_2O$	不常见		浊沸石	$Ca_4[Al_8Si_{16}O_{48}] \cdot 18H_2o$	稀少
	准埃洛石	$Al_2[Si_2O_5](OH)_4$	稀少		硬柱石	$CaAl_2(Si_2O_7)(OH)_2 \cdot H_2O$	稀少
	水铝英石	$(Al_2O_3)(SiO_2)_{1.3-2} \cdot 2.5-3H_2O$	稀少	有机质	草酸钙石	$CaC_2O_4 \cdot 2H_2O$	稀少
	伊利石	$K_{0.65}(Al, Fe, Mg)_{2.0}[Al_{0.65}, Si_{3.5}]O_{10}(OH)_2$	常见		水草酸钙石	$CaC_2O_4 \cdot H_2O$	稀少
	海绿石	$K_{0.8}R^{3+}_{1.33}R^{2+}_{0.672}(Al_{0.13}Si_{3.87})O_{10}(OH)_2$	稀少		蜜蜡石	$Al_2\{C_6(COO)_6\} \cdot 16H_2O$	稀少
	钠伊利石	$Na_{0.65}Al_{2.0}[Al_{0.65}, Si_{3.5}]O_{10}(OH)_2$	稀少	非晶态/混合物	胶黄铁矿	FeS_2	不常见
	铵云母	$NH_4Al_2(AlSi_3)O_{10}OH_2$	不常见		胶硫钼矿	MoS_2	稀少
	蒙脱石	$M_x(Si_4)(Al_{2-x}, (Mg, Fe_3)_x)O_{10}(OH)_2 \cdot nH_2O$	不常见		胶磷矿	$Ca_5(PO_4)_3(F, CO_3)$	不常见
	蒙脱石	$M_x(Si_{4-x}Al_x)(Al_{2-x}Mg_x)O_{10}(OH)_2 \cdot nH_2O$	不常见		沥青油矿		稀少
	贝得石	$M_x(Si_{4-x}Al_x)(Al_2)O_{10}(OH)_2 \cdot nH_2O$	稀少		白钛石		不常见
	绿脱石	$M_x(Si_{4-x}Al_x)(Fe^{3+}_2)O_{10}(OH)_2 \cdot nH_2O$	稀少		褐铁矿		不常见
	蛭石	$Mg_x(H_2O)_n[(Si, AO_4(Mg, Al, Fe)_3O_{10}](OH)_2$	稀少		绢云母		稀少

主要包括石英、硅酸盐类的黏土矿物(高岭石、伊利石、蒙脱石、绿泥石)、碳酸盐类的方解石和菱铁矿以及较少量的白云石和铁白云石、硫化物类的黄铁矿和较少量的白铁矿、磷酸盐类等,这些常见矿物一般可占到煤中无机组分的90%以上。不同的煤层受不同地质作用的影响,可能富集某些不常见矿物,例如Dai等(2006)在贵州兴仁晚二叠世煤中发现了赋存在脉状高岭石中的硫砷锑矿;代世峰等(2006)和Dai等(2008)在内蒙古准格尔矿区和哈尔乌素露天煤矿的煤中发现大量勃姆石。

1. 石英

石英是煤中常见的矿物,按照成因分为碎屑石英、自生石英和后生石英,而碎屑石英根据来源进一步划分为陆源碎屑石英和火山碎屑石英。

自生石英形成于富Si流体的自生沉淀,常以细胞充填状、空隙充填状的形式产出(图3-16a,b),石英颗粒较细。中国西南地区晚二叠世煤层的特点是普遍有自生石英,主要是由于源区原岩(康滇古陆峨眉山玄武岩)遭受风化剥蚀而析出大量的SiO_2,并随水体带入泥炭沼泽中,在特定的地质条件下SiO_2从溶液中凝聚沉淀,并在后续的成岩作用阶段转变成石英(韩德馨,1996)。

后生石英常以割理或裂隙充填状的形式存在(图3-16c),可能起源于与火山活动或与构造运动相关的低温热液流体(Vassilev and Vassileva,1996)。

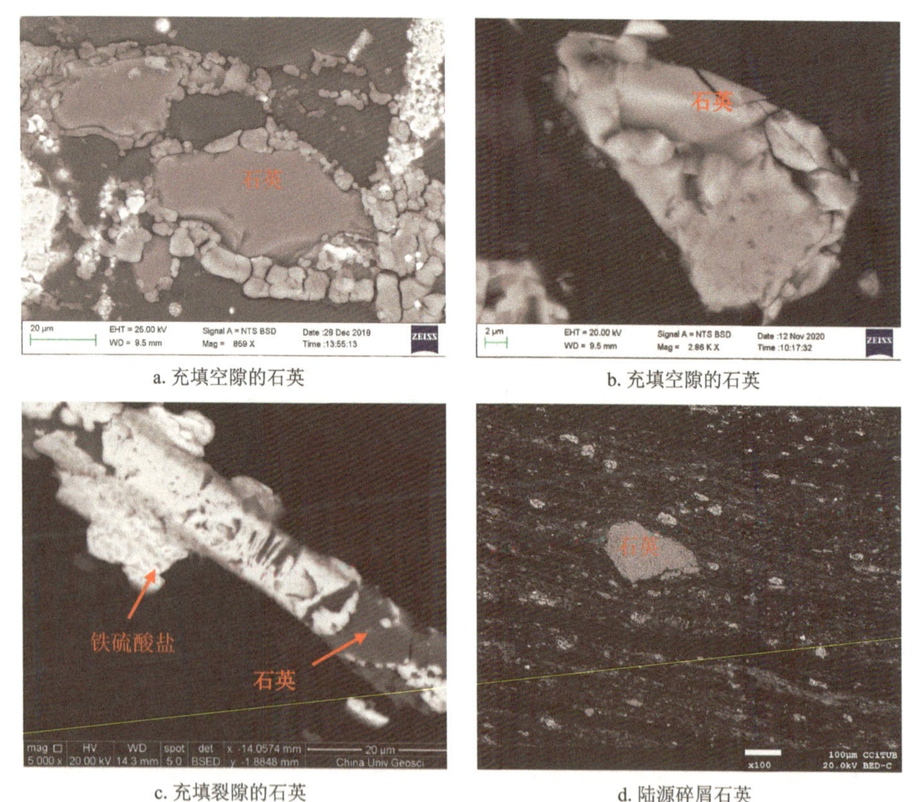

a. 充填空隙的石英　　b. 充填空隙的石英

c. 充填裂隙的石英　　d. 陆源碎屑石英

图3-16　煤中石英的赋存特征

陆源碎屑石英通常在接近顶板、底板和夹矸的煤层中富集，通常是由水流或风力等搬运到泥炭沼泽中而沉积下来。水流搬运过程中不断的摩擦和碰撞会使陆源碎屑石英具有一定的磨圆度(次圆—圆状)(图3-16d)，而风力搬运的石英具有一定的棱角。陆源碎屑石英的粒度较大，常与细分散状的黏土矿物及其集合体相伴生，长轴方向往往与层理方向相近，边缘界线清晰。

火山碎屑石英通常来自酸性火山灰的输入，具有溶蚀状、尖角状等形态。这类矿物主要出现于受火山灰影响的煤层中，例如云南省东部晚二叠世的煤层(王佩佩，2017)。

2.黏土矿物

黏土矿物是煤中常见矿物，可分为高岭石族、蒙皂石族、云母族(伊利石族)和绿泥石族。研究煤中的黏土矿物的成分和产状，有助于对成煤古环境的分析。由于黏土矿物成分受后生作用环境的影响相当敏感，因此其成因比其他矿物难定。一般认为，高岭石是在温暖潮湿气候的酸性介质条件下形成的；蒙皂石主要产于干燥和温暖气候的碱性介质条件下，其形成与基性火山岩有关，一般在远岸区富集；混层矿物多形成于酸性较低的障壁后和三角洲的森林沼泽中，混层矿物内的蒙皂石层在埋藏过程中可转变成伊利石，而伊利石的形成环境更广泛，是在温和至半干燥气候下由风化作用形成的，自生伊利石常与富钾的碱性介质有关(韩德馨，1996)。

煤中黏土矿物包括碎屑成因、自生成因和后生成因。碎屑成因的黏土矿物主要呈微粒状、团块状、透镜状和薄层状产出，大多分布在基质镜质体中，或与镜质体、惰质体和壳质体等紧密共生(图3-17a)。自生成因的黏土矿物主要呈细胞或空隙充填状产出(图3-17b)。蠕虫状高岭石常见于煤层黏土岩夹矸中或受火山灰影响的煤中，具片状、波状消光，易于辨认(图3-17c)。后生成因的黏土矿物常呈裂隙/割理充填状存在(图3-17d)。伊利石在煤层中往往与高岭石等黏土矿物共生，很少单独出现，大多呈小鳞片状分布在碎屑状基质中，偶尔见解理清晰较大的晶体；在透射光下略带褐色，干涉色高于高岭石，带金黄色色彩(韩德馨，1996)。

在世界各地煤田的煤层中，常发育有分布广泛、层位稳定且标志特征显著的黏土岩夹矸层，厚度大多为1cm至几厘米，可作为煤层对比的依据，有时亦成为近海型和内陆型煤田之间区域性等时面标志层，国际上称为“Tonstein”。虽然Tonstein的确切定义目前仍存在争议，但Spears(2012)指出当火山灰蚀变的黏土岩夹矸中的高岭石含量大于50%时可以称该黏土岩为Tonstein。目前对黏土岩夹矸层的组成、类型和成因的研究日益深入，在沉积盆地演化分析、地层年代测定等方面取得了突破性进展，受到广泛重视。

对于黏土岩夹矸层的成因具有多种解释：由火山灰、火山玻璃和凝灰岩经风成沉积而形成；由酸性火山喷出岩分解的泥质沉积物在水中沉积而形成；富含Al_2O_3-SiO_2物质的风化产物由碎屑沉积经分解而成；由云母碎屑在水中沉积形成；由于植物分解产生的可燃气体或强烈气候变化所引起的沼泽火灾形成的灰烬和残骸而形成。

近年来随着研究程度加深和新技术的应用，不少学者都认为煤层中黏土岩夹层大部分是火山灰成因的。Tonstein的矿物组成以高岭石为主，还包含有β-石英、黑云母、透长石、锆石、磷灰石等副矿物，这些副矿物具有棱角分明并未磨圆等特征，是由火山灰经风力搬运直接降

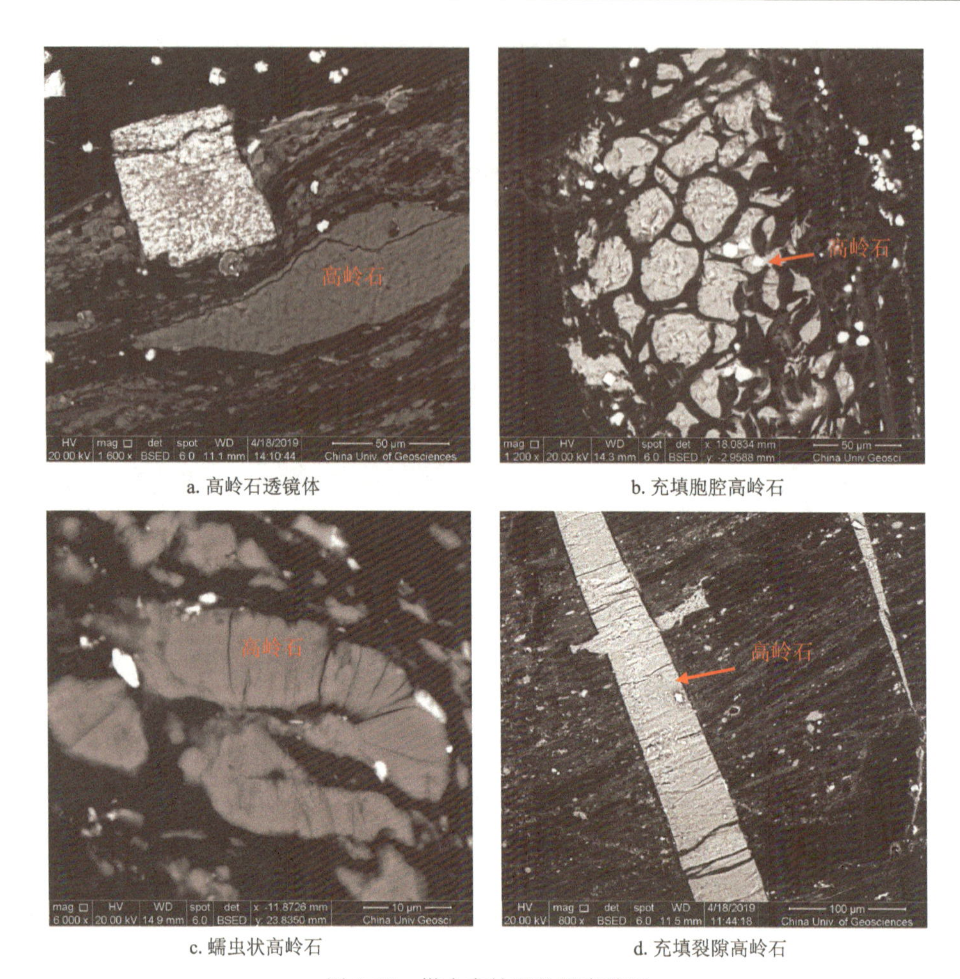

a. 高岭石透镜体　b. 充填胞腔高岭石　c. 蠕虫状高岭石　d. 充填裂隙高岭石

图 3-17　煤中高岭石的赋存特征

落在泥炭沼泽中经水解、风化、沉积而形成的(Zhou et al.,1982;周义平等,1988;Dai et al.,2017)。作为火山事件沉积的产物,可根据 Tonstein 中的成分和分布特征进一步推断原始火山喷发的位置、强度以及岩浆来源与演化(张鹏飞等,1993)。煤层中 Tonstein 的厚度可作为判断火山喷发活动的相对强度或活动时间长短的依据。一般来说,Tonstein 的厚度较大表明火山喷发时间较长或者喷发活动的强度较大(李霄,2014)。

由于 Tonstein 形成的时间短暂,因此其中某些矿物成分可用于同位素年龄测定。Tonstein 中所含的透长石对于同位素年龄测定最有意义,但在某些缺少透长石的地区可用锆石和磷灰石测定同位素年龄(Dai et al.,2011;Spears,2011)。

根据原始岩浆的化学性质,可以将 Tonstein 划分为长英质、铁镁质、英安质和碱性(Dai et al.,2011,2014,2017;Spears and Arbuzov,2019;Zhou et al.,2000)。虽然 Tonstein 在世界上很多的煤田中都有发现,但公开报道的碱性 Tonstein 只在中国西南地区晚二叠世宣威组或龙潭组底部煤层中有所发现。如重庆松藻矿区龙潭组 10 号和 11 号煤层、四川南部华蓥山矿区龙潭组 K1 煤层和滇东黔西宣威组底部 K1 和 K3 煤层(赵利信,2016)。碱性 Tonstein 的宏观岩石学和矿物学特征与另外 3 种类型的 Tonstein 没有明显的区别,但碱性 Tonsteins 中稀有金属如 Nb、Ta、Zr、Hf、REE、Th、U 等的含量比较高，有些甚至达到或超过了工业开采品位。碱性 Tonsteins 在自然伽马曲线上表现出了异常高的正异常，受此启发，Dai 等(2010)在云南省东部上二叠统底部发现了 Nb(Ta)-Zr(Hf)-REE-Ga 多稀有金属矿床。

3.碳酸盐矿物

方解石、菱铁矿、白云石和铁白云石是煤中常见的碳酸盐矿物，主要为自生成因和后生成因。形成碳酸盐矿物的碳酸根离子起源于有机质的降解、地下水和热液流体的输入(Saxby，2000)。煤中碳酸盐矿物对于火力发电厂煤的结渣性和熔渣特性研究有重要意义。

自生菱铁矿常以结核状的形式产出(图 3-18a)，可能指示了一种陆相的成煤环境。结核状菱铁矿形成于泥炭堆积早期阶段，由 Fe 和 CO_2(来源于有机质的降解)反应形成，此时要求硫酸根离子含量很低，否则 Fe 将与 H_2S 结合形成黄铁矿(Ward，2002)。后生菱铁矿常以充填割理/裂隙的方式产出，起源于含煤盆地中循环的地下水或热液流体。

自生的方解石、白云石和铁白云石常以细胞充填状、透镜状和分散颗粒状的形式出现(图 3-18b)，后生成因的呈脉状形式产出(图 3-18c、d)(Ward，2002)。在侵入岩体影响的煤层中，后生方解石和白云石含量较高。

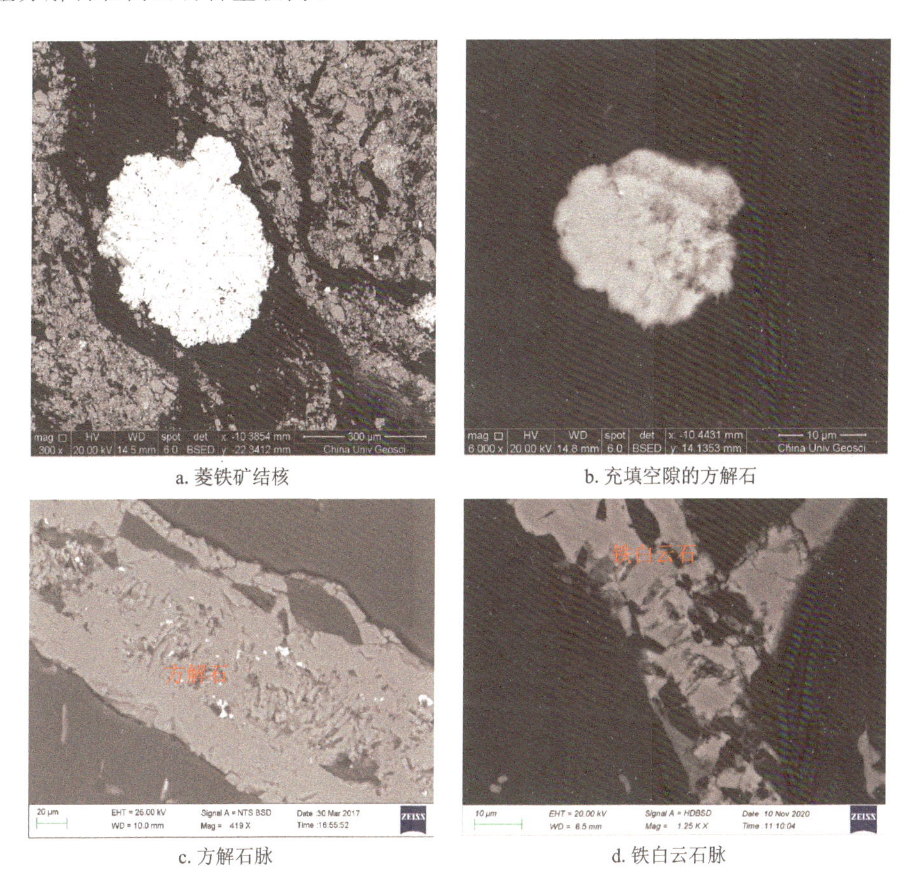

a. 菱铁矿结核　　b. 充填空隙的方解石

c. 方解石脉　　d. 铁白云石脉

图 3-18 煤中碳酸盐矿物的赋存特征

4. 硫化物矿物

煤中常见的硫化物矿物主要是黄铁矿，还有白铁矿、胶黄铁矿、闪锌矿、方铅矿、黄铜矿、硫镍钴矿、雄黄、雌黄、辰砂等。据 Finkelman 等(2019)，煤中鉴定出的硫化物矿物已有 28 种。

煤中的硫化物矿物形成于同生阶段和后生阶段。黄铁矿是煤中最常见的硫化物矿物，主要出现于受海水影响的煤中，例如中国华南的晚二叠世煤和华北的石炭纪—二叠纪煤。此外，黄铁矿也可出现在受富硫酸盐的淡水影响的煤中(Ward，1991)。自生成因的黄铁矿常见的赋存状态有：①草莓状黄铁矿(图 3-19a，b)；②单个的自形晶黄铁矿(图 3-19c)；③自形晶黄铁矿簇(图 3-19d)；④细胞充填状黄铁矿；⑤块状黄铁矿(图 3-19e)；⑥浸染状黄铁矿。后生黄铁矿多以割理/裂隙充填的形式产出(图 3-19f)。

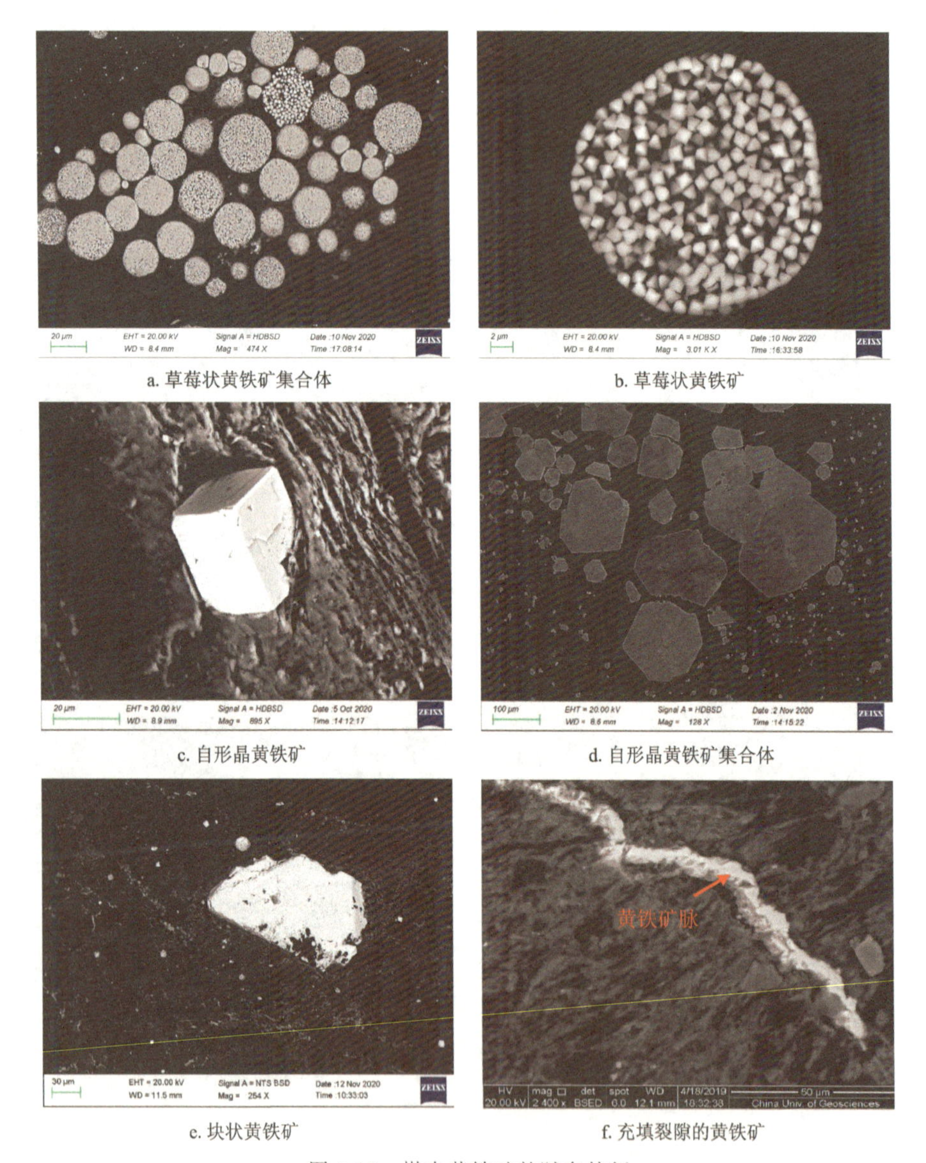

a. 草莓状黄铁矿集合体　b. 草莓状黄铁矿

c. 自形晶黄铁矿　d. 自形晶黄铁矿集合体

e. 块状黄铁矿　f. 充填裂隙的黄铁矿

图 3-19　煤中黄铁矿的赋存特征

对于同生阶段的自生黄铁矿的成因，普遍认为沉积物中黄铁矿的形成受可分解的有机质、溶解的硫酸盐和 Fe^{2+} 的制约，在正常的陆源碎屑物中，由于溶解的硫酸盐和 Fe^{2+} 十分丰富，黄铁矿的形成主要取决于有机质的多少。滨海泥炭沼泽富含有机质，硫酸盐还原菌以有机质作为还原剂和能源把海水中的硫酸根离子(含量为0.27%)还原成 H_2S，H_2S 在硫化细菌作用下形成元素硫，或与 Fe^{2+} 反应形成 FeS，最后 FeS 与元素硫发生作用逐步形成黄铁矿。

草莓状黄铁矿是指由相近大小、相似微晶形态的黄铁矿颗粒组成的球形、亚球形聚合体(Wilkin et al.，1996)，其直径通常为数微米至几十微米。草莓状黄铁矿的形成机理一直存在争议。早期研究中，由于草莓状黄铁矿的特殊形态，它曾被认为是细菌或微生物化石(Leonard and Love，1962)，虽然这一观点很快被否定，但许多学者仍旧认同草莓状黄铁矿的有机成因。但随着对草莓状黄铁矿形成机制研究的进一步深入，尤其在一些缺乏有机物的极端环境下，如高温形成的火山岩中以及热液金属矿物中也存在草莓状黄铁矿的分布(England and Ostwald，1993)，有机成因说受到越来越多学者的质疑。继 Berner(1969)提出草莓状黄铁矿的无机生成模式之后，大量研究表明草莓状黄铁矿形成于沉积过程中的准同生期或成岩作用早期，形成过程主要受控于水体的化学条件(Wilkin et al.，1996)。Wilkin 等(1996)认为草莓状黄铁矿的形成主要包含4个基本过程，其中胶黄铁矿是关键的中间产物：①水体中活性铁浓度较高的条件下，Fe^{2+} 与 HS^- 首先形成无序的一硫化铁(FeS)；②活性铁浓度较高，或活性铁浓度低但 pH 值高(碱性)的条件下，一硫化铁(FeS)转变为四方硫铁矿(Fe_9S_8)；③四方硫铁矿(Fe_9S_8)中的 Fe^{2+} 散出，形成胶黄铁矿(Fe_3S_4)；④胶黄铁矿(Fe_3S_4)微晶在磁性作用下聚合成不稳定态的草莓状胶黄铁矿，继而转变为稳定态的草莓状黄铁矿。

自形晶黄铁矿是另一种较为常见的存在形式，大多由黄铁矿直接析出，也可通过铁的单硫化物转化形成(Raiswell，1982；Chou，2012)。在封闭的成岩环境中，随着孔隙水中的 Fe^{2+} 与 HS^- 不断消耗，它的浓度降低(活性铁含量低)，在有机质含量较高且 pH 值低(酸性)的情况下，溶液对于一硫化铁(FeS)不饱和，而对于黄铁矿(FeS_2)饱和，所以此时的溶液中可直接结晶生成晶核，经晶体生长形成自形晶黄铁矿(FeS_2)(Raiswell，1997；常晓琳等，2020)。

5. 磷酸盐矿物

煤中的磷酸盐矿物可分为碎屑成因矿物和自生矿物。磷灰石是煤中常见磷酸盐矿物，主要以充填细胞或空隙的方式产出(图3-20a)，在中国见于煤层的黏土岩夹矸层、热变煤的热液脉，以及早古生代石煤中。如我国贵州贵定的磷灰石形成于局限碳酸盐岩台地潮间带的晚二叠世煤中，德国鲁尔煤田卡特林娜煤层顶部烛煤中有磷灰石结核。在许多富稀土元素的煤中，常见到纤磷钙铝石、磷铝锶矿、磷钡铝矿、磷铝铈矿、磷镧镨矿等磷酸盐矿物(图3-20b)(Seredin and Dai，2012)。

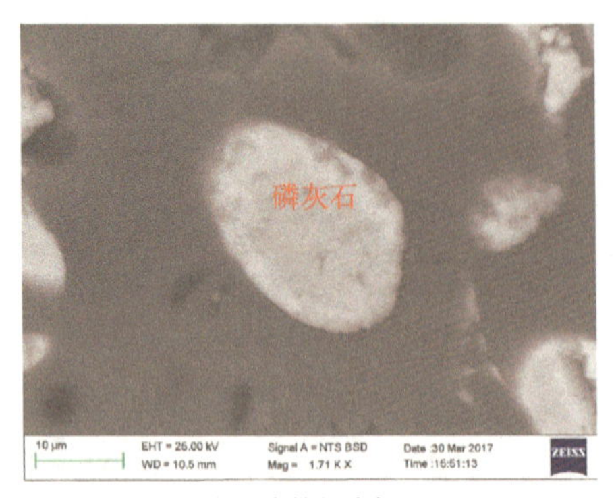

a. 细胞充填状磷灰石

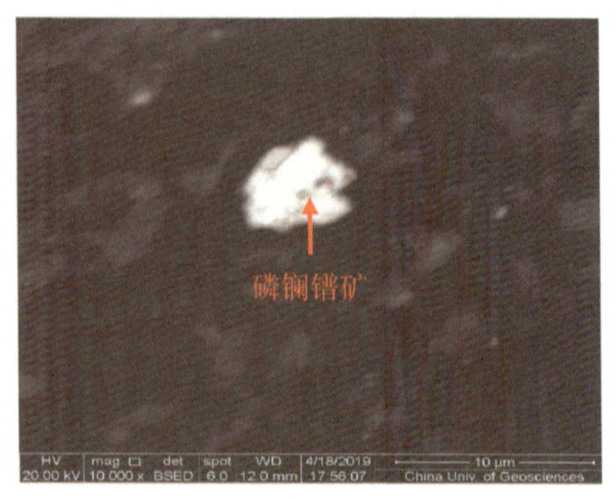

b. 充填孔隙的磷铜镨矿

图 3-20　煤中磷酸盐矿物的赋存特征

6. 硫酸盐矿物

煤中硫酸盐矿物比较少，主要为后生成因，或结晶于孔隙水或起源于硫化物的氧化(Ward,2002)。通常石膏发育在风化带，常见到长柱状的石膏晶体或针状石膏晶体(图 3-21a)。Rao 和 Gluskoter(1973)指出，石膏形成于硫酸与方解石的反应，此时硫酸起源于黄铁矿的氧化。黄钾铁矾见于氧化带，水绿矾或绿矾与石膏充填在煤的裂隙和空洞中(图 3-21b)。此外，煤中还有明矾石、毛矾石、烧石膏、针绿矾、七水镁矾、铁铝矾、水镁矾、芒硝、铁明矾石、钠铁矾、镁铝矾、钾明矾、铁矾等二十几种硫酸盐矿物(图 3-21c,d)(Finkelman et al.,2019)。

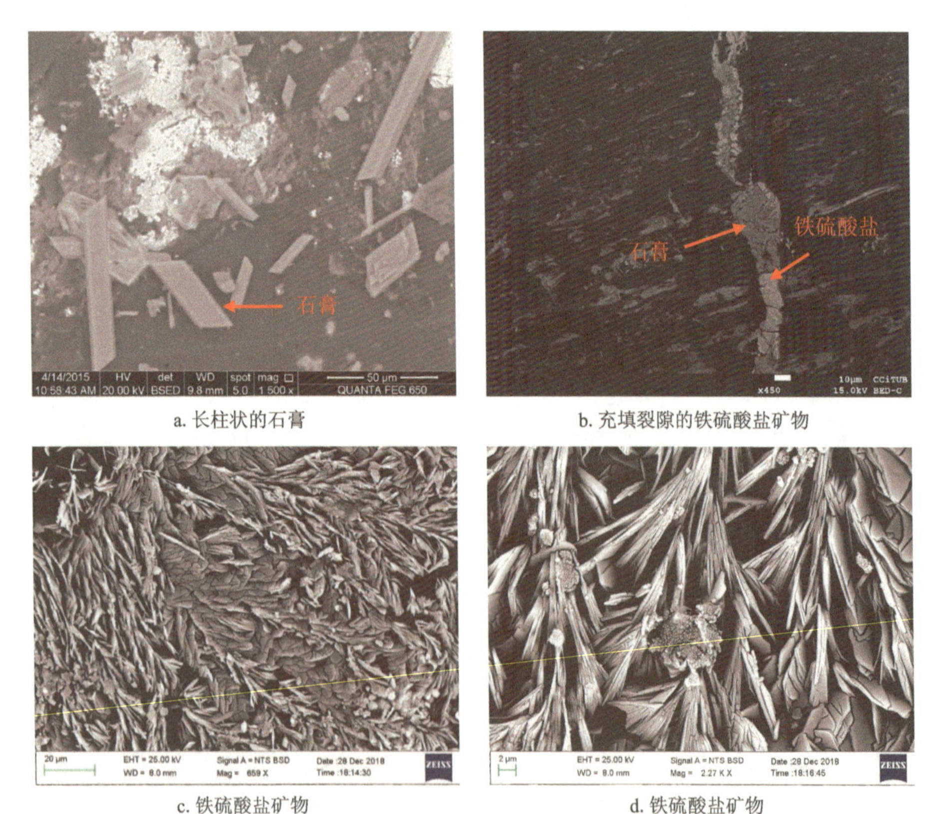

a. 长柱状的石膏　　b. 充填裂隙的铁硫酸盐矿物

c. 铁硫酸盐矿物　　d. 铁硫酸盐矿物

图 3-21　煤中常见硫酸盐矿物的赋存特征

第四节 显微组分的物理化学性质

一、显微组分的化学性质

1. 镜质体

镜质体是世界上大多数煤田煤中最主要的显微组分组，也是决定煤的黏结性等工艺性质的主要成分，镜质体的化学性质随煤化程度的增长变化规律很明显(Van Krevelen，1993)。在三大显微组分组中，镜质体的氧含量最高，氢含量和挥发分产率高于惰质组而低于壳质组。与惰质组相比，镜质体的水分、氮含量、焦油产率亦高。在煤化过程中，随着煤级增高，镜质体的碳含量和芳香度增高，而镜质体的挥发分产率、氧含量、氢含量、H/C原子比和O/C原子比明显减少。镜质体的H/C原子比和O/C原子比越低，其芳香度越高(Van Krevelen，1957)。镜质体的含氧官能团主要存在形式是—COOH，—OH，—C—O—C—，氮主要以氨形式存在，硫以噻吩和硫醚形式存在于杂环中(Tissot and Welte，1984)。随煤阶增高，杂原子(O，N，S)含量降低。

由于镜质体反射率和挥发分产率这两个参数都与镜质体结构单元的芳构化程度有关，因而烟煤中镜质体反射率增高和挥发分产率降低的程度几乎相同(McCartney and Teichmüller，1972)，都是很好的煤级指标。在煤化过程中，镜质体随着芳香稠环侧链羟基、羧基、甲氧基、羰基，以及环氧的脱落和芳香稠环聚合程度的增高，碳含量随之增高。但在镜质体反射率($R_{o,max}$)在1.0%～2.5%范围内，碳含量不过增高6%左右，与挥发分产率相比，碳含量是比较差的煤级指标。

镜质体氧含量在低煤级煤中大致相近，一般低于6%，从中煤级烟煤开始明显减少，到无烟煤阶段由于甲烷析出增多，氧含量急剧降低，而成为区分无烟煤煤级的辅助指标。由于镜质体是煤中最主要的显微组分，因此其特性对煤的用途有很大影响。焦化时，中煤化烟煤中镜质体易熔，加热具可塑性，具黏结性好的结焦能力。在加氢液化时，镜质体的转化率较高。

镜质体是天然气的主要来源之一。镜质体相当于Ⅲ型干酪根，在煤变质作用过程中具有好的产气能力，镜质体性脆，裂隙发育。镜质体的密度在1.27～1.80g/cm^3之间，随煤级而异。镜质体中微孔隙发育，孔径小于2mm但大于50nm。

镜质体的化学性质有时受聚煤环境的影响明显。如中国鄂尔多斯侏罗纪煤田的镜质体与同煤级其他镜质体相比，往往挥发分产率和氢含量偏低，而芳香度偏高，这可能与泥炭沼泽阶段镜质体前身受到轻度原始氧化有关。与此相反，中国华北、华东石炭纪—二叠纪煤田中，不同还原程度煤中的镜质体虽然煤级相同，但强还原的太原组煤层中镜质体的挥发分产率、氢含量、黏结性明显高于弱还原的山西组煤层中的镜质体(韩德馨，1996)。

2. 惰质体

在各显微组分组中，惰质体的挥发分产率、氢含量和H/C原子比最低，而碳含量最高，氧含量低，芳构化程度高。在煤化过程中，随着煤级增高，惰质组的挥发分产率、氢含量、氧含量、H/C 原子比也会降低，碳含量、芳香度增高，但与镜质体相比，其变化幅度小。惰质体的碳含量取决于特定显微组分来源和(或)在泥炭阶段遭受的干燥或氧化还原程度(ICCP，2001)。

惰质体相当于Ⅳ型干酪根，在煤变质作用过程中产气能力较差。加热一般表现为惰性，黏结性差，具有差的结焦能力。

3. 类脂体

在三大显微组分组中，类脂体挥发分产率、氢含量和产烃率最高，H/C 原子比值大多在1以上，而芳香度低，在中煤级烟煤中，类脂体的化学性质变化很快，逐渐与镜质体的化学性质趋于一致。

类脂体相当于Ⅱ型干酪根，在煤变质作用过程中具有好的产油和产气能力，加热易挥发形成挥发分气体。类脂体富含饱和烃、脂肪酸、萜烯和甾类化合物(Tissot and Welte，1984)，是源岩中主要的油源型组分。在焦化和液化时，类脂体的活性强，固体残渣少；在焦化时，壳质组具黏结性，能产生大量的焦油和气体。

二、显微组分的反射率

显微组分的反射率是指光片中显微组分的反射光强度与垂直入射光强度的百分比。按国际标准化组织和中国国家标准的规定，显微组分的反射率都是在油浸物镜下测定，其代号为 R_o。随着煤化程度的加深，煤中镜质体由均质体向非均质体过渡。当 $C_{daf} \geqslant 85\%$(中低变质烟煤)时，反射率出现最大值和最小值，即双反射现象。随煤级升高，双反射逐渐增强。鉴于煤，特别是高煤级煤，具明显的各向异性，可测定其最大反射率 $R_{o,max}$ 和最小反射率 $R_{o,min}$，二者差值即为双反射率。

煤中各显微组分组的反射率区别明显，在煤化过程中变化特点也不同(图 3-22)。

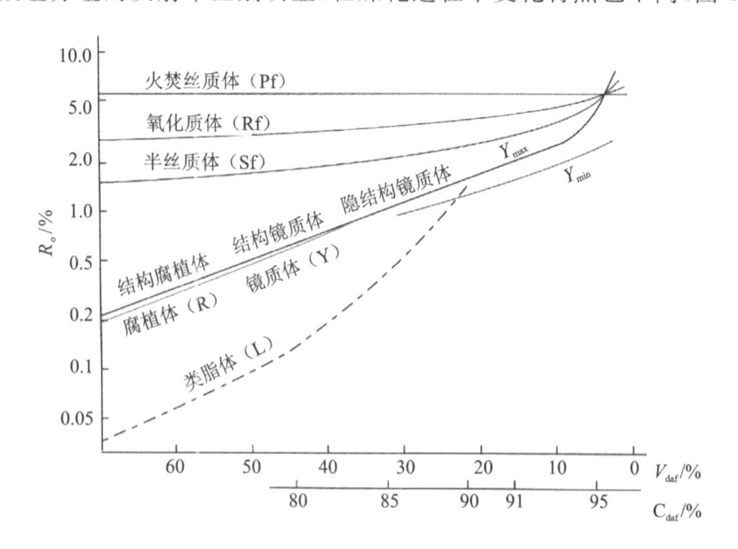

图 3-22 显微组分组和显微组分反射率在煤化过程中变化示意图(据 Smith and Cook，1980)

镜质体的反射率在三大显微组分组中居中，镜质体反射率受煤化作用的影响始终比较灵敏，变化幅度也较大，且比较有规律(图 3-23)，不受显微煤岩组分含量变化的影响，而且煤中镜质组的含量一般都较高，镜质体的煤粒通常较其他显微组分大，很容易找到。因此国内外都以镜质体中的均质镜质体(胶质结构体)或基质镜质体(胶质碎屑体)的反射率作为反映煤化程度(煤级)的指标，并常以 $R_{o,max}$ 表示。

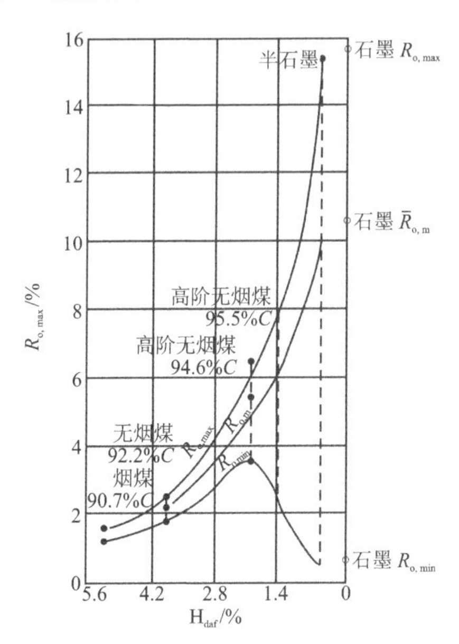

图 3-23　由烟煤到石墨阶段镜质体反射率随煤化程度(以氢含量表示)的变化(据 Ragot，1977)

镜质体的各向异性特征随煤级增高变得愈来愈明显。Teichmüller 研究了从高煤化烟煤到半石墨的煤化系列中镜质体反射率的变化，直到 $R_{o,max}=4.0\%$ 以前，最大反射率值的递增与平均反射率 $\bar{R}_{o,m}$、最小反射率及双反射率值的递增之间呈密切的线性相关关系(图 3-23)。通常人们参照德国的分类，把 $R_{o,max}=4.0\%$ 作为无烟煤与高阶无烟煤的分界点，从 $R_{o,max}=4.0\%$ 往上，反射率值愈来愈分散；在 $R_{o,max}=6.0\%$ 时，$R_{o,min}$ 值开始减少，而双反射率值急剧增加，表明开始了预石墨化作用。

类脂体的反射率在三大显微组分组中最低，变化幅度很大。在褐煤和低煤级烟煤范围内，随着煤级增高，类脂体反射率增长渐慢，在中煤化烟煤的“煤化跃变”过程中，类脂体的反射率迅速增长，反映煤化踪迹的类脂体反射率曲线与镜质体反射率曲线相交于最大反射率 $R_{o,max}=1.50\%$ 附近，因此在中、高煤化烟煤中难以辨认类脂体。在无烟煤中，类脂体的平均反射率 $\bar{R}_{o,m}$ 往往略高于镜质体，有时部分类脂体的 $R_{o,max}$ 高于镜质体时，具有强烈各向异性，易于识别。如中国河南焦作煤田焦西矿无烟煤中，均质镜质体的 $R_{o,max}=4.60\%$、双反射率值为 2.2%，而孢子体的 $R_{o,max}=5.2\%$、双反射率值为 3.4%，均高于均质镜质体，具强烈的各向异性(韩德馨，1996)。

惰质组的反射率是三大显微组分组中最高的，但反射率变化幅度很小。研究表明，惰质组中丝质体的反射率在煤化作用早期，镜质体反射率在 0.3%～0.9%范围内，随着煤级增高，丝质体的反射率由1.0%增至2.1%，增长较快，但以后丝质体反射率增长速度略低于镜质体，而在无烟煤阶段，由于镜质体最大反射率增长很快，因此丝质体最大反射率低于镜质体(Cook，1982)。如中国福建龙岩早二叠世无烟煤中均质镜质体的$R_{o,max}=6.4\%$，双反射率值ΔR为3.3%，而丝质体的$R_{o,max}=5.3\%$、双反射值仅0.8%，均低于均质镜质体；因此在正交偏光下容易区别(韩德馨，1996)。

在同一显微组分组内，各种显微组分的反射率也有区别(表3-15)。镜质体内，大多数情况下，结构镜质体的反射率稍高于无结构镜质体，但当细胞壁原来富含纤维素或类脂物质时，亦可能相反；叶镜质体，特别是叶片内的团块镜质体的反射率低于均质镜质体，基质镜质体的反射率稍低于均质镜质体，这可能与基质镜质体中有低等生物及其他类脂化合物通过菌解等途径参与其组成有关。在不同还原程度的煤中，强还原煤的镜质体反射率低于弱还原煤的镜质体，山东组、江苏组、太原组强还原煤中镜质体反射率比山西组弱还原煤中镜质体反射率低0.04%～0.20%，平均差值接近于0.1%(赵师庆，1991)。镜质体反射率往往随着煤中藻类体、沥青质体和渗出沥青体含量的增加而减小，这种规律不仅在煤层中有，在富含有机质的泥质岩中也存在。一般认为这与镜质体吸附了煤化过程不同阶段从类脂体中排出的富脂肪烃的流体有关，因此在评价富有机质沉积物的成熟度(特别是腐泥质的)时，必须考虑类脂体的种类和含量对镜质体反射率的影响(Raymond and Murchison，1991)。

表3-15　低煤化烟煤中各显微组分(亚组分)的反射率R_o　　单位：%

显微组分		山东兖州太原组煤		山西平朔安太堡山西组煤	
		测试范围	平均值	测试范围	平均值
镜质体	结构镜质体	0.58～0.59	0.59	0.61～0.70	0.65
	均质镜质体	0.51～0.60	0.56		
	基质镜质体	0.51～0.58	0.55	0.56～0.60	0.57
	叶镜质体	0.48～0.55	0.50		
	团块镜质体	0.43～0.49	0.45	0.47～0.58	0.53
惰质体	半丝质体	0.98～1.48	1.27	0.97～1.54	1.30
	丝质体	1.59～2.42	1.91	1.82～2.34	2.11
	粗粒体-1		1.22		
类脂体	大孢子体	0.16～0.23	0.20	0.17～0.22	0.19
	树脂体				0.07
	荧光体	0.06～0.08	0.07		

注：转引自韩德馨《中国煤岩学》(1996)。

惰质体中，以火焚丝质体的反射率最高，氧化丝质体次之，粗粒体和半丝质体的反射率较低(图 3-24)。

类脂体中，树脂体、荧光体和藻类体、沥青质体的反射率低于孢子体、角质体、树皮体。如中国华北石炭纪—二叠纪煤中树脂体、荧光体的反射率为 0.01%，藻类体的反射率为 0.04%，而大孢子体的反射率为 0.16 %～0.23%。在煤化过程中，各种类脂体组分的反射率增速很快(图 3-24)。

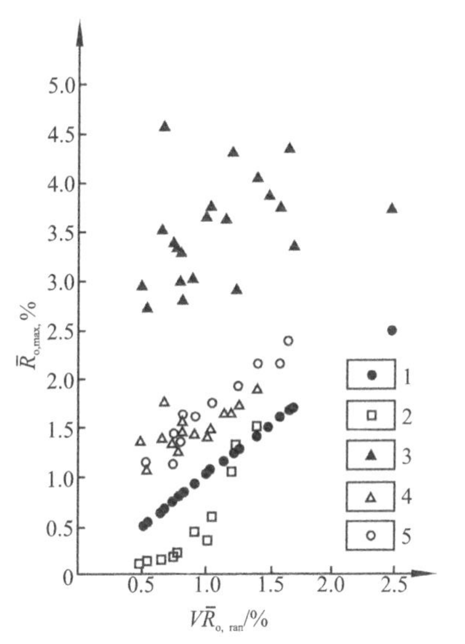

图 3-24　各种显微组分反射率随煤级的变化(据 Hower and Davis，1981 修改)

1. 镜质体；2. 孢子体；3. 丝质体；4. 半丝质体；5. 粗粒体

显微组分反射率的研究有重要意义，因为镜质体反射率不仅是确定煤级和油气源岩成熟度的主要指标，而且反射率亦是准确确定显微组分，特别是过渡组分归属和进行显微组分自动化定量的重要依据。

三、显微组分的反射色

反射色指矿物光片在矿相显微镜直射光下所显示的颜色，当物质不透明而无法在透射光下观察时，反射测量能弥补其不足，所以它有更广泛的适应性。反射测量广泛应用于煤岩学，如确定煤级或成熟度，甚至物质组成等。

显微组分的反射色是指在垂直反射光下块煤或粉煤煤砖光片(磨光面)显示的颜色。不同的煤岩组分具有不同的反射光色，但各种煤岩组分的反射光色均呈灰黑色至白色。

在低煤化烟煤中，镜质体在反射光下为灰色，油浸反射光下呈深灰色；随着煤级增高，反射色变浅，在高煤化烟煤和无烟煤中呈白色。由此也可以看出，镜质体反射色随煤级升高而增大的规律明显。

惰质体的反射率在 3 个显微组分组中是最高的，仅在高阶无烟煤阶段，镜质体和类脂体的最大反射率可超过惰质体。因此，惰质体的反射色通常由浅灰色、灰白色、白色到黄白色。

类脂体的反射率是 3 个显微组分组中最低的，在低煤化烟煤中，类脂体在反射光下呈深灰色，油浸反射光下呈黑色到很暗的灰色，有时具有红色到橙色的内反射。

同一煤岩组分在不同煤化阶段反射光色也不同，随煤化程度的增高，显微组分的反射光色逐渐变浅。

四、显微组分的透射色

透射测量是利用薄片在透射单色光下进行的，也是利用平行光通过吸光均匀物质时光能将被吸收，其吸取能量与吸光物质的浓度和厚度呈正比的原理进行的，选择波长范围为 400～700nm。通过测定被测物质的透射比、吸光度和线吸收系数，分别得到透射比谱、吸光度谱和线吸收系数谱等波谱，选择所得光谱的各种参数，如峰值透射比、峰值吸光度、吸光度谱或透射比谱的半波宽，反映物质的性质。透射测量用于煤和油、气源岩的研究中，主要用来鉴别显微组分，确定煤级或成熟度。

显微组分的透射色是用显微镜在透射光下观察，煤的切片（煤薄片，厚约0.03mm）显示的颜色，又称透射光色（体色），是煤对不同波长可见光选择吸收的结果。

在薄片中，不同的显微煤岩组分在不同波长范围内，其透射性和吸收性不相同，因此具有不同的透射光色，各种显微组分呈不同程度的黄色、红色和褐色色调。

据 Сарбеева 等（1975）对顿涅茨煤田气煤的研究，镜质体和类脂体对红光和黄光吸收少，对绿光吸收多，蓝光和紫光几乎不能透过，惰质体在整个可见光谱域的透射性很差。上述这些性质与它们在透射光下显现的颜色相一致，通常情况下，镜质体在透射光下呈褐红色，惰质体呈黑色，类脂体呈黄色。

煤中显微组分颜色变化与煤级关系非常密切。无论是镜质体，还是类脂体，其同一煤岩组分在不同煤化阶段显示出不同的透射光色，随煤变质程度增高，透射光性变差，其颜色变化的规律是随煤级增高而出现红移现象：橙红色→棕红色→褐红色→暗红色→黑色，无烟煤几乎不透明（黑色）（表3-16）。

表3-16　普通透射光下不同煤级时一些组分的颜色变化（据 Сарбеева，1954 简化）

煤级	褐煤	长焰煤	气煤	肥煤	焦煤	瘦煤	贫煤	无烟煤
挥发分/%	<49	49～42	42～36	36～26	26～17	17～14	14～7	>7
凝胶化基质	浅棕	浅棕	浅红棕	浅红棕	深红棕	暗棕	棕黑	不透明
角质化分子	浅黄	浅黄	黄	橙黄—红	红	不透明	不透明	不透明

五、显微组分的孔隙性

煤是一种复杂多孔且内表面积大的固态物质，因此能吸附气体和液体。近年研究表明，煤的孔隙性严重影响煤的固气能力和储气能力，对煤的成浆性等工艺性质也有显著影响，而且不同煤化程度煤中各显微组分的孔隙类型及分布不同。

比较常见的研究孔隙的方法有扫描电镜技术、压汞法和低温液氮吸附等。在扫描电镜下可直观地观察到煤中微米级的孔洞，中国煤中大致可区分出气孔、植物组织孔、原生粒间孔和溶蚀孔等几种。

气孔是煤化过程中由于有机质热演化产生挥发物质逸出而留下的孔洞，外形多为圆形、椭圆形，常见于均质镜质体和基质镜质体，树脂体、角质体及丝质体胞壁亦有所见。在异常高的古地温场下形成的热变质煤中，气孔更为发育，有时气孔受热塑变而呈弯曲状，还可彼此连通，亦可称为热变气孔。

植物组织孔是具有一定规则分布和排列特征的孔隙，是由于植物细胞组织内蛋白质、糖类等化学性质不稳定的化合物经生物地球化学作用强烈分解而残留的空隙。该孔主要特点是排列规则大小均一、保存完整、有一定方向性。它常见于半丝质体、丝质体和结构镜质体中，丝质体中有时保留有输导组织的各种纹孔、筛孔。

原生粒间孔又称颗粒孔，它是成煤时各种成煤物质颗粒之间的孔隙。孔隙大小不一、形态各异，排列不规则，常见于碎屑镜质体、碎屑惰质体、类脂碎屑体等碎屑状显微组分之间或颗粒状基质镜质体之间。

溶蚀孔是黄铁矿、碳酸盐矿物等可溶性矿物，在地下水或热液作用下受到溶蚀而形成的次生孔洞，可能是成煤过程中或成煤后期地质作用中地下水对可溶性矿物的溶蚀作用所致，或是有机质在热演化过程中所形成的酸碱有机气体对可溶性矿物的溶蚀作用所致。溶蚀孔孤立分布，大小、形态不规则，一般不具连通性，有时在溶蚀孔壁可见沉淀的自生石英等矿物微晶。

煤中孔径分布范围很大，具有5～6个数量级。目前人们采用的分类级别、名称和分类界值尚不统一。按煤中孔隙的孔径，分为Ⅰ、Ⅱ、Ⅲ、Ⅳ共4类。其中Ⅰ类孔径7500～1000nm，也称为大孔；Ⅱ类孔径1000～100nm，称中孔；Ⅲ类孔径100～10nm，称小孔；Ⅳ类孔径10～3.75nm，称微孔。

我国常用压汞法研究煤的孔隙性。压汞法的基本原理是根据拉普拉斯公式，将接触角大于90°的水银利用外加压力注入煤的孔隙中，这种方法目前只能把水银压入孔径大于3.75nm的孔内。所以，测试结果能反映孔径大于3.75nm的孔容、孔隙大小分布、孔径结构等特征。

煤中总孔容和不同孔径孔隙分布是反映煤的孔隙性的重要参数。Gan等(1972)研究了美国不同煤级12种煤的总孔容和孔容分布，总孔容V_T为氦所能达到的孔隙的容积，是由用氦和汞所测的煤的密度计算而得。V_1为孔径大于30nm的孔容，由压汞仪测定；V_2为孔径30～1.2nm的孔容，由氮等温吸附线分析计算所得；V_3为孔径小于1.2nm的孔容，它是由总孔容V_T减去V_1和V_2之和的差值。由表3-17可知，V_3值在无烟煤中最高，而在褐煤中最低；褐煤中以V_1为主，中、低挥发分烟煤和无烟煤中以V_3为主，而高挥发分烟煤中V_1、V_2、V_3都占相当比例。

表3-17 煤中孔隙的分布(据Gan et al.,1972)

ASTM煤级	碳含量C_{daf}/%	总孔容V_T/($cm^3 \cdot g^{-1}$)	V_1/($cm^3 \cdot g^{-1}$)	V_2/($cm^3 \cdot g^{-1}$)	V_3/($cm^3 \cdot g^{-1}$)	V_3/%	V_2/%	V_1/%
无烟煤	90.8	0.076	0.009	0.010	0.057	75.0	13.1	11.9
低挥发分烟煤	89.5	0.052	0.014	0	0.038	73.0	0	27.0
中挥发分烟煤	88.3	0.042	0.016	0	0.026	61.9	0	38.1
高挥发分烟煤A	83.8	0.033	0.017	0	0.016	48.5	0	51.5
高挥发分烟煤B	81.3	0.144	0.036	0.065	0.043	29.9	45.1	25.0
高挥发分烟煤C	79.9	0.083	0.017	0.027	0.039	47.0	32.5	20.5
高挥发分烟煤C	77.2	0.158	0.031	0.061	0.066	41.8	38.6	19.6
高挥发分烟煤B	76.5	0.105	0.022	0.013	0.070	56.7	12.4	20.9
高挥发分烟煤C	75.5	0.232	0.040	0.122	0.070	30.2	52.5	17.2
褐煤	71.7	0.114	0.088	0.004	0.022	19.3	3.5	77.2
褐煤	71.2	0.105	0.062	0	0.043	40.9	0	59.1
褐煤	63.3	0.073	0.064	0	0.009	12.3	0	87.7

在研究中国富烃煤层的孔隙特征时发现，富烃煤层的总孔容通常比贫烃煤层和一般富烃煤层的大，而且富烃煤层还有较多孔径大于 100nm 的孔隙类型。较大的总孔容和较大的孔隙不仅有利于煤层气体的运移和储集，还有利于煤体的破坏（韩德馨，1996）。

孔隙率是反映煤的孔隙性的另一个重要特征参数，是研究煤层气时必须考虑的一项重要指标。孔隙率是指煤中孔隙与裂隙的总体积与煤的总体积之百分比，一般用视密度与真相对密度来表示。煤的孔隙率与煤级有关，褐煤的孔隙率最高，如我国内蒙古大雁中生代褐煤的孔隙率为 17.42％，中国山东黄县古近纪褐煤的孔隙率为 12.91％；中等煤化烟煤的孔隙率最低，如河北唐山二叠纪肥煤为 6.10％、山西临县太原组焦煤为 6.18％；到高煤化烟煤以后，孔隙率又升高（李明潮和张伍侪，1990）。

第四章 煤的宏观岩石学特征

在肉眼观察下，煤的宏观岩石学特征主要包括煤的宏观煤岩类型、物理性质和结构构造特征等。宏观煤岩类型是指煤岩成分的典型共生组合，反映煤中物质成分组成的差异性。物理性质主要包括煤的颜色、特征光泽、内生裂隙、断口和燃烧性等，反映煤化作用程度的规律性变化。结构构造反映煤的物质成分的赋存特征和变化。按成煤植物类型可将煤分为高等植物形成的腐植煤、低等植物形成的腐泥煤以及过渡类型的腐植腐泥煤。由于腐泥煤和腐植腐泥煤多为块状，结构比较单一，很难区分出不同的岩石类型。腐植煤明显的不均一性和条带状结构表明其物质组成的差异性，因此，宏观煤岩类型的划分主要针对腐植煤类。

第一节 宏观煤岩组分

宏观煤岩组分是用肉眼可以区分的煤的基本组成单元。英国煤岩学家 Stopes(1919)在条带状烟煤中首先分出镜煤、亮煤、暗煤、丝炭 4 种宏观煤岩成分，也称为宏观煤岩组分。据此，1955 年国际煤岩学委员会明确将煤划分出 4 种肉眼可见的组分：镜煤、丝炭、亮煤、暗煤，并规定宏观煤岩组分的最小分层厚度为 3～5mm。其中镜煤和丝炭是简单的煤岩成分，暗煤和亮煤是复杂的煤岩成分。

1. 镜煤(Vitrain)

镜煤是煤中颜色最深和光泽最强的煤岩成分，其质地纯净、结构均一，以贝壳状断口和垂直于条带的内生裂隙发育为显著特征。内生裂隙面常具眼球状特征，有时裂隙面上有方解石或黄铁矿薄膜。镜煤性脆，易破碎成棱角状的立方体或者多面体小块。镜煤在煤层中常呈凸镜状或条带状，有时呈线理状存在于亮煤和暗煤中，与其他煤岩类型界线明显。

镜煤主要是由植物的木质纤维组织皮层或木栓细胞组织经凝胶化作用转变而成。显微镜下观察，镜煤的显微组分组成主要包括胶质结构体或镜质结构体等镜质体组分，具均一结构或植物细胞结构。镜煤的挥发分产率和氢含量高，具有强的焦化黏结性。

2. 丝炭(Fusain)

丝炭外观像木炭，颜色暗黑，具明显的纤维状结构和丝绢光泽，疏松多孔、硬度小，脆度大，易碎污手。丝炭的胞腔有时被矿物质充填形成矿化丝炭，矿化丝炭坚硬致密，密度较大。

在煤层中，丝炭常呈扁平状透镜体或线理状沿煤层的层理面分布，厚度多在1mm至几毫米之间，有时能形成不连续的薄层。显微镜下观察，丝炭主要由丝质体、半丝质体等组成。丝炭的挥发分产率和氢含量低，没有黏结性，因此丝炭是工艺用煤的有害组分。由于孔隙度大、吸水性强，丝炭易于发生氧化和自燃。

3. 亮煤(Clarain)

亮煤的光泽仅次于镜煤，一般呈黑色，较脆易碎，断面比较平坦，有时也有贝壳状断口。亮煤的均一程度不如镜煤，表面隐约可见微细层理。亮煤内生裂隙较为发育。

在煤层中，亮煤是最常见的宏观煤岩成分，常呈较厚的分层或者透镜状产出，有时甚至组成整个煤层。显微镜下观察，亮煤显微组分组成也比较复杂，以镜质体为主，含一定数量的惰质体和类脂体。与暗煤相比，亮煤中的镜质体较多，类脂体及惰质体次之。亮煤各种物理化学工艺性质介于镜煤和暗煤之间。

4. 暗煤(Durain)

暗煤的光泽暗淡，颜色暗黑，致密坚硬、韧性强，相对密度大，不易破碎，断面比较粗糙，呈不规则状或平坦状，内生裂隙不发育。在煤层中，暗煤是常见的宏观煤岩成分，常呈厚、薄不等的分层或单独成层出现在煤层中。

显微镜下观察，暗煤的显微组分组成相当复杂，一般镜质体含量较少，而类脂体或惰质体含量较多，矿物质含量也较多。通常情况下富含类脂体的暗煤，略带油脂光泽，挥发分产率和H含量较高，黏结性好，用途较广；富含惰质体的暗煤略带丝绢光泽，挥发分产率低，黏结性弱；富含矿物质的暗煤密度大，灰分产率高；富含惰质体或矿物质的暗煤煤质较差。

第二节　宏观煤岩类型

煤的宏观煤岩类型观察和描述是微观上详细地研究煤的物质组成及其垂向变化的基础，在煤的成因研究、煤炭资源勘探、煤质评价及煤成烃评价等方面具有重要意义。

宏观煤岩类型是按煤的总体相对光泽强度划分的类型，是宏观煤岩成分的自然共生组合的反映。各种宏观煤岩成分的组合有一定的规律性，造成煤层中有光亮分层也有暗淡分层(Diessel，1965)。这些分层厚度一般为十几厘米至几十厘米，在横向上比较稳定。

为了规范描述内容和要求，并从我国煤的宏观煤岩特征出发，2000年由煤炭科学研究总院西安分院和中国地质大学(北京)起草，中华人民共和国经济贸易委员会国家煤炭工业局提出并制定了我国烟煤宏观煤岩类型的分类方案——《烟煤的宏观煤岩类型分类》(GB/T 18023—2000)。按宏观煤岩成分的组合及其反映出的平均光泽强度，将烟煤划分为4种宏观煤岩类型，即光亮煤、半亮煤、半暗煤和暗淡煤(表4-1)。

表 4-1 烟煤宏观煤岩类型的划分指标[据《烟煤的宏观煤岩类型分类》(GB/T 18023—2000)]

宏观煤岩类型	代码	分类指标	
		相对平均光泽强度	光亮成分含量/%
光亮煤	BC	强	>80
半亮煤	SBC	较强	>50~80
半暗煤	SDC	较弱	>20~50
暗淡煤	DC	弱	≤20

1. 光亮煤

光亮煤是光泽最强的宏观煤岩类型,与镜煤的光泽相近,镜煤和亮煤含量大于 80%。结构近乎均一,一般条带结构不明显。内生裂隙发育,常见贝壳状断口。脆度大,机械强度小,易破碎。

显微镜下观察,光亮煤中镜质体含量一般在 80%以上(表 4-2),显微煤岩类型以微镜煤为主。

表 4-2 宏观煤岩类型的主要特征

宏观煤岩类型	平均光泽强度	内生裂隙	断口	结构	镜质体含量/%
光亮煤	强	发育	贝壳状	均一状	>80
半亮煤	较强	较发育	阶梯状、参差状	条带状	>60~80
半暗煤	较弱	不发育	棱角状、参差状	条带—线理状	>40~60
暗淡煤	微弱	不发育	平坦状、粒状、棱角状	线理状、块状	≤40

2. 半亮煤

半亮煤的光泽强度仅次于光亮煤,镜煤和亮煤含量 50%~80%,以亮煤为主,夹有暗煤和丝炭,一般由较光亮和较暗淡条带互层而显示出半亮的平均光泽。半亮煤是最常见的煤岩类型,其最大特点是条带结构极为明显,内生裂隙较发育,常见阶梯状和参差状断口。

显微镜下观察,半亮煤中镜质体含量 60%~80%,矿物质含量较光亮煤多,显微煤岩类型以微镜煤、微亮煤、微镜惰煤为主。

3. 半暗煤

半暗煤的光泽较弱,成分以暗煤为主,镜煤和亮煤含量占 25%~50%,镜煤和丝炭呈细条带、透镜状和线理状分布。常由光泽较暗淡的均一状或粒状结构的部分和少量比较光亮的条带和线理所组成。内生裂隙不发育,一般为棱角状断口和参差状断口,比较坚硬,韧性强,密度较大。

显微镜下观察,半暗煤一般含镜质体 40%~60%。矿物质含量较较高,显微煤岩类型以微亮煤、微镜惰煤和微三合煤为主，微矿质煤含量相对较高。

4.暗淡煤

暗淡煤的光泽十分暗淡，主要由暗煤组成（也有以丝炭为主的暗淡煤，如我国西北部中生代煤），镜煤和亮煤含量低于25%。结构特点与半暗煤相似，但光亮的条带和线理更少。内生裂隙不发育，断口常呈平坦状、粒状或棱角状。质地坚硬，致密，韧性强，密度大。

显微镜下观察，暗淡煤一般镜质体含量小于40%，惰质体含量可达50%以上。含矿物质最多，显微煤岩类型以微亮煤、微镜惰煤和微三合煤为主，具有高的微矿质煤含量，矿物质一般呈细分散状态，不易洗选，煤质较差。

第三节　煤的宏观物理性质

煤的物理性质是指煤不需要发生化学变化就能表现出来的性质，是煤的化学组成和分子结构随着成煤作用进程的最终体现。煤的物理性质主要包括煤的颜色、光泽、断口、裂隙、密度、机械性质、热性质等。

鉴定煤的物理性质以不改变煤的自然状态为原则，即煤没有经过长时间风化。通过分析和研究煤的物理性质与煤化程度的关系，为煤炭综合利用提供重要信息，为研究煤的成因、组成、结构提供重要信息。

一、煤的颜色

煤的颜色是指新鲜（未被氧化）的煤块表面的天然色彩，它是煤对不同波长的可见光吸收的结果，是肉眼鉴定煤的主要物理标志之一。煤的颜色通常包括表色和条痕色。

煤在普通的白光照射下，其表面的反射光线所显示的颜色称为表色。由高等植物形成的腐植煤的表色随煤的煤化程度增高而具有规律性变化，通常由褐煤到烟煤、无烟煤，其颜色由棕褐色、黑褐色变为深黑色，最后变为灰黑色而带有钢灰色。在烟煤阶段，如高挥发分长焰煤，外观呈浅黑色甚至褐黑色，而到低挥发分贫煤就多呈深黑色。由藻类等低等植物形成的腐泥煤类，它们的表色有的呈深灰色，有的呈棕褐色、浅黄色甚至灰绿色。另外，影响表色的因素还有煤中的水分和矿物质。煤中的水分常能使煤的颜色加深，但矿物杂质却能使煤的颜色变浅，所以同一矿井的煤如果其颜色越浅，则表明它的灰分也越高。

煤的条痕色（或称粉色）是指煤碾成粉末的颜色，一般是用钢针在煤的表面刻划或者用镜煤在脱釉瓷板上刻划出的条痕的颜色。粉色比表色略浅一些，反映了煤的真正颜色，因此比表色能更好地区别不同煤级的煤。粉色主要与煤的变质程度有关，随着煤的变质程度的提高，煤的粉色具有由褐煤的浅棕色、长焰煤的深棕色、气煤的棕黑色、肥煤和焦煤的黑色（略带棕色）、瘦煤和贫煤的黑色到无烟煤的灰黑色的变化规律。

二、煤的光泽

煤的光泽是指煤的新鲜断面对正常可见光的反射能力，是肉眼鉴定煤的主要物理标志之一(田树华和曹毅然,1998)。通常煤的光泽具有煤的特征光泽和平均光泽 2 种类型。煤的特征光泽通常有土状光泽、沥青光泽、玻璃光泽、金刚光泽和似金属光泽等。随煤化程度提高煤的特征光泽具有规律性的变化,即从褐煤的土状光泽/暗淡光泽、低变质烟煤的沥青光泽、中变质烟煤的玻璃光泽、高变质烟煤的金刚光泽到无烟煤的似金属光泽。煤的平均光泽(相对平均光泽)与煤的岩石组成有关,以相同变质程度煤中的镜煤条带光泽强度作为标准,划分了光亮煤、半亮煤、半暗煤和暗淡煤 4 种平均光泽类型(表 4-1)。

煤的光泽强弱与煤岩成分、煤化程度、煤的成因类型、矿物质含量、风氧化程度等有关。镜煤的光泽最强,次为亮煤,暗煤的光泽最弱,丝炭呈较暗淡的丝绢光泽。各种煤岩成分的光泽随煤化程度提高而变化,镜煤或光亮煤的光泽显著增强,丝炭或暗煤的光泽变化较小,因此在确定煤化程度时,必须以镜煤和较纯净的亮煤作为依据。其次,高等植物形成的腐植煤的光泽通常强于低等植物形成的腐泥煤的光泽。煤中矿物质含量增高可使煤的光泽变暗。此外,煤在风化或氧化以后,其光泽会发生较大变化,通常变为暗淡无光泽,所以在判断煤的光泽时一定要选择未氧化的煤,或光洁的新鲜断面为标准。表 4-3 列出了 8 种不同煤化程度煤的光泽、颜色和条痕色。

表 4-3　不同煤化程度煤的光泽、颜色和条痕色

煤化程度	光泽	颜色	条痕色
褐煤	无光泽或暗淡的沥青光泽	褐色、深褐色或黑褐色	浅棕色、深棕色
长焰煤	沥青光泽	黑色,带褐色	深棕色
气煤	沥青光泽或弱玻璃光泽	黑色	棕黑色
肥煤	玻璃光泽	黑色	黑色,带棕色
焦煤	强玻璃光泽	黑色	黑色,带棕色
瘦煤	强玻璃光泽	黑色	黑色
贫煤	金钢光泽	黑色,有时带灰色	黑色
无烟煤	似金属光泽	灰黑色,带有钢灰色	灰黑色

三、煤的断口

煤块受到外力打击后不沿层理面或裂隙面断开,成为凹凸不平的表面,称为煤的断口(吴俊,1987)。根据表面的形状和性质,煤中断口可分为贝壳状断口、参差状断口、阶梯状断口、棱角状断口、平坦状断口、粒状断口和针状断口等。

根据煤的断口可大致判断煤的物质组成的均一性和方向性。例如贝壳状断口在腐泥煤或腐植煤中的光亮煤以及某些无烟煤中常见,可作为煤的物质组成均一性的重要标志。棱角状断口是由几个破碎面相交而成,呈棱角状,在不均一的亮煤中常见。阶梯状断口是由两组以上的裂隙面相交而成,形似阶梯,在条带状烟煤中常见。眼球状断口是在煤的裂隙面上常有圆形或椭圆形的表面,形似眼球,常见于均一而脆度较大的镜煤中。

肉眼观察煤的断口，应该以煤岩类型为基本鉴定单位，并注意避免同整块煤或者整个分层煤的断面发生混淆。对于某些均一性较好的煤，如腐泥煤和块状的无烟煤，由于煤岩类型趋于一致，断口和断面实际上可以不加以区分。

四、煤的裂隙

煤的裂隙是指煤在成煤过程中受到自然界的各种应力的影响而产生的裂开现象。按成因不同，煤的裂隙可分为内生裂隙和外生裂隙（张健，2015）。

1.煤的内生裂隙

煤的内生裂隙是在煤化作用过程中，煤中的凝胶化物质受到地温和地压等因素的影响，使其体积均匀收缩，产生内张力而形成的一种裂隙。它的特点如下。

（1）出现在较为均匀致密的光亮煤分层中，特别是在镜煤的透镜体或条带中最为发育。

（2）一般垂直或大致垂直于层理面（图 4-1）。

（3）裂隙面常较平坦光滑，且常伴有眼球状的张力痕迹。

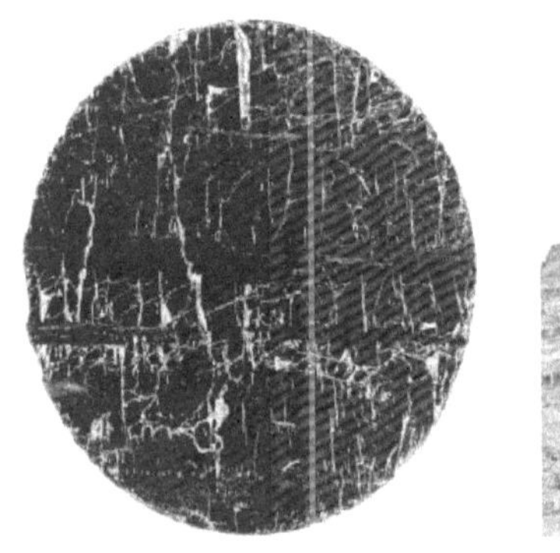

图 4-1 煤的内生裂隙

（4）裂隙的方向有大致互相垂直或斜交的两组、交叉呈四方形或菱形，其中裂隙较发育的一组为主要裂隙组，裂隙较稀疏的一组为次要裂隙组（图 4-2）：主要的、延伸较长的为面割理（face cleat）；次要的、大致与面割理垂直的为端割理（butt cleat）。

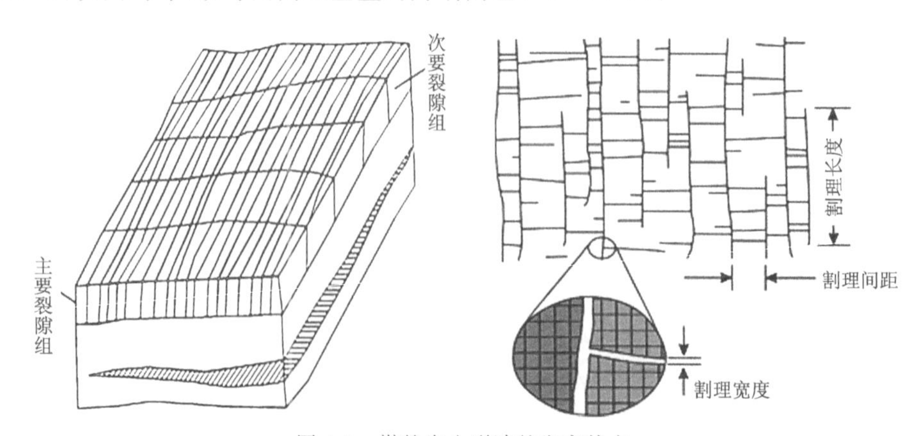

图 4-2 煤的内生裂隙的发育特点

由于光亮煤中的内生裂隙在相同煤化阶段煤中的数量较为稳定，因此常以光亮煤的内生裂隙作为煤的煤化程度的指标。

内生裂隙的发育情况与煤化程度和煤岩显微组分有密切关系。同一种煤岩类型中内生裂隙的数目随着变质程度由低到高而有规律地变化，因此，内生裂隙也是确定煤变质程度的指标之一。通常以浮煤挥发分产率在25%左右的中煤阶的焦煤、肥煤类内生裂隙最为发育，5cm内有30～60条；而低或高煤阶的烟煤内生裂隙则减少，5cm内有10～20条。随着挥发分产率的降低，煤的内生裂隙也逐渐减少，到无烟煤阶段达到最低值（很少或没有）。挥发分产率大于25%的煤，其内生裂隙随挥发分产率的增高不断降低，所以内生裂隙数量，常以焦煤类最多，肥煤类次之，1/3焦煤、气煤和长焰煤类依次减少，到褐煤阶段几乎没有内生裂隙。

伊万诺夫和特洛菲莫夫分别对苏联顿巴斯和卡拉干达煤田进行内生裂隙测定，发现主要内生裂隙组的方向很规则，但是与现有的构造方向不一致，由此认为内生裂隙是褶皱运动之前形成的，因此内生裂隙与聚煤古构造密切相关。

此外，内生裂隙与煤储层密切相关。内生裂隙是煤中流体运移的主要通道，并且具有方向性，因而它是控制煤层方向性渗透的主要因素。尽管内生裂隙在中变质烟煤中最为发育，在褐煤和无烟煤中一般较少发育，但是煤层气勘探开发实践证明，美国煤层气突破在低煤阶（褐煤），而中国煤层气则突破在高煤阶（无烟煤）。由此说明，煤储层虽然与煤中裂隙有着直接联系，但是更为重要的在于煤层气成因类型差异——生物气和热成因气。

2.煤的外生裂隙

一般认为煤的外生裂隙是在煤层形成以后受构造应力的作用而产生的，其特点如下。

（1）可以出现在煤层的任何部位，通常以光亮煤分层最为发育，并往往同时穿过几个煤岩分层，大裂隙甚至可以穿过煤层（图4-3）。

（2）常以不同的角度与煤层的层理面相交。

（3）裂隙面上常有波状、羽毛状或光滑的滑动痕迹，有时还可见到次生矿物或破碎煤屑充填，裂隙面不平坦。

（4）有时沿着内生裂隙叠加改造而发育。

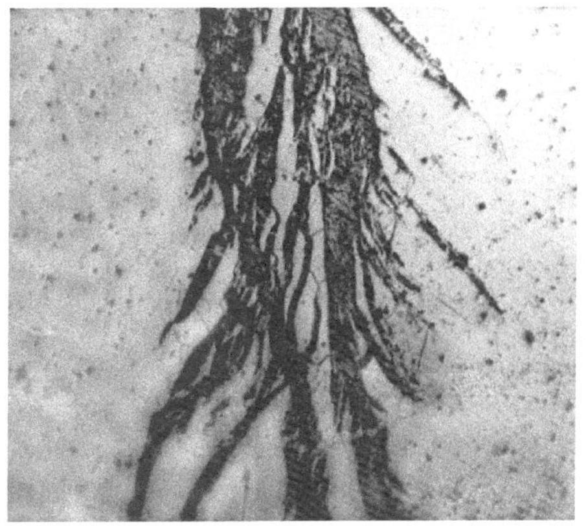

图4-3　煤的外生裂隙

煤层在受力或自然条件下被破坏时，沿着不同方向的各组裂隙破裂构成一定的几何形态，称之为“节理”。煤层中常见的节理有板状、柱状、立方体状、平行六面体状等。有时还会见到复杂外生裂隙面交切构成的近球状、锥状和鳞片状等，反映后期多期构造叠加。

外生裂隙实际上就是一种后生裂隙，是由附近断层派生出来的后期的一种次生小构造，与断层有着成因联系，因此一定程度上外生裂隙方向与附近的断层方向一致，研究煤的外生裂隙有助于确定断层的方向。此外，除了有利于研究构造之外，研究煤的外生裂隙还对提高采煤率和确定煤尘和瓦斯爆炸具有一定的实际意义。

五、煤的机械性质

煤的机械性质是指煤在机械力作用下所表现出的各种特性，这里重点介绍煤的硬度和脆度。在肉眼鉴定中，煤的硬度主要指煤抵抗外力刻划的能力。

（一）煤的硬度

1.煤的刻划硬度

煤的刻划硬度接近普通矿物鉴定的莫氏硬度，用一套标准矿物（莫氏硬度计）刻划煤标本来粗略判定煤的相对硬度。

煤的莫氏硬度在2～4之间，煤化程度低的褐煤和中变质阶段的焦煤的硬度最小，为2～2.5。由焦煤向瘦煤、贫瘦煤、贫煤和无烟煤，随煤级增高，硬度逐渐增高，至变无烟煤的莫氏硬度可达4左右，但由变无烟煤向半石墨、石墨演化时，硬度又急剧降低。从焦煤向肥煤、气煤、长焰煤，随煤级降低煤的莫氏硬度逐渐增加，但到褐煤阶段又明显下降。同一煤化程度的煤，各种煤岩成分的硬度具有一定差异，以惰质体硬度为最大，类脂体最小，镜质体居中。

由于在肉眼下观察煤的刻划硬度受煤岩成分的影响较大，分级的划分太粗，因此在煤化作用研究中常采用煤的显微硬度作变质指标。

2.煤的显微硬度

煤的显微硬度是指煤对坚硬物体压入的对抗能力，是在显微硬度计上测定的压痕硬度的一种。

在显微硬度计上以小的静力负荷（一般为10～20g），用规定形状的金刚石压锥压入煤样并持续15s，然后撤去荷重，在显微镜下放大487倍观测压痕大小后求出显微硬度。它的数值是以压锥与煤的单位实际接触面积上所承受的试验力来表示，称为维氏显微硬度（H_v）。压痕越大则煤的显微硬度越低，压痕越小则煤的显微硬度越高。

煤的显微硬度与煤化程度、显微组分、成煤环境密切相关。在煤化程度相同的褐煤中，腐植组组分的显微硬度随凝胶化程度增高而增高，在微碎屑煤中 H_v 约 $98N/mm^2$，而微凝胶煤中则为 $294N/mm^2$（Künstner et al.，1980）。在不同还原程度的煤中，强还原煤中镜质体的显微硬度低于弱还原煤（图4-6）。

变质程度相同时，惰质体的显微硬度最大，镜质组次之，类脂体最小。不同变质阶段的煤各类显微组分的显微硬度有一定规律变化，以镜质组表现最为特征。当研究煤级变化的显微硬度特征时，煤炭行业标准规定以均质镜质体或基质镜质体作为测定的对象。镜质体的显微硬度与煤级之间的关系，通常用“靠背椅”曲线来表示（图 4-7）：“下椅面”表示褐煤，“上椅面”表示烟煤，“椅背”表示无烟煤。

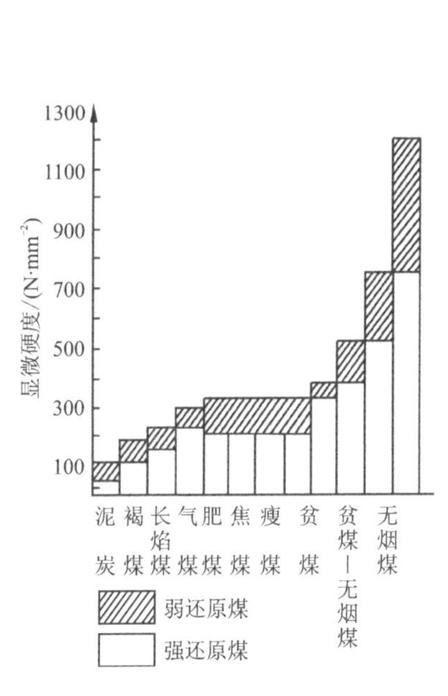

图 4-6　显微硬度与煤化程度关系

（据 Аммооов，1963）

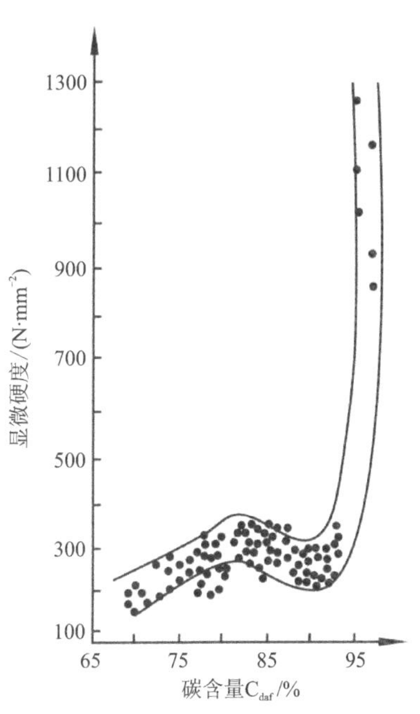

图 4-7　煤的显微硬度与碳含量的关系

（据马惊生等，1987）

（二）煤的脆度

煤的脆度是指煤受外力作用而破碎的性能。脆度大易破碎，脆度小不易破碎。脆度表现为抗压强度和抗剪强度两个方面。强度大者，其脆度小，反之则大。

脆度和硬度同属抵抗外来机械作用的性能，但是所受外力的性质与硬度不同。对于同一种煤来说，脆度与硬度的反应往往不一致，很脆的煤同时可能很硬。

根据表现形式，脆度包括两种类型，一种是生产采用的脆度（脆性），另一种是显微脆度。

1. 脆性

脆性是指煤受压时在装卸和运输过程中被破碎的倾向。煤的脆性在某种程度上取决于煤的刚性、弹性和破碎特性。脆性越大，块煤的破碎概率越大，且块度越大，越容易破碎成小块。

煤的脆性与煤化程度、煤的岩石类型密切相关。中变质的焦煤和挥发分 V_{daf} 小于 30%的肥煤类的脆性最大，煤化程度往瘦煤、贫瘦煤、贫煤和无烟煤方向增高时，脆性依次降低，无烟煤脆度最小。煤化程度向气煤、弱黏煤、不黏煤、长焰煤方向降低时，脆性也逐渐降低。

在腐植煤的岩石类型中，镜煤和光亮煤的脆度最大。暗淡煤往往由于其中分散许多稳定组分和矿物质,脆度最小。

2. 显微脆度

显微脆度是指显微镜下,煤的显微组分在受压情况下,出现裂纹的性质。可在测定煤的显微硬度的同时测定其显微脆度。Аммооов(1963)建议在一定试验力下,以每100个压痕中出现的裂纹数表示,裂纹数越多,显微脆度越大。

煤的显微脆度与煤化程度、显微组分及成煤环境有关。煤的显微组分对煤的脆度有很大影响。一般以镜质体组分的脆度最大,惰质体组分次之,类脂体组分的脆度最小且韧性最大。中煤级焦煤镜质体的显微脆度最大,随着煤化程度的增高或降低显微脆度都逐渐下降(图4-8)。在相同变质程度的煤中,强还原煤中镜质体比弱还原煤中镜质体的显微脆度要高(图4-8)。

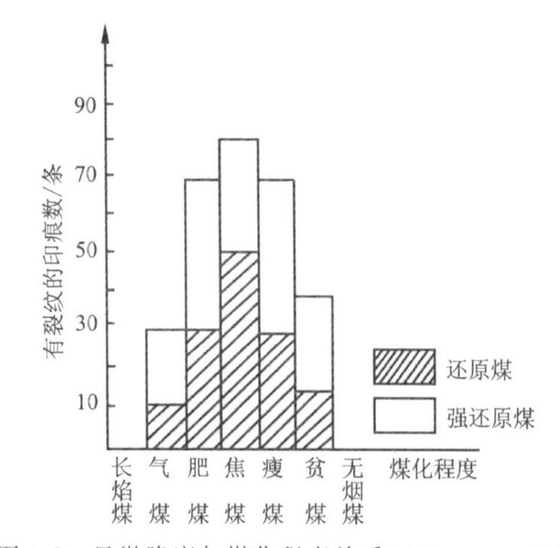

图4-8 显微脆度与煤化程度关系(据Аммооов,1963)

第四节 煤的结构构造

煤的结构构造反映成煤原始物质及其在成煤作用过程中的变化,是煤的重要原生特征(陈善庆,1989)。

一、煤的结构

煤的结构是煤岩成分的形态、大小、厚度、植物组织残迹以及它们之间相互关系所表现出来的特征,是成煤原始物质在成煤过程中性质、成分变化的最终表现。在低煤级煤中,煤的结构很清楚,随着煤化程度的增高,各种煤岩成分的性质逐渐接近,成煤原始物质的肉眼标志逐渐消失,因此,到了高变质阶段煤的结构就逐渐变得均一。煤的结构可分为原生结构和次生结构。

1. 原生结构

煤的原生结构是由成煤原始物质及成煤环境所形成的结构(曹代勇等,2005)。常见煤的原生结构主要包括条带状结构、线理状结构、透镜状结构、均一状结构、木质状结构、纤维状结构、粒状结构、叶片状结构。

（1）条带状结构。它是由煤岩成分呈条带状在煤层中相互交替而构成的。按条带宽细可分为细条带状（1～3mm）、中条带状（3～5mm）和宽条带状（>5mm）。条带状结构在烟煤中表现尤为明显，尤其以半亮煤和半暗煤中最常见。年轻褐煤、无烟煤中条带状结构不明显。

（2）线理状结构。镜煤、丝炭、黏土矿物等以厚度小于1mm的线理断续分布于煤中，形成线理状结构。线理状结构经常伴随着条带状结构同时出现，在半暗煤和半亮煤中常见。根据线理交替出现的间距，它又可分为密集线理状和稀疏线理状两种。

（3）透镜状结构。镜煤、丝炭、黏土矿物和黄铁矿常呈大小不等的透镜体形式，连续或不连续散布于比较均一的暗煤或亮煤中，构成透镜状结构。和线理状结构一样，透镜状结构也常与条带状结构伴生，在半暗煤和暗淡煤中常见。

（4）均一状结构。组成成分较为单纯，均匀的煤岩成分常显示均一状结构。镜煤具有较为典型的均一状结构，一些腐泥煤、腐植腐泥煤和无烟煤也具有均一状结构。

（5）木质状结构。木质状结构是植物原有的木质结构在煤中的反映或继承。植物形成煤之后，植物茎部的木质组织的痕迹得以继承保存。规模较大的有时会有煤化树干、树桩等。木质状结构多见于褐煤、长焰煤中。例如，我国抚顺古近纪长焰煤中的煤化树干、树桩以及云南先锋新近纪褐煤中大面积产出煤化树干。

（6）纤维状结构。纤维状结构多见于丝炭，是植物茎部丝炭化作用的产物，疏松多孔。纤维状结构一定程度上反映了植物的原生结构，最大特点是具有沿着某一方向延伸的性质。丝炭常以明显的纤维状结构为重要鉴定特征，因此，丝炭也被称为纤维煤。

（7）粒状结构。粒状结构常常是由煤中散布着大量稳定组分或矿物质形成的，肉眼可见清楚的颗粒状。粒状结构为某些暗煤或暗淡煤所特有，粒状结构的变形有时含黄铁矿鲕粒或含黄铁矿结核呈鲕状或者豆状结构。

（8）叶片状结构。叶片状结构主要是煤层中顺层分布大量的角质体、木栓体，使煤呈现纤细的页理，易被分成极薄的薄片，外观呈纸片状、叶片状。我国泥盆纪角质残植煤和树皮残植煤常具有典型的叶片状结构。

2.次生结构

煤的次生结构是煤层形成后受到应力作用产生的各种次生的宏观结构（李小诗等，2011），主要包括碎裂结构、碎粒结构和糜棱结构。

（1）碎裂结构。碎裂结构是指煤被密集的次生裂隙相互交切成碎块，但碎块之间基本没有位移，可见到煤层的层理。碎裂结构往往位于断裂带的边缘。

（2）碎粒结构。碎粒结构中煤被破碎成粒状，主要粒级大于1mm。大部分煤粒由于相互位移摩擦失去棱角，煤的层理被破坏。碎粒结构往往位于断裂带的中心部位。

（3）糜棱结构。糜棱结构中煤被破碎成很细的粉末，主要粒级小于1mm。有时被重新压紧，已看不到煤层的层理和节理，煤易捻成粉末。糜棱结构一般出现在压应力很大的断裂带中。

二、煤的构造

煤的构造是指煤岩成分之间的空间排列和分布所表现出来的特征（琚宜文等，2005）。煤的构造与煤岩成分的自身（如形态、大小）无关，而与成煤原始物质的聚集条件和变化过程有关。构造仅说明煤中各组成成分和煤岩类型在空间的分布、排列，它最重要的标志是层理。根据有无层理显示，煤的构造分为层状构造和块状构造。

1. 层状构造

沿煤层垂直方向上可看到明显的不均一性，显示层状构造。层理是煤层的主要构造标志，组成成分不同、煤岩成分变化或含无机矿物夹层均可形成层理。层理的显示，在相当程度上与古泥炭在成岩作用过程中的变化有关。按煤层中层理的形态，它可分为水平层理、波状层理和斜层理，分别反映了水动力条件很弱、水动力条件较弱及水动力条件较强的成煤环境。

2. 块状构造

煤的外观均一致密，无层理显示的构造称为块状构造。块状构造主要是相对均匀的成煤物质，在沉积环境稳定滞水的条件下缓慢均匀沉淀而形成。块状构造多见于腐泥煤、腐植腐泥煤和某些暗淡型的腐植煤。

煤层在经历强的构造变动后，由于自身相对较软，易于形成次生构造，如煤中的滑动镜面、鳞片状构造和揉皱构造等，这些次生构造可改变或破坏煤的原生构造。

第五章 煤岩学的研究方法

煤岩学研究方法是在不破坏煤的原生结构、表面性质的情况下，采用以肉眼观察和显微镜技术为主直接对煤的各方面性质进行研究，主要包括煤的宏观研究和微观研究，以及其他现代分析技术应用等方面。

第一节 煤岩学的宏观研究

煤的肉眼观察和描述是各项煤岩研究的基础，它能提供多方面的煤岩资料，在阐明煤及煤层形成条件和确定煤的实际应用方面具有重要意义。具体地说，煤的肉眼研究能够：①确定宏观煤岩类型在煤层中的分布和含量比例；②大致确定煤化程度；③确定夹矸层的数目、层位和厚度；④大致判断风化带和氧化带的深度；⑤为煤层对比提供肉眼鉴定标志；⑥为分析煤相或煤层形成环境提供肉眼观察标志；⑦为研究构造挤压带和火成岩对煤的影响提供肉眼标志。

一、煤块样的观察描述

煤块样的观察描述主要包括煤的宏观岩石类型特征和对主要物理标志的描述，划分宏观岩石类型和初步确定煤级。宏观岩石类型的划分按照行业标准——《烟煤的宏观煤岩类型分类》(GB/T 18023—2000)进行。具体观察描述步骤如下。

(1)首先选择煤的新鲜断面确定宏观煤岩成分(镜煤、亮煤、暗煤和丝炭)，根据煤块样中宏观煤岩成分组成确定相对平均光泽强度，在此基础上划分宏观煤岩类型(光亮煤、半亮煤、半暗煤和暗淡煤)，然后对其宏观煤岩类型特征进行描述。描述内容具体包括：①煤体结构构造，对于原生结构煤(例如条带状半亮煤或线理状暗淡煤等)可根据原生结构对宏观煤岩类型进一步划分亚型，对于非原生构造煤(例如构造煤、烧变煤或风氧化煤)应按相应的分类标准进行划分；②宏观煤岩成分，主要包括每一宏观煤岩成分的结构、赋存状态等；③夹矸、矿物和包裹体，主要包括成分、赋存特征(形态、与周围成分的关系)、数量、厚度或大小等；④断口和断面特征。

(2)系统观察煤的主要物理标志，根据物理标志初步判断煤的变质程度，描述内容具体包括：①煤的颜色，主要包括煤的表色和条痕色，条痕色以镜煤或光亮煤的条痕色为标准；②煤的光泽，主要为煤的特征光泽，以镜煤或光亮煤的特征光泽为标准；③裂隙，主要包括内生裂隙和外生裂隙，描述裂隙的发育程度、力学性质、裂隙内有无矿物充填和充填矿物类型，统计内生裂隙的发育条数(单位为条/5cm);④机械强度,主要包括煤的硬度、易破碎程度。

(3)根据以上观察描述初步判断煤的质量和可能的利用前景。

二、煤层剖面的观察描述

煤层剖面的观察和描述通常利用矿井下的煤层剖面和钻孔煤芯柱,但有时也利用受风化作用和氧化作用影响较小的地表煤层剖面进行。

1.观测点的选择

煤层剖面观测点的选择应根据研究目的的需要进行选择,通常是选择厚度和结构有代表性的煤层剖面。但若为了研究构造变动带、火成岩影响带的煤质变化,则应选择垂直于这些带的方向的煤层剖面。

对于煤层露头和井下巷道或开采面剖面,应先清理观测点的煤壁,力求清理出一个表面新鲜且包含有煤层顶、底板的连续煤层剖面。对于钻孔煤芯剖面,应注意理好煤芯的上下顺序,注意正确判断易磨损的煤岩分层的层位和数量。

2.进行煤层剖面的分层

在煤层总体观察的基础上,自下而上(或自上而下)逐个进行分层;层位稳定而厚度大于2cm的夹矸层,必须单独分出;有特殊意义的标志层,如矿化煤、破碎煤、腐泥煤等,厚度虽小,但也应单独分层,再在分层的基础上进行宏观煤岩类型的划分。

3.煤层剖面的描述

煤层剖面的描述应首先记录煤层剖面的名称、煤层名称和煤层产状要素等内容。然后,对煤层中的分层进行编号,仔细测量记录各分层的厚度和横向变化。顶底板和夹矸层可按一般沉积岩的要求进行描述,对于各宏观煤岩类型分层按煤块样的要求进行观察描述。对于井下剖面应采取相应的块样到地表进行补充描述。

4.室内资料整理

系统整理野外描述记录资料,编制煤层岩柱状图。对煤层中各种宏观煤岩类型、亚型的含量及百分比进行统计,并说明其纵向和横向的变化;根据宏观特征对煤层的形成环境可作简要说明,结合煤中夹矸、包裹体、结核及其他矿物的数量、大小及分布等,分析对煤质的影响;大致确定煤的煤化程度,并阐明煤的可能工业用途,提出进一步研究加工方向。

第二节　煤岩学的微观研究

煤岩学的微观研究是主要应用普通显微镜技术对煤的组成成分、物理性质的变化特征来展开研究的,是在煤的宏观研究的基础上,对煤的物质组成、结构以及物理性质的变化特征进行更精细的确定和定量分析。煤岩学的微观研究包括样品的采集和制备、煤的显微组分鉴定和定量分析、煤的显微煤岩类型测定、镜质体反射率测定等。

一、样品的采集和制备

1. 样品的采集

煤样是研究评价煤质的基体,重视取样工作是煤岩学研究的先决条件。任何鉴定工作,取样的代表性对鉴定的结果影响最大,必须加以重视。由于煤岩组成的非均质性,在显微镜下又只取其很小的面积作定性观察和定量统计,因此取样的质量直接影响对煤的煤岩特征,物理、化学性质及各种工业用途分析的可靠性及正确评价。在煤样品的采取过程中,应做到目的明确,样品的采取必须尽可能如实反映煤层的自然特征。

目前关于煤样品采集方法的国家标准主要包括《煤层煤样采取方法》(GB/T 482—2008)和《商品煤样人工采取方法》(GB/T 475—2008)。本节主要介绍《煤层煤样采取方法》(GB/T 482—2008),该标准适用于褐煤、烟煤和无烟煤煤层煤样的采取。

煤层煤样的采取应严格执行我国国家标准《煤层煤样采取方法》(GB/T 482—2008)。煤层煤样主要包括分层煤样和可采煤样。其中,分层煤样是指从煤和夹矸层的每一自然分层中分别采取的煤样,当夹矸层厚度大于 0.03m 时,作为自然分层采取。可采煤样即按采煤规定的厚度,应开采的全部煤分层和厚度小于 0.30m 的夹矸层;厚度大于 0.30m 的夹矸层应单独采取;对于分层开采的厚煤层,则按分层开采厚度采取。采取分层煤样目的在于鉴定各煤分层和夹矸层的性质及核对可采煤样的代表性,采取可采煤样目的则在于确定应开采的全部煤分层及夹矸层的平均性质。前者关注细节,后者关注整体,两类煤样必须同时采取。

关于煤层煤样采取,应当注意以下几点:①采样工作应严格遵守《煤矿安全规程》,确保人身安全。②在采样前,应剥去煤层表面氧化层。③对露天矿,开采台阶高度在 3.0m 以下的煤层按 GB/T 482—2008 标准执行;台阶高度超过 3.0m 用 GB/T 482—2008 规定的方法确有困难时,可用回转式钻机取出煤芯,作为可采煤样。④对主要巷道的掘进工作面,每前进 100～500m 至少采取一个煤层煤样;对回采工作面每季至少采取一次煤层煤样,采取数目按回采工作面长度确定,即小于 100m 的采 1 个,100～200m 的采 2 个,200m 以上的采 3 个。如煤层结构复杂、煤质变化很大时,应适当增采煤层煤样。⑤煤层煤样应在矿井掘进巷道中和回采工作面上采取。⑥煤层煤样应在地质构造正常的地点采取,但如果地质构造对煤层破坏范围很大而又应采样时,也应进行采样。⑦分层煤样和可采煤样应同时采取。⑧煤层煤样由煤质管理部门负责采取,具体采样地点须按 GB/T 482—2008 规定,如遇特殊情况可和自然资源部门共同确定。

采样器具包括:带有扁头和尖的手镐或适用的采样机械、锤子、铲子、风镜、量具(不短于 2m 的钢卷尺和不短于 1.5m 的直尺或皮尺,最小分度值为毫米)、铺布(致密、牢固、防水,面积 2.5m^2 以上)、装煤样口袋(致密、牢固、防水)、记录本和所需文具、工具包和标签。对于样品编号一定要注意采用"双保险",样袋外面必须要用记号笔书写样品编号,同时标签填妥后装入标签塑料袋,放入样品袋。

标签的内容应包括采样地点、工作面编号、煤样编号、采样人及采样时间。

2.样品的制备

显微镜下鉴定用的样品，根据鉴定方法不同，可分在透射光下鉴定用的薄片和在反射光下鉴定用的光片。光片根据样品的性状不同，可分为块煤光片（用煤块制成）和粉煤光片（用粉煤样制成），另外还有在反射光和透射光下均可供鉴定的光薄片。粉煤光片（煤砖）、块煤光片、煤薄片和光薄片的制作，都须严格遵循我国国家标准《煤样的制备方法》（GB/T 474—2008）和《煤岩分析样品制备方法》（GB/T 16773—2008）。

薄片一般用煤块制成，是煤岩学早期至现今广泛使用的方法。它能通过不同颜色和清晰的结构反映煤岩特征，适用于低—中煤级煤。由于薄片制作技术性高、比较耗时、制作不易全部自动化，其厚薄往往影响鉴定质量，尤其当煤的变质程度超过焦煤以后，薄片逐渐不透明，因此采用薄片很难鉴定高煤级烟煤和无烟煤。粉煤制成薄片更加困难，因而应用范围受到一定限制。

光片可用煤块制成（块煤光片），也可用粉煤胶结成型制成（粉煤光片），现行比较常用的是用粉煤胶结成型制成。相对于煤薄片的制备，光片制作工艺更简便，制作速度快，易用自动化磨片和抛光，且对高煤级烟煤和无烟煤仍可使用，故应用广泛，常用于显微组分的观察、定量统计和镜质组反射率的测定。对于煤的现代微区分析、显微硬度的测定、侵蚀、染色方法，以及研究煤层形成和煤层对比等也采用块煤光片。因此，利用光片观测已成为当前煤岩研究使用最广泛的方法之一。

光薄片一般用煤块制成，可分别在透射光、反射光和荧光下观察同一视域，对比识别不同光性的煤岩显微组分十分方便，也可用于电子探针、扫描电镜、激光剥蚀等的研究。

二、煤的显微组分鉴定和定量分析

煤岩显微组分含量是反映煤层分层或某煤类煤岩煤质特征的重要参数，通过显微组分的定量统计分析可以确定各种显微组分在煤层中所占的比例和垂向变化特征，有助于研究煤层的成因，进行煤相分析和煤层对比，评价和预测煤质。

在煤的显微组分定量分析中，显微组分的鉴定依据我国国家标准《烟煤显微组分分类》（GB/T 15588—2013），定量分析方法依据我国国家标准《煤的显微组分组和矿物测定方法》（GB/T 8899—2013）。按标准要求：采用粉煤光片置于反射偏光显微镜下，在不完全正交偏光或单偏光下，以能准确识别显微组分和矿物为基础，用数点法统计各种显微组分组和矿物的体积百分数。

1.设备的具体要求

（1）要求干物镜为×20～×50，油浸物镜×25～×60，备有十字丝和测微尺的目镜×8～×12.5。反射偏光显微镜宜备有反射荧光装置。

（2）能够固定且同步移动标本的载物台推动尺（机械台）或自动计数器。载物台推动尺在横向（X）和纵向（Y）上的移动范围不应小于25mm，并能以等步长移动。计数器至少能分别记录8种成分的测点数，宜配备计算机计数，并编制相应的数据处理、报告输出等程序。

(3)试样安装器材包括载片、胶泥、整平器和浸油液。油浸液应适合物镜要求,使用油浸物镜进行荧光观察时,应选用无荧光油浸液。

2. 测定步骤

(1)要求:①若需测定矿物种类时,应在滴油浸液前在干物镜下测定显微组分组总量及矿物种类。②在整平后的粉煤光片抛光面上滴上油浸液,并置于反射偏光显微镜载物台上,聚焦、校正物镜中心,调节光源、孔径光圈和视域光圈,应使视域亮度适中、光线均匀、成像清晰。确定推动尺的步长,应保证不少于500个有效测点均匀布满全片,点距一般以0.4~0.6mm为宜,行距应不小于点距。

(2)统计方法:从试样的一端开始,按预定的步长沿固定方向移动,并鉴定位于十字丝交点下的显微组分组或矿物,记入相应的计数键中,若遇胶结物、显微组分中的细胞空腔、空洞、裂隙以及无法辨认的微小颗粒时,作为无效点,不予统计。当一行统计结束时,以预定的行距沿固定方向移动一步,继续进行另一行的统计,直至测点布满全片为止。

当十字丝落在不同成分的边界上时,应从右上象限开始,按顺时针的顺序选取首先充满象限角的显微组分为统计对象,如图5-1所示。

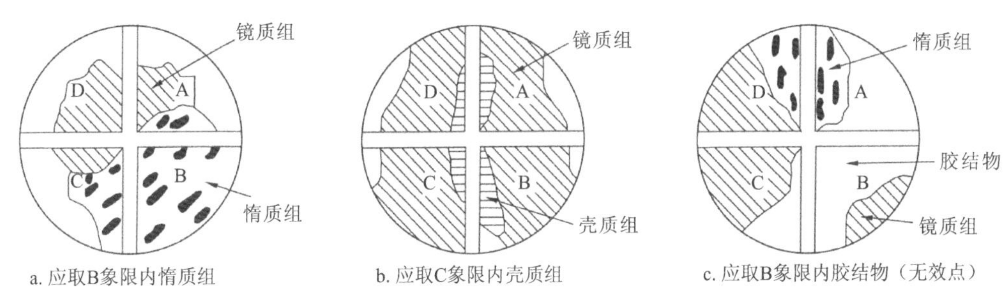

注:为了清晰起见,十字丝宽度已放大。

图5-1 有效点在不同显微组分边界时的确定

《煤的显微组分组和矿物测定方法》(GB/T 8899—2013)还作了以下注明:①对显微组分的识别可在不完全正交偏光或单偏光下,根据油浸物镜下的反射色、反射力、结构、形态、突起、内反射等特征进行;②对褐煤和低阶烟煤宜借助荧光特征加以区分壳质组和其他显微组分组;③对无烟煤宜在正交或不完全正交偏光下转动载物台鉴定出镜质组、惰质组及其他可识别的成分后,再进行测定。

3. 结果表述

以各种显微组分组和矿物的统计点数占总有效点数的百分数(视为体积分数)为最终测定结果,数值保留到小数点后一位。测定结果以如下几种形式报出(表5-1)。

去矿物基:①镜质组+惰质组+壳质组=100%。

含矿物(M)基:②镜质组+壳质组+惰质组+矿物=100%;③显微组分组总量+黏土矿物+硫化物矿物+碳酸盐矿物+氧化硅类矿物+其他矿物=100%。

其中,②中矿物为显微组分组测定时,将矿物作为单独的一类统计而得;③为干物镜下统计而得。

一般宜将去矿物基和含矿物基的各种显微组分组和矿物的体积分数同时报出，但含矿物基可根据需要选取表5-1中的②、③项中的一项。

表5-1　煤的显微组分组和矿物测定结果报告

送样单位：　　　　　　　　　　　　送样者：

样品编号	采样地点	去矿物基				含矿物基											
		①				②					③						
		镜质组/%	惰质组/%	壳质组/%	总测点数/个	镜质组/%	壳质组/%	惰质组/%	矿物/%	总测点数/个	显微组分组总量/%	黏土矿物/%	硫化物矿物/%	碳酸盐矿物/%	氧化硅类矿物/%	其他矿物/%	总测点数/个
X-17	某地 K_2 煤层	66.9	26.9	6.2	520	60.5	24.3	5.6	9.6	575	90.0	5.0	0.5	2.0	2.5		580
…	…																

依据标准：GB/T 8899—2013　　　　审核者：

测定单位：　　　　　　　　　　　　测定者：

测定单位地址：　　　　　　　　　　测定时间：

4.精密度

分析结果的精密度根据测定结果的重复性（指同一实验的允许误差）和再现性（不同实验的允许误差）来衡量（表5-2）。

表5-2　煤的显微组分定量统计精密度　　　　单位：%

某种成分的体积分数 P	重复性限	再现性限
$P \leqslant 10$	2.0	3.0
$10 < P \leqslant 30$	3.0	4.5
$30 < P \leqslant 60$	4.0	6.0
$60 < P \leqslant 90$	4.5	6.8
$P > 90$	4.0	6.0

(1)若某一成分的第一次测值为9.0%,第二次为12.0%,两次平均为10.5%,未超过表5-2中规定的3.0%的重复性,应以平均值10.5%为最终结果报出。

(2)若某一成分的第一次测值为8.0%,第二次为11.0%,两次平均为9.5%,差值为3.0%。已超过表5-2中规定的2.0%的重复性,需测第三次,3次测值的最大值与最小值之差若不大于表5-2中重复性的1.2倍,则取3次测值的平均值作为最终结果报出,否则应将所有测值全部作废,重新测定,直至测定结果满足上述要求为止。

三、煤的显微煤岩类型测定

煤的显微煤岩类型含量是反映煤层分层或某煤类煤岩煤质特征的重要参数,通过显微煤岩类型的定量统计分析可以确定各种显微煤岩类型在煤层中所占的比例和垂向变化特征,有助于研究煤层的成因,进行煤相分析和煤层对比,评价和预测煤质。

在煤的显微煤岩类型定量分析中,显微煤岩类型的鉴定依据我国国家标准《显微煤岩类型分类》(GB/T 15589—2013),定量分析方法依据我国国家标准《显微煤岩类型测定方法》(GB/T 15590—2008)。显微煤岩类型测定是在配有油浸物镜和20点网格片目镜的反光显微镜下观察粉煤光片(或块煤光片),根据各种显微组分组(或显微组分)和矿物在网格交点下的数量来鉴定显微煤岩类型、显微矿化类型、显微矿质类型,用数点法统计每种类型的体积的分数。

1.设备的具体要求

除在目镜中需要放置专用的显微煤岩类型分类用20点网格片外(图5-2),其他条件与显微组分定量相同。

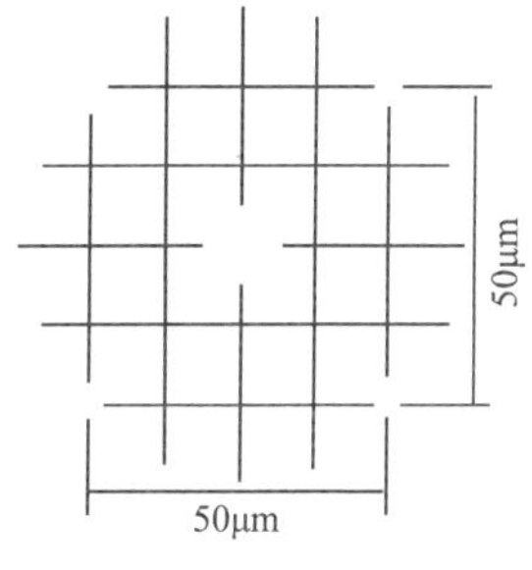

图5-2 20点网格片

2.测定步骤

(1)调节显微镜为克勒照明方式,把待测定的试样整平后放在装有移动尺的载物台上,加油浸液并使之准焦。

(2)从试样的一端开始,观察视域中落到煤粒上的20点网格的交点数目。若一个视域中煤粒上的交点数小于10个,则视为无效测点;若大于或等于10个交点,该视域应视为一个有效测点。有效测点的显微煤岩类型按表5-3～表5-5的规定确定。当落在矿物上的交点数在表5-3规定的范围内时,按表5-4的规定确定显微煤岩类型(图5-3);超过表5-3给定的界限时,则按表5-5的规定确为显微矿化类型;大于表5-5给定的上限时为显微矿质类型。鉴定完一个视域(即为一个测点)后,按照预定方向和移动步长移动试样,继续观察下一个视域(测点),直到500个以上的测点均匀布满全片为止。点距和行距为0.4～0.6mm。

表5-3 显微煤岩类型中矿物上的允许交点数 单位:个

煤粒上的总交点数	黏土、石英、碳酸盐类矿物上的交点数	硫化物矿物上的交点数
16～20	3	0

续表 5-3

煤粒上的总交点数	黏土、石英、碳酸盐类矿物上的交点数	硫化物矿物上的交点数
11～15	2	0
10	1	0

表 5-4　显微煤岩类型判别标准

显微煤岩类型	落在显微组分组的交点数(不含矿物上的交点数)
微镜煤	所有交点都在镜质组上
微壳煤	所有交点都在壳质组上
微惰煤	所有交点都在惰质组上
微亮煤	所有交点都在镜质组和壳质组上，每组至少有 1 个点
微暗煤	所有交点都在惰质组和壳质组上，每组至少有 1 个点
微镜惰煤	所有交点都在镜质组和惰质组上，每组至少有 1 个点
微三合煤	所有交点都在镜质组、壳质组和惰质组上，每组至少有 1 个点

表 5-5　显微矿化类型判别标准　　单位：个

煤粒上的总交点数	落在黏土、石英、碳酸盐类矿物上的交点数	只落在硫化物矿物上的交点数	落在含硫化物类矿物的复矿质煤中其他矿物上的交点数	
			硫化物类矿物交点为 1 个时	硫化物类矿物交点为 2 个时
19～20	4～11	1～3	1～7	1～3
17～18	4～10	1～3	1～6	1～2
16	4～9	1～3	1～5	1
14～15	3～8	1～2	1～4	
12～13	3～7	1～2	1～3	
11	3～6	1～2	1～2	
10	2～5	1	1	

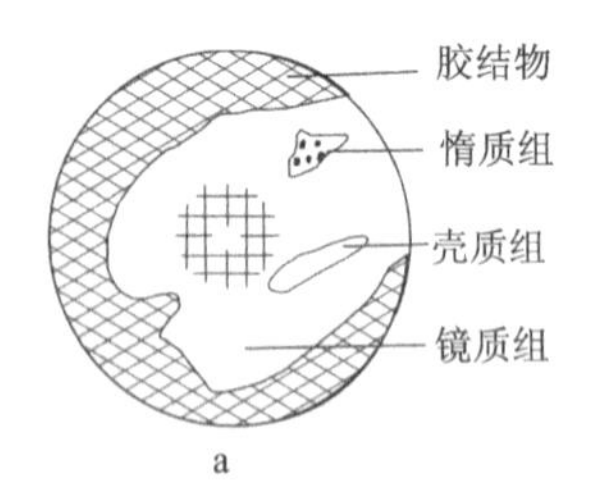

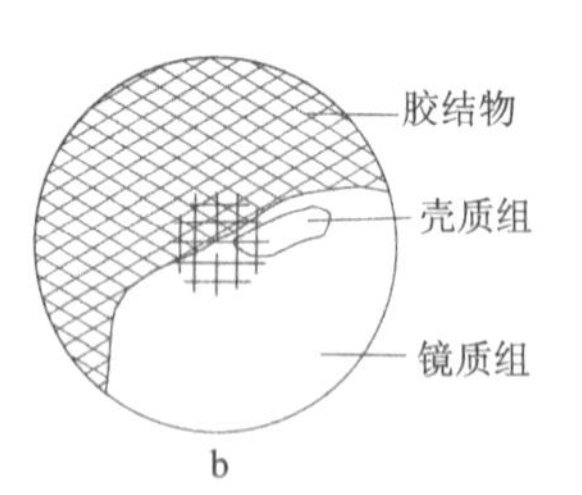

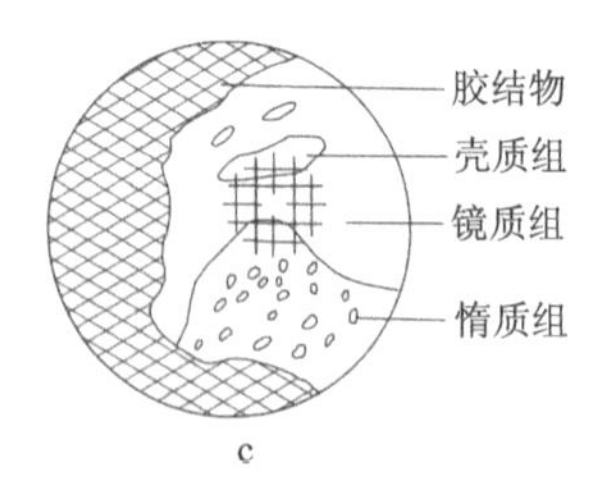

图 5-3　显微煤岩类型确定图

a. 所有交点都落在煤颗粒上，且都在镜质组上，为微镜煤；b. 大于或等于 10 个交点落在煤颗粒上，9 个交点在镜质组上，2 个交点在壳质组上，为微亮煤；c. 所有交点都落在煤颗粒上，其中镜质组、壳质组、惰质组交点数分别为 10 点、4.5 点，为微三合煤当20点网格交点落在某一显微组分的空腔(不含矿物)或原生裂隙上时,按落在该显微组分上就近处理;当20点网格交点落在不同显微组分或矿物的边界上时,按照GB/T 8899—2013规定,从右上象限开始,按顺时针顺序选取无边界线存在的象限中出现的物质;当20点网格交点落在两个不同的煤粒上时,选取大于或等于10个交点的煤粒作为测定点。

(3)在块煤光片上的测定方法。当需要在块煤光片上测定时,制备块煤光片时应注意选取宏观煤岩类型具有代表性的煤块,也应按粉煤光片的测试方法进行,但测线应垂直于层理布置,在测定面积不低于25mm×25mm范围内,点距为0.2~0.4mm,行距为3~5mm,总测点数不少于500点。

3.结果表达

显微煤岩类型、显微矿化类型和显微矿质类型的体积百分数以其统计的测点数占总有效点数的百分数来表示,计算结果取小数点后两位,修约至小数点后一位(表5-6)。

表5-6 显微煤岩类型测定结果报告

送样单位:

样品号	显微煤岩类型(体积分数)/%								显微矿化类型(体积分数)/%						显微矿质类型(体积分数)/%						总测点数/个
	微镜煤	微壳煤	微惰煤	微亮煤	微暗煤	微镜惰煤	微三合煤	总计	微泥质煤	微硅质煤	微碳酸盐质煤	微硫化物质煤	微复矿质煤	总计	微泥质型	微硅质型	微碳酸盐质型	微硫化物质型	微复矿质型	总计	
001~087	43.4	2.8	17.2	8.9	1.4	6.7	3.6	84.0	2.1	4.2	3.7	1.0	1.0	12.0	2.2	0.8	0.5	0.5		4.0	589

测定单位: 测定者:

校核: 测定日期:

4.测量精度

分析结果的精度是根据测定结果的重复性和再现性来表示。其中,重复性可见表5-7所示,再现性应不超过表5-7中重复性最大允许误差的1.5倍。

表5-7 显微煤岩类型重复性精度 单位:%

某种显微类型 P 的体积分数	显微煤岩类型测定的重复性限
$P \leqslant 10$	2.0
$10 < P \leqslant 30$	3.0

续表 5-7

某种显微类型 P 的体积分数	显微煤岩类型测定的重复性限
$30<P\leqslant 60$	4.0
$60<P\leqslant 90$	4.5
$P>90$	4.0

四、镜质体反射率测定

(一)反射率测定原理

反射率是煤的变质程度或煤化程度的一个重要指标。反射率是所测定物质和测定时所用介质的折射率以及所测定物质的吸收率的函数。根据 Fresnel-Beer:

$$R=\frac{(n-n_0)^2+n^2k^2}{(n+n_0)^2+n^2k^2} \tag{5-1}$$

式中,R 为显微组分反射率,n 为显微组分折射率,n_0 为油浸的折射率(通常情况下为 1.518),k 为吸收率。

由于一个未知的显微组分的吸收率是难以得到的,所以煤显微组分的反射率直接与玻璃或者吸收率等于零的标准化学合成物(标准光片)相对比,则标准光片的反射率:

$$R_d=\frac{(n_d-n_0)^2}{(n_d+n_0)^2} \tag{5-2}$$

式中,R_d 为标准玻璃(标准光片)的反射率,n_d 为标准玻璃的折射率,n_0 为油浸的折射率。

因此,所测定的镜质体反射率是一个与标准片相对比的相对镜质体反射率,是在显微镜油浸物镜下,镜质体抛光面垂直反射时反射光强度(r)和入射光强度(I)的百分比:

$$R=\frac{r}{I}\times 100\% \tag{5-3}$$

在实际测量中,根据记录读出的标样反射光强度值(I_s)和镜质体的反射光强度(I_v),参照标样的反射率(R_s),求出煤的镜质体反射率(R_v):

$$R_v=R_s\frac{I_v}{I_s} \tag{5-4}$$

考虑到从褐煤到变无烟煤煤级范围内镜质体反射率的变化,我国国家标准《煤的镜质体反射率显微镜测定方法》(GB/T 6948—2008)对反射率标准物质选择进行了规定:选用与煤的反射率相近的一套反射率标准物质,宜使用国家质量技术监督局批准的显微镜光度计用反射率标准物质,常见标样有蓝宝石、钇铝石榴子石、钆镓石榴子石、金刚石、碳化硅、K9 玻璃,也可选用与煤的反射率相近的其他有证标准物质。

(二)镜质体的反射率类型

反射率测定常见的有最大反射率($R_{o,max}$)、最小反射率($R_{o,min}$)、随机反射率($R_{o,e}$或$R_{o,ran}$)和平均反射率($\overline{R}_o$)几种类型。

(1)最大反射率和最小反射率:镜质组光性变化与反射率的关系研究表明,随着煤阶的增高,镜质组出现类似一轴晶负光性的性质(Van,1961),无烟煤和高级无烟煤有二轴晶的性质(Cook et al.,1972)。人们逐渐认识到大致反射率在0.7%之前为各向同性,随着煤变质程度加深,开始在垂直负荷下出现一轴晶性质,以后在构造应力场作用下演变为二轴晶。现在人们将反射率测定应用于构造应力场研究,也是基于此种理论的。

尽管在制样时很难控制样品光片的方位,但是理论上打光面如果垂直于煤层层面,即平行于光轴切面,为椭圆切面,其长短轴半径分别为N_o和N_e。正光性光率体的长半径为N_o,短半径为N_e;负光性光率体的长半径为N_e,短半径为N_o。光波垂直于这种切面入射时,发生双折射分解形成两种偏光。由此,对于具有一轴晶负光性的镜质体而言,也就有了最大反射率和最小反射率(图5-6),两者之差称为双反射率;二轴晶性质的镜质体则具有最大反射率、中间反射率、最小反射率。

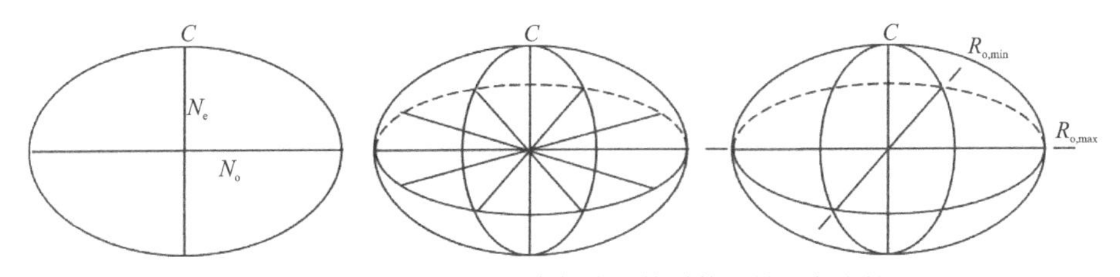

图5-6　一轴晶负光性光率构成及镜质体一轴晶负光性

由于镜质体反射率不是恒定的,尤其是高变质煤的明显非均质性导致镜质体出现最大反射率和最小反射率,因此通常测定其最大反射率;当煤的非均质性很弱时($R_{o,max}-R_{o,min}<0.2\%$),可测定其平均反射率($\overline{R}_o$)来代替最大反射率,并且以此为变质程度指标。

(2)平均随机反射率:采用偏光显微镜和绿色滤光片随意做的测定,不需要转动物台,大量读数(100点以上)的算数平均值,也被称为平均随机反射率$\overline{R}_{o,ran}$。

(三)镜质体反射率的测定

《煤的镜质体反射率显微镜测定方法》(GB/T 6948—2008)规定了在显微镜油浸物镜下测定煤的抛光面上镜质体最大反射率和随机反射率。对烟煤和无烟煤,测定对象应为均质镜质体或基质镜质体;对褐煤,测定对象应为均质凝胶体或充分分解的腐木质体。对最大反射率小于1.40%、随机反射率小于1.30%的煤,宜在测定结果中对所测显微亚组分进行标注。

1.在油浸物镜下测定镜质体最大反射率

首先确保显微镜上装有起偏器。在仪器校准之后,将样品整平,放入推动尺之中,滴上油浸液并准焦。从测定范围的一角开始测定,用推动尺微微移动样品,直到十字丝中心对准一个合适的镜质体测区。应确保测区内不包含裂隙、抛光缺陷、矿物包体和其他显微组分碎屑，而且应远离显微组分的边界和不受突起影响。测区外缘 10μm 以内无黄铁矿、惰质体等高反射率物质。

将光线投到光电转换器上，同时缓慢转动载物台 360°，记录旋转过程中出现的最高反射率读数。

根据样品中镜质体的含量设定合适的点距和行距，以确保所有测点均匀布满全片。以固定步长推动样品，当十字丝中心落到一个不适于测量的镜质体上时，可用推动尺微微推动样品，以便在同一煤粒中寻找一个适当的测区，测定之后，推回原来的位置，按设定的步长继续前进。到测线终点时，把样品按设定行距移向下一测线的起点，然后继续进行测定。

测定过程中发现测值异常时，应用与样品反射率最高值接近的反射率标准物质重新检查仪器，如果其测值与标准值之差大于标准值的 2%，应放弃样品的最后一组读数，再用全套标准物质标定仪器，合格后，重新测定。

每个单煤层煤样品的测点数目，因其煤化程度及所要求的准确度不同而有所差别，按表 5-8 的规定执行。

表 5-8　单煤层煤样品中镜质体最大反射率测定点数

最大反射率 $R_{o,max}$/%	不同准确度下的最少测点数			
	α^a=0.02	α=0.03	α=0.05	α=0.10
≤0.45	30	—	—	—
0.45～1.10	50	—	—	—
>1.10～2.00	—	50	—	—
>2.00～2.70	—	100	—	—
>2.70～4.00	—	—	100	—
>4.00	—	—	—	100

注：α^a为准确度，即与真值之间的一致程度。

2. 在油浸物镜下测定镜质体随机反射率

移开显微镜上的起偏器，以自然光入射，不旋转载物台，其余测定步骤与镜质体最大反射率的测定步骤相同，但单煤层煤样品中测点数应按表 5-9 的规定执行。

表 5-9　单煤层煤样品中镜质体随机反射率测定点数

随机反射率 $R_{o,ran}$/%	不同准确度下的最少测点数				
	α^a=0.02	α=0.03	α=0.04	α=0.06	α=0.10
≤0.45	30	—	—	—	—
0.45～1.10	60	—	—	—	—
>1.10～1.90	—	100	—	—	—

续表 5-9

随机反射率 $R_{o,ran}$/%	不同准确度下的最少测点数				
	$\alpha^{a}=0.02$	$\alpha=0.03$	$\alpha=0.04$	$\alpha=0.06$	$\alpha=0.10$
>2.40～3.50	—	—	—	250	—
>3.50	—	—	—	—	300

注：α^{a} 为准确度，即与真值之间的一致程度。

（四）结果表述

测定结果宜以单个测值计算反射率平均值和标准差的方法进行计算，也可用 0.05%的反射率间隔（半阶）或 0.10%的反射率间隔（阶）的点数来计算反射率的平均值和标准差。

1. 按单个测值计算反射率平均值和标准差：

$$\bar{R}=\frac{\sum_{i=1}^{n}R_i}{n} \tag{5-5}$$

$$S=\sqrt{\frac{n\sum_{i=1}^{n}R_i^2-\left(\sum_{i=1}^{n}R_i\right)^2}{n(n-1)}} \tag{5-6}$$

式中，$\bar{R}$ 为平均最大反射率或平均随机反射率，%；R_i 为第 i 个反射率测值；n 为测点数目；S 为标准差。

2. 按阶或半阶计算反射率平均值和标准差

按 0.10% 的反射率间隔（阶）或按 0.05%的反射率间隔（半阶），分别统计各阶（或半阶）的测点数及其占总数的百分数，绘制反射率分布直方图（表 5-10），计算出反射率的平均值和标准差，计算公式如下：

$$\bar{R}=\frac{\sum_{j=1}^{n}R_jX_j}{n} \tag{5-7}$$

$$S=\sqrt{\frac{\sum_{j=1}^{n}(R_j^2X_j)-n\bar{R}^2}{n-1}} \tag{5-8}$$

式中，R_j 为第 j 阶（或半阶）的中间值；X_j 为第 j 阶（或半阶）的测点数。

注：阶的表示法：[0.50，0.60]、[0.60，0.70]、[0.70，0.80]、[0.80，0.90]…

阶的中间值：0.55、0.65、0.75、0.85…

半阶的表示法：[0.50，0.55]、[0.55，0.60]、[0.60，0.65]、[0.65，0.70]…

半阶的中间值：0.525、0.575、0.625、0.675…

表 5-10 煤的镜质体反射率检测结果报告

<table>
<tr><td colspan="3">实验室样品编号:2008～0039
送样编号:YH057-3-2
采样地点:煤田、钻孔号、煤层、深度等
反射率类型:$R_{o,ran}$
送样单位:××××
送样者:×××</td><td>室温:23℃
浸油折射指数(Ne):1.518 0
标准物质名称:蓝宝石、钇铝石榴子石
测定对象:
均质镜质体:62%
基质镜质体:38%</td></tr>
<tr><td>反射率/%
(按半阶或阶划分)</td><td>测点数
n/个</td><td>频率/
%</td><td>测值分布频率直方图
0% 10% 20% 30% 40% 50% 60% 70%</td></tr>
<tr><td>0.60～0.65[a]</td><td></td><td></td><td></td></tr>
<tr><td>0.65～0.70[b]</td><td>5</td><td>5</td><td></td></tr>
<tr><td>0.70～0.75</td><td>20</td><td>20</td><td></td></tr>
<tr><td>0.75～0.80</td><td>50</td><td>50</td><td></td></tr>
<tr><td>0.80～0.85</td><td>15</td><td>15</td><td></td></tr>
<tr><td>0.85～0.90</td><td>10</td><td>10</td><td></td></tr>
<tr><td>0.90～0.95</td><td></td><td></td><td></td></tr>
<tr><td colspan="4">总测点数:100 个</td></tr>
<tr><td colspan="4">反射率的平均值和标准差:$R_{o,ran}$=0.77%,S=0.051%</td></tr>
<tr><td colspan="3">依据标准:GB/T 6948—2008
检测单位:××××
检测单位地址:××××
检测日期:××年××月××日</td><td>仪器型号:×××显微镜光度计
测定者:×××
审核者:×××</td></tr>
<tr><td colspan="4">[a]包含 0.60,不包含 0.65;
[b]包含 0.65,不包含 0.70,以此类推</td></tr>
</table>

(五)精密度

重复性限和再现性限应按表 5-11 和表 5-12 的规定执行。应定期进行实验室内重复性和实验室之间再现性的检查。

表 5-11 镜质体最大反射率的重复性限和再现性限

样品最大反射率 $R_{o,max}$/%	重复性限				再现性限
	α^a=0.02	α=0.03	α=0.05	α=0.10	
≤1.10	0.03	—	—	—	0.08
>1.10～2.00	—	0.04	—	—	0.10
>2.00～2.70	—	0.04	—	—	0.15
>2.70～4.00	—	—	0.07	—	0.20
>4.00	—	—	—	0.14	0.35

注：α^a为准确度。

表 5-12 镜质体随机反射率的重复性限和再现性限

最大反射率 $R_{o,max}$/%	重复性限					再现性限
	α^a=0.02	α=0.03	α=0.04	α=0.06	α=0.10	
≤1.00	0.03	—	—	—	—	0.08
>1.00～1.90	—	0.04	—	—	—	0.10
>1.90～2.40	—	—	0.06	—	—	0.15
>2.40～3.50	—	—	—	0.08	—	0.20
>3.50	—	—	—	—	0.14	0.35

注：α^a为准确度。

第三节 煤岩学的现代研究方法

随着科学技术的发展和新的分析测试仪器的应用，煤岩学研究方法也获得了迅速发展。

现代研究方法是采用大量的先进技术(尤其电子技术)，使仪器分析的效能(如精度、灵敏度、分辨率、检测极限和自动化程度等)大大提高。煤岩学的现代研究方法主要是应用微束分析并结合谱学研究对煤中物质进行微区分析，其中微束分析方法主要包括扫描电镜法、电子探针法、透射电子显微镜法、离子探针法和激光微探针质谱法等；谱学研究方法主要包括 X 射线衍射法、红外光谱法、电子顺磁共振波谱法和核磁共振波谱法等。

一、微束分析方法

微束分析是用微米(μm)级的微束(电子束、离子束、粒子束和激光束等)作为轰击源，激发样品产生信息，然后借助相应的探测系统和信息系统收集并处理被激发微区所产生的各种信息，从而进行物质组成、形貌、结构、化学成分和同位素组成等基本特性的微区分析(韩德馨,1996;陈意等,2020)。目前,应用于煤岩学研究的微区分析方法主要包括扫描电镜法(SEM)、电子探针法(EMPA)、透射电子显微镜法(TEM)等。

扫描电镜法主要研究煤固体表明形貌,并可进行多种信息图像观察、结构分析和微区成分定性和定量分析。煤的扫描电镜研究,已有专门的书籍做了详细说明(张慧等,2003),在此不再详述。

电子探针法是通过测量电子轰击样品时产生的特征 X 射线的能量(或波长)及其强度来实现的,广泛应用于研究物质表面的元素组成及分布。它由于具有高空间分辨率、无损、分析元素广和基体效应小等优点,而被广泛应用在岩石圈演化、矿产资源探索、环境科学、煤的物质组成等领域的研究(韩德馨,1996;魏强,2018;陈意等,2020)。近年来,电子探针技术在矿物微量元素测试、超轻元素分析等方面取得了重要进展,为科学研究提供更加准确和丰富的原位微区成分信息。

透射电子显微镜法简称透射电镜法,它是把经过加速和聚焦的电子束透过非常薄的样品而进行成像和分析,因而能获得样品内部结构信息且具有更高的空间分辨率(李金华和潘永信,2015)。透射电镜具有比扫描电镜更高的放大倍数和分辨率,放大倍数可达 150 万倍以上,分辨极限可达 0.1～0.3nm(陈意等,2020)。在煤岩学研究中,透射电镜主要应用于显微组分的起源和成因、煤的超微孔隙、煤中矿物、煤的超微结构等方面的研究。

二、谱学研究方法

煤的谱学研究方法,几乎包括了整个电磁波频谱区,即 X 射线、紫外、可见光、红外、微波和无线电波区,所涉及的技术有 X 射线衍射法(XRD)、红外光谱法、核磁共振波谱法(NMR)、电子顺磁共振波谱法(EPR)等。

X 射线衍射法主要基于任何一种晶态物质都有自己独有的 XRD 谱线,通过对比测定谱图与数据库中不同晶相的标准卡片来识别晶相。在煤岩学研究中,X 射线衍射研究主要用于煤中矿物种类的鉴定和定量分析以及晶体结构的分析。此外,它还用于煤有机组分结构的研究。

红外光谱法又称红外吸收光谱法,是在红外线辐照下引起物质分子中振动—转动能级的跃迁而产生的一种吸收光谱,其基于红外光谱吸收带的位置、数目、形状来推断未知物质结构类型,基于特征吸收带强度可对矿物和显微组分进行定量测定。在煤岩学研究中,红外光谱分析主要用于煤的变质程度、煤的成因类型、热变煤的性质、煤的热模拟以及煤中矿物等方面的研究。

核磁共振波谱法也是一种吸收光谱,它来源于原子核能级间的跃迁。在煤岩学的研究中,核磁共振波谱分析主要用于煤化学结构、煤化程度、煤热模拟、煤液化产物、煤氯仿沥青 A 等方面的研究。

电子顺磁共振波谱法又称电子自旋共振(ESR)法。它是利用离子或原子中未成对电子的自旋运动产生的磁矩所引起的共振吸收谱,来测定物质(包括矿物)内部结构特征。在煤岩学研究中,电子顺磁共振波谱分析主要用于煤的煤化程度、热变煤、煤沥青 A、煤热模拟、沥青中过渡金属元素赋存状态等方面的研究。

第六章 煤岩学的应用

作为一门基础应用学科，煤岩学不仅在基础理论和研究方法上取得了一系列新的成果，而且随着现代科学技术的飞速发展和交叉学科的兴起，煤岩学的应用范围越来越广泛，例如，煤岩学在地质、油气及找矿勘探、煤深加工等领域有着广泛的应用。煤岩学为煤相分析、煤层对比、煤质评价、煤的分类、构造分析，以及鉴别氧化作用、确定煤化程度、恢复煤化作用历史、预测油气等方面，都提供了重要的证据。

第一节 在地质领域中的应用

有机质在沉积地层中普遍存在，在其煤化作用过程中，有机质的挥发分产率和镜质体反射率随煤化作用的变化而变化，并具有两个重要特性：一是挥发分产率的降低和镜质体反射率的增高是其达到最高温度时以及该温度所持续时间的函数；二是具有不可逆性。根据这两个重要特性，在地层中有机质煤化作用程度变化具有下列规律：镜质体反射率随地层埋藏深度的增加而增加，挥发分产率随地层埋藏深度的增加而减少；在相同温度作用下，老地层中的镜质体反射率要高于新地层中的镜质体反射率，挥发分产率要低于新地层中的挥发分产率；在特殊热源体附近，镜质体反射率由热源向外逐渐降低，而挥发分产率由热源向外逐渐增高，即使地层由深部抬升到浅部，但这些参数则保持不变。

因此，根据煤和油气勘探中有机质煤化作用参数，可以分析煤化作用与煤田构造间的关系，解决地质构造及演化特征等地质问题；分析煤化作用异常与异常热源体的关系，确定热源体位置、规模和性质；分析煤化作用垂向演化与地层的关系，判断地层不整合面的存在和间断面剥蚀厚度。

一、解释煤化作用与构造之间的关系

根据地层中煤化作用参数镜质体反射率或挥发分产率等值线与构造之间的关系，可以解释褶皱构造与煤化作用的关系、判断断层性质、解释不整合界面、恢复古构造应力场等。

1. 解释褶皱构造与煤化作用的关系

Teichmüller(1966)曾提出煤化作用与褶皱间有3种关系，即前造山煤化作用、同造山煤化作用、后造山煤化作用。这也是说煤化作用具有前构造的、同构造的和后构造的3种类型(图6-1)。前造山煤化作用发生在沉积物沉降过程，后期构造回返而造成等煤阶线(如等煤级

线、等煤化线）与构造的一致（图 6-1a）；同造山煤化作用则是发生在构造形成的过程中，等煤阶线以与地层层面之间较小的夹角横穿构造（图 6-1b）；后造山煤化作用发生在构造再次沉降的过程，因此等煤阶线横穿构造或趋向于水平（图 6-1c）。

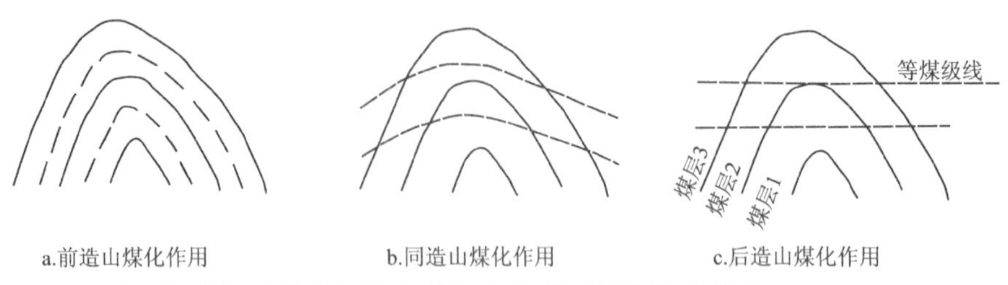

图 6-1　褶皱区剖面中等煤级线（如等挥发线、等反射率线）的轨迹（据 Teichmüller，1966）

一个地区煤化作用常常是多期叠加的，因此实际情况常复杂得多。图 6-2 中反映出地缝合线东部是同造山煤化作用，等反射率线近穿越背斜构造；西部是前造山煤化作用，等反射率线与岩层一致。褶皱地区，煤化作用为前造山的，露头区在未显示褶皱的轴和翼的情况下，这时一般相对较低的煤级分布在向斜的轴部，而相对较高的煤级分布在背斜核部。因此，背斜核部为高反射率线所占据（图 6-2）。

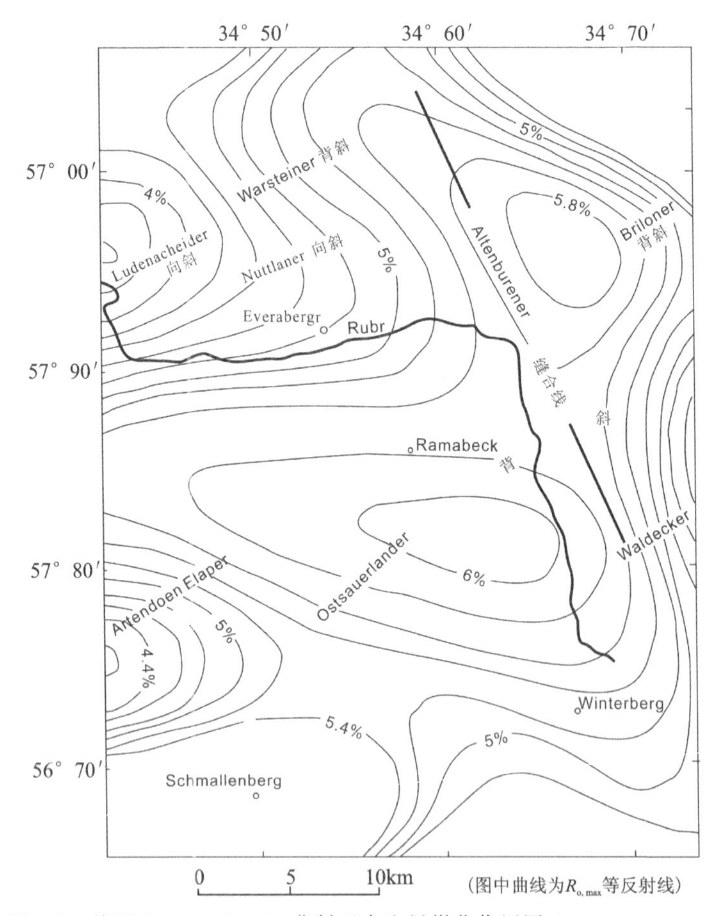

图 6-2　德国 Ostsauerlander 背斜区古生界煤化作用图（据 Kalkreuth，1979）

2.判断断层性质

Bustin 和 Cameron(1985)提出煤化作用与断层的关系图解(图 6-3),图解中应用镜质体最大反射率($R_{o,max}$)解释煤化作用与断层的关系,判断断层的性质。若煤化作用发生在断层形成之前,那么在正断层情况下会有煤级的间断(图 6-3a),在逆断层情况下会有煤级的重复(图 6-3b)。倘若煤化作用是断层后发生的,则正断层上盘煤层的煤级高于下盘同煤层煤级(图 6-3c),逆断层上盘煤层的煤级低于下盘同煤层的煤级(图 6-3d)。

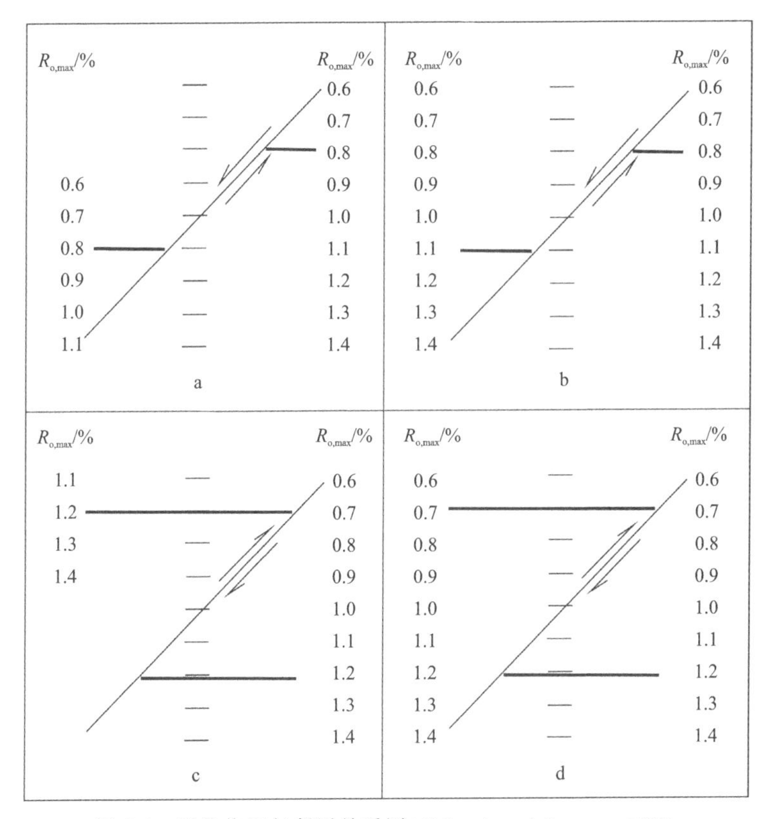

图 6-3　煤化作用与断层关系图(据 Bustin and Cameron,1985)

3.解释不整合界面

在一个剖面或一个钻孔中,在可能存在的不整合面附近,测定其地层中的镜质体反射率,若上、下层位的镜质体反射率相差很大,而又没有异常热的作用,可进一步证实不整合面的存在,并可根据镜质体反射率的差值,估算地层的剥蚀厚度(图 6-4)。

4.恢复古构造应力场

应用镜质体反射率各向异性可以研究古构造的发展演化持征、恢复区域构造应力场以及进行聚煤盆地演化分析。

煤和地层中的分散有机质随着埋藏深度的增加,其所受的温度和覆盖层的压力也逐渐增

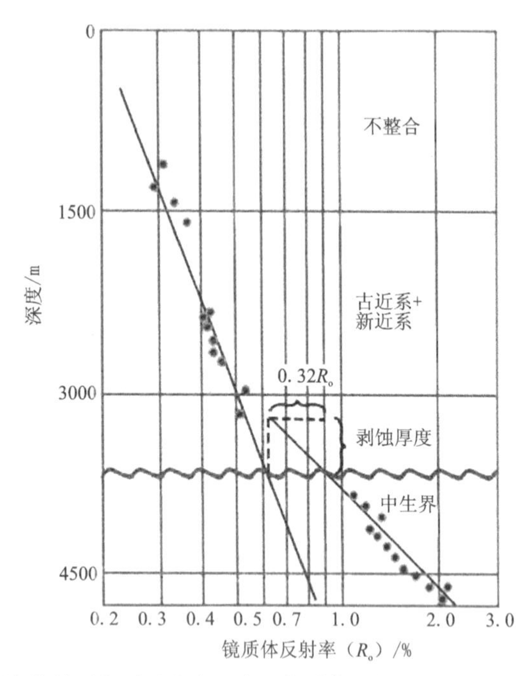

图 6-4　印度尼西亚某油井剖面主要不整合面附近镜质体反射率的不连续性(据 Katz 和吴振林,1989)

加,其镜质体反射率增高,光学各向异性增强。通常煤的镜质体平均反射率小于 0.7%,其镜质体各向异性不明显,在中煤级烟煤特别是无烟煤中类似一轴晶负光性甚至二轴晶光学性质才逐渐明显。

低中煤级煤中的镜质体近似于一轴晶负光性物质,在垂直于层理方向(最小反射率 $R_{o,min}$ 方向)显示出最大静压力。一轴晶负光性的煤,其镜质体反射率有最大反射率和最小反射率,这是镜质体光学各向异性的表现。高煤级煤中镜质体显示出近似于二轴晶的光性特征,二轴晶性质的煤,除最大反射率和最小反射率之外,尚可测得中间反射率;最小反射率的方位总是与最大压力方向保持一致(图 6-5)。据此,在一个特定区域由镜质体反射率椭球体(VRI)与应力应变的关系可推断该区域的构造应力场。

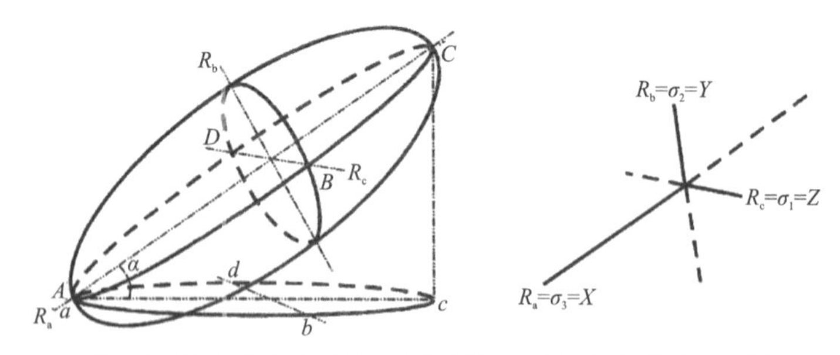

图 6-5　镜质体反射率各向异性与应力应变的关系对应图解

蒋建平等(2007)对在豫北焦作、安阳、鹤壁 3 个矿区井下取的定向煤样品进行了室内显微镜下反射率测试,得出研究区煤中镜质体显示二轴晶正光性,它们经历了强烈的构造挤压变形,镜质体反射率各向异性是由构造应力引起的。由镜质体反射率椭球体得出的豫北构造应力场与钻探、节理统计、河南省区域构造应力场分析等方法得出的应力场基本上是吻合的(图 6-6)。

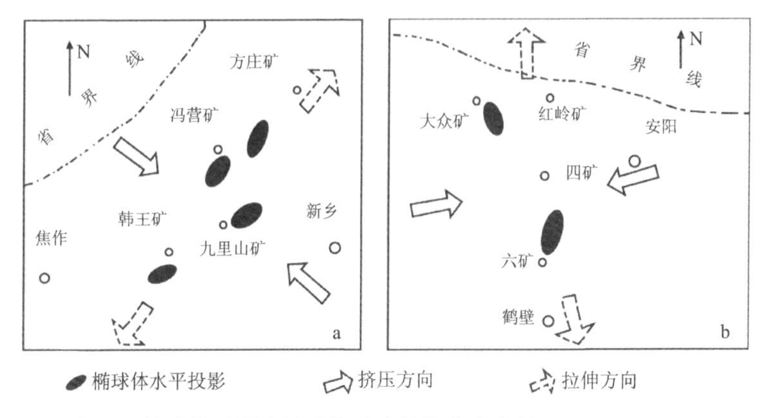

图 6-6 镜质体反射率椭球体反映的构造应力场(据蒋建平等,2007)

a. 焦作矿区;b. 安阳矿区、鹤壁矿区

二、利用镜质体反射率解释地热和侵入体

德国学者希尔特(1873)曾针对西欧若干煤田变质规律提出:在地层大致水平的条件下,每百米煤的挥发分产率降低约 2.3%,即煤的变质程度随埋藏深度的加深而增高,这一规律被称为希尔特定律。温度是煤化作用最重要的影响因素。随着沉降深度的变化,温度的增加使得煤化作用程度加高,因此煤化作用的演化决定于煤的受热史。希尔特定律常用煤的变质梯度(煤在地壳恒温层之下,每加深 100m 煤变质程度增高的幅度)表示,煤的变质梯度可用每加深 100m 挥发分产率减少的数值或镜质体反射率增大的数值来反映。

许多国内外学者对镜质体反射率与温度的关系进行了研究(Barker and Pawlewiez,1986,1994;杨起等,1987;Mullis et al.,2001;蒋国豪等,2001;王玮等,2005)。杨起等(1987)给出的镜质体最大反射率与温度的对应关系:$R_{o,max}$ 1.0 时为 195℃,$R_{o,max}$ 1.5 时为 220℃,$R_{o,max}$ 2.0 时为 235℃,$R_{o,max}$ 3.0 时为 260℃,$R_{o,max}$ 4.0 时为 275℃,$R_{o,max}$ 5.0 时为 290℃。Barker 和 Pawlewicz(1994)得出了温度与镜质体反射率的关系式 $T=(\ln R_o+1.68)/0.0124$,作为地质温度计来恢复古地温与最大埋藏深度的关系。

侵入体之上热流特别高,在侵入体附近的煤层和地层中分散有机质会发生异常强烈的煤化作用。因此,通过镜质体反射率进行煤级的研究,可以确定深成岩体的分布范围、侵入时间和冷却时间。例如,陈万峰等(2017)采用镜质体反射率方法对铜陵地区开展研究发现,铜陵地区全部镜质体反射率数值均超过地热增温率理论曲线,说明铜陵地区深部可能有较大的隐伏岩体,深度在 4~5km 之间。此外,在 ZK113 钻孔 200~260m 深度范围内 R_o 出现异常峰值,说明在钻孔旁侧有规模较小的岩体出现(图 6-7)。

利用镜质体反射率的异常寻找隐伏侵入体,具有简单、经济、有效、实用、快捷的优点(张旗等,2015a,2015b),且可与磁法、电法、重力法配合使用,提高寻找隐伏侵入体的效果,进而推进深部隐伏矿床的找矿(图 6-8)。

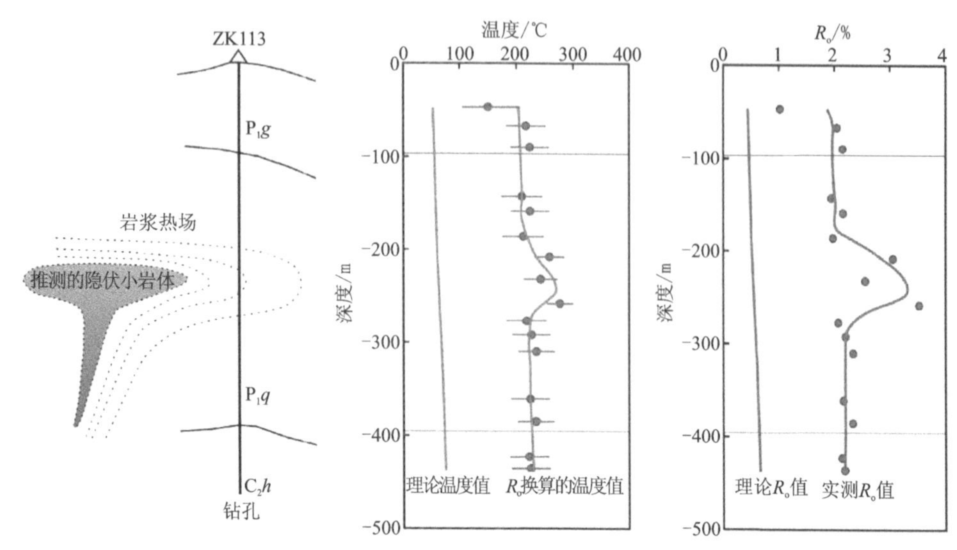

图 6-7 铜陵地区 ZK113 钻孔镜质体反射率(R_o)实测值及推测的旁侧隐伏小岩体示意图(据陈万峰等,2017)

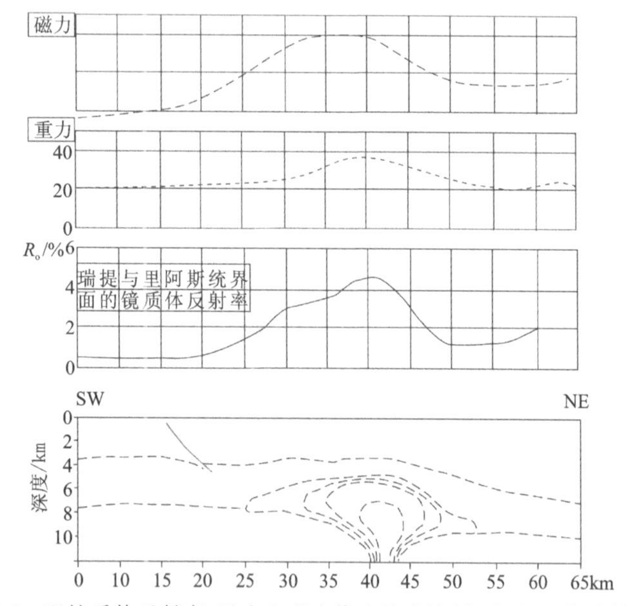

图 6-8 以镜质体反射率、重力和磁力值为基础绘制 Vloth 地块的剖面图

第二节 在煤地质领域中的应用

一、煤相分析

煤相(coal facies),又称煤的沉积相,指的是在某一成煤沼泽环境中所形成的煤的原始成因类型(Teichmüller,1982)。煤相分析是通过对煤的岩石学特征、成煤植物及煤的地球化学

特征等的研究，从而确定所研究煤层的成煤泥炭类型及其演化等特征。

煤相（泥炭相）这一术语首次由热姆丘日尼柯夫于1951年提出，他将煤相理解为泥炭的堆积环境，并由成因类型所体现，划分出了低位覆水沼泽相、森林沼泽相、流通沼泽相、沼泽湖泊相4种煤相类型。20世纪50年代，涅菲捷耶娃、葡古雷勃娃、基莫菲耶夫等苏联学者相继对煤的成因类型进行了比较深入的研究，此阶段的研究为确立煤相研究在煤田地质学领域中的地位奠定了重要基础。

20世纪80年代以前的煤相研究主要是根据煤岩学和古植物学特征来探讨煤层的原始沉积环境、划分其成因类型。代表性的研究如德国学者Teichmüller（1962）利用古植物学、煤岩学相结合的方法分别对德国鲁尔石炭纪烟煤和下莱茵湾地区古近纪和新近纪褐煤进行研究，建立了森林沼泽相、干燥森林沼泽相、开阔芦苇沼泽相、含水生植物的开阔水域相4种不同类型的煤相。英国学者Smith（1962，1964，1968）对英国约克夏煤田石炭纪煤进行了详细的孢粉学和煤岩学研究，并提出了以孢子组合特征为依据而划分的"孢子相"的概念。Hacquebard和Donaldson（1969）利用煤岩学方法研究了加拿大石炭纪煤层的煤相，划分出与Teichmüller分类相似的4个煤相类型，并且还提出了一个四端元组分的煤相图解和植物保存指数的概念。此阶段的研究代表了当时煤相研究的最高水平，并为众多学者所引用及效仿。

20世纪80年代以后，随着沉积相分析和沉积模式时代的到来，煤相研究也得到了更广泛深入的开展，煤相研究的手段更加多样化、综合化。代表性的研究如Teichmüller（1982）对煤相的概念进行了重新探讨，并明确表述为："煤相是指煤的原始成因类型，它取决于形成泥炭的环境"。他还提出确定煤相主要有以下4个依据：堆积作用的类型、植物群落、沉积环境（包括pH、细菌活动性、硫的补给性）、氧化-还原电位。Diessel（1986）在研究澳大利亚二叠纪煤层的煤相时，引用了凝胶化指数（GI）和结构保存指数（TPI）等成因参数，在已经确认的沉积环境类型中区分出了草本沼泽（低位沼泽）、潮湿森林沼泽和干燥森林沼泽3种泥炭沼泽类型。Calder（1991）提出了地下水影响指数（GWI）和植被指数（VI），旨在突出地下水位和植被类型这两个因素。凝胶化指数（GI）、结构保存指数（TPI）、地下水影响指数（GWI）和植被指数（VI）4个参数是由定量统计得出的数据计算而得，因此具有定量化的意义。之后大多数煤地质学家都曾应用这4个煤相参数进行煤相的划分（Lamberson，1991，1993；Petersen，1993；Obaje，1994）。

我国早在1932年谢家荣就开始对南方树皮煤的成因进行过研究，中华人民共和国成立后，高崇照、金奎励、王洁、韩德馨等（1956）首先研究了淮南新庄晚古生代煤层环境。自20世纪80年代后期以来，许多学者纷纷对我国华北、华南、东北、西北等地的石炭纪—二叠纪、侏罗纪、古近纪及新近纪煤进行了煤相研究，取得了较多成果（韩德馨和任德饴，1983；马兴祥，1988；王生维，1990，2003；叶建平，1990，1992；赵师庆，1991；胡社荣等，1998；方爱民等，2003；严永新，2004；高青海，2006；王绍清和唐跃刚，2007；李鑫等，2010；毛婉慧等，2011；李晶等，2012）。但限于各种条件，国内目前很少开展像国外那样的泥炭与煤形成环境对比式研究，仍然主要是引用Diessel（1986）提出的公式。

（一）煤相的划分标志

依据煤相分析手段的不同，可以把煤相标志划分为4类（周春光等，1998；许福美，方爱民，2005）：煤岩学标志、古植物学标志、地球化学标志和沉积学标志。煤岩学标志是最主要、最直接、最可靠的煤相划分标志，后3个标志是从某一侧面反映泥炭的聚积条件，是间接的辅助性煤相标志。

1.煤岩学标志

煤岩学特征是泥炭沼泽地貌、水文、植被、气候、水介质等多种因素的综合反映。凡能够反映泥炭化阶段的泥炭聚积条件和环境的、肉眼和镜下可见的显微煤岩成分及其组合，煤的结构和构造，矿物、结核、包裹体和夹矸层等特征都可称为煤相划分的煤岩学标志。

1）煤岩成分及其组合

煤岩成分及其组合可以反映形成泥炭沼泽的成煤植物种类、沼泽类型、泥炭堆积环境（沼泽的水介质性质，如Eh值、pH值、盐度等，沼泽的覆水条件、水动力条件等），以及泥炭聚积时期的古气候、古构造运动和古地理环境等诸多因素（杨起等，1998）。

含煤岩系中微亮煤和微暗煤的数量和相对比例往往能反映含煤岩系形成时盆地沉降速度的快慢（Stach et al.，1982）。例如，澳大利亚冈瓦纳二叠纪煤系中主要是富含微暗煤的煤层，英国上西里西亚石炭纪煤系中发育了含大量微暗煤的厚煤层，都可作为煤盆地基底缓慢沉降的标志。含有大量微亮煤和很少微暗煤的石炭纪萨尔煤盆地和白垩纪韦尔登盆地则是在较快速沉降的条件下形成的。镜质体和惰质组的含量和相对比例可以反映成煤过程中气候相对干湿的变化。大量火焚丝质体的存在，微丝煤分层的出现，煤中强烈腐蚀的孢子体和角质体的出现往往是沼泽微气候变干燥的标志。在潮湿温暖气候条件下形成的煤，如北半球石炭纪煤层，煤中富含由粗大树干形成的光亮煤条带。

植物遗体的分解程度取决于沼泽地下水位的高低。对森林沼泽而言，地下水位越高，植物遗体越容易保存，在厌氧细菌的参与下凝胶化程度越高，形成的煤层以条带状光亮煤和半亮煤为特征；地下水位越低，泥炭表层易遭受氧化，从而形成富含丝质体、半丝质体和半暗煤和暗淡煤。

煤岩组分的含量及煤岩成分的块度和无机碎屑的含量与分布等可以反映沼泽水动力条件的强弱。冈瓦纳煤中的微碎屑惰性煤是氧化泥炭经流水改造、搬运、再沉积而成；在停滞的原地堆积泥炭中，植物残体块度大，在经历流水搬运或改造的微异地和异地泥炭中，显微组分破碎程度高，矿物质含量也高，暗煤发育，显示水平或微波状层理（Ammosov，1964；Smith，1964；Stach，1975；Cohen and Spackman，1977）。

泥炭沼泽pH值的高低直接影响细菌的活动性，从而影响植物遗体的结构分解和化学分解。随着地下水位的升高，泥炭沼泽还原性增强，pH值增高，从而导致镜质体含量增高。许多细菌在中性至弱碱性介质中繁殖最快。泥炭的酸度越大，细菌就越难以生存，而植物结构保存越好，形成的煤凝胶化程度相对要低，因而镜质体含量较低，煤中黄铁矿贫乏。偏碱性的水介质（海水或富钙地下水）中细菌活动强烈，植物结构发生强烈的分解，形成的煤凝胶化程度高，富含镜质体且黄铁矿丰富（Teichmüller，1968；Stach，1975）。

2）煤的结构和构造

煤的肉眼和显微结构构造往往可以概略地反映某些形成条件（表6-1），即煤的显微组分所保存的原生结构往往是植物残体分解程度和环境的标志。细胞结构保存很好、胞壁很薄的丝质体与火焚成因有关；细胞结构清楚、细胞壁很少加厚的结构镜质体往往与胞壁浸渍了不易分解的树脂、鞣质和木栓质有关。

表6-1　煤的结构构造与煤相对应关系

均一状结构	一般形成于滞流、深覆水的环境
线理状结构	一般形成于平静的或有轻微而频繁变化的覆水环境
条带状结构	一般形成于平静的或覆水较深的环境
纤维状结构	干燥的氧化环境，丝炭特有的结构
水平层理	平静的水体环境
波状层理、斜层理	形成于动荡的或活动的水体条件下
块状构造	形成于稳定平静的水体条件下

3）矿物、结核、包裹体和夹矸层

煤层中夹矸及顶底板的矿物组成，尤其是黏土矿物组合及黄铁矿、菱铁矿的含量与分布可以反映水介质的酸碱性和还原性（表6-2）。高岭石泥岩代表的是一种偏酸性的淡水介质，伊利石泥岩揭示的却是偏碱性的咸水或半咸水介质。阜新晚侏罗世煤中大小混杂的角砾包裹体是洪流携入泥炭沼泽的产物，延伸很远、非常稳定的薄高岭石夹层可能与准平原化的岩石土壤风化有关。

表6-2　煤中矿物组成与煤相对应关系

包裹体	代表曾有较强的流水进入泥炭沼泽
高岭石泥岩夹矸	一般是由降落的火山灰演变而成
黄铁矿质结核	形成于滞流的强还原的水介质环境
菱铁矿质结核	形成于弱还原的水介质环境
方解石质、白云石质结核（煤核）	一般形成于近海泥炭沼泽环境，其中若见海相动物化石残骸，则表示曾有海水侵入泥炭沼泽

煤与其夹矸中黄铁矿及其形态特征是反映煤层形成于还原环境的可靠标志之一，黄铁矿的大量产出反映强还原环境。在煤层顶板为海相层处，煤层顶部或分岔煤层的顶板中同生黄铁矿结核的出现（多在微亮煤分层中），往往代表海水浸入沼泽，使水介质的pH值明显增高，从而造成有利于黄铁矿的沉积。在煤层顶板为非海相层处，煤层顶部产出的同生菱铁矿结核（多出现在烛煤、微镜煤和黏土层中），一般代表了沼泽湖弱还原的水介质条件。

2. 沉积学标志

对煤系地层沉积学的研究，可以提供煤层形成的背景环境并反映成煤沼泽的演化趋势。特别是煤层顶底板的沉积学特征更是反映煤层形成前后的古地理、古环境、古气候及古构造等控制聚煤作用发生的一系列影响因素。煤层中夹矸的沉积学特征则不仅可以反映夹矸独特的成因，还可以推断聚煤作用过程中所发生的一系列特殊事件，有利于恢复泥炭沼泽的发育演化过程。

3. 地球化学标志

煤层及其夹矸的无机地球化学特征（微量元素、元素比值）和一些煤质参数是反映煤层成因的良好标志。煤灰中的Ca/Mg和CaO/Fe_2O_3可以较好地反映煤层的形成环境：受海水影响的煤中Ca/Mg值较小，CaO/Fe_2O_3系数则较大；煤中某些微量元素及其比值（Sr/Ba、F/Cl和B/Ge）可以反映其形成环境中介质的盐度。此外，一些有机地球化学特征（如煤的氯仿抽提物及族组分）也是判断煤层形成环境的重要标志之一。

煤质参数尤其是灰分、硫分、灰成分、硫成分也是能反映煤层聚积条件较好的水介质指标。高硫分煤则代表一种偏碱性还原的水介质，特低硫煤和低硫分煤反映的却是偏酸性的水介质。

20世纪40年代，苏联学者维达夫斯基在编制《顿巴斯煤化学地质图》时提出“灰分指数”的概念，认为此指数可以反映泥炭沼泽介质的“还原程度”（赵师庆，1991）。煤的灰分指数＝$(SiO_2+Al_2O_3)/(Fe_2O_3+CaO+MgO)$。煤灰中$SiO_2+Al_2O_3$占优势，即煤灰指数较高时，反映泥炭沉积时介质的还原性弱，淡水水介质明显；煤灰中$Fe_2O_3+CaO+MgO$占优势，煤灰指数较低时，反映泥炭沉积时介质的还原性强。

硫同位素方法可以很好地反映泥炭沼泽的水介质性质。受陆相淡水影响的煤层，其有机硫同位素$\delta^{34}S_o$为正值，而受海水影响的煤层其$\delta^{34}S_o$偏负值。地球化学和煤化学标志可以反映沼泽地下水位的高低。以地下水为主要补给来源的低位沼泽，地下水位高，煤层中矿物质及灰分含量高，且灰成分中$Fe_2O_3+CaO+MgO$含量高；以大气降水为主要补给来源的高位沼泽，地下水位低，煤层中矿物质含量低，灰成分中$SiO_2+Al_2O_3$含量高。微量元素的含量受沉积物粒度、成岩变化以及地下水活动等多种因素的影响，所以在应用它们判定水介质特征时应与其他标志配套使用。

4. 古植物学标志

煤中可辨认的植物残体及煤核植物群的面貌不仅可以反映泥炭沼泽中成煤植物群属种的组成特征，也可以反映成煤沼泽的一些其他特征（如气候的干湿、覆水的深浅等）。例如煤中的植物化石一般代表内陆的或靠近内陆的泥炭沼泽环境。详细鉴定古植物种属，可判断成煤植物群落的组合面貌及某些环境特征。煤中海相动物化石是海水浸入泥炭沼泽的典型标志。

除此以外，石炭纪煤富含宽条带镜煤，而镜质体含量相近的侏罗纪煤中镜煤条带却很少，造成这种差异的原因是成煤植物群落的不同，石炭纪成煤植物以高大乔木占优势，而侏罗纪则以灌木和小灌木丛为主（Lapo，1978）。Scott（1979）通过对英国北部石炭纪煤系植物群的生态研究，认为植物群落的分布受沉积环境的控制。当时形成泥炭沼泽的植物群以石松类为主，在河漫滩和曲流河的天然堤岸以种子蕨植物为主；芦木生长在湖泊周围和河流的边滩上；鳞木、芦木生长在滨湖及三角洲。

（二）主要的煤相类型及相图

煤相类型的划分是在综合各种煤相标志的基础上，划分出能反映古泥炭堆积过程中不同的环境特征、植物组合、古构造、古气候、古地理特征以及其遭受外界水流影响状况等各种因素的不同成因单元及其组合类型。

目前国内外煤相类型的划分因依据不同而有多种划分方案，下面将对 TPI-GI、VI-GWI 等几种典型的、应用较广的煤相类型及相图进行详细的阐述。

1. TPI-GI 参数与相图

Diessel(1986)在研究澳大利亚二叠纪煤层的煤相时，引用了凝胶化指数(GI)和结构保存指数(TPI)等成因参数。

结构保存指数(Tissue Preservation Index，TPI)代表植物细胞结构的保存程度；不仅反映了原始沼泽中木本植物的比例，而且反映了降解的程度(Diessel，1986；Marchioni and Kalkreuth，1991；Diessel，1992；Obaje et al.，1994)。TPI 可以用显示细胞结构的显微组分除以细胞结构被破坏的显微组分的比值来计算，用以再现褐煤腐植化和腐植煤凝胶化动力机制过程。TPI 值越大，反映成煤植物中木本植物所占比例越大，或植物遗体的埋藏速率相对越快，所经受的化学降解作用越弱。

凝胶化指数(Gelification Index，GI)代表了泥炭形成早期古泥炭沼泽的水位变化特征和植物遗体遭受凝胶化作用的程度，主要表示泥炭沼泽的潮湿程度及其持续时间。GI 可以用已经历凝胶化的镜质体和惰质体显微组分与未经历凝胶化的显微组分的比值来计算。GI 值越高，表明泥炭沼泽覆水相对越深，介质的还原性越强，植物遗体的凝胶化程度越高。

$$\mathrm{TPI}=\frac{\text{结构镜质体}+\text{均质镜质体}+\text{半丝质体}+\text{丝质体}}{\text{碎屑镜质体}+\text{基质镜质体}+\text{粗粒体}+\text{碎屑惰质体}}$$

$$\mathrm{GI}=\frac{\text{镜质体总量}+\text{粗粒体}}{\text{丝质体}+\text{半丝质体}+\text{碎屑惰质体}}$$

Diessel(1986)依据凝胶化指数(GI)和结构保存指数(TPI)，在已经确认的沉积环境类型中区分出了低位沼泽(芦苇)相、潮湿森林沼泽相和干燥森林沼泽相 3 种煤相类型(图 6-9a)。

由于各地在不同时代、不同古地理背景下，煤层发育也各不相同，至今没有较为确切的 TPI-GI煤相分级标准，甚至于 TPI、GI 参数计算公式也都在不断变化过程中，这为应用 TPI-GI 相图判别煤相带来一定的困难。Silva(2005)在研究巴西 Candiota 煤层煤相时，依据 Diessel (1986)的煤相分类将 TPI-GI 相图作了进一步改进。

目前国内普遍采用的 TPI、GI 参数计算公式如下：

$$\mathrm{TPI}=\frac{\text{结构镜质体}+\text{均质镜质体}+\text{丝质体}+\text{半丝质体}}{\text{基质镜质体}+\text{碎屑镜质体}+\text{粗粒体}+\text{碎屑惰质体}}$$

$$\mathrm{GI}=\frac{\text{镜质组}+\text{粗粒体}}{\text{丝质体}+\text{半丝质体}+\text{碎屑惰质体}}$$

在此基础上，仍然以 Diessel(1986)提出的 TPI-GI 煤相分类为主体框架，我国学者也对 TPI-GI 相图作了进一步改进。例如，姜尧发(1994)初步确定华北石炭纪—二叠纪各种煤相类型的 TPI 和 GI 分区界线为：较深覆水森林沼泽相 TPI＞0.6，GI＞10；覆水森林沼泽相 TPI＞0.6，GI＝10～2.0；湿地森林沼泽相 TPI＞0.6，GI＝2～0.2；干燥森林(火灾)沼泽相 TPI＞5，GI＜0.2；干燥森林(氧化)沼泽相 TPI＜0.2，GI＜2；湖沼相和芦木、芦苇相 TPI＜0.6，GI＞5(图 6-9b)。王炳山等(2001)研究了黄县盆地褐煤与油页岩的泥炭沼泽类型，综合前人TPI-GI 研究成果划分出 5 种煤相类型：覆水森林沼泽相(TPI＞1，GI＞5)、陆地森林沼泽相(TPI＞1，GI＜5)、湿地草本沼泽相(TPI＜1，GI＜5)、湖沼相(TPI＜1，GI＞5)，与此同时在覆水森林沼泽相与湖沼相之间划分出较深覆水森林沼泽相(图 6-9c)。

本书编者在研究新疆准东煤田侏罗纪陆相含煤岩系的煤相特征时，将 TPI-GI 相图分为 A、B、C、D 共 4 个分区(图 6-9d)。其中，A 为湖沼相[低位沼泽(芦苇)相](Diessel，1986)，TPI＜1，GI＞5；B 为覆水森林沼泽相，其中 B-1 较深覆水森林沼泽相(TPI＞1，GI＞10)，B-2 较浅覆水森林沼泽相(TPI＞1，5＜GI＜10)；D 为森林沼泽相，其中 D-1 潮湿森林沼泽相(TPI＞1，1＜GI＜5)，D-2 干燥森林沼泽相(TPI＞1，GI＜1)；C 区总体应该属于湖泊-浅沼范围，以草本-木本过渡区，定为湿地草本沼泽相。

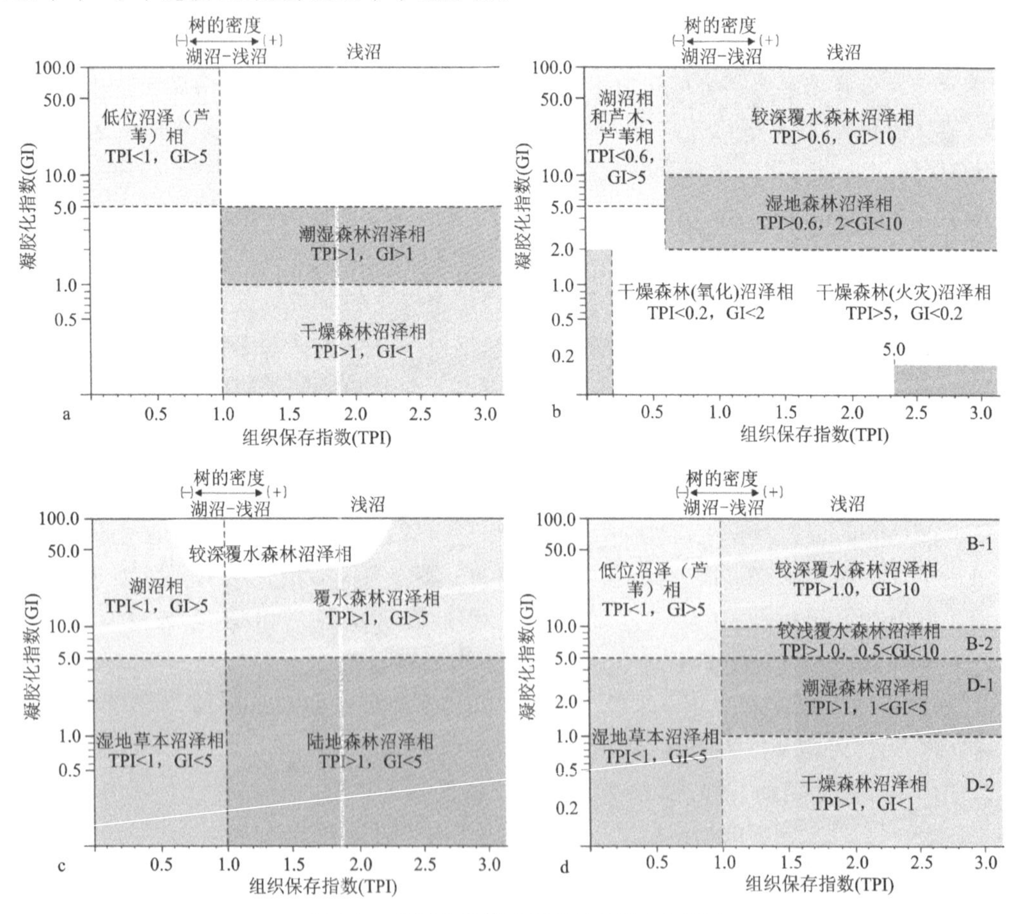

图 6-9　不同学者修改完善的 TPI-GI 相图

a. 据 Diessel(1986)；b. 据姜尧发(1994)；c. 据王炳山等(2001)；d. 出自本书编者

基于此相图，新疆准东煤田五彩湾煤矿巨厚煤层主要形成于干燥森林沼泽相环境（图6-10），与研究区陆相成煤环境中相对干燥的气候环境一致。

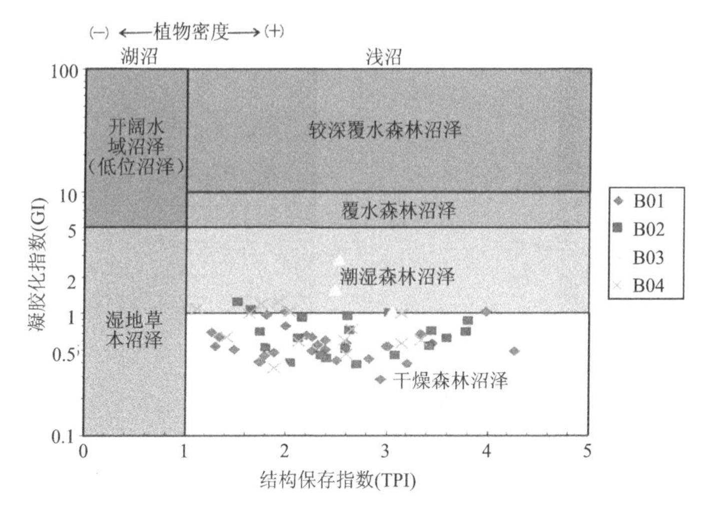

注：B01～B04代表按夹矸分层的煤分层号。

图6-10 准东煤田五彩湾煤矿巨厚煤层的TPI-GI煤相图

2. VI-GWI参数与相图

Calder(1991)提出了地下水影响指数(GWI)和植被指数(VI)。植被指数(Vegetation Index, VI)反映成煤植被及其保存程度等，表明森林木本亲缘显微组分与草本和水生亲缘显微组分之比率(Calder et al.，1991；Marques，2002)。VI值越大，代表木本植物所占的比例越大。

地下水影响指数(Ground Water Index, GWI)主要反映了地下水对泥炭沼泽的控制程度、地下水位的变化和矿物含量(Calder et al.，1991；Marques，2002)。GWI值越大，反映地下水位越高，沼泽覆水越深；GWI值越小，地下水位越低，沼泽覆水条件较差，介质氧化性质较强。

$$VI=\frac{\text{结构镜质体}+\text{均质镜质体}+\text{半丝质体}+\text{丝质体}+\text{树脂体}+\text{木栓体}+\text{团块镜质体}}{\text{基质镜质体}+\text{孢子体}+\text{角质体}+\text{碎屑惰质体}+\text{碎屑镜质体}+\text{碎屑壳质体}}$$

$$GWI=\frac{\text{团块镜质体}+\text{胶质镜质体}+\text{碎屑镜质体}+\text{原煤灰分或矿物质}}{\text{结构镜质体}+\text{均质镜质体}+\text{基质镜质体}}$$

Calder等(1991)以植被指数VI=3为界区分木本与边缘水生/草本，以地下水位影响指数GWI=5.0、1.0、0.5为界区分淹没的、流动的、中营养的、富营养的成煤植物质料类型。据此划分出淹没草本沼泽、淹没森林沼泽、流动湖沼（草本）、流动森林沼泽、中营养湖沼、中营养森林沼泽、富营养藓沼、富营养苔藓森林沼泽等煤相类型（图6-11）。

3. 显微煤岩组分组合与WDR、TFD三角相图

Diessel(1986)、Marchioni和Kalkreuth(1991)采用了两个三角相图，将最易识别的木质显微组分(W)+分散显微组分(D)与其他显微组分(R)进行比较，定义为三角相图的顶点（图6-12）：

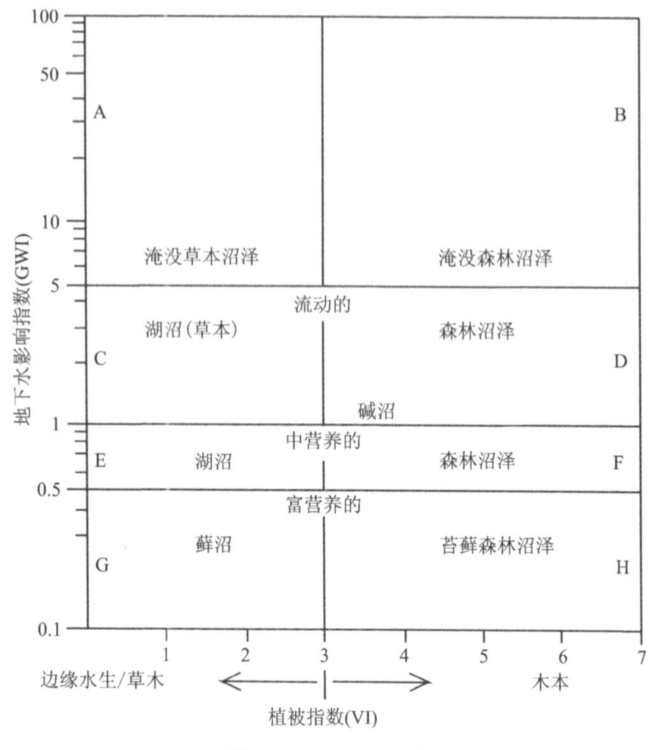

图 6-11　VI-GWI 相图

A. 淹没草本沼泽；B. 淹没森林沼泽；C. 流动湖沼(草本)；D. 流动森林沼泽；
E. 中营养湖沼；F. 中营养森林沼泽；G. 富营养藓沼；H. 富营养苔藓森林沼泽

W(woody)=结构镜质体+均质镜质体+丝质体+半丝质体

D(dispersed)=藻类体+孢子体+碎屑惰质体

R(remainder)=其他显微组分(尤其是基质镜质体)

定型显微组分(diagnostic macerals)W+D 不足 50%的煤层，确定为“混合相”；当 W+D 等于或超过 50%时，投在第二个三角相图(TFD 三角相图)上。Diessel(1986)、Marchioni 和 Kalkreuth(1991)将 TFD 三角相图顶点定义为：

T(镜质体)=结构镜质体+均质镜质体

F(丝质体)=丝质体+半丝质体

D(分散组分)=藻类体+孢子体+碎屑惰质体

Obaje 和 Ligouis(1996)在研究 Obi/Lafia 地区煤相时，认为粗粒体属于分散成因，主要来自再搬运，因此将碎屑镜质体和粗粒体归在 D 中，藻类体没有出现，即 D(分散组分)=孢子体+碎屑惰质体+碎屑镜质体+粗粒体，并对 TFD 三角相图进行了修改，如图 6-13 所示。

其中木质比(T+F)/D 表示木质组织中植物原料富集对泥炭的贡献度。通常定义木质比(T+F)/D<1，属于开阔沼泽相(草本环境)；木质比(T+F)/D>1，为森林沼泽相(木本环境，Obajie，1994)。T/F 表示木本组织的凝胶化程度，同时也是环境的“干旱指标”。T/F 值较低，即有结构的惰性组分(F)含量较高，代表较为干旱环境。

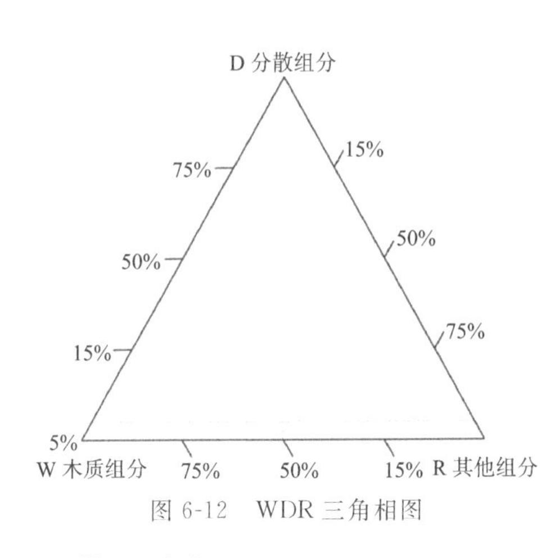

图 6-12 WDR 三角相图

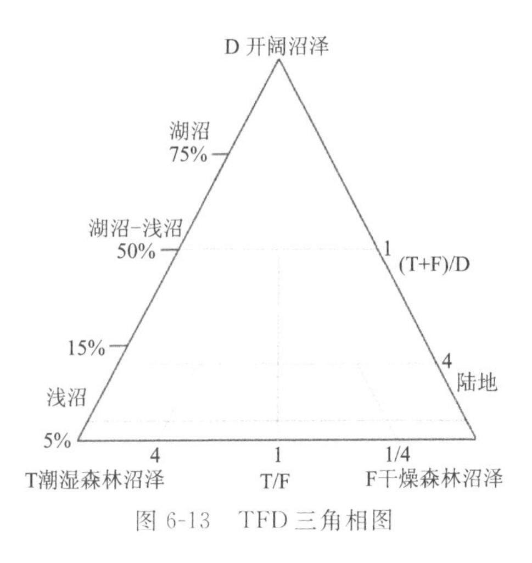

图 6-13 TFD 三角相图

二、煤层对比

同一煤层在一定范围内形成时的环境和形成过程中水介质的物理化学性质、原始物质的堆积及演化基本上相同时，该煤层的煤岩成分和特征应是基本相似的。不同煤层由于成煤环境和成煤植物类型的差异，其煤岩成分和特征则往往是不同的。因此，可利用煤岩特征进行煤层对比。

所谓煤岩特征对比法就是针对不同煤层的宏观煤岩类型和显微煤岩组分的特征、含量及其变化规律进行煤层对比的一种方法（陆春元等，1987；孙平，1996），此外，还可用宏观煤层剖面及煤层形成曲线来进行煤层对比（Tasch，1960；赵师庆，1990）。

1. 宏观煤岩特征对比法

在勘探和生产坑道中利用煤岩特征对比煤层时，首先应详细观察和描述煤层剖面，分层鉴定，划分煤岩类型，绘制煤层煤岩类型柱状图和剖面图，然后根据不同煤岩类型和组合特征，进行煤层对比。对钻孔煤芯煤样进行观察、描述时，应以绝大多数的碎煤块的特点作为标准，除描述各煤分层的煤岩类型外，还应注意某些煤分层的一些特殊物理性质，如硬度大、呈鳞片状或松散状、光泽极暗淡等。图 6-14 就是利用此种方法解决两个主要煤层对比问题的典型例子（武汉地质学院煤田教研室，1981；陆春元等，1987；孙平，1996）。

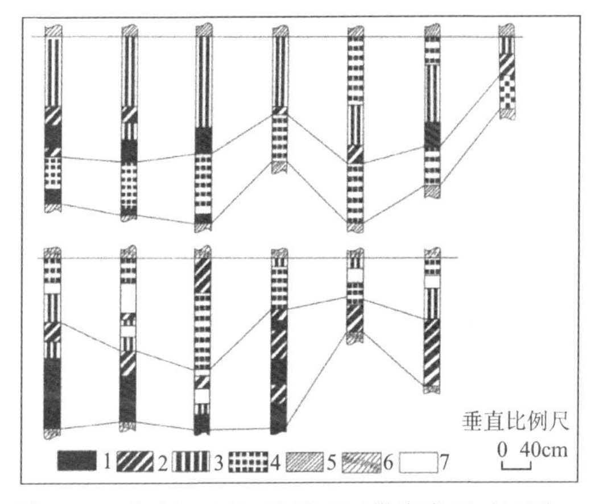

图 6-14 北京门头沟-城子矿区煤岩类型对比图

（据武汉地质学院煤田教研室，1981）

1. 光亮型煤；2. 半亮型煤；3. 半暗型煤；4. 暗淡型煤；5. 粉砂岩；6. 泥质岩；7. 泥质夹矸

对于由多种交叠的宏观煤岩类型组成的厚煤层，宏观煤岩类型的固定组合是难以辨别的。Tasch(1960)提出了一种有效的宏观煤岩剖面的表示法，称作煤层形成曲线。煤层形成曲线可以反映沉积速率的波动和特定煤层形成的特殊相序。各种煤岩类型的形成，主要是由沼泽沉降速率不同决定的。丝炭是在沉降速率低的浅水较氧化的条件下形成的，镜煤和亮煤反映淹没的特征，暗煤是在稍微比较深水的覆盖下形成的；碳质页岩和黏土夹矸形成于覆水最深的条件(赵师庆，1990)。对煤层某一阶段的对比不能依赖于煤岩类型的组成，例如，如果在某一阶段的某一位置上发现形成的是暗淡煤，那么在同一阶段的另一地点很可能形成的是碳质页岩，沉积速率上的微小差别足以导致形成不同的煤岩类型。但是尽管形成的煤岩类型不同，在煤层形成曲线上它们可以代表相同的变化趋势，因此煤层形成曲线较宏观煤岩类型剖面更适于大面积内煤层的对比。

2. 显微煤岩特征对比法

显微煤岩特征对比可通过特殊的显微煤岩标志、显微组分的定量分析以及显微煤岩类型的对比来实现。特殊的显微煤岩标志主要包括镜质体的数量、结构及保存情况，真菌体的数量和性质，类脂体数量、形态、表面特征及保存程度，惰质体数量、形态、结构和保存情况，矿物杂质的成分、大小及分布特征。例如，在澳大利亚冈瓦纳煤层中见到大孢子外膜群，而且横向稳定，可用于鉴别煤层；贵州某煤田的煤层多达 80 层，难于详细对比，但其中的 1 号、2 号、3 号煤层，由于 2 号煤层中富含木栓质体(多达 30%)，因此可以作为标志层精确对比这三层煤(赵师庆，1990)。

不同煤层在纵向上显微组分含量的差异和同一煤层在横向上显微组分含量的稳定是利用显微组分定量分析对比煤层的依据和基础。当煤芯煤样十分破碎时，选几个有代表性的钻孔剖面，利用化验样缩分出的部分煤样制成煤砖光片，在显微镜下进行显微组分的系统定量，选择在垂向上变化大而横向上较稳定的煤岩组分作为对比标志来区别煤层。例如，德国鲁尔煤田 17 个煤层的显微组分鉴定表明，它们的显微组分数量很不相同，但是不同地点的同一煤层的显微组分含量却很相似，可以作为该地区煤层对比的基础。

第三节　在煤化工领域中的应用

一、在煤分类中的应用

煤的性质取决于成煤前期(泥炭化作用)的生物化学作用和成煤后期(成岩和变质作用)的物理化学作用。对于相同成煤原始物质，前者的条件决定其煤岩组成，而后者的条件决定其变质程度。因此，如果能选择准确反映这两个性质的指标，煤的性质基本就确定了。

目前煤的工业-成因分类中，所采用的煤岩学指标是惰性组分(或活性组分)总和及镜质体反射率。煤岩组成能客观地反映煤的性质，尤其是煤的工艺性质。镜质体反射率用来反映煤的变质程度，其最大优点是不受煤的组成干扰，所以比其他指标(挥发分、C 含量)更能确切反映煤化程度，目前已公认是煤变质程度的最佳指标(图 6-15)。$R_{o,max}$ 在 0.6%～1.0%段的离散性较大，这是因为在低变质程度的煤中类脂体的含量较高，对挥发分有一定的影响，离散性越大，相关关系也越差。煤的镜质体平均最大反射率与煤种大致对应关系如表 6-3 所示。

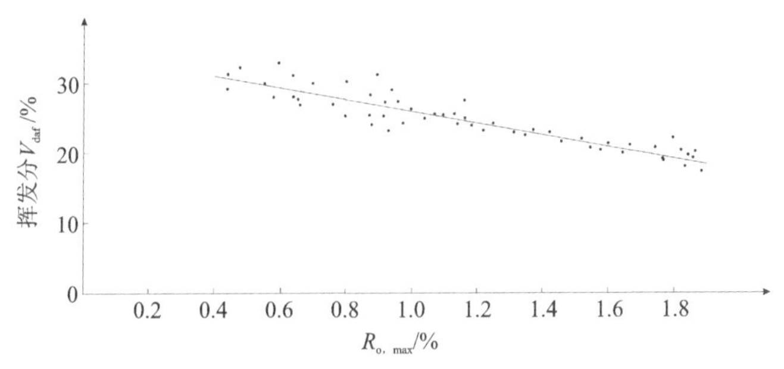

图 6-15 镜质体反射率 $R_{o,max}$ 与挥发分 V_{daf} 相关图

表 6-3 煤镜质体平均最大反射率与煤种大致对应关系

$\bar{R}_{o,max}$/%	煤种
<0.5	褐煤(长焰煤)
0.5～0.6	长焰煤、不黏煤、气煤
0.6～0.7	气煤、长焰煤、不黏煤(气肥煤)
0.7～0.8	气煤、气肥煤、弱黏煤(不黏煤、1/2 黏煤)
0.8～0.9	1/3 焦煤、气煤(弱黏煤、不黏煤、肥煤、气肥煤)
0.9～1.0	1/3 焦煤、肥煤、气煤(1/2 中黏煤、气肥煤)
1.0～1.1	肥煤、1/3 焦煤
1.1～1.2	肥煤(1/3 焦煤、焦煤)
1.2～1.3	焦煤、肥煤(1/3 焦煤)
1.3～1.4	焦煤、肥煤
1.4～1.5	焦煤
1.5～1.6	焦煤(瘦煤、贫瘦煤)
1.6～1.7	瘦煤、焦煤(贫瘦煤)
1.7～1.8	瘦煤、贫瘦煤(焦煤、贫煤)
1.8～1.9	贫瘦煤、瘦煤、贫煤
1.9～2.0	贫瘦煤、贫煤(瘦煤)
2.0～2.5	贫煤
>2.5	无烟煤

二、在商品煤煤质检验中的应用

煤岩分析手段是鉴别混煤、“掺假煤”的有效方法。原料煤供应紧张和不同煤种的价格差异造成了混煤的泛滥，造成煤分类错误，甚至造成配煤中某种煤实际上的缺失。混煤不能按其煤质指标在配煤中起正常的、预期的作用。对混煤和“掺假煤”的鉴定既有社会意义又有经济意义。

不同煤种镜质体反射率有规律地变化，镜质体反射率与煤的挥发分产率均可反映煤的变质程度，但挥发分产率指标反映的是煤整体的性质；而镜质体反射率测定是以特定的显微组分作为研究对象，可排除煤岩组分的干扰。由于煤的不均匀性，通常用若干测点的最大反射率(或随机反射率)的平均值作为煤级指标，均匀测定若干个煤粒的反射率后，将测量结果统计起来生成反射率分布直方图，从而反映出不同煤种混杂在一起的情况。镜质体反射率测定是目前鉴别混煤的唯一有效测试手段。

依据《商品煤混煤类型的判别方法》(GB/T 15591—2013)，可将混煤划分为 6 种类型(0～5编码)(图 6-16)。编码 0 代表单一煤层煤无凹口，标准偏差小于或等于 0.1；编码 1 代表简单混煤，无凹口，标准偏差 0.1～0.2；编码 2 代表复杂混煤，无凹口，标准偏差大于 0.2；编码 3 代表具 1 个凹口的混煤，标准偏差大于 0.2；编码 4 代表具 2 个凹口的混煤，标准偏差大于 0.2；编码 5 代表具 2 个以上凹口的混煤，标准偏差大于 0.2。

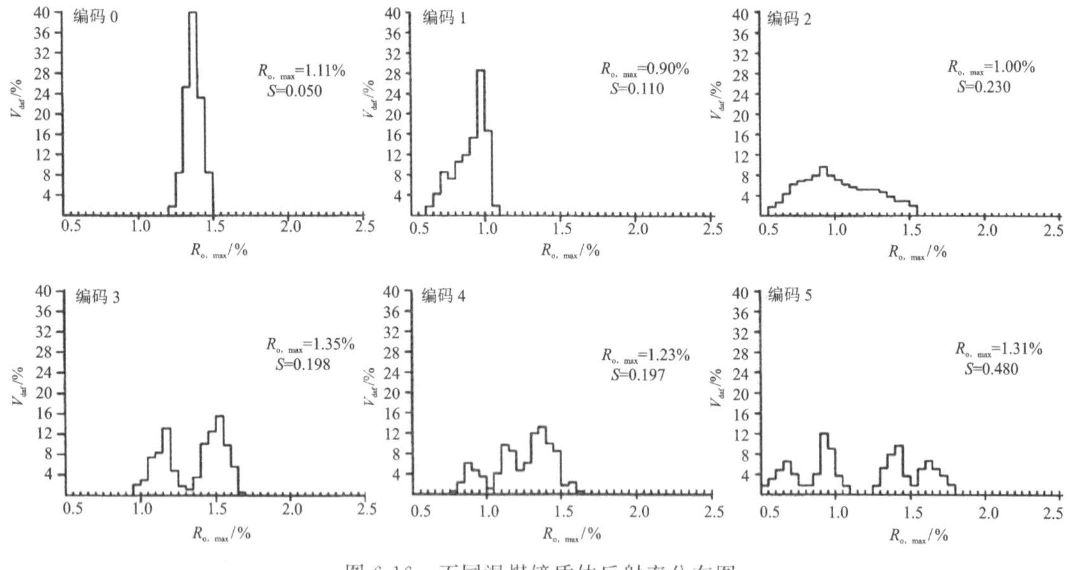

图 6-16　不同混煤镜质体反射率分布图

据此，可鉴定商品煤的混煤或掺假情况。如图 6-17 所示，一个单一的煤种，不同点的反射率值是不同的，但分布范围很窄，接近单峰正态分布，标准方差小于 0.1。而不同变质程度的煤混在一起时，在镜质体反射率分布图上会出现多个峰，标准方差也随之增大。变质程度相近的煤混配在一起时也可能只有一个峰，无凹口，但方差略大(0.1～0.2)(图 6-18)，因煤质相近，可视作单一煤使用。由两种以上变质程度有明显差异的煤构成的混煤，其镜质体反射率直方图明显为双峰或多峰，有 1 个或 1 个以上的凹口，标准方差一般大于 0.2(图 6-19)。

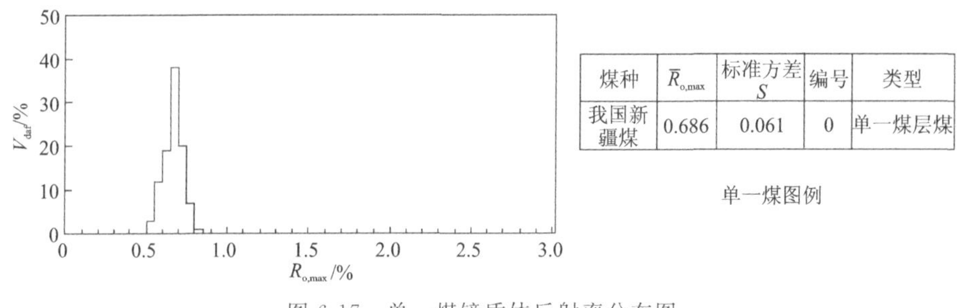

煤种	$\bar{R}_{o,max}$	标准方差 S	编号	类型
我国新疆煤	0.686	0.061	0	单一煤层煤

图 6-17 单一煤镜质体反射率分布图

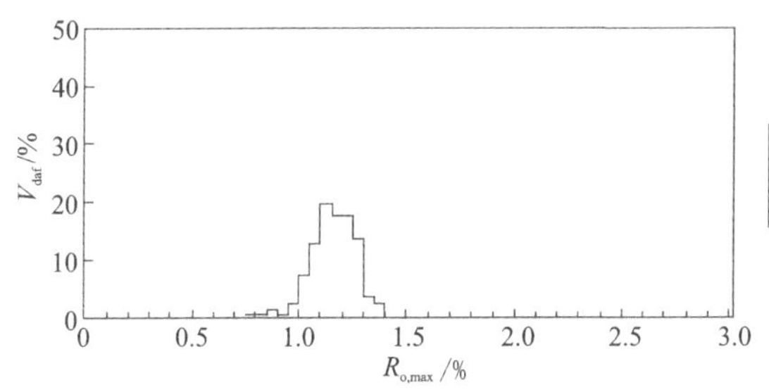

煤种	$\bar{R}_{o,max}$	标准方差 S	编号	类型
澳大利亚煤	1.238	0.105	1	简单混煤

变质相近煤混配图例

图 6-18 变质程度相近混煤鉴定实例

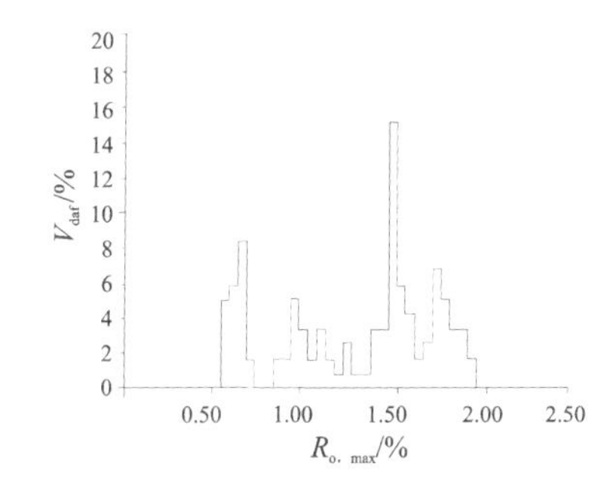

煤样	$\bar{R}_{o,max}$	标准方差 S	可能煤种	所占份额/%
1	0.64	0.047	弱煤	20.8
2	1.04	0.095	肥煤	19.2
3	1.52	0.099	焦煤或瘦煤	37.5
4	1.83	0.071	贫煤	22.5

图 6-19 复杂混煤鉴定实例

三、在煤的洗选性评价中的应用

煤的洗选是煤炭加工的一种重要方法，是利用煤和杂质(矸石)的物理、化学性质的差异，通过物理化学或微生物分选的方法使煤和杂质有效分离的工艺。它的目的是排除煤中的矿物杂质，使洗选后的精煤的灰分、硫和磷等有害杂质含量降到能满足各种工业用煤的质量要求。要达到上述目的，需要选择适宜的选煤方法并制订科学的工艺流程。

煤的可选性是煤的洗选性评价的一个重要指标，与煤的矿化特征及煤中矿物的成因、成分、粒度、数量及赋存状态关系密切，也受煤岩组分和变质程度的影响。利用显微镜观察煤的光片，能直观地了解煤中矿物的种类、数量、粒度大小和赋存状态等，根据观察到的“信息”可对煤的可选性作出评价，并为选择合理的破碎粒度、制订选煤工艺和流程提供技术依据。

煤的浮选效果首先取决于煤岩组成，镜煤、亮煤、暗煤、丝炭4种煤岩组分的表面润湿性不相同，可浮性存在着很大的差异。以凝胶化组分为主的镜煤和亮煤比暗煤和丝炭浮选性更好些，其中以镜煤最好，主要是由于这两种组分的碳氢网格排列比较规则，它们表面的孔隙数目及所含的矿物质比暗煤和丝炭少。各种宏观煤岩成分的密度不同，也影响煤的可选性。镜煤、亮煤中含矿物杂质少，密度小，如其含量大可使镜煤产率增大；暗煤、丝炭含矿物杂质多，密度大，多富集于中煤和尾煤中。所以，一般如镜煤、亮煤含量较大的煤其可选性好，暗煤、丝炭含量较高的煤其可选性较差。因此，通过煤岩鉴定，不仅能判断煤的可选性，也可以了解影响煤的可选性的因素。

此外，我国不少低煤级煤含类脂体较多，韧性加强，破碎分离相对困难。中煤级煤中镜煤内生裂隙发育，机械强度减少，镜煤、丝炭可分选性明显；而高煤级煤中有机组分差别缩小，密度相近，裂隙少，机械强度增大，各组分间连结牢固，因此贫煤、无烟煤阶段中各组成部分分离性能不好。褐煤由于容易软化，也影响可选性效果。因此，利用煤岩学方法评定煤的可选性是非常重要的。

四、在炼焦配煤中的应用

通过对煤岩组分在炼焦过程中变化特征的研究，不仅可以揭示成焦机理，也可反映不同组分不同煤化程度的煤对成焦的影响，进而指导炼焦配煤。此外，利用煤岩学方法还可研究焦炭的结构、预测焦炭的质量和性质。目前，世界上一些先进国家的焦化厂已利用煤岩参数建立了一套配煤炼焦的工艺自动化流程，从而使煤岩学得到更加充分的应用。

1. 炼焦过程中显微组分的分类

从煤岩学观点来看，煤是不均一的物质，由各种有机显微组分和无机矿物组成。有机显微组分包括镜质体、惰质体和类脂体三大显微组分组，由于它们的性质不同，在炼焦过程中的作用也各不相同。因此，每一种煤都是一种天然的炼焦配煤。

根据各类显微组分在成焦过程中的特点，可以将它们划分为两类：一类为在加热过程中能熔融并可形成活性键的活性组分，具黏结性；另一类为在加热过程中不熔融也不能（或很少）形成活性键的惰性组分，无黏结性。

(1)活性组分。镜质体和类脂体都具有黏结性，所以是活性成分。镜质体和某些类脂体有中间相的转变，在炼焦过程中变化特征明显，热解时其自身发生相态的变化，产生挥发性的气态物质及非挥发性的液态物质，直接参与块焦的形成，并决定其黏结性，属活性组分。

(2)惰性组分。炼焦煤热解时，惰质体不产生中间相，在炼焦过程中无论在光性上还是形态上变化特征不明显，故为惰性成分。但惰质体对焦炭质量有两方面的影响：一方面，可能会造成焦炭结构上的一些缺陷及煤粒间接触紧密度的降低，从而降低焦炭的质量；另一方面，也可以起吸附活性组分，参与焦炭结构的形成，改善成焦性能及降低收缩应力等有利作用。此外，适当数量的惰质体还可提高胶质层的黏度。

值得注意的是一些地区惰质体含量高的烟煤表现出异常的炼焦性能。Nandi等(1975)

研究认为，半丝质体可以分为高反射率、低反射率两种类型。其中，低反射率的半丝质体在较低的加热温度下可以转变为胶质状态，其自身的膨胀性能和流动性能较差，但其活性强，可以促使惰质体组分的黏结；高反射率的半丝质体则完全呈惰性。Mackowsky(1977)研究认为，与活性组分共生的微粒状半丝质体具一定的活性，在成焦过程中可以发生熔融、变形，产生气孔；粗粒状的半丝质体和丝质体则完全呈惰性，在成焦过程中不发生任何变化。

2.煤岩配煤的基本原理

利用煤岩学参数进行炼焦配煤，这是近几十年来煤岩学应用上较为成功的方面，也是焦化工业中的一项重大科研成果。目前各国发展起来的配煤技术，无不与煤岩学有着密切的联系，煤岩配煤原理已是炼焦配煤技术的理论基础。具体来说，煤岩配煤原理可以归纳为以下几点。

(1)炼焦配煤的基本要求之一，就是要使得配煤中的活性组分与惰性组分的含量达到最优比。

(2)活性成分是决定炼焦煤性质(结焦性)的首要指标。不同变质阶段的煤，其显微组分的黏结性有区别，我国大多数煤 $R_{o,max}$ 在 1.1%左右的镜质组黏结性最强，低于或高于 1.1%的镜质组黏结性减弱，低于 0.8%或高于 1.4%的镜质组黏结性很弱，低于 0.6%或高于1.6%之后的镜质组已经没有黏结性。因此，中变质阶段的肥煤和气肥煤黏结性最强，焦煤和部分肥煤结焦性最好，肥煤和 1/3 焦煤由于其良好的结焦性和黏结性，为炼焦的基础煤。即使是同一种煤，所含活性组分的质量也有明显差别，这些差别可用反射率分布图来表示。活性组分的反射率分布图解是决定炼焦煤性质的首要指标。

(3)惰性组分是配煤中不可缺少的成分，它对焦炭的质量有着极为重要的影响，其含量的多少是决定配煤性质的又一重要指标，缺少或过剩都对配煤炼焦不利，都会导致焦炭质量下降。任何一种合理的炼焦配煤方案，都要考虑最优的惰性组分的含量及其与活性组分的组合。

(4)结焦时煤粒间不是通过互熔成均一的焦块，而是由界面的作用使得各个煤粒间键合连结起来。因此散装煤的黏结只是颗粒间接触表面的结合，这就为建立煤岩指标提供了可能性。

(5)不同煤类中的同一显微组分如果煤化程度相同，还原程度也相同，则其性质相同，而同一类煤中不同显微组分的性质不同，这就为不同的煤岩配煤方案之间提供了可比性。

由上述可知，任何一种煤岩配煤方案都必须利用活性组分的反射率分布情况及惰性组分含量这两个主要指标来进行。煤岩配煤的原则为使活性组分与惰性组分之间的组合达到最优状态。

理想的配煤反射率分布图是连续的、平滑斜降的，不应出现明显的凹口，尤其是 $R_{o,max}$ 在 1.1%附近(图 6-20)，分布范围不能太宽，$R_{o,max}$ 靠近 1.1%的分布面积越大，焦炭质量较好。尽量使配合煤的镜质体最大反射率的曲线分布均匀，没有大的凹口，曲线连续，最高峰在 1.2%～1.3%之间(贾瑞民和纪同森，2005)。

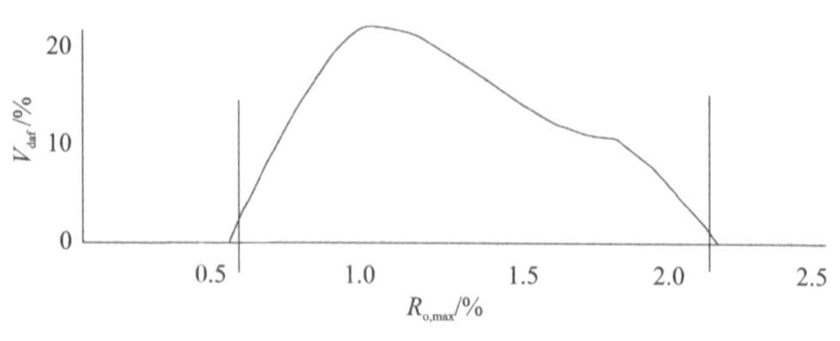

图 6-20 理想的配煤反射率分布

五、在煤的液化中的应用

液态燃料与煤相比，具有发热量高、洁净、运输方便等优点。煤与石油相比，在其组成上主要是氢含量低，一般不超过 6%，H/C 原子比仅为 0.4～1，而石油的氢含量为 13%～14%，H/C 原子比为 1.5～1.8。因此，可通过加氢液化的方式使煤转化为液态的石油。我国煤炭资源丰富，但石油及天然气资源短缺，因而发展煤炭液化有着广阔的前景。

煤的加氢液化是指将煤细磨后放在溶剂中，在高温高压条件下破坏煤的化学结构，在催化剂的作用下通入氢气，把氢加到煤分子中，使其转化成液体燃料——人造石油的过程，与此同时，还生成气体燃料和固体残渣。

液化时的转化率是评价液化用煤的液化特性的主要指标之一。除了温度、压力、催化剂种类等工艺条件外，对液态特性有影响的是原料煤的煤级、煤岩组成、矿物质以及还原程度等煤岩特征。

1. 煤级

随着煤化程度越深，加氢液化越难，部分褐煤和煤化程度较低的烟煤（长焰煤、不黏煤、弱黏煤、1/2 中黏煤、气煤）适宜于液化，中等变质程度以上的煤很难液化。一般认为煤的碳含量超过 89%时，即使是活性组分，加氢液化也很困难，而碳含量在 82%～84%时，加氢液化的转化率最高。研究表明，在我国，镜质体最大反射率为 0.35%～0.89%的低煤化程度煤是最好的液化用煤。值得注意的是，褐煤液化后气态产品较多，而液态产品较少。

2. 煤岩组成

通常认为，镜质体和类脂体是活性组分，有利于液化，且类脂体的液化反应活性最高，次为镜质体，而惰质体不利于液化。镜质体和类脂体含量越高，煤越容易液化。但也有研究表明，低反射率的半丝质体和粗粒体也可能部分液化；惰质体组分的反射率低于 1.0%时具活性；美国蒙大拿州煤中惰质体组分反射率低于 1.4%时，可以部分转化（韩德馨，1996）。

在类脂体中，藻类体的氢含量高，因此很容易液化，树脂体亦易液化。Davis 等（1991）研究表明，次烟煤中孢子体易液化，而烟煤中的孢子体反应较慢，仍高度富集在残渣中。叶道敏（1983）对内蒙古霍林河煤田褐煤进行了加氢液化试验，并对加氢液化处理后煤粒的残余物在反光显微镜、荧光显微镜和扫描电镜下进行观察，这些煤样的腐植体反射率为 0.29%～

0.31%。研究表明，腐植体和类脂体反应性好，属活性组分，惰质体反应性差，属惰性组分。腐植体中各显微组分按其反应性由好到差的排列顺序为：密屑体、腐木质体A和假鞣质体、腐木质体B和凝胶体、木质结构体和鞣质体。其中，密屑体虽凝胶化程度不太高，但孔隙率大，因而转化率高；在反应过程中间阶段(340～360℃)的残余物中，有许多塑性小球体，气孔和空洞发育，在紫光照射下孔洞中发橙色荧光，很可能是新生成的沥青质体，沥青质体的反应性强、转化率高。我国中生代和古近纪褐煤资源十分丰富，对其液化潜力的研究值得重视。

3. 矿物质

煤中黄铁矿、赤铁矿、磁铁矿在液化过程中能起催化作用。在液化时，细浸染在镜质体中的黄铁矿易与分子氢起反应被还原形成磁黄铁矿，甚至还可以还原成金属铁，其催化作用不亚于工业上的钴、钼催化剂，因此黄铁矿含量高的低煤级烟煤往往显示良好的液化性能。高硫煤在我国煤炭资源中约占1/6，随着煤炭工业的发展，华北、华东地区太原组高硫煤的产量将有所增加，对其液化潜力的研究值得重视。

煤中Mo、Ge、Sn、Zn、Co、Ni、Fe、Ti等伴生元素在液化中可能起催化作用，而V、As、Hg等伴生元素有害于催化作用，不利于液化。对于黏土矿物在加氢液化时的作用评价不一，不过当活性组分被黏土矿物包围时，在液化时不转化，仍保留在残渣中。

此外，煤的还原程度对煤液化亦有一定影响。Epewii等(1984)提出，煤级相同，活性组分含量相近的低煤级烟煤，当煤的还原程度高、挥发分产率和氢含量较高时，液化时转化率亦高。赵师庆等(1991)对山东兖州煤田太原组较强还原型、山西组较弱还原型的低煤级煤和镜质体样品，进行了超临界抽提试验，并计算了油收率、转化率等液化产率数据。研究结果表明，镜质体富集样的油收率高于全煤，较强还原型的太原组煤及其镜质体富集物的油收率高于较弱还原型的山西组，其原因是太原组煤及其镜质体脂肪族和氢化芳香族含量较高，因而易裂解生油。

Steller(1987)提出，煤的液化性能亦取决于其显微组分的组合，即显微煤岩类型的组成。Davis等(1991)指出，煤的镜质体荧光强度与氯仿抽提物、加氢液化煤的热塑性之间呈正相关，煤的热塑性与该煤级煤的分子键合力有关，相当一部分氢键的物理力弱或易解，使这种煤的结构易于热分解或溶解。戴和武和马治邦(1988)对山东、新疆等地的低中煤级烟煤进行了加氢液化试验，发现活性组分含量大于80%、$V_{daf}>38\%$、C_{daf}为80%～85%的煤具有较高的液化转化率。

六、在煤的燃烧评价中的应用

无论是哪一种燃烧工艺和方式(固定床、流化床和沸腾床)，煤的燃烧与煤质特性密切相关。从煤岩学的角度，影响燃烧的最主要的因素仍是煤岩成分和煤化程度。煤燃烧时产生的能或热，是煤的可燃物质与氧起反应的结果。煤的发热量，一方面取决于煤的煤级和显微组成，另一方面取决于其矿物含量。煤的发热量高低不仅是研究煤质变化规律、煤炭分类的必要手段，也是评价煤品质的重要指标。煤的成因类型、煤化程度、煤岩组成、矿物质含量高低、

风化程度、燃烧工艺等都会对煤发热量产生一定的影响(余力,2013)

1.成因类型的影响

煤的成因类型包括由藻类等低等植物形成的腐泥煤,高等植物中富类脂化合物残骸(如孢子、花粉、角质层、树脂等)富集形成的残植煤,高等植物和低等植物混合形成的腐植腐泥煤,高等植物形成的腐植煤。由于腐泥煤和残植煤相对腐植煤来说,具有相对高的富氢类脂体含量,因此具有相对高的发热量。但在自然界中腐泥煤和残植煤的储量很少,常呈薄层状或透镜体夹在腐植煤中。

2.煤化程度的影响

腐植煤的发热量与煤化程度有很好的相关性。从低煤化程度的褐煤开始,随着煤化程度的提高,煤的发热量逐渐增加,到肥煤、焦煤阶段,发热量达到最高,即37kJ/g;此后,随煤化程度提高,煤的发热量则呈下降趋势。这一规律与煤的元素组成的变化是吻合的。影响煤发热量的元素主要是碳、氢、氧,其中氧不产生热量。从褐煤开始,随着煤化程度的提高,其中的氧含量迅速下降,碳含量则逐渐增加,氢含量变化不大,所以煤的发热量是增加的,到中等变质程度的肥煤和焦煤达到最高值。此后,煤中的氧含量呈减少趋缓,而氢含量则明显下降,碳含量虽然明显增加,但它的发热量仅为氢的1/4左右,因此,使煤的发热量呈下降趋势。

3.显微组分的影响

相同煤化程度的煤,显微组分组成不同时,煤的发热量也有差别,这是由各显微组分的发热量不同所致。通常,发热量最高的是类脂体,镜质体次之,惰质体最低。但是低煤化程度煤的惰质体的发热量有可能高于镜质体。随着煤化程度的提高,这种差别逐步减小,到无烟煤阶段,几乎没有差别了。

烟煤中不同煤级的显微组分组的发热量数据见表6-4,由表中可知,低煤级烟煤的类脂体由于氢含量高,其发热量明显高于镜质体,惰质体的发热量由于氢含量低而低于镜质体;当煤级增高,镜质体挥发分产率为23.50%时,3个显微组分组的发热量几乎相同。

表6-4 不同变质程度煤的显微组分组的发热量(据Kathe and Gondermann,1957)

煤层	发热量(干燥无灰基)/($MJ \cdot kg^{-1}$)			镜质体挥发分 V_{daf}/%
	镜质体	类脂体	惰质体	
R	33.157	36.318	32.808	36.13
Z	33.930	36.382	33.631	31.97
A	34.906	36.061	34.906	28.36
W	35.012	34.977	34.374	23.50

4.矿物质的影响

煤中矿物质一般有黏土、高岭石、黄铁矿和方解石等。煤在燃烧时,其中绝大部分的矿物质将发生化学反应,如高岭石在较低温度下吸收热量发生脱水反应,转变成无水高岭石,当温度超过1010℃后无水高岭石逐步转变为红柱石并吸收热量。其中还有碳酸钙的分解、石膏的脱水等现象,这些反应一般是吸热反应,造成煤燃烧时释放出的热量减少,热值降低。刘红缨等(2009)通过TGA和DTA对煤中矿物对发热量的影响进行研究,认为石英、黄铁矿、方解石、石膏和高岭石5种矿物在煤炭中含量增加都会使煤炭的发热量降低。

5.风化作用影响

风化后的煤失去光泽,硬度降低,变脆而易崩裂,煤的散密度增加;碳和氢含量降低,氧含量增加,含氧酸性官能团增加,含有再生腐植酸。低煤级的煤在风化后挥发分产率减少,而高煤级煤的挥发分产率却会增加;黏结性变差,燃点降低,热加工产物的产率减少。煤在氧、二氧化碳以及水的作用下,发生化学分解作用,产生新的物质。受风化后,产生热量的碳、氢含量下降,不放热的氧含量增加,因而煤风化后的热值明显降低。

6.燃烧工艺影响

煤燃烧工艺中的诸多因素,如粒度组成、物料通过量、温度、燃烧空气的组成和速率等对燃烧过程及其效益影响,要比煤的种类和性质更为重要。因此用煤岩学方法研究燃烧用煤,主要在于揭示不完全燃烧、飞灰中可燃物质比例过大,以及受热表面的污染、腐蚀等原因。

第四节 在油气勘探领域中的应用

煤岩学在油气勘探领域中的应用主要表现在两个方面,一个是对烃源岩生油母质的评价,另一个是对盆地古地热场特征和演化进行恢复。在烃源岩评价方面,主要通过显微镜技术对烃源岩中分散有机质直接进行观察鉴定,确定显微组分类型、成因和赋存特征,进行显微组分定量统计和划分干酪根类型,以及通过地层中分散有机质镜质体反射率测定和孢粉体荧光性观察和测定确定有机质成熟度。在盆地古地热场特征和演化研究方面,主要通过地层中分散有机质镜质体反射率测定,利用镜质体反射率表征有机质的热演化,并应用有机质的热反应动力学建立镜质体反射率与温度和受热时间的函数关系,分析和恢复盆地古地热场特征及其演化。

基于此,煤及源岩分散有机质中,显微组分组成及其镜质体反射率可为烃源岩提供准确可靠的有机质丰度、类型和成熟度数据。因此,煤岩学研究已广泛应用于煤成烃评价以及油气勘探等领域。运用煤岩学方法,可半定量地确定干酪根的类型及其丰度,快速准确地确定干酪根的成熟度,为评价油源岩的生油能力和性质提供重要的资料;运用镜质体反射率还可推算古地温、古地温梯度,评价盆地中有机质的热成熟史,确定石油窗界限深度,对盆地含油远景作出评价。

一、确定有机质类型

有机质类型是评价有机质质量的指标，是衡量有机质生烃能力的参数之一，也决定了其产物是油或气。沉积环境和生物种群的丰度与类型决定了烃源岩中有机质的质量。研究表明，以藻类等低等生物为主要来源的有机质形成Ⅰ型干酪根，生烃潜力最高；以高等植物为主要来源的有机质常形成Ⅲ型干酪根，生烃潜力相对较低；多种不同来源有机质的混合作用，则形成过渡性的Ⅱ型干酪根，生烃能力介于Ⅰ型与Ⅲ型之间。

在油气勘探领域评价有机质类型的方法较多，主要包括干酪根元素分析（H/C、O/C 原子比）、显微组分分析、岩石热解分析（I_H、I_O）、可溶有机组分分析以及生物标识化合物分析等。在此基础上，常以三类四分方案划分有机质类型（表 6-5）。

表 6-5 有机质类型三类四分划分方案（据程克明等，1987）

类型	参数				
	H/C（原子比）	O/C（原子比）	I_H/(mg·g^{-1})	I_O/(mg·g^{-1})	类型指数（TI）
Ⅰ腐泥型	>1.5	<0.1	>600	<50	≥80
$Ⅱ_1$腐植-腐泥型	1.5～1.2	0.1～0.2	600～350	50～150	80～40
$Ⅱ_2$腐泥-腐植型	1.2～0.8	0.2～0.3	350～100	150～400	40～10
Ⅲ腐植型	<0.8	>0.3	<100	>400	<10

在此划分方案中的 H/C、O/C 原子比，I_H、I_O指数主要来自有机质混合样的测试和实验分析。类型指数（TI）来自显微镜镜检显微组分定量统计数据。

根据国际煤岩学委员会（1994）的分类，有机质显微组分根据光学性质和形态等特征可划分为腐泥组、镜质体、类脂体和惰质体 4 类。其中将腐泥组与类脂体统称为稳定组分。据此，将通过鉴定统计的各显微组分组相对百分含量代入下述公式进行计算类型指数（TI），然后再根据表 6-7 中的分类来确定有机质的类型。

TI＝腐泥组含量×100＋类脂体含量×50－镜质体含量×75－惰质体含量×100

二、确定有机质成熟度

有机质的成熟度是指在沉积有机质所经历的埋藏时间内，由增温作用所引起的各种变化，它是地温和有效加热时间相互补偿作用的结果，是表征其成烃有效性和产物性质的重要参数。有机质成熟度作为衡量烃源岩生烃能力的重要指标，是评价某一个地区或某套层系资源前景的重要依据。评价有机质成熟度的方法有多种，其中常用或传统的且有效的方法有：镜质体反射率（R_o，%）法、岩石热解峰温（T_{max}，℃）法、可溶有机质参数和生物标志物的化学法、孢粉和干酪根的颜色法等。

镜质体反射率最初是作为确定煤化作用阶段的最佳参数之一，并且取得较好的应用效果，进而推广用于研究分散有机质的热演化程度。有机质的镜质体反射率是在有效加热时间内温度作用下、在不可逆的化学反应过程中所确定的，因此它是一项衡量有机质热成熟度的良好指标，得到了国内外研究人员的广泛认可（表 6-6）。但由于镜质体在地层中分布的局限性，主要分布于晚古生代以来的碎屑岩系和具有Ⅲ型和Ⅱ型干酪根类型的岩石中，因此，不适于早古生代以前的地层和具有Ⅰ型干酪根类型的岩石中。

表 6-6 陆相烃源岩有机质成烃演化阶段划分及判别指标（据卢双舫，1993）

演化阶段	R_o/%	孢粉颜色指数SCI	T_{max}/℃	H/C原子比	孢子体显微荧光Q	孢粉（干酪根）颜色	生物标志化合物		古地温/℃	油气性质及产状
							ααα-C_{29} 20S/(20S+20R)	C_{29}ββ/(ββ+αα)		
未成熟	<0.5	<2.0	<435	>1.6	>1～1.4	浅黄色	<0.20	<0.20	>50～60	生物甲烷未成熟油、凝析油
低成熟	0.5～0.7	2.0～3.0	435～440	1.6～1.2	>1.4～2.0	黄色	0.20～0.40	0.20～0.40	>60～90	低成熟重质油、凝析油
成熟	>0.7～1.3	>3.0～4.5	>440～450	<1.2～1.0	>2.0～3.0	深黄色	>0.40	>0.40	>90～150	成熟中质油
高成熟	>1.3～2.0	>4.5～6.0	>450～580	<1.0～0.5	>3.0	浅棕—棕黑色	—	—	>150～200	高成熟轻质油、凝析油、湿气
过成熟	>2.0	>6.0	>580	<0.5	>3.0	黑色	—	—	>200	干气

由于每一种成熟度判别指标都具有其局限性，会受各种地质因素的影响，如岩石热解参数会受到运移的影响，烃源岩有机质丰度较低时也会影响测试精度；镜质体反射率的变化在较低成熟阶段灵敏度不高，此外还受有机质类型的影响。生物标志化合物成熟度参数是非常有用的，但不同的参数适用的成熟阶段不同，而且对测量仪器的技术要求较高。因此单一的利用一种成熟度参数来评价烃源岩的热演化程度，具有很大的局限性，通常是利用多种成熟度标尺和方法来确定烃源岩中有机质的成熟度。

三、确定生油门限

运用镜质体反射率还可评价盆地中有机质的热成熟史，确定石油窗界限深度，对盆地含油远景作出评价。例如，由阿拉斯加 Inigok-1 井沉积埋藏史和热历史可判断，该区生油窗(生油门限)为 R_o＝0.6%～1.3%(图 6-21)。

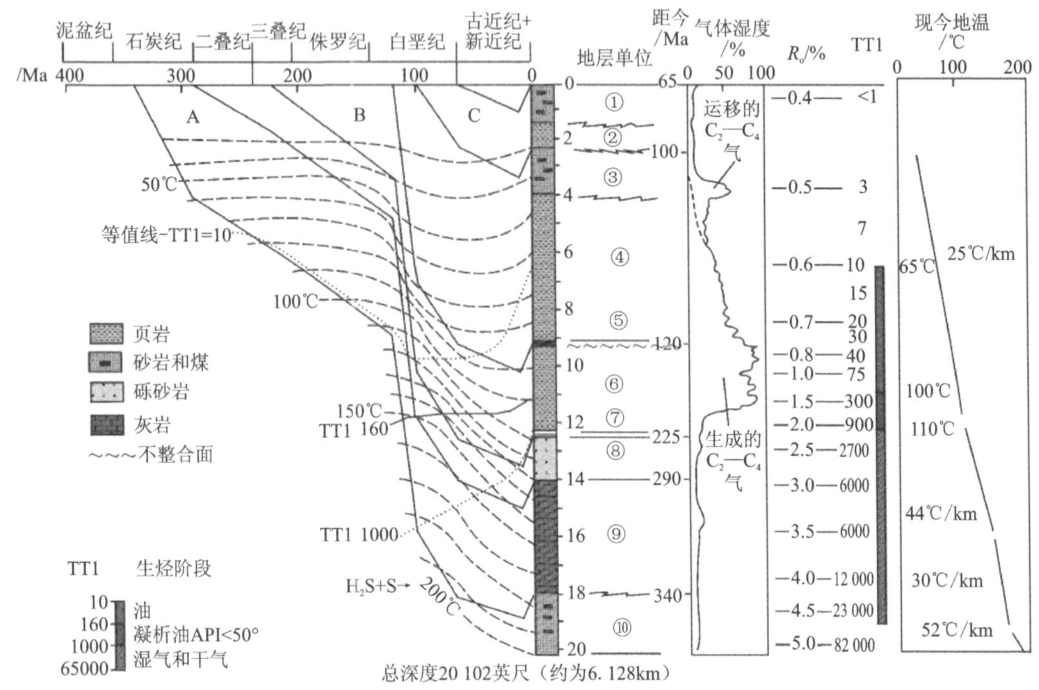

图 6-21　阿拉斯加 Inigok-1 井沉积埋藏史和热历史(据 Magoon and Claypool，1983)

①Collviel 群砂岩；②Collviel 群页岩；③Nanushuk 群；④Torok 组；⑤Pebble 页岩；⑥Kingak 页岩；⑦Shublik 组；⑧Sadlerochit 群；⑨Lisburne 群；⑩Endicott 群

根据饶阳凹陷宁 3 井的烃类热演化史，饶阳凹陷区域的生油门限 R_o＝0.5%，深度为 2800m；生油高峰 R_o＝0.9%～1.3%，深度为 4000～5300m；主要生油带的 R_o＝0.5%～1.3%，深度为 2800～5300m(图 6-22)。

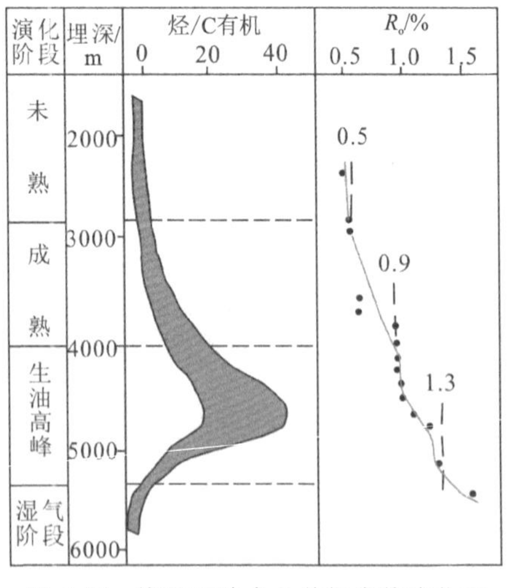

图 6-22　饶阳凹陷宁 3 井烃类热演化图

第五节 在煤系战略性金属评价中的应用

煤岩学研究既涉及煤的有机组分,也包括煤中的无机矿物。由于成煤期受某些特殊地球化学作用的影响,一些矿物或战略性金属在煤(系)中得以富集,甚至达到可工业利用程度。这些战略性金属通常赋存在煤系中的有机质或不同矿物中,因此,煤岩学研究又可成为一种煤系战略性金属找矿和评价手段。

一、有机结合态的煤型战略性金属矿床

1.锗煤矿床

对于煤中锗的赋存形式,大部分学者认为锗易富集在侧链与官能团发育的、有序度低的低煤级煤中,煤中锗通过化学键与煤中有机质结合在一起,以某种化学结合的方式(成腐植酸锗络合物及锗有机化合物)为主。世界上工业化利用的大型或超大型锗煤矿床迄今已有3个,分别为中国云南临沧锗煤矿和内蒙古乌兰图嘎锗煤矿、俄罗斯远东地区 Spetzgli 锗煤矿,均为煤化程度较低的褐煤或次烟煤(Seredin et al.,2013; Dai and Finkelman,2018)。

Etschmann 等(2017)用百万像素级同步辐射 X 射线荧光(MSXRF)、X 射线近边吸收光谱(XANES)和 X 射线吸收精细结构谱(EXAFS)等方法,证实了锗全部赋存在有机质中。大量研究发现煤中腐植组/镜质组更趋向于富集锗,因此锗在光亮煤和半亮煤条带中相对富集(Zhuang et al.,2008;Wei et al.,2017,2018)。

低煤级煤中锗与有机质及煤岩组分的相关性为煤伴生锗矿床的发现和煤中锗的富集机理研究提供了理论依据。

2.煤型铀矿床

有机质在铀富集中的作用被大量研究所证实,铀在泥炭和煤中富集的实例也在世界很多泥炭田和煤盆地中被发现。中亚是世界上富铀煤最为集中的地区,世界上两个最大的煤型铀矿床为 Koldzhatsk 铀矿床和 Nizhneillisk 铀矿床(Seredin and Finkelman,2008),在我国新疆某煤型铀矿床中检测到一煤样品中铀含量高达 7200mg/kg,为迄今检测到的煤中铀的最高值。这种煤型铀矿床的形成与流经或循环于盆地中的富铀地下水有关,煤中的铀以有机态为主,有时会发现铀矿物,如钛铀矿(UTi_2O_6)和沥青铀矿(UO_2)(Dai et al.,2012)。

此外,我国南方贵州贵定和紫云、广西合山、云南砚山等地晚二叠世形成于局限碳酸盐岩台地基础上的超高有机硫煤中铀较为富集,与铀共伴生的钒、铬、钴、镍、钼、硒也高度富集。这种煤中高度富集的 U-V-Cr-Co-Ni-Mo-Se 元素组合同时受海水以及泥炭聚积期间热液流体侵入(如海底喷流)的影响(Dai et al.,2008,2013)。热液流体导致煤中铀等战略性金属的再分配作用,使夹矸中的稀有金属被热液(或地下水)淋溶到下覆的煤层中,继而被有机质吸附(Dai et al.,2013)。

二、无机结合态的煤型战略性金属矿床

1. 煤型锂矿床

国外煤型锂矿床主要分布在俄罗斯远东地区，包括 Krylovsk 和 Verkhne-Bikinsk 含煤盆地，锂主要赋存在碎屑岩的黏土质胶结物和基岩中（Seredin et al.，2013）。中国煤中的锂资源主要分布在华北石炭纪—二叠纪和华南晚二叠世煤田中，包括内蒙古准格尔和桌子山煤田、山西平朔煤田和晋城煤田、重庆南武煤田和松藻煤田以及广西扶绥煤田等（Sun et al.，2010，2012；Zhao et al.，2015，2019；宁树正等，2017，2019）。准格尔煤田中锂在围岩和煤层中均有富集，其中管板乌素煤矿 6 号矿体 Li_2O 含量达到 210～320mg/kg（Sun et al.，2012）。平朔煤田中锂含量最高可达 840mg/kg，平均含量 210mg/kg（宁树正等，2019）。晋城煤田中锂主要在煤层中富集（Li_2O 平均含量为 2338mg/kg），其次在夹矸中富集（Zhao et al.，2019）。这些煤中锂含量均高于我国伟晶岩型锂矿床的工业品位（0.2% Li_2O，DZ/T 0203—2020），具有很高的经济价值。

许多学者通过研究发现，我国煤中锂含量与煤灰分产率、Al_2O_3 含量、绿泥石类矿物含量呈正相关关系，表明煤中锂的富集与含铝硅酸盐矿物（如黏土矿物高岭石等；Sun et al.，2016）和绿泥石类矿物（如锂绿泥石和鲕绿泥石；Zhao et al.，2018）密切相关。俄罗斯远东地区煤田中锂以锂迪开石-蒙脱石的形式产出（Seredin and Tomson，2008）。此外，锂在煤中还以高温含锂矿物的形式存在，如河南同兴和山西安太堡煤矿中的多硅锂云母、磷酸锂铁矿、铁锂云母以及锂云母等矿物（Sun et al.，2010）。

2. 煤型稀土矿床

煤型稀土矿床富集成因主要有火山灰（主要是碱性火山灰）作用、热液流体（出渗型和入渗型）、沉积源区供给或者是这几种因素的混合影响。热液成因的煤稀土矿床在新生代煤盆地（如俄罗斯滨海边区）和中生代煤盆地（如俄罗斯的外贝加尔和中西伯利亚的通古斯卡盆地）有发现（Seredin and Dai，2012）。碱性火山灰成因的煤型稀土矿床往往也高度富集铌（钽）、锆（铪）和镓，主要发现于我国西南地区晚二叠世煤中，煤中广泛分布的同沉积碱性火山灰蚀变黏土岩夹矸（tonstein）高度富集铌、锆、稀土、镓等多种关键金属（Dai et al.，2017）。富含铌、锆、稀土、镓的碱性火山灰降落沉积后，在成岩作用早期或后期阶段，又遭受到热液的淋溶和改造，导致一些稀土元素矿物（如氟碳钙铈矿、磷铝铈矿、磷钇矿等）的形成，也将碱性火山灰中富集的稀土元素淋出，这些被淋溶出来的稀土元素再次结晶形成含稀土元素的矿物，如水磷铈石等。在我国内蒙古准格尔和大青山煤田的煤-镓矿床中也高度富集稀土元素，高度富集的稀土元素主要来源于沉积源区本溪组风化壳铝土矿和夹矸经过长期地下水淋溶作用，形成了特有的 Al-Ga-REE 稀有金属元素富集组合（Dai et al.，2012）。

煤型稀土矿床中的稀土元素可能在同生阶段赋存于来自沉积源区的碎屑矿物或来自火山源区的碎屑矿物（如独居石或磷钇矿）中，或以类质同象形式存在于陆源碎屑矿物或火山碎

屑矿物中(如锆石或磷灰石),也可能赋存于成岩或后生阶段的自生矿物中(如含稀土元素的铝的磷酸盐或硫酸盐矿物;含水的磷酸盐矿物,如水磷镧石或含硅的水磷镧石;碳酸盐矿物或含氟的碳酸盐矿物,如氟碳钙铈矿),还有可能赋存在有机质中或以离子吸附形式存在(Seredin and Dai,2012)。含轻稀土元素矿物在一些重稀土元素富集型的煤型稀土矿床中富集,但没有含重稀土元素的矿物,重稀土可能以有机质或以离子吸附形式存在。

煤岩学主要参考文献

白向飞，丁华，2016. 现代煤质技术[M]. 北京：中国石化出版社.

陈佩元，孙达三，丁丕训，等，1996. 中国煤岩图鉴[M]. 北京：煤炭工业出版社.

陈鹏，2007. 中国煤炭性质、分类和利用 [M]. 2 版. 北京：化学工业出版社.

代世峰，唐跃刚，姜尧发，等，2021a. 煤的显微组分定义与分类(ICCP system 1994)解析Ⅰ：镜质体[J]. 煤炭学报，46(6)：1821-1832.

代世峰，王绍清，唐跃刚，等，2021b. 煤的显微组分定义与分类(ICCP system 1994)解析Ⅱ：惰质体[J]. 煤炭学报，46(7)：2212-2226.

代世峰，刘晶晶，唐跃刚，等，2021c. 煤的显微组分定义与分类(ICCP system 1994)解析Ⅲ：腐植体[J]. 煤炭学报，46(8)：2623-2636.

代世峰，赵蕾，唐跃刚，等，2021d. 煤的显微组分定义与分类(ICCP system 1994)解析Ⅳ：类脂体[J]. 煤炭学报，46(9)：2965-2983.

傅家谟，刘德汉，盛国英，1992. 煤成烃地球化学[M]. 北京：科学出版社.

韩德馨，1996. 中国煤岩学[M]. 徐州：中国矿业大学出版社.

韩德馨，任德贻，王延斌，等，1996. 中国煤岩学[M]. 徐州：中国矿业大学出版社.

蒋建平，高广运，康继武，2007. 镜质组反射率测试及其所反映的构造应力场[J]. 地球物理学报，50(1)：138-145.

李明潮，张伍侪，1990. 中国主要煤田浅层煤成气[M]. 北京：科学出版社.

宁树正，邓小利，李聪聪，等，2017. 中国煤中金属元素矿产资源研究现状与展望[J]. 煤炭学报，42(9)：2214-2225.

李文华，2002. 东胜-神府煤的煤质特征与转化特性(兼论中国动力煤的岩相特征) [D]. 北京：煤炭科学研究总院.

宁树正，黄少青，朱士飞，等，2019. 中国煤中金属元素成矿区带[J]. 科学通报，64(24)：2501-2513.

任学延，张代林，2019. 煤岩学研究在炼焦煤煤质评价中的应用探究[J]. 煤质技术，34(1)：52-53.

唐跃刚，王洁，1990. 论褐煤煤岩学与加氢液化的关系[J]. 中国矿业大学学报，19(2)：80-86.

吴俊，1994. 中国煤成烃基本理论与实践[M]. 北京：煤炭工业出版社.

武汉地质学院，1979. 煤田地质学(上册) [M]. 北京：地质出版社.

谢克昌，2002. 煤结构与反应性[M]. 北京：科学出版社.

谢学锦,张立生,2007.谢家荣文集第三卷:煤地质学[M].北京:地质出版社.

杨起,1987.煤地质学进展[M].北京:科学出版社.

杨起,1996.中国煤变质作用[M].北京:煤炭工业出版社.

杨起,韩德馨,1979.中国煤田地质学(上册)[M].北京:煤炭工业出版社.

赵师庆,1991.实用煤岩学[M].北京:地质出版社.

中国煤田地质总局,1996.中国煤岩学图鉴[M].北京:中国矿业大学出版社.

周师庸,1985.应用煤岩学[M].北京:冶金工业出版社.

邹常玺,张培础,1989.煤田地质学[M].北京:煤炭工业出版社.

CAMERON A, 1991. Regional patterns of reflectance in lignites of the Ravenscrag Formation,Sasketchewan,Canada[J]. Organic Geochemistry,17:223-242.

COOK A C, 1982. The origin and petrology of organic matter in coals, oil shale and petroleum source rocks[D]. Wollongong:University of Wollongong.

CREANEY S, 1980. The organic petrology of the Upper Cretaceous Boundary Creek formation,Beaufort-Mackenzie Basin[J]. Bulletin of Canadian Petroleum Geology,28:112-119.

DAI S F, FINKELMAN R B, 2018. Coal as a promising source of critical elements: Progress and future prospects[J]. International Journal of Coal Geology,186:155-164.

DAI S F, HOWER J C, WARD C R, et al., 2015b. Elements and phosphorus minerals in the middle Jurassic inertinite-rich coals of the Muli Coalfield on the Tibetan Plateau[J]. International Journal of Coal Geology,144:23-47.

DAI S F, JIANG Y, WARD C R, 2012a. Mineralogical and geochemical compositions of the coal in the Guanbanwusu Mine, Inner Mongolia, China: Further evidence for the existence of an Al(Ga and REE) ore deposit in the Jungar coalfield[J]. International Journal of Coal Geology,98:10-40.

DAI S F, LIU J, WARD C R, et al., 2015a. Petrological, geochemical, and mineralogical compositions of the low-Ge coals from the Shengli Coalfield, China: A comparative study with Ge-rich coals and a formation model for coal-hosted Ge ore deposit[J]. Ore Geology Reviews,71:318-349.

DAI S F, REN D, CHOU C L, et al., 2012b. Geochemistry of trace elements in Chinese coals: A review of abundances, genetic types, impacts on human health, and industrial utilization[J]. International Journal of Coal Geology,94:3-21.

DAI S F, REN D, ZHOU Y, et al., 2008. Mineralogy and geochemistry of a superhigh-organic sulfur coal, Yanshan Coalfield, Yunnan, China: Evidence for a volcanic ash component and influence by submarine exhalation[J]. Chemical Geology,266:182-194.

DAI S F, WANG P, WARD C R, et al., 2015d. Elemental and mineralogical anomalies in the coal-hosted Ge ore deposit of Lincang, Yunnan, southwestern China: Key role of N_2-CO_2-mixed hydrothermal solutions[J]. International Journal of Coal Geology,152:19-46.

DAI S F, WANG X, SEREDIN V V, et al., 2012c. Petrology, mineralogy, and geochemistry of the Ge-rich coal from the Wulantuga Ge ore deposit, Inner Mongolia, China: New data and genetic implications[J]. International Journal of Coal Geology,90:72-99.

DAI S F,WARD C R,GRAHAM I T,et al.,2017. Altered volcanic ashes in coal and coal-bearing sequences:A review of their nature and significance[J]. Earth-Science Reviews,175:44-74.

DAI S F,YANG J,WARD C R,et al.,2015c. Geochemical and mineralogical evidence for a coal-hosted uranium deposit in the Yili Basin,Xinjiang,northwestern China[J]. Ore Geology Reviews,70:1-30.

DAI S F,ZHANG W,SEREDIN V V,et al.,2013. Factors controlling geochemical and mineralogical compositions of coals preserved within marine carbonate successions:A case study from the Heshan Coalfield,Southern China[J]. International Journal of Coal Geology,109-110:77-100.

DIESSEL C F K,1992. Coal-bearing depositional systems[M]. Berlin:Springer-Verlag.

ETSCHMANN B,LIU W,LI K,et al.,2017. Enrichment of germanium and associated arsenic and tungsten in coal and roll-front uranium deposits[J]. Chemical Geology,463:29-49.

GOODARZI F,1985b. Optically anisotropic fragments in a Western Canadian subbituminous coal[J]. Fuel,64:1294-1300.

GOODARZI F, 1985a. Organic petrology of Hat Creek coal deposit No. 1, British Columbia[J]. International Journal of Coal Geology,5(4):377-396.

HOWER J C, DAVIS A, 1981. Application of vitrinite reflectance anisotropy in the evaluation of coal metamorphism[J]. Geological Society of America Bulletin,92:350-366.

HOWER J C, O'KEEFE J M K, WAGNER N J, et al., 2013. An investigation of Wulantuga coal (Cretaceous,Inner Mongolia) macerals:Paleopathology of faunal and fungal invasions into wood and the recognizable clues for their activity[J]. International Journal of Coal Geology,114:44-53.

HOWER J C, O'KEEFE J M K, WATT M A, et al., 2009. Notes on the origin of inertinite macerals in coals:Observations on the importance of fungi in the origin of macrinite[J]. International Journal of Coal Geology,80:135-143.

HOWER J C, RUPPERT L F, 2011. Splint coals of the Central Appalachians: Petrographic and geochemical facies of the Peach Orchard No. 3 Split coal bed, southern Magoffin County,Kentucky[J]. International Journal of Coal Geology,85:268-273.

HOWER J C,SUAREZ-RUIZ I,MASTALERZ M,et al.,2007. The investigation of chemical structure of coal macerals via transmitted-light FT-IR microscopy by X. Sun[J]. Spectrochimica Acta Part Molecular and Biomolecular Spectroscopy,67:1433-1437.

HUTTON A C,1982. Organic petrology of oil shales[D]. Wollongong: University of Wollongong.

ICCP,1998. The new vitrinite classification (ICCP System 1994)[J]. Fuel,77:349-358.

ICCP,2001. The new inertinite classification (ICCP System 1994)[J]. Fuel,80:459-471.

International Committee for Coal and Organic Petrology(ICCP),The new vitrinite classification (ICCP System1994)[J]. Fuel,1994,77 (5):349-358.

JONES T P,SCOTT A C,COPE M,1991. Reflectance measurements and the temperature of formation of modern charcoals and implications for studies of fusain[J]. Bulletin de la Societe Geologique de France,162 (2):193-200.

KATZ B J,et al. ,1989. 不连续镜煤反射率剖面的解释[J]. 吴振林,译. 国外油气勘探,1 (6):72-77.

LIU J,NECHAEV V,DAI S,et al. ,2020. Evidence for multiple sources for inorganic components in the Tucheng coal deposit, western Guizhou, China and the lack of critical-elements[J]. International Journal of Coal Geology,223:103468.

LYONS P C,FINKELMAN R B,THOMPSON C L,et al. ,1982. Properties,origin and nomenclature of rodlets of the inertinite maceral group in coals of the central Appalachian Basin,U. S. A. [J]. International Journal of Coal Geology,1:313-346.

LYONS P C, HATCHER P G, BROWN F W, 1986. Secretinite: A proposed new maceral of the inertinite maceral group[J]. Fuel,65:1094-1098.

MASTALERZ M, HOWER J C, CHEN Y Y, 2015. Microanalysis of barkinite from Chinese coals of high volatile bituminous rank[J]. International Journal of Coal Geology, 141:103-108.

MCCARTNEY J T, TEICHMÜLLER M, 1972. Classification of coals according to degree of coalification by reflectance of the vitrinite component[J]. Fuel,51(1):64-68.

MOORE T A,SHEARER J C,MILLER S L,1996. Fungal origin of oxidised plant material in the Palangkaraya peat deposit,Kalimantan Tengah,Indonesia:Implications for "inertiinite" formation in coal[J]. International Journal of Coal Geology,30:1-23.

O'KEEFE J M K,HOWER J C,2011a. Revisiting Coos Bay,Oregon:A re-examination of funginite-huminite relationships in Eocene subbituminous coals[J]. International Journal of Coal Geology,85:34-42.

O'KEEFE J M K, HOWER J C, FINKELMAN R B, et al. , 2011b. Petrographic, geochemical, and mycological aspects of Miocene coals from the Nováky and Handlová mining districts,Slovakia[J]. International Journal of Coal Geology,87:268-281.

PICKEL W,KUS J,FLORES D,2017. Classification of liptinite:ICCP System 1994[J]. International Journal of Coal Geology,169:40-61.

PICKEL W, WOLF M, 1989. Kohlenpetrographische und geochemische Charakterisierung von Braunkohlen aus dem Geiseltal (DDR)[J]. Erdöl und Kohle,Erdgas,Petrochemie,42: 481-484.

POTONIÉ H,1924. Die Entstehung der Steinkohle und der Kaustobiolithe überhaupt [M]. 6th ed. Berlin:Borntraeger.

POWELL T G,CREANEY S,SNOWDON L R,1982. Limitations of the use of organic petrographic techniques for identification of petroleum source rocks[J]. AAPG Bulletin,66: 430-435.

RAMSDEN A R,1983. Classification of Australian oil shales[J]. Journal of the Geological Society of Australion,30:17-23.

RAYMOND A C, MURCHISON D G, 1991. Influence of exinitic macerals on the reflectance of vitrinite in the Carboniferous of the Midland Valley of Scotland[J]. Fuel,70: 155-161.

SCOTT A C,1989. Observations on the nature and origin of fusain[J]. International Journal of Coal Geology,12:443-475.

SEREDIN V V,DAI S F,SUN Y Z,et al. ,2013. Coal deposits as promising sources of rare metals for alternative power and energy-efficient technologies[J]. Applied Geochemistry,31: 1-11.

SEREDIN V V, DAI S F, 2012. Coal deposits as potential alternative sources for lanthanides and yttrium[J]. International Journal of Coal Geology,94:67-93.

SEREDIN V V,FINKELMAN R B,2008. Metalliferous coals: A review of the main genetic and geochemical types[J]. International Journal of Coal Geology,76:253-289.

SEYLER C A,1943. Recent progress in the petrology of coal[J]. Journal of the Institute of Fuel,16:134-141.

SMITH G C,COOK A C,1980. Coalification paths of exinite, vitrinite, and inertinite [J]. Fuel,59(9):641-647.

SOÓS L, 1964. Kohlenpetrographische und Kohlenchemische Untersuchungen des Melanoresinits[J]. Acta Geological Hung,8:3-18.

STACH E,MACKOWSKY M T H,TEICHMÜLLER M,et al. ,1982. Stach's textbook of coal petrology[M]. Berlin:Gebrüder Borntraeger.

STACH E,MACKOWSKY M TH,TEICHMüLLER M, et al. ,1990. 斯塔赫煤岩学教程[M]. 杨起,等译. 北京:煤炭工业出版社,1990.

STOPES M C,1935. On the petrology of banded bituminous coals[J]. Fuel,14:4-13.

SUN X,2002. The optical features and hydrocarbon-generating model of "barkinite" from Late Permian coals in South China[J]. International Journal of Coal Geology, 51: 251-261.

SUN Y Z,LI Y H,ZHAO C L,et al. ,2010. Concentrations of lithium in Chinese coals [J]. Energy Exploration and Exploition,28(2):97-104.

SUN Y Z,ZHAO C L,LI Y H,et al. ,2012. Li distribution and mode of occurrences in Li-bearing coal seam #6 from the Guanbanwusu mine,Inner Mongolia,northern China[J]. Energy Exploration and Exploition,30(1):109-130.

SUN Y Z,ZHAO C L,QIN S J,et al. ,2016. Occurrence of some valuable elements in the unique high-aluminium coals from the Jungar coalfield,China[J]. Ore Geology Reviews, 72(1):659-668.

SUN Y,2003. Petrologic and geochemical characteristics of "barkinite" from the Dahe mine,Guizhou Province,China[J]. International Journal of Coal Geology,56:269-276.

SYKOROVA I, PICKEL W, CHRISTANIS K, et al., 2005. Classification of huminite: ICCP System 1994[J]. International Journal of Coal Geology, 62: 85-106.

TAYLOR G H, TEICHMÜLLER M, DAVIS A, et al., 1998. Organic petrology[M]. Berlin: Gebrüder Borntraeger.

TEICHMÜLLER M, 1974. Über neue Macerale der Liptinit-Gruppe und die Entstehung von Micrinit. Fortschr. Geol. Rheinl[J]. Westfalen, 24: 37-64.

TEICHMÜLLER M, 1989. The genesis of coal from the viewpoint of coal petrology[J]. International Journal of Coal Geology, 12(1-4): 1-87.

TEICHMÜLLER M, OTTENJANN K, 1977. Art und diagenese von liptiniten und lipoiden stoffen in einem Edölmuttergestein auf Grund fluoreszenzmikroskopischer untersuchungen[J]. Erdöl und Kohle, Erdgas, Petrochemie, 30: 387-398.

THIESSEN R, SPRUNK G C, 1936. The origin of the finely divided or granular opaque matter in splint coals[J]. Fuel, 15: 304-315.

TISSOT B P, WELTE D H, 1984. Geochemical fossils and their significance in petroleum formation[J]. Petroleum Formation and Occurrence, 3(2): 80-87.

TYSON R V, 1995. Sedimentary organic matter: Organic facies and palynofacies[M]. London: Chapman and Hall.

VAN KREVELEN D W, 1993. Coal: Typology - physics - chemistry - constitution[M]. Amsterdam: Elsevier Science.

VAN KREVELEN D W, SCHUYER J, 1957. Coal science: A spects of coal constitution [M]. Amsterdam: Elsevier Science.

VARMA A K, 1996. Facies control on the petrographic composition of inertitic coals [J]. International Journal of Coal Geology, 30: 327-335.

VON DER BRELIE G, WOLF M, 1981. Zur Petrographie und Palynologie heller und dunkler Schichten im rheinischen Hauptbraunkohlenflfz[J]. Fortschr. Geol. Rheinl. Westfal, 29: 95-163.

WANG S, LIU, S, SUN Y, et al., 2017. Investigation of coal components of Late Permian different ranks bark coal using AFM and Micro-FTIR[J]. Fuel, 187: 51-57.

WEI Q, DAI S F, LEFTICARIU L, et al., 2018. Electron probe microanalysis of major and trace elements in coals and their low-temperature ashes from the Wulantuga and Lincang Ge ore deposits, China[J]. Fuel, 215: 1-12.

WEI Q, RIMMER S M, 2017. Acid solubility and affinities of trace elements in the high-Ge coals from Wulantuga (Inner Mongolia) and Lincang (Yunnan Province), China [J]. International Journal of Coal Geology, 178: 39-55.

ZHAO L X, WARD C R, FRENCH D, et al., 2015. Major and trace element geochemistry of coals and intra-seam claystones from the Songzao Coalfield, SW China[J]. Minerals, 5(4): 870-893.

ZHAO L, DAI S F, NECHAEV V P, et al., 2019. Enrichment origin of critical elements

(Li and rare earth elements) and a Mo-U-Se-Re assemblage in Pennsylvanian anthracite from the Jincheng Coalfield, southeastern Qinshui Basin, northern China [J]. Ore Geology Reviews, 115: 103184.

ZHAO L, WARD C R, FRENCH D, et al., 2018. Origin of a kaolinite-NH_4-illite-pyrophyllite-chlorite assemblage in a marine-influenced anthracite and associated strata from the Jincheng Coalfield, Qinshui Basin, northern China [J]. International Journal of Coal Geology, 185: 61-78.

ZHUANG X, QUEROL X, ALASTUEY A, et al., 2006. Geochemistry and mineralogy of the Cretaceous Wulantuga high-germanium coal deposit in Shengli coal field, Inner Mongolia, Northeastern China[J]. International Journal of Coal Geology, 66: 119-136.

Ю. А. ЖЕМЧУЖНИКОВ, 1958. 煤岩学概论[M]. 陈继平,等译. 北京:地质出版社.

下篇

煤化学

第七章 煤的结构

煤的结构包括煤的化学结构和煤的物理结构。煤的化学结构是指在煤的有机分子中，原子相互联结的次序和方式，又称煤的(大)分子结构(何选明，2010)。由于成煤作用过程的复杂性和多变性，不同产地煤中的有机质组成成分也表现出复杂多变的特点，即使相同产地、同一煤层的煤也表现出一定的差异性，其分子结构也不完全相同。煤的分子结构的差异性是煤的性质多变的根本原因(张双全，2013)。煤的物理结构是指煤的大分子化合物堆垛后，在空间上形成的分子间有序化程度、堆垛大小等表现出的特性(张双全，2013)。它可以从分子级的微观尺度上进行表征，观察的是分子间的排列有序化程度，也可以从亚微观的纳米尺度上进行表征，观察的是煤基体上的孔隙结构(张双全，2013)。

研究煤的结构，不仅具有重要的理论意义，而且对于指导煤炭加工利用也具有极为重要的实用价值。由于煤这一研究对象的复杂性、多样性和不均一性，科学家虽然对煤的结构做了长期大量的研究工作，并取得了长足进展，但迄今为止仍没有彻底了解煤的结构的全貌。

第一节 煤的分子结构特征

煤的有机质是由大量相对分子质量不同、分子结构相似但又不完全相同的“相似化合物”组成的混合物(张双全，2009)。煤的大分子结构十分复杂。煤的大分子具有类似于聚合物的结构特点，但又与一般化学聚合物不同，不能得到单一化学结构的“单体”。用解聚方法研究煤的有机质能得到一系列不同分子量和化学结构的相似化合物的混合体。

煤的大分子是由数量不等、结构相似的“单体”通过桥键连接而成。这种结构相似的“单体”称为“基本结构单元”，它由规则部分和不规则部分构成。规则部分由几个或十几个苯环、脂环、氢化芳环及杂环(含 N、O、S 等元素)缩聚而成，称为基本结构单元的核或芳香核；不规则部分则是连接在核周围的烷基侧链和各种官能团；桥键则是连接相邻基本结构单元的原子或原子团(张双全，2009)。随着煤化程度的提高，构成核的环数不断增多，连接在核周围的侧链和官能团数量则不断变短和减少。

一、煤大分子基本结构单元

(一)基本结构单元的核

煤大分子基本结构单元的核主要由聚合的芳香环构成,也含有少量的氢化芳香环和煤大分子基本结构单元的含氮、含硫杂环等(图 7-1)。低煤化程度煤中,基本结构单元的核以苯环、萘环和菲环为主;中等煤化程度煤中,基本结构单元的核以菲环、蒽环和芘环为主。到无烟煤阶段,基本结构单元核的芳香环数急剧增加,且周围的侧链和官能团数量很少,分子排列的有序化程度迅速增强,逐渐向石墨结构转变(张双全,2009,2013)。

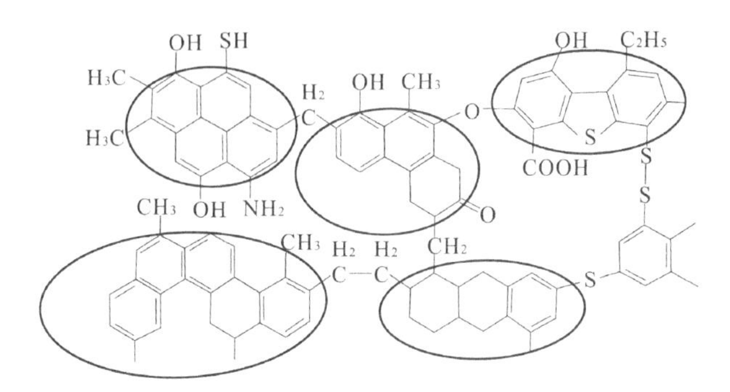

图 7-1　煤大分子基本结构单元的核(见椭圆框中的结构;张双全,2013)

从褐煤开始到焦煤阶段,随着煤化程度的提高,煤大分子基本结构单元的核缓慢增大,核中的聚合环数逐渐增多。研究表明,碳含量为 70%~83%时,基本结构单元平均环数为 2 左右;碳含量为 83%~90%时,平均环数为 3~5;碳含量为 90%~95%时,平均环数超过 10;碳含量大于 95%时,平均环数大于 40(张双全,2009,2013)。

(二)基本结构单元的烷基侧链和官能团

煤大分子基本结构单元的不规则部分主要为聚合环外围连接的烷基侧链和官能团,它们的数量通常随煤化度增加而逐渐减少(朱银惠和王中慧,2013)。

1. 烷基侧链

烷基侧链主要是指甲基、乙基、丙基等烷基基团,不同煤种烷基侧链平均长度如表 7-1 所示。由表 7-1 可知,烷基侧链长度随煤化度增加开始很快缩短,然后渐趋稳定。低煤化度褐煤的烷基侧链长达 5 个碳原子,高煤化度褐煤和低煤化度烟煤的烷基侧链碳原子数平均为 2 左右,至无烟煤则减少到 1,即主要含甲基。

表 7-1　不同煤种烷基侧链的平均长度(据何选明,2010)

煤中 C_{daf}/%	65.1	74.3	80.4	84.3	90.4
烷基侧链平均碳原子数	5.0	2.3	2.2	1.8	1.1

2. 官能团

1)含氧官能团

煤中的氧元素主要以含氧官能团的形式存在，含氧官能团有羟基(—OH)、羧基(—COOH)、羰基(—C=O)、甲氧基(—OCH_3)和醚键(—O—)等。

煤化程度显著影响煤中含氧官能团的种类和数量(图7-2；朱银惠和王中慧，2013)。低煤化程度煤的分子中含有较多的含氧官能团，随着煤化程度的提高，含氧官能团的数量迅速减少。其中甲氧基消失得最快，在年老褐煤中就几乎不存在了；其次是羧基，到了低变质烟煤阶段，羧基的数量已明显减少，在中等煤化程度的烟煤中基本消失；羟基和羰基比较稳定，在整个烟煤阶段都存在，甚至在无烟煤阶段也有发现。此外，煤中的氧有一部分以醚键和杂环氧的形式存在，即图7-2中其余的氧，这部分氧在中等变质程度的煤中所占比例相对较大。

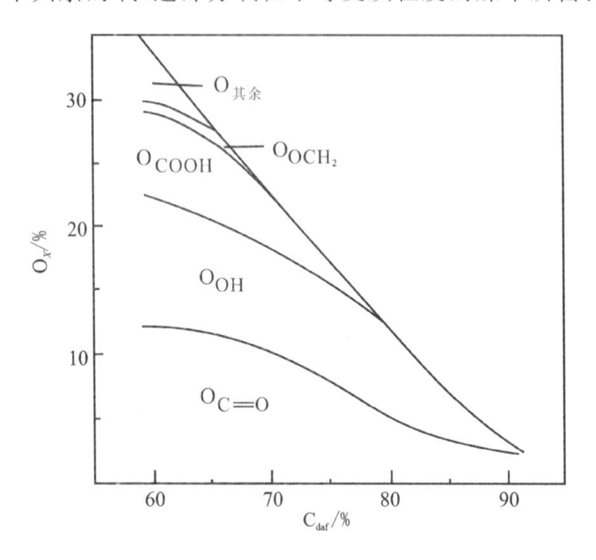

图7-2 煤中含氧官能团的分布和煤化程度的关系(据朱银惠和王中慧，2013)

2)含硫和含氮官能团

煤大分子中的硫含量一般很低，多在0.5%以下，以官能团的形式存在。含硫官能团与含氧官能团的结构类似。煤中有机硫的主要存在形式是噻吩、硫醇、硫醚、二硫醚、硫醌、硫基(SH)及杂环硫等。煤中的氮含量一般为1%～2%，主要以六元杂环、吡啶环或喹啉环等形式存在，此外，还有氨基、亚氨基、腈基、五元杂环吡咯及咔唑等。

理论上，含硫和含氮官能团随煤化程度的增加有减少趋势，但由于煤有机质中的氮、硫含量不高，其他因素往往掩盖了煤化程度的影响。

二、连接基本结构单元的桥键

桥键是连接结构单元的化学键，确定桥键的类型和数量对了解煤化学结构和性质很重要。这些键处于煤分子结构中的薄弱环节，受热作用和化学作用易裂解而与某些官能团或烷基侧链交织在一起，所以至今未有可靠的定量数据。但定性的研究结果表明，桥键一般有以下 4 类(朱银惠和王中慧,2013)。

(1)甲基键:$—CH_2—$,$—CH_2—CH_2—$,$—CH_2—CH_2—CH_2—$等;

(2)氧醚键和硫醚键:—O—,—S—,—S—S—等;

(3)次甲基醚键:$—CH_2—O—$,$—CH_2—S—$等;

(4)芳香碳-碳键:$C_{ar}—C_{ar}$。

桥键在煤中不是均匀分布的,在低煤化程度煤中,主要存在前 3 种,尤以长的次甲基键和次甲基醚键居多;中等煤化度煤中桥键数目最少,主要为$—CH_2—$和—O—;至无烟煤阶段桥键又有所增多,主要以 $C_{ar}—C_{ar}$ 为主。

不同煤化程度煤的结构单元模型见表 7-2。

表 7-2 不同煤化程度煤的结构单元模型(据张双全,2009)

煤种	成分特征/%			结构单元
	指标	干燥基(d)	干燥无灰基(daf)	
褐煤	C H V	64.5 4.3 40.8	76.2 4.9 45.9	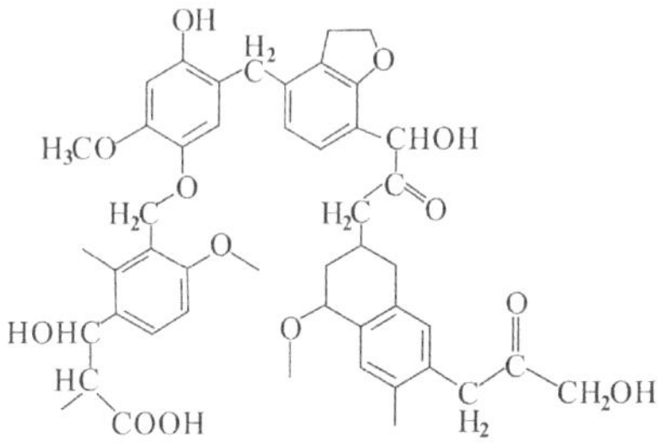
次烟煤	C H V	72.9 5.3 41.5	76.7 5.6 43.6	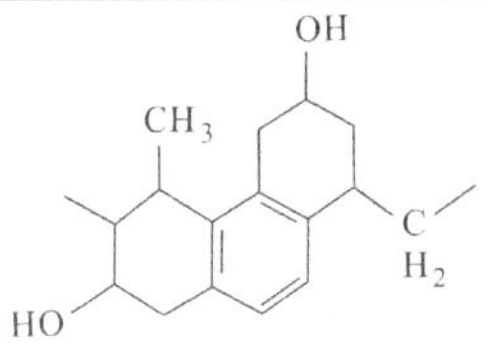
高挥发分烟煤	C H V	77.1 5.1 36.5	84.2 5.6 39.9	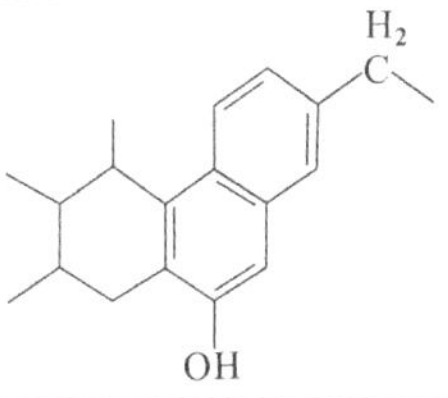
低挥发分烟煤	C H V	83.8 4.2 17.5	— — —	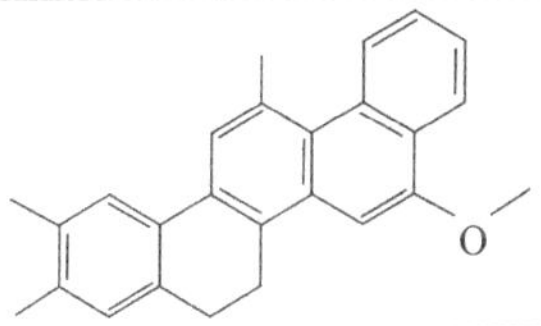
无烟煤				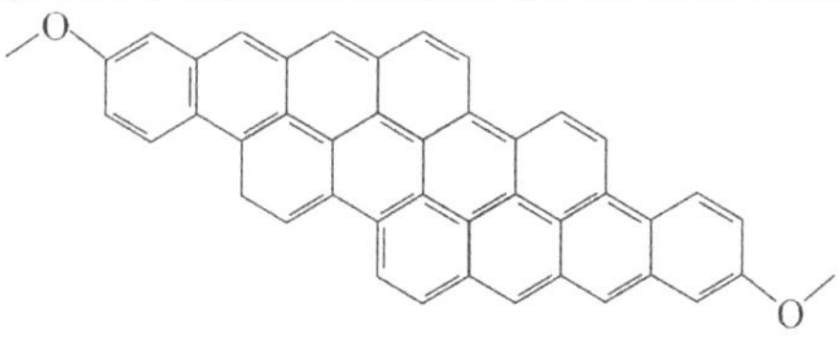

三、低分子化合物

在煤的缩聚芳香结构中还分散着一些独立存在的非芳香化合物，以链状结构为主，相对分子质量在500左右或以下，可用普通有机溶剂如苯、醇等萃取出来。它们的性质与煤的主体有机质的性质有很大的不同，通常称它们为低分子化合物或小分子化合物。煤中低分子化合物来源于成煤植物(如树脂、树蜡、萜烯和甾醇等)、成煤过程中形成的未参与聚合的化合物以及形成的低分子聚合物(张双全，2009)。

低分子化合物主要可分为两大类：烃类和含氧化合物。烃类主要为正构烷烃，分布范围广至C_1～C_{30}甚至还有发现C_{70}的报道，此外还有少量环烷烃、长链烯烃以及1～6环的芳烃(以1～2环为主)等。含氧化合物有长链脂肪酸、醇和酮、甾醇类等(何选明，2010；朱银惠和王中慧，2013)。

低分子化合物与煤大分子主要通过氢键力、范德华力等结合。低分子化合物大体上是均匀嵌布在煤的整体结构中的。有人认为是吸附在煤的孔隙中，也有人认为是形成固溶体。煤中低分子化合物的含量到目前为止还不确定，但一般认为其含量随煤化程度的加深而减少。在褐煤和高挥发分烟煤中，低分子化合物含量可达煤有机质的10%～23%(朱银惠和王中慧，2013)。煤中低分子化合物虽然数量不多，但它的存在对煤的性质，如黏结性能、液化性能等影响很大。

四、煤大分子结构理论

迄今为止，虽然没有彻底了解煤大分子结构的全貌，但对煤的大分子结构有了基本的认识，主要包括以下几个重要观点(张双全，2009，2013)。

1.煤大分子的构成

煤的大分子由许多结构相似但又不完全相同的基本结构单元通过桥键连接而成。基本结构单元由规则的聚合芳香核与不规则的、连接在核上的侧链和官能团构成。

2.煤大分子基本结构单元的规则部分

煤大分子基本结构单元的规则部分是煤大分子的核心，称为聚合芳香核，由缩聚的芳香环、氢化芳香环或各种杂环构成，环数随煤化程度的提高而增加。碳含量90%以下，随煤化程度的提高，基本结构单元中的聚合芳香环数缓慢增加，碳含量90%以上，聚合芳香环数迅速增加。烟煤的芳碳率一般小于0.8，无烟煤则趋近于1。

3.煤大分子基本结构单元的不规则部分

连接在聚合芳香核上的不规则部分包括烷基侧链和官能团。在中低煤化程度阶段，烷基侧链的长度随煤化程度的提高而迅速缩短、数量快速减少；官能团的数量也随煤化程度的提高而快速减少，特别是含氧官能团数量下降较快。在年老烟煤以后，煤分子上的侧链和官能团已经很少，其减少趋势趋于平缓。

4. 连接基本结构单元的桥键

连接基本结构单元之间的桥键主要是亚甲基键、醚键、次甲基醚键、硫醚键以及芳香碳—碳键等。在低煤化程度的煤中桥键最多，主要形式是前3种。

5. 低分子化合物

在煤的有机质中还存在低分子化合物。它们主要存在于高分子化合物大分子的间隙或网络中，主要是脂肪族化合物和含氧化合物，其相对分子质量在500左右或以下，如褐煤、泥炭中广泛存在的树脂、树蜡等。煤中低分子化合物的含量随煤化程度的增高而降低。

6. 煤化程度对煤大分子结构的影响

低煤化程度的煤含有较多的脂肪结构和含氧基团，芳香核的环数较少。除化学键外，分子内和分子间的氢键力对煤的性质也有较大的影响。由于年轻煤分子基本结构单元的规则部分小，侧链长而多，官能团也多，因此形成比较疏松的空间结构，大分子排列的紧密程度低，具有较大的孔隙率和比表面积。

中等煤化程度的煤（肥煤和焦煤）含氧官能团和烷基侧链明显减少，芳香核中的聚合环数有所增多，结构单元之间的桥键减少，分子的交联明显降低，使煤的结构趋于致密，孔隙率下降；由于交联键减少、桥键数量下降，使分子间的作用力也减弱，结构单元的核又没有明显增大，故煤的物化性质和工艺性质多在此处发生转折，出现极大值或极小值。

年老煤的聚合芳香核显著增大，大分子排列的有序化程度明显增强，形成大量的类似石墨结构的芳香层片，称为微晶。同时由于芳香层片的有序化程度明显提高，使得芳香层片排列得更加紧密，煤的体积收缩不均，产生了收缩应力，以致形成了新的裂隙。这是无烟煤阶段孔隙率和比表面积增大的主要原因。

第二节　煤的结构模型

煤的结构一直是煤化学领域重要的研究内容之一。煤的结构与煤的工艺性质及其在加工利用过程中的变化息息相关。了解煤的结构是合理高效利用煤的前提，也是开发和优化煤化工工艺的基础。

由于煤的结构具有高度的复杂性，目前尚不能了解煤的结构的全貌。通过一定的分析测试手段，可以了解煤在某些方面的结构信息。以已经获得的煤的部分结构信息为基础，可以建立煤的结构模型。构建煤的结构模型对于煤的科学研究和加工利用具有重要意义。煤的结构模型包括化学结构模型和物理结构模型。

一、煤的化学结构模型

建立化学结构模型是研究煤的化学结构的重要方法。煤的化学结构模型是根据煤结构的各种信息和数据进行推断和假想而建立的、用来表示煤的平均化学结构的分子图示。实际上，这种分子模型并不是煤中真实分子结构的实际形式，它只是一种统计平均的结果，并不完全准确。尽管如此，这些模型在解释煤的某些性质时仍然得到了成功应用（张双全，2009，2013）。

根据不同时期对煤结构的理解，人们先后建立了众多煤的化学结构模型，其中比较典型的有 Fuchs 结构模型、Given 结构模型、Wiser 结构模型、本田结构模型、Shinn 结构模型等。煤的不同结构模型反映了当时煤化学结构的观点和研究水平。

1. Fuchs 模型

1942 年，美国科学家 Fuchs 和 Sandhoff 基于煤热解实验结果，认为煤是由大量的聚合芳香环及其外围分布的烷基侧链、含氧官能团等基团构成的，首次建立了煤的结构模型，即 Fuchs 模型（图 7-3）。

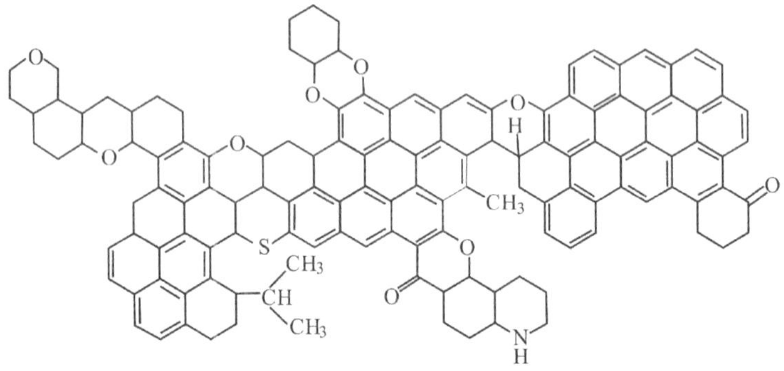

图 7-3　Fuchs 模型（据 Fuchs and Sandhoff，1942）

Fuchs 模型是 20 世纪 60 年代以前提出的煤的化学结构模型的典型代表，当时被许多研究者认为是最合理的模型，为煤分子结构模型的发展提供了实验研究的方向和理论分析的基础。

由于当时煤化学结构的研究主要是基于化学方法进行的，得出的模型结构的精确度不高，特别是仅通过化学实验方法无法准确分析出煤分子结构中碳骨架的连接方式、含氧官能团的结构信息以及官能团与骨架碳原子的连接形式等。此外，该模型中含氧官能团的种类也不够全面。

2. Given 模型

1960 年，美国学者 Given 借助于红外光谱和 X 射线衍射等实验手段，基于芳香氢与脂肪氢比例、官能团组成等结构信息提出了 Given 模型（图 7-4）。Given 模型开创了仪器分析手段在分子结构模型构建中使用的先河。

Given 模型表征的是一种低煤化度烟煤的结构，主要由环数不多的聚合芳香环（主要为萘环）构成。环之间由氢化芳香环连接，形成无序的三维空间结构。该模型中氮原子以杂环形式存在，含氧官能团有羟基、醌基等，结构单元之间交联键的主要形式是邻位亚甲基。但该模

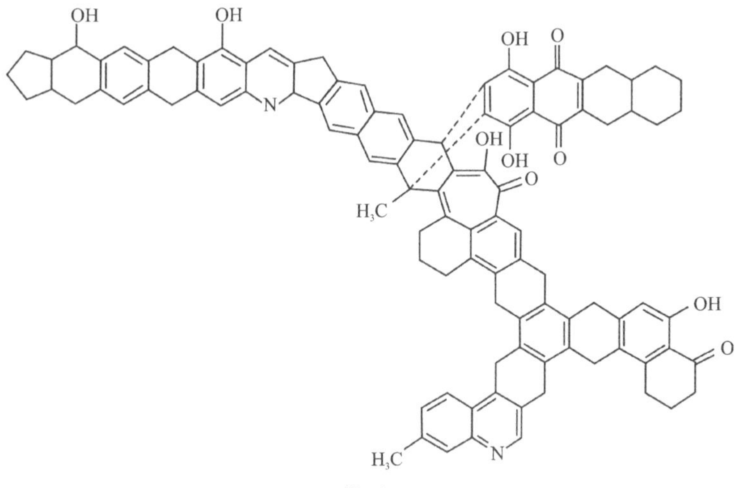

图 7-4 Given 模型(据 Given, 1960)

型没有考虑硫原子、醚键、两个碳原子以上的亚甲基桥键等结构的存在。

3. Wiser 模型

1975 年,美国学者 Wiser 提出了 Wiser 模型(图 7-5),该模型揭示的亦是低煤化度烟煤的分子结构特征,被认为是比较全面、合理的模型。

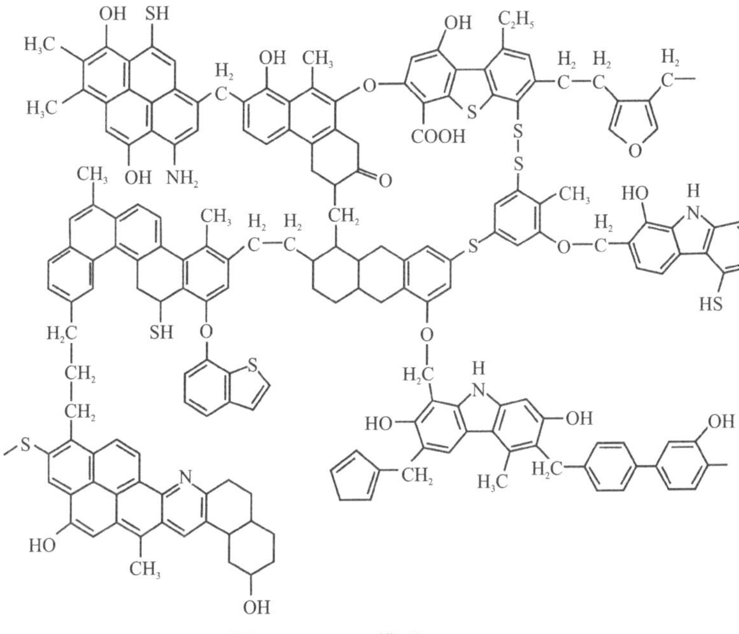

图 7-5 Wiser 模型(据 Wiser, 1975)

Wiser 模型中芳香环数变化范围较广,包含了 1~5 个环的芳香结构。连接芳香环之间的桥键主要是短烷键、氧醚键和硫醚键等弱键。芳香碳占 65%~75%;氢大多存在于脂肪结构中,如氢化芳香环、烷基结构和桥键等,芳香氢较少;含有酚、硫酚、芳基醚、酮等基团,氧、硫、氮部分以杂环形式存在。

该模型首次将硫以硫连接键和官能团形式填充到煤的分子结构中，代表了煤化学结构的大部分现代概念，可以合理解释煤的一些化学反应和性质，如热解、加氢、氧化、酸解聚和水解等。但该模型对表面官能团、脂肪侧链结构与聚合芳香环在立体空间上形成的稳定化学结构缺乏考虑（崔馨等，2019）。

4. 本田模型

本田模型是 Wiser 模型结构的进一步延伸和发展。如图 7-6 所示，聚合芳香核以萘、菲为主，它们之间由较长的亚甲基键连接。本田模型的特点是考虑了低分子化合物的存在，是最早设想煤的有机大分子中存在着低分子化合物的结构模型。模型中氧的存在形式比较全面，但没有考虑氮和硫的存在（张双全，2013）。

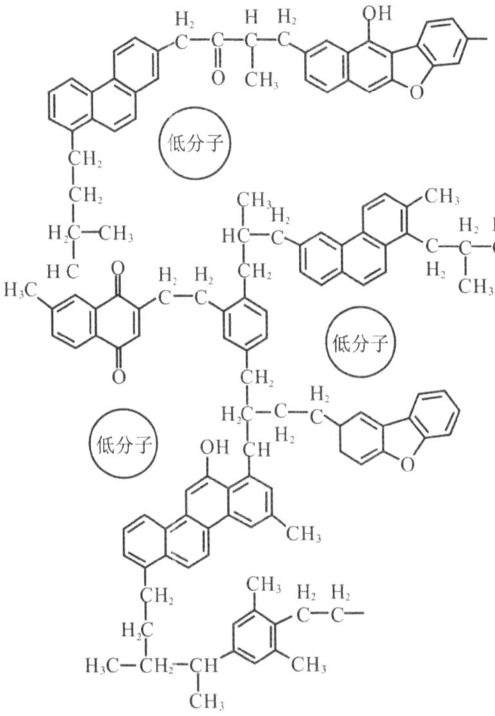

图 7-6　本田模型（据张双全，2013）

5. Shinn 模型

1984 年，美国学者 Shinn 通过对煤不同液化方案的产物进行详细的化学分析，并在此基础上运用反应化学的知识推测出煤分子中可能存在的组成结构，通过液化产物的逆向合成法构建了 Shinn 模型（图 7-7），也叫反应结构模型。它是目前广为人们所接受的煤的大分子结构模型。

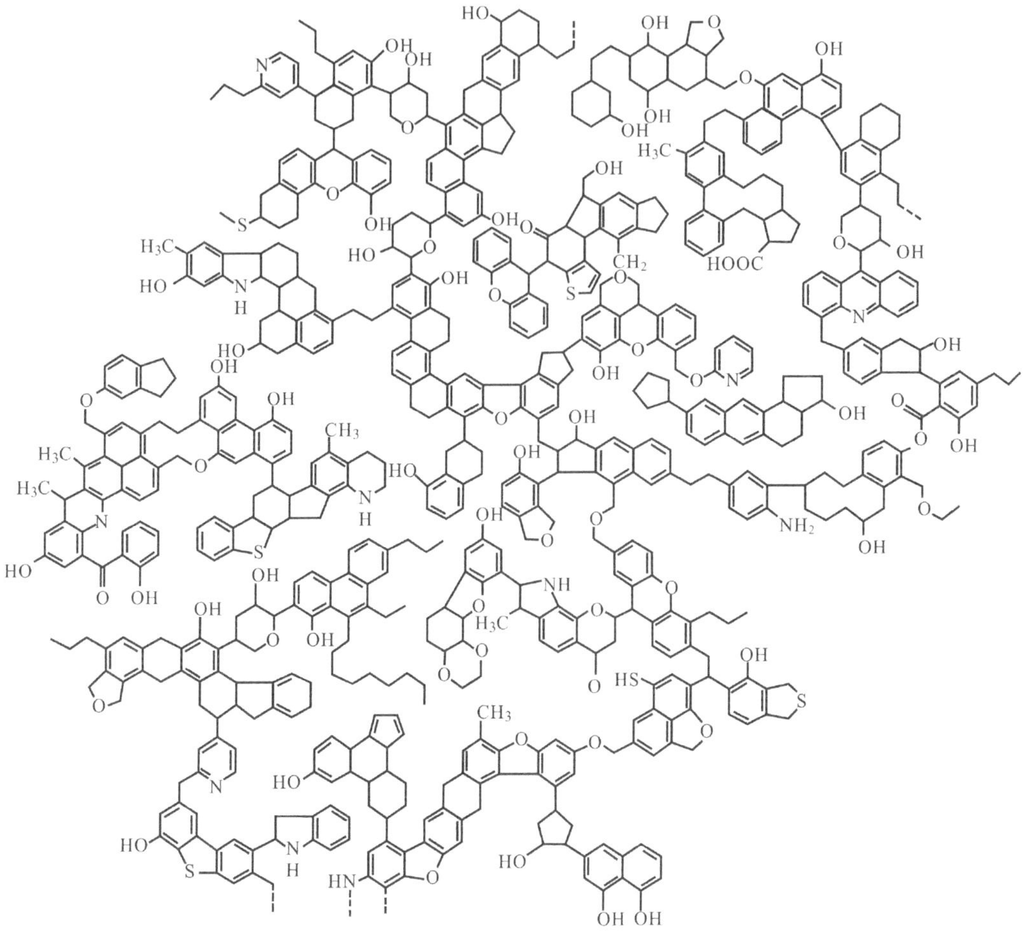

图 7-7 Shinn 模型(据 Shinn,1984)

该模型以烟煤为对象,以相对分子量 10 000 为基础,将考察单元扩充至 C=661,通过数据处理和优化,得出分子式为 $C_{661}H_{561}O_{74}N_{11}S_6$。该模型包含了 14 个可能发生聚合的结构单元和大量在加热过程中可能发生断裂的脂肪族桥键;有一些特征明显的结构单元,如聚合的喹啉、呋喃和吡喃;氧是其主要的杂原子,不活泼的氮原子主要分布于芳香环中;芳环或氢化芳环单元由较短的脂链和醚键相连,形成大分子的聚集体;小分子镶嵌于聚集体孔洞或空穴中,可以通过有机溶剂将其萃取出来(张双全,2009,2013)。

该模型可以用来解释煤一段和两段液化产物中各结构化合物的含量和反应性,可以准确定量地反映出煤和液化产物在元素分布、芳香性、官能团化学组成和反应活性等方面的特征。但在关于脂肪碳的性质、活性交联键的性质和含量以及交联主体结构中子单元的尺寸大小等方面都是不确定的(张双全,2013)。

二、煤的物理结构模型

煤的物理结构是指分子间的堆垛结构和孔隙结构。代表性的煤的物理结构模型主要有Hirsch模型、交联模型、两相模型、单相模型等。

1. Hirsch模型

1954年，英国学者Hirsch基于不同煤级镜煤的X射线散射实验结果建立了Hirsch模型。该模型将不同煤化程度的煤划分为3种物理结构(图7-8)。

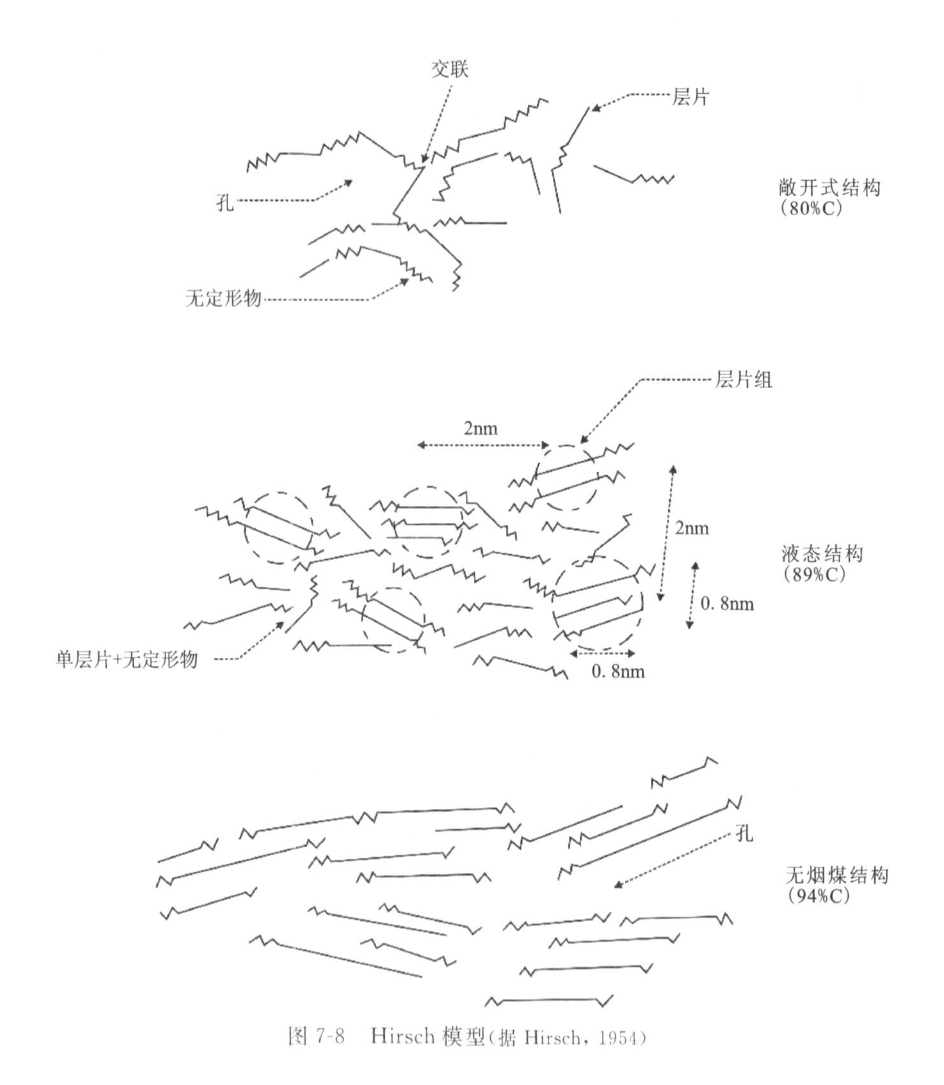

图7-8 Hirsch模型(据Hirsch，1954)

(1)敞开式结构。低煤化度烟煤的典型结构，其特征是芳香层片小，不规则的“无定形结构”比例较大。芳香层片间由交联键连接，并或多或少在所有方向上任意取向，形成多孔的立体结构。

(2)液态结构。中等煤化度烟煤的典型结构,其特征是芳香层片在一定程度上定向,并形成包含两个或两个以上层片的微晶。因为侧链和官能团的减少,层片间的交联键数目大大减少,故活动性增大。这种煤的孔隙率小,机械强度低,热解时易形成胶质体。

(3)无烟煤结构。无烟煤的典型结构,其特征是芳香层片显著增大,定向程度显著增强。由于缩聚反应剧烈,煤体积收缩并产生收缩应力,导致形成大量孔隙。

Hirsch模型比较直观地反映了煤的物理结构特征,解释了不少现象。不过"芳香层片"的含义不够确切,也没有反映出煤分子构成的不均一性。

2. 交联模型

1982年,美国学者Green等提出了交联模型(图7-9)。该模型认为煤大分子间由交联键连接,形成一个网络。交联键主要为短的亚甲基键和各种类型的醚键。有的分子簇并不与大分子网络相连,而是溶解在大分子网络中。这些溶解的分子簇,以及那些以共价键连接的团簇二聚体、三聚体,都可以用溶剂萃取出来。值得注意的是,该模型认为可萃取的物质是溶解在不溶的交联基质中形成"固溶体",而非吸附在基质的孔隙表面。该模型可以很好地解释煤在有机溶剂中不被完全溶解的现象。此外,该模型也很容易地解释煤的结焦性和可塑性。

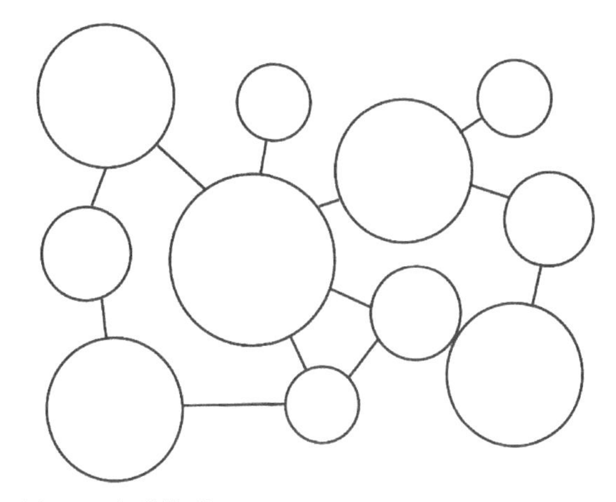

图7-9 交联模型(据Green et al.,1982;Masaharu,1992)

3. 两相模型

两相模型又称为主-客模型。此模型由美国学者Given等于1986年提出,如图7-10所示。该模型认为煤中有机物大分子多数是交联的大分子网络结构,称为固定相;小分子因非共价键力的作用陷在大分子网络结构中,称为流动相。煤的多聚芳环是主体。对于相同煤种主体是相似的,而流动相小分子作为客体掺杂于主体之中,采用不同溶剂抽提可以将主客体分离。在低阶煤中,非共价键的类型主要是离子键和氢键;在高阶煤中,$\pi-\pi$电子相互作用和电荷转移力起主要作用(张双全,2009)。然而两相模型在解释部分高挥发分烟煤的热解和萃取的实验结果时并不适用(Nishioka,1992)。

4.单相模型

单相模型又称为缔合模型,是 Nishioka 于 1992 年在研究多步萃取、缔合平衡、煤浓度对溶剂溶胀的不可逆性和依赖性以及考虑单相概念后提出来的。该模型认为存在连续分子量分布的煤分子,煤是一种大分子的无定形混合物,煤分子间是物理关联的。煤的芳香族由于这些关联作用堆积成更大的联合体,并形成多孔的有机物质(张双全,2013),如图 7-11 所示。

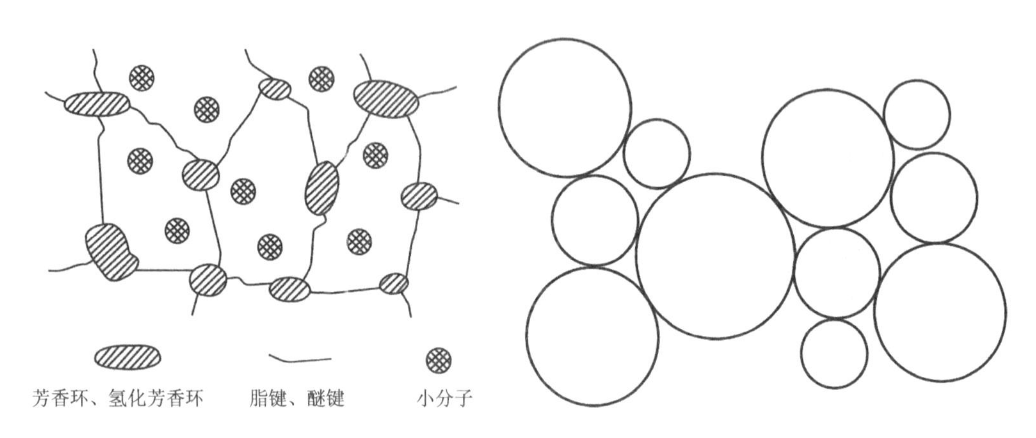

图 7-10 两相模型(据 Given et al., 1986)　　图 7-11 单相模型(据 Nishioka, 1992)

第三节 煤的结构参数

一、煤的主要结构参数

由于煤结构的复杂性和不均一性,难以确切了解煤的分子结构,因此常常采用所谓的结构参数来综合性地描述煤的基本结构单元的平均结构特征。煤的主要结构参数如下(何选明,2010):

(1)芳碳率 $f_a = \frac{C_a}{C}$,基本结构单元中属于芳香族结构的碳原子数与总碳原子数之比。

(2)芳氢率 $f_{H_a} = \frac{H_a}{H}$,基本结构单元中属于芳香族结构的氢原子数与总氢原子数之比。

(3)芳环率 $f_{R_a} = \frac{R_a}{R}$,基本结构单元中芳香环数与总环数之比。

(4)环聚合度指数 $2\left(\frac{R-1}{C}\right)$,基本结构单元中的环形成聚合环的程度。$R$ 表示基本结构单元中的聚合环数,C 表示基本结构单元中碳原子的个数。

(5)环指数 $2\frac{R'}{C}$,基本结构单元中平均每个碳原子所占环数,即单碳环数。R'表示每一基本结构单元的总环数。

(6)芳环紧密度 $4\left(\frac{R_1+\frac{1}{2}}{C}\right)-1$,一定数量的芳香族碳原子具有能形成尽可能多的芳香环的能力。

(7)芳族大小 C_{au},芳香核的大小,即基本结构单元中的芳香族碳原子数。

(8)聚合强度 b,煤的大分子中每一个平均结构单元的桥键数。

(9)聚合度 p,每一个煤大分子中结构单元的平均个数。

这些主要的结构参数分别描述了煤结构的芳香度、环聚合度和分子大小,其分类、符号与极值如表 7-3 所示。

表 7-3 煤的主要结构参数(据何选明,2010)

参数类型	结构参数	符号	极值
芳香度	芳碳率	$f_a = C_a/C$	0-非芳烃
	芳氢率	$f_{H_a} = H_a/H$	1-净芳烃
	芳环率	$f_{R_a} = \frac{R_a}{R}$	
环聚合度	环聚合度指数	$2\left(\frac{R-1}{C}\right)$	0-苯,1-石墨
	环指数	$2\frac{R'}{C}$	0-脂肪烃,1-石墨
	芳环紧密度	$4\left(\frac{R_1+\frac{1}{2}}{C}\right)-1$	0-Cata 型稠环芳烃 >0-Peri 型稠环芳烃
分子大小	芳族的大小	C_{au}(结构单元中芳碳数)	
	聚合强度	b	0-单体
			<1-链型聚合物
			>1-网络型聚合物
	聚合度	p	—

二、煤的结构参数与煤质的关系

煤的结构参数与煤化度、显微组分和煤的还原度之间存在一定的联系(何选明,2010)。

1. 煤化度

图 7-12 表示了用几种不同方法得到的 f_a 与煤化度的关系。由图 7-12 可知，统计结构解析法所得的结果稍高，但其表现的规律性似乎与实际更吻合。迄今为止的研究表明，f_a 随煤化度的增加而增大；碳含量大于 87% 以后，f_a 急剧增加；碳含量大于 95% 以后，f_a 已接近于 1 或等于 1，说明只有无烟煤才是高度芳构化的。

2. 显微组分

在同一煤化度的煤中，不同显微组分具有不同的结构参数，如图 7-13 所示。由图 7-13 可知，随着煤化度增加，除丝质体的芳碳率外，镜质组、稳定组、微粒体的芳碳率和环聚合度指数以及丝质体的环聚合度指数均随之增大。丝质体的芳碳率和环聚合度指数最大，而且芳碳率呈水平直线稳定于 $f_a \approx 0.98$，几乎不受煤化度影响。稳定组的这两个结构参数最小，并随煤化度的变化最剧烈。当煤化度足够高时，各种显微组分之间的差别趋于消失。

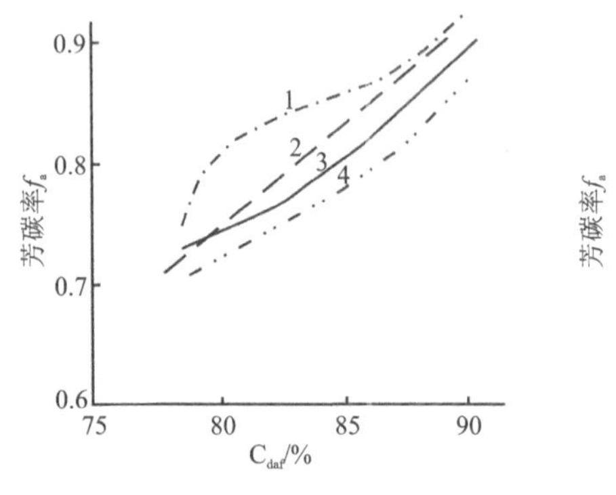

图 7-12　芳香度与煤化度关系

（据何选明，2010）

1. 图解统计法；2. 宽线 NMR；3. IR；4. ^{13}C NMR

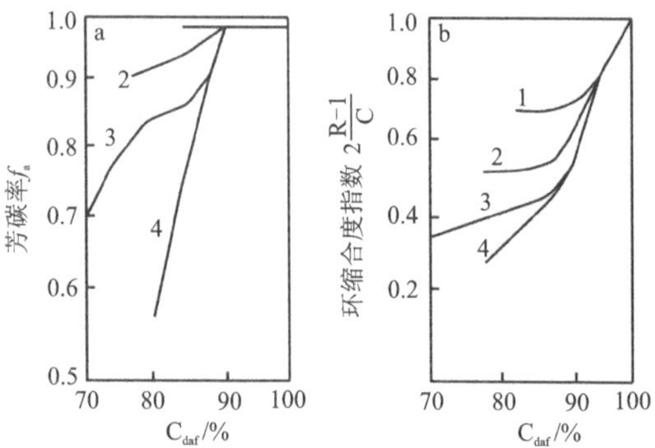

图 7-13　不同显微组分的结构参数随煤化度的变化（据何选明，2010）

a. 芳碳率；b. 环聚合度指数

1. 丝质体；2. 微粒体；3. 镜质组；4. 稳定组

第四节　煤结构的研究方法

归纳起来，煤结构的研究方法主要包括物理研究法、化学研究法、物理化学研究法，此外计算机辅助模拟研究法和统计结构解析法也广泛应用于煤结构的研究中。

一、物理研究法

物理研究法主要是利用高性能的现代分析仪器对煤结构进行测定和分析，如 X 射线衍射仪、红外光谱仪、核磁共振仪等，另外还有对煤的 NMR 谱进行研究，从而获取煤结构的信息。表 7-4 列举了各种用于煤结构研究的仪器方法及其提供的信息情况（张双全，2009）。

表 7-4 用于煤结构研究的仪器方法及其提供的信息(据张双全,2009)

方法	所提供的信息
密度测定 比表面积测定 小角 X 射线散射(SAXS) 计算机断层扫描(CT) 核磁共振	孔容、孔结构、气体吸附与扩散、反应特性
电子透射/扫描显微镜(TEM/SEMD) 扫描隧道显微镜(STM) 原子力显微镜(AFM)	形貌、表面结构、孔结构、微晶石墨结构
X 射线衍射(XRD) 紫外-可见光谱(UV-Vis) 红外光(IR)-Raman 光谱 核磁共振谱(NMR) 顺磁共振谱(ESR)	微晶结构、芳香结构的大小与排列、键长、原子分布 芳香结构大小 官能团、脂肪和芳香结构、芳香度 碳氢原子分布、芳香度、聚合芳香结构 自由基浓度、未成对电子分布
X 射线电子能谱(XPS) X 射线吸收近边结构谱(XANES)	原子的价态与成键、杂原子组分
Mössbauer 谱	含铁矿物
原子光谱(发射/吸收) X 射线能谱(EDS)	矿物质成分
质谱(MS)	碳原子数分布、碳氢化合物类型、分子量
电学方法(电阻率)	半导体特性、芳香结构大小
磁学方法(磁化率)	自由基浓度
光学方法(折射率、反射率)	煤化程度、芳香层片大小与排列

(一)X 射线衍射

X 射线的波长在 0.1～1nm 之间,这一大小正好与晶体的晶格尺寸相近。当 X 射线照射到晶体上时,如果波长 λ、入射角(布拉格角)θ 和晶面间距 d 符合以下公式,就会产生衍射现象使光线增强。

$$2d\sin\theta=n\lambda \tag{5-1}$$

式中，n 为衍射次数，取 1，2，3…。

因为煤不是完整的晶体，所以只能用粉末法测定其衍射性质，即以煤粉为试样，固定 X 射线的波长而连续改变入射角，X 射线计数管接收来自煤样的衍射线并把它转变为电信号，经放大后在记录仪中记录下来。

1. X 射线衍射图谱分析

用 X 射线衍射(XRD)分析法研究物质的晶体结构时，衍射方向与晶胞的形状和大小有关，衍射强度则与原子在晶胞中的排列方式有关。因此，它能很好地分析石墨等晶体。煤并不是晶体，但 XRD 分析可以揭示煤中碳原子排列的有序性等信息。

图 7-14 为煤和石墨的 XRD 图谱。由图 7-14 可知，石墨的衍射谱共有 9 个明显的衍射峰，表明它是晶体排列的结构。不同煤化度煤的 XRD 衍射峰不如石墨分得精细，衍射强度也不及石墨，但仍可看出部分衍射峰，表明煤中确实存在一部分有序碳。煤中碳原子排列的有序性随煤化度而变化。煤化度低的泥炭、褐煤无明显的衍射峰；随着煤化度加深，到烟煤阶段有两个对应于石墨的主要衍射峰(002)和(100)；到无烟煤阶段，除有(002)和(100)两个峰外，还显示有对应于石墨的(004)和(110)峰，呈现明显的三维有序结构。煤中这部分三维有序的结构称为微晶，它是由若干芳香层片以不同的平行程度堆砌而成(何选明，2010；朱银惠和王中慧，2013)。

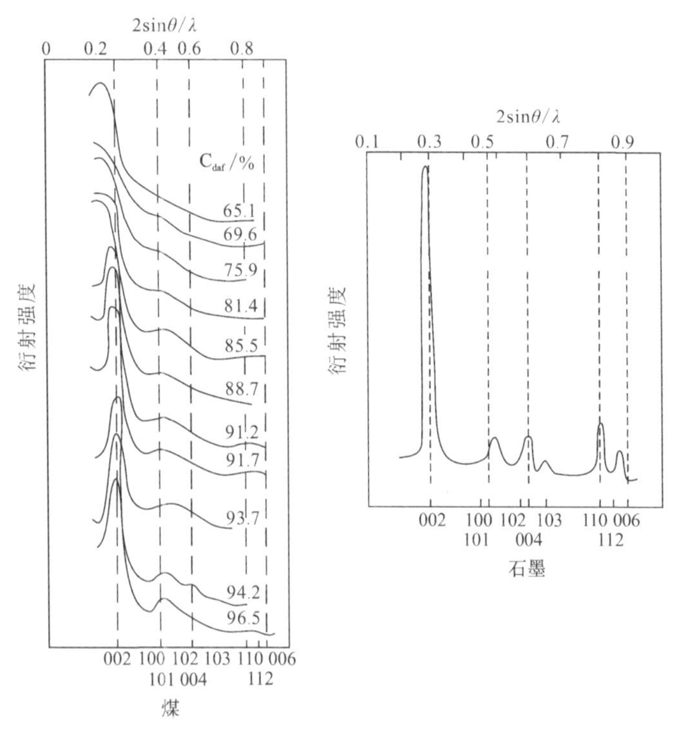

图 7-14 煤和石墨的 X 射线衍射谱(据何选明，2010)

在煤的 XRD 图谱中，(100)和(110)峰归因于芳香环的聚合程度，即芳香环碳网层片的大小；(002)和(004)峰归因于芳香环碳网层片在空间排列的定向程度，即层片堆砌高度。采用

XRD 的实验结果，根据布拉格方程式，可以推算出微晶的结构参数：芳香层片的直径 L_a、芳香层片的堆砌高度 L_c 和芳香层片间的距离 d_{hkl}。

$$L_a=\frac{K_1\lambda}{\beta_{(100)}\cos\theta_{(100)}} \tag{7-1}$$

$$L_c=\frac{K_2\lambda}{\beta_{(002)}\cos\theta_{(002)}} \tag{7-2}$$

$$d_{hkl}=\frac{\lambda}{2\sin\theta_{(hkl)}} \tag{7-3}$$

式中：K_1，K_2 为微晶形状因子，$K_1=1.84$，$K_2=0.94$；λ 为 X 射线的波长（μm）；hkl 为晶面指数；θ_{hkl} 为 hkl 峰对应的布拉格角（°）；$\beta_{(100)}$ 和 $\beta_{(002)}$ 为纯衍射峰宽度（rad），$\beta=\frac{衍射峰面积}{峰高}$。

2. X 射线衍射与煤的结构信息

1954 年，英国学者 Hirsch 采用 XRD 测定了镜煤的微晶结构参数随煤化度的变化，如图 7-15、图 7-16 所示。我国研究者也对各种煤样进行了 XRD 研究，其结果如表 7-5 所示。

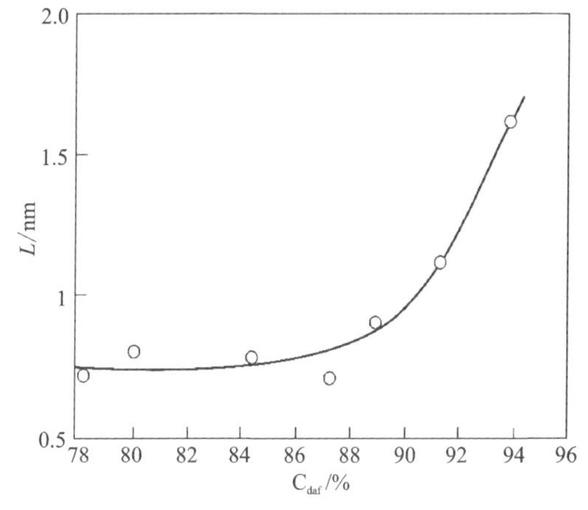

图 7-15 平均芳环层片直径随碳含量的变化(据 Hirsch,1954)

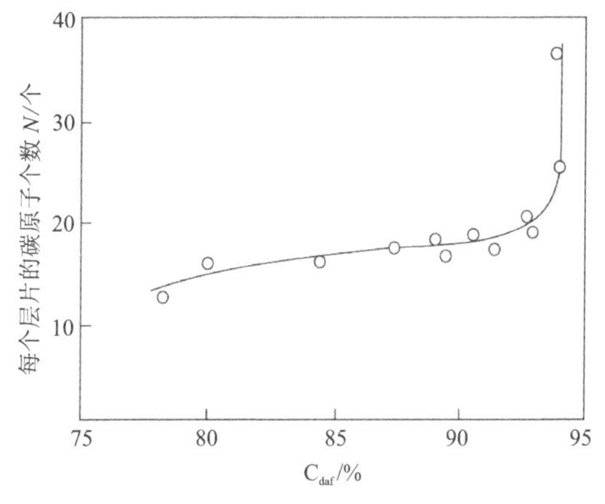

图 7-16 芳香环个数随碳含量的变化(据 Hirsch,1954)

表 7-5　部分中国煤样的 X 射线衍射研究结果(据何选明,2010)

样品编号	煤种牌号	煤种品类	d/nm		L_c/nm	L_a/nm	C_{daf}/%	H_{daf}/%	挥发分 V_{daf}/%
			(002)	(101)					
74-1	超无烟煤	煤层煤样	$3.363\,4\times10^{-1}$	$2.056\,1\times10^{-1}$	185.65×10^{-1}	57.68×10^{-1}	98.80	0.17	2.37
71-883	早古生代无烟煤	煤层煤样	$3.495\,7\times10^{-1}$	$2.076\,7\times10^{-1}$	20.58×10^{-1}	56.47×10^{-1}	95.56	0.77	3.87
标-21	无烟煤	煤层煤样	$3.498\,4\times10^{-1}$	$2.099\,7\times10^{-1}$	21.68×10^{-1}	29.13×10^{-1}	89. 65	3.52	11.90
		镜煤样	$3.511\,9\times10^{-1}$	$2.117\,5\times10^{-1}$	22.64×10^{-1}	36.36×10^{-1}	91.55	3.80	8.74
		丝炭样	$3.561\,7\times10^{-1}$	$2.085\,8\times10^{-1}$	6.97×10^{-1}	38.36×10^{-1}	91.81	3.02	
标-8	贫煤	煤层煤样	$3.514\,7\times10^{-1}$	$2.127\,0\times10^{-1}$	20.90×10^{-1}	28.13×10^{-1}	89.06	3.80	12.50
		镜煤样	$3.520\,1\times10^{-1}$	$2.118\,4\times10^{-1}$	21.11×10^{-1}	33.56×10^{-1}	91.07	4.23	12.65
		丝炭样	$3.633\,2\times10^{-1}$	$2.098\,7\times10^{-1}$	14.43×10—	34.13×10^{-1}	91.18	2.85	
标-11	瘦煤	煤层煤样	$3.520\,1\times10^{-1}$	$2.164\,9\times10^{-1}$	19.68×10^{-1}	25.58×10^{-1}	85.59	4.19	17.01
		镜煤样	$3.556\,1\times10^{-1}$	$2.167\,9\times10^{-1}$	20.99×10^{-1}	25.96×10^{-1}	90.31	4.70	17.98
		丝炭样	$3.650\,8\times10^{-1}$	$2.125\,0\times10^{-1}$	14.22×10^{-1}	25.73×10^{-1}	90.00	3.58	
标-27	焦煤	煤层煤样	$3.550\,5\times10^{-1}$	$2.176\,9\times10^{-1}$	16.12×10^{-1}	24.14×10^{-1}	86.59	4.41	20.69
		镜煤样	$3.567\,3\times10^{-1}$	$2.188\,0\times10^{-1}$	18.85×10^{-1}	25.39×10^{-1}	87.86	4.71	22.94
		丝炭样	$3.659\,7\times10^{-1}$	$2.127\,0\times10^{-1}$	14.07×10^{-1}	25.65×10^{-1}	92.48	2.82	
标-26	肥煤	煤层煤样	$3.650\,8\times10^{-1}$	$2.191\,0\times10^{-1}$	15.06×10^{-1}	20.67×10^{-1}	88.44	4.94	28.92
		镜煤样	$3.650\,8\times10^{-1}$	$2.205\,4\times10^{-1}$	16.33×10^{-1}	21.69×10^{-1}	86.18	5.18	33.20
		丝炭样	$3.668\,6\times10^{-1}$	$2.135\,6\times10^{-1}$	13.69×10^{-1}	22.94×10^{-1}	89.03	3.51	
标-24	气煤	煤层煤样	$3.680\,6\times10^{-1}$		13.29×10^{-1}		84.96	5.00	32.31
		镜煤样	$3.833\,8\times10^{-1}$		10.17×10^{-1}		85.73	5.36	37.08
		丝炭样	$3.744\,7\times10^{-1}$		11.95×10^{-1}		86.02	3.95	

根据以上研究结果，可以得出如下规律（何选明，2010）：

（1）芳香层片的平均直径 L_a 随煤化度加深而增大。由图 7-15 可知，煤的碳含量从 80%增加到 91.5%时，L_a 缓慢增加；到无烟煤以后（碳含量大于 91.5%），L_a 急剧增大。

（2）芳香层片的堆砌高度亦随煤化度加深而增大。由表 7-5 可知，对于低煤化度烟煤，芳香层片的堆砌高度 L_c 仅为 1.2nm 左右，芳香层片的堆砌层数为 3～4 层；随着煤化度加深，堆砌层数和高度逐渐增大，到无烟煤阶段，L_c 可达 2.0nm 以上，堆砌层数为 5～7 层。

（3）层间距 d 随煤化度加深而逐渐减小。由表 7-5 可以看出，平行堆砌芳香层片的层间距 d_{002} 最大时（低煤化度烟煤）可达 3.8×10^{-1}nm 以上，随煤化度加深，d_{002} 逐渐减小到（3.4～3.5）$\times10^{-1}$nm，其极限值为理想石墨的层间距（3.354×10^{-1}nm）。这说明煤中微晶的晶体结构很不完善，但有向石墨晶体结构转变的趋势。

（4）芳香层片的芳香环数和碳原子数随煤化度加深而增大。从煤的 X 射线衍射结构参数可以推算出微晶中每一个芳香层片中的芳香环数和碳原子数。根据 Hirsch（1954）的研究结果，在碳含量为 78%的煤中，芳香层片每层平均环数为 4；碳含量为 89%的煤中，芳香层片每层平均环数为 7；随煤化度继续加深，环数急剧增加，碳含量为 91.4%时，平均环数为 12；当碳含量为 94.1%时，平均环数为 30（图 7-16）。

（5）各种煤岩成分的微晶尺寸随煤化度有类似的变化规律。但对碳含量相近的不同宏观煤岩成分而言，例如丝炭与镜煤相比，丝炭的芳香层片平均直径 L_a 较大，层间距 d_{002} 也较大，但层片堆砌高度 L_c 却较小（表 7-5）。

（二）红外光谱

红外光谱法是研究有机化合物结构的最主要方法之一，其图谱有很强的结构特征性。该方法分析速度快、灵敏度高、试样用量少，可以分析各种状态的样品。

红外光谱是由分子中的质点振动引起的，属于分子振动光谱。当频率为 v 的红外光照射分子时，由于其辐射能量 hv 小（2500～25 000nm），不足以激发分子中的电子跃迁，但可以与分子振动能级匹配而被吸收。研究不同频率红外光照射下样品对入射光的吸收情况，就可以得到反映分子中质点振动的红外光谱。

1.红外光谱谱图解析

红外光谱中吸收峰的位置和强度取决于分子中各基团的振动形式和相邻基团的影响。因此，只要掌握了各种基团的振动频率（即吸收峰的位置），以及吸收峰位置移动的规律（即位移规律），就可以进行光谱解析，从而确定存在哪些化合物或官能团。在一定条件下，还可对这些化合物或官能团的含量进行定量分析。

常见的化学基团在 4000～650cm^{-1}（2.5～15.4μm）的中红外区有特征基团频率，因此是最感兴趣的区域。在实际应用时，为便于对光谱进行解析，常将这个波数范围分为 4 个区域（何选明，2010）：

（1）X—H 伸缩振动区，4000～2500cm^{-1}。X 可以是 O、N、C 和 S 原子。主要包括 O—H、N—H、C—H 和 S—H 键的伸缩振动。

（2）三键和累积双键区，2500～1900cm^{-1}。主要包括炔键—C≡C—、腈键—C≡N—、丙

二烯基—C=C=C—、烯酮基—C=C=O、异氰酸酯基—N=C=O 等的非对称伸缩振动。

(3)双键伸缩振动区，1900～1200cm^{-1}。主要包括 C=C、C=O、C=N、—NO_2 等的伸缩振动，芳香环的骨架振动等。

(4)X—Y 伸缩振动及 X—H 变形振动区，小于 1650cm^{-1}。这个区域的光谱比较复杂，主要包括 C—H、N—H 的变形振动，C—O、C—X(卤素)等的伸缩振动，以及 C—C 单键骨架振动等。其中，1350～650cm^{-1} 区域又称指纹区。由于各种单键的伸缩振动之间以及与C—H键变形振动之间互相耦合，这个区域里的吸收带变得特别复杂，并且对结构上的微小变化非常敏感。在指纹区，由于图谱复杂，有些谱峰无法确定是否为基团频率，但有助于表征整个分子的特征，因此对检定化合物很有价值。

应该指出，并不是所有的谱峰都能与化学结构联系起来，特别是指纹区更是如此。红外光谱的解析在许多情况下往往需要从经验出发，这是因为化学键的振动频率与周围的化学环境有相当敏感的依赖关系。

2.煤的红外吸收光谱研究

前人对煤和煤的衍生物(腐植酸、氢化产物、溶剂抽提物等)的红外光谱已进行了大量的研究，证实了各种官能团和结构都有其特征的吸收峰，详见表 7-6。

表 7-6　煤的红外光谱各吸收峰的归宿(据朱银惠和王中慧，2013)

波数/cm^{-1}	波长/μm	归宿(对应的基团)
>5000	<2.0	振动峰的信频或组频(弱)
3300	3.0	氢键缔合的—OH(或—NH)，酚类
3030	3.30	芳香环 CH
2950(肩)	3.38	—CH_3
2920	3.42	环烷烃或脂肪烃 CH_3
2860	3.5	
2780～2350	3.6～4.25	羧基
1900	5.25	芳香烃，主要是 1,2 -二取代和 1,2,4 -三取代
1780	5.6	羰基—C=O
1700	5.9	
1610	6.2	—C=OCHO 为氢键缔合的羰基；具有—O—取代的芳烃 C=C
1470～590	6.3～6.8	大部分的芳烃
1460	6.85	—CH_2 和—CH_3，或无机碳酸盐
1375	7.27	—CH_3
1330～1110	7.5～9.0	酚、醇、醚、脂的 C—O
1040～ 910	9.6～11.0	灰分，如高岭石
860	11.6	1,2,4—;1,2,4,5—,(1,2,3,4,5)取代芳烃 CH
833(弱)	12.0(弱)	1,4 -取代芳烃 CH
815	12.3	1,2,4—(1,2,3,4—)取代芳烃 CH
750	13.3	1,2 -取代芳烃
700	14.3(弱)	单取代芳烃或 1,3 -取代芳烃 CH，灰分

图 7-17 为不同煤化度(以碳含量 C_{daf}/%表示)煤的红外光谱图,图中 1～10 峰分别是煤中各基团在谱线上的对应峰。

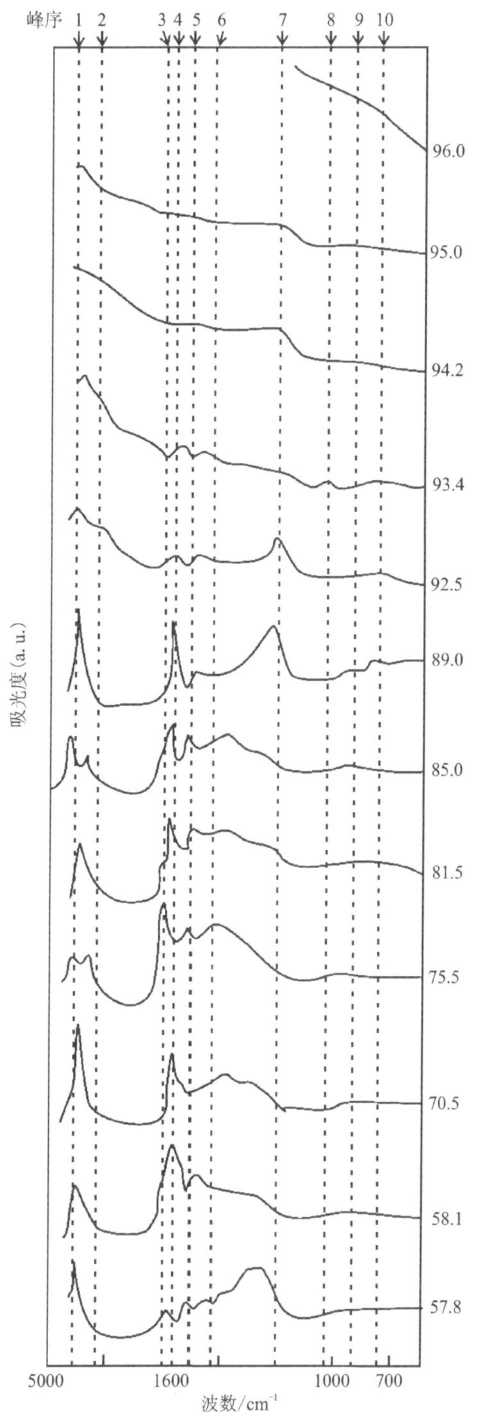

图 7-17 不同煤化程度煤的红外光谱图(据何选明,2010)

1. OH、NH;2. CH(脂肪的);3. C=O;4. C=C— C=C(芳香的);5. CH_2、CH_3;

6. CH_3;7. C—O—C、C—O;8～10. 聚合芳环

分析图 7-17 可以得出如下结论(朱银惠和王中慧,2013):

①在 3450cm^{-1}附近有羟基吸收峰。煤中羟基一般都是氢键化的,故谱峰的位置由3300cm^{-1}移到 3450cm^{-1}。随着煤化度加深,该吸收峰减弱,表明羟基减少。

②在 2920cm^{-1}、1450cm^{-1}和 1380cm^{-1}处呈现脂肪烃和环烷烃基团上氢的吸收峰。随着煤化度加深,开始时这些峰强度稍有增强,但从中等煤化度(碳含量 81.5%)以后又急剧减弱。

③在 3030～3050cm^{-1}处的吸收峰为芳香环的 CH 伸缩振动产生,在 870cm^{-1}、820cm^{-1}和 750cm^{-1}处为芳香环中氢的吸收峰。这些峰的强度反映了芳香核缩聚程度。对于低煤化度煤,在 3030cm^{-1}处吸收峰很弱,随着煤化度加深,该吸收峰逐渐增强。

④在 1600cm^{-1}处有一个很强的吸收峰,此吸收峰随煤化度加深而逐渐减弱。对于这个吸收峰的解释仍无定论。目前认为该吸收峰可能为芳香环 C=C 键的吸收峰,或为氢键化的羰基与芳香环 C=C 键吸收相重叠产生的吸收峰,也有人认为该峰与制样中所使用的 KBr 中的水有关。

⑤在 1000～1300cm^{-1}处呈现醚吸收峰。红外光谱还确证煤中不含有脂肪族的烯键 C=C 和炔键 C≡C,而在烟煤中(碳含量大于 80%)只有很少或不含有羧基和甲氧基官能团。

(三)核磁共振

核磁共振是一个非常重要的有机结构分析方法,过去仅用于煤的溶剂抽提物和液化产品的分析,近几年由于核磁共振技术的发展已逐渐开始直接分析固体煤样。

原子核带有一定的正电荷,粗略地讲,可以认为这些电荷均匀分布在原子核的表面上。凡是自旋量子数不为零的原子核都有自旋运动。由于原子核的自旋,根据电磁学原理,电荷的运动产生磁场,于是原子核便有了磁性。磁性原子核在强磁场中选择性地吸收特定的射频能量,发生核能级跃迁的现象称为核磁共振现象。将磁性核对射频能量的吸收产生的共振信号与射频频率对应记录下来,即得到核磁共振波谱。利用核磁共振波谱进行结构测定、定性及定量分析的方法称为核磁共振波谱法。

一般说来,从一张核磁共振波谱(NMR)图上可以获得三方面的信息,即化学位移、自旋裂分和积分线。了解这些信息的意义,就获得了解析谱图的"钥匙"(何选明,2010)。

1. 化学位移

物质中同一种原子核产生共振吸收的频率会因该原子核周围的化学环境不同而有所差异,由此引起的共振频率偏移称为化学位移 δ。

这里所说的化学环境是指原子核自身的核外电子云密度所受到相邻基团电负性等因素的影响。每个原子核都被不断运动着的电子云所包围。当原子核处于磁场中时,在外加磁场的作用下,运动着的电子产生感应磁场,其方向与外加磁场相反,起到屏蔽作用,使原子核实际受到的磁场作用减小。

$$H=H_0(1-\sigma) \tag{7-12}$$

式中:H 为原子核实受磁场强度;H_0 为原子核理论磁场强度;σ 为屏蔽常数,σ 越大,屏蔽效应越大。

为了使原子核发生共振，必须增加外磁场的强度以抵消屏蔽作用的影响。

化学环境不同时，化学位移亦不同，但位移量是一个相对值。由于不存在完全无电子云的裸露原子核，为了方便起见，一般采用四甲基硅烷$(CH_3)_4Si$(TMS)作为相对标准，人为规定其化学位移δ为零。这主要是因为TMS中的12个氢核处于完全相同的化学环境中，共振条件相同，因此在谱图中只出现一个尖峰；且其屏蔽强烈，位移最大，与有机化合物的峰不重叠。

在NMR波谱中，通常以化学位移为横坐标。因为氢核的δ值数量级为百万分之一，故其单位取为10^{-6}。化学位移δ的可表示为：

$$\delta=\frac{H_R-H_s}{H_s}\times10^6 \tag{7-4}$$

式中：H_R为试样的磁场强度；H_s为内标TMS的磁场强度。

与裸露的氢核相比，TMS的化学位移最大，规定$\delta_{TMS}=0$，其他种类氢核的位移为负值，负号不表示出来。

由于化学位移与原子核所处化学环境密切相关，因此就有可能将化学位移的大小，即谱峰在横坐标上的位置与有机分子的结构关联起来。图7-18是$CHCl_2CH_2Cl$的^1H NMR谱。由于$—CHCl_2$和$—CH_2Cl$基团中氢原子核的化学环境不同，它们的共振吸收峰就出现在图谱中不同的位置。

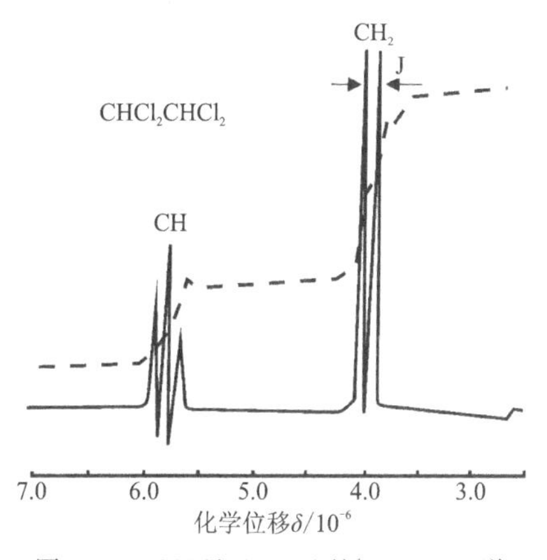

图7-18 $CHCl_2CH_2Cl$的^1H NMR谱

2. 自旋裂分

从图7-18所示的$CHCl_2CH_2Cl$的^1H NMR谱中可以看到，$\delta=3.9\sim4.1$处的CH_2为两重峰，在$\delta=5.7\sim5.9$处为三重峰。这种峰的裂分是由质子之间自旋耦合所引起的，称为自旋裂分。

以$CHCl_2CH_2Cl$为例，其结构式为：

```
      Cl  H(d)
      |   |
(C)H—C—C—Cl
      |   |
      Cl  H(d)
```

显然，在其结构中存在两组质子：H_d和H_c。在进行核磁共振分析时，H_d除了受外磁场作用外，还受到相邻碳原子上H_c的影响。由于质子在不断旋转，自旋的质子产生一个小磁矩。对于H_d来说，在相邻的碳原子上有一个H_c，也就是在H_d的近旁存在一个小磁场，使H_d受到的磁场强度发生改变。质子的自旋有两种取向，即平行外磁场方向和逆平行于外磁场方向。平行时使H_d受到的磁场力增强，于是H_d的共振信号将出现在比原来稍低的磁场强度处；逆平行时使H_d受到的磁场力减弱，于是H_d的共振信号将出现在比原来稍高的磁场强度处。因此，由于受H_c的影响，H_d的共振信号将一分为二，形成两重峰。

同理，H_d也影响H_c的共振。两个H_d的自旋可能有3种不同的组合：①两者平行且与外磁场方向一致；②两者平行但与外磁场方向相反；③两者相反。情况①使H_c受到的磁场力增强，故H_c的共振信号出现在比原来稍低的磁场强度处；情况②与情况①正好相反；情况③对H_c的共振不产生影响，共振峰仍在原处出现。由于受H_d的影响，H_c的共振信号一分为三，形成三重峰。此外，由于情况③出现的概率是①或②的2倍，于是中间峰的强度也将是情况①或情况②的2倍，其强度比为1∶2∶1。

一般说来，裂分数可以应用$(n+1)$规律，n表示相邻碳原子上存在的质子数。即当$n=1$时，出现两重峰；$n=2$时，出现三重峰；$n=3$时，出现四重峰等。裂分后各组多重峰的强度比例数为$(a+b)^n$展开后各项的系数，即两重峰为1∶1；三重峰为1∶2∶1；四重峰为1∶3∶3∶1等。

裂分后各个多重峰的间隔称为耦合常数J，其值与取代基团、分子结构有关，与外磁场强度无关。由于自旋裂分现象的存在，NMR波谱对于有机物的结构具有独特的鉴别能力。

3. 积分线

由图7-18可以看到由左到右呈阶梯形的曲线（图中虚线），此曲线称为积分线。它是将各组共振峰的面积加以积分而得。积分线的高度代表了积分值的大小。积分线的各阶梯高度代表了各组峰面积。由于图谱上共振峰的面积与质子的数目成正比，因此只要将峰面积加以比较，就能确定各组质子的数目。

（四）煤的NMR谱研究

1. ^{1}H NMR谱

^{1}H NMR谱能给出煤及其衍生物中氢分布的信息：芳香氢的化学位移δ处于$(6\sim10)\times10^{-6}$；与芳香环侧链α位碳原子相连的氢原子H_α的化学位移δ为$(2\sim4)\times10^{-6}$；与芳香环侧链β位以远的碳原子相连的氢原子H_0的化学位移δ为$(0.2\sim2)\times10^{-6}$（朱银惠和王中慧，2013）。

^{1}H NMR谱需要在溶液状态下测定，因此一般用煤的抽提物进行测定。图7-19为低煤化度烟煤吡啶抽提物的^{1}H NMR谱图。由图7-19可见，在低煤化度烟煤中，与芳香环侧链β位以远的碳原子相连的氢原子H_0的吸收峰强度远大于芳香氢。说明低煤化度烟煤的侧链较多较长，芳香环的聚合度还不够高。

表7-7列举了不同煤化度煤的吡啶抽提物的氢分布和平均结构单元的结构参数（朱银惠

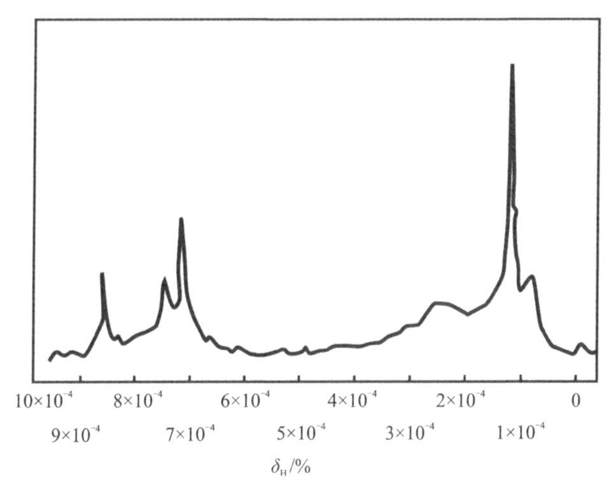

图 7-19 低煤化度烟煤吡啶抽提物的 ^{1}H NMR 谱(据何选明,2010)

和王中慧,2013)。由表 7-7 可见,随着煤化度增加,煤中氢的分布呈现有规律的变化:芳香氢 H_{ar} 和与芳香环侧链 α 位碳原子相连的氢 H_{α} 逐步增加,而 β 位以远的氢 H_0 逐渐减少。这说明煤的结构随煤化度规律性地变化。煤化度增加,芳香结构增大,芳香环上的侧链缩短。结构参数的变化也表现出同样的规律。

表 7-7 煤的吡啶抽提物的氢分布和结构参数(据朱银惠和王中慧,2013)

煤 C_{daf} /%	抽提物产率/%	氢分布			结构参数		
		H_{ar}	H_{α}	H_0	f_a	σ	H_{aru}/C_{ar}
61.5	13.8	0.07	0.12	0.75	0.41	0.74	0.93
70.3	16.6	0.18	0.20	0.56	0.61	0.55	0.69
75.5	15.8	0.21	0.20	0.53	0.62	0.52	0.72
76.3	6.7	0.20	0.30	0.44	0.64	0.59	0.76
76.7	16.7	0.10	0.21	0.64	0.53	0.67	0.60
80.7		0.27	0.22	0.45	0.70	0.45	0.65
82.6	21.4	0.35	0.26	0.36	0.73	0.37	0.68
84.0	18.5	0.30	0.25	0.43	0.69	0.41	0.67
85.1	20.9	0.27	0.29	0.39	0.72	0.47	0.59
86.1	19.3	0.32	0.28	0.37	0.73	0.37	0.57
90.0	2.8	0.55	0.31	0.13	0.85	0.27	0.63
90.4	2.5	0.50	0.30	0.19	0.83	0.26	0.57

注:f_a 为芳碳率,为芳碳原子数与总碳原子数之比;σ 为芳香环取代度,为实际被取代的芳香碳原子数与芳香环边缘上可被取代的芳香碳原子数之比;H_{aru}/C_{ar} 为芳香环聚合度,为假想未被取代的芳香环的 H/C 原子比,代表了聚合芳香族的大小。

2. ^{13}C NMR 谱研究

^{13}C NMR 谱可以用来直接取得煤的碳骨架信息。^{13}C NMR 既可以用液体样品也可以用固体样品测定。但^{13}C NMR 信噪比低，灵敏度低，必须采用傅里叶变换(FT)、交叉极化(CP)和魔角旋转(MAS)等方法来提高其灵敏度。

图 7-20 为不同煤化度煤的^{13}C-CPMAS NMR 谱图。图 7-20 中，在 140×10^{-6}附近的峰为芳香族碳；在$(20\sim40)\times10^{-6}$之间的峰为脂肪族碳。由此可见，随着煤化度提高，芳香族碳有增加的趋势，而脂肪族碳则明显减少。

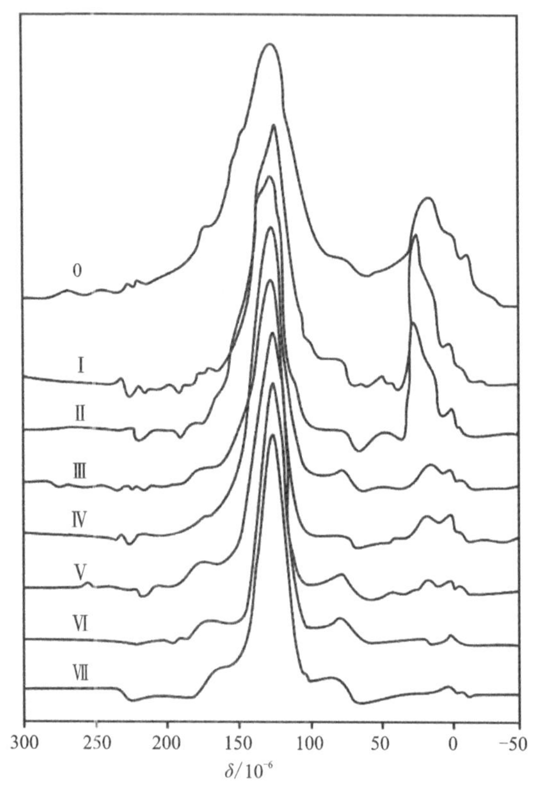

图 7-20 不同煤化度煤的^{13}C-CPMAS NMR 谱图(据叶朝晖和李新安，1985)

0. 茂名褐煤；Ⅰ. 抚顺烛煤；Ⅱ. 贵州气煤；Ⅲ. 中原肥煤；Ⅳ. 中原焦煤；Ⅴ. 中原瘦煤；Ⅵ. 丹塞贫煤；Ⅶ. 中原无烟煤

二、化学研究法

对煤进行适当的氧化、氢化、卤化、水解等化学处理，对产物的结构进行分析测定，并据此推测母体煤的结构是煤化学研究中常用的方法。此外，煤的元素组成和煤分子上的官能团，如羟基、羧基、羰基、甲氧基、醚键等也可以采用化学分析的方法进行测定(张双全，2013)。

(一)煤中官能团的分析测定

煤中官能团主要为含氧官能团和少量含氮、含硫官能团。由于煤的氧含量及氧的存在形式对煤的性质影响很大，对低煤化度煤尤为重要，因此进行官能团分析测定时，通常把重点放在含氧官能团上（何选明，2010）。

1. 羧基（—COOH）

在泥炭、褐煤和风化煤中含有的羧基，在烟煤中已几乎不存在。当含碳含量大于78%时，羧基已不存在。羧基呈酸性，且比乙酸酸性强。常用的测定方法是与乙酸钙反应，然后以标准碱溶液滴定生成的乙酸，反应式如下：

$$2RCOOH + Ca(CH_3COO)_2 \xrightarrow{1\sim2d} (RCOO)_2Ca\downarrow + 2CH_3COOH$$

2. 羟基（—OH）

一般认为煤有机质中羟基含量较多，且绝大多数煤只含酚羟基而醇羟基很少。它们存在于泥炭、褐煤和烟煤中，是烟煤的主要含氧官能团。常用的化学测定方法是将煤样与$Ba(OH)_2$溶液反应。后者可与羧基和酚羟基反应，从而测得总酸性基团含量，再减去羧基含量即得酚羟基含量。反应式如下：

$$R\begin{matrix}\diagup COOH\\ \diagdown OH\end{matrix} + Ba(OH)_2 \xrightarrow{1\sim2d} R\begin{matrix}\diagup COOH \diagdown\\ \diagdown O \diagup\end{matrix}Ba\downarrow + 2H_2O$$

而醇羟基含量可采用乙酸酐乙酰化法测得总羟基含量，用差减法求得。

3. 羰基（—C=O）

羰基无酸性，在煤中含量虽少，但分布很广。从泥炭到无烟煤都含有羰基，但在煤化度较高的煤中，羰基大部分以醌基形式存在。羰基比较简便的测定方法是使煤样与苯肼溶液反应，反应式如下：

$$R=C=O + H_2N=NH-C_6H_5 \xrightarrow[24h]{吡啶中\ 115℃} R=C=N-NH-C_6H_5\downarrow + H_2O$$

过量的苯肼溶液可用菲啉溶液氧化，测定N_2的体积即可求出与羰基反应的过量的苯肼量。也可测定煤在反应前后的氮含量，根据氮含量的增加计算出羰基含量。反应式如下。

$$H_2N=NH-C_6H_5 + O \rightarrow C_6H_6 + N_2 + H_2O$$

4. 甲氧基（—OCH_3）

它仅存在于泥炭和软褐煤中，随煤化度增高甲氧基的消失比羧基还快。它能和HI反应生成CH_3I，再用碘量法测定。反应式如下：

$$ROCH_3 + HI \rightarrow ROH + CH_3I（碘甲烷）$$

$$CH_3I + 3Br_2 + 3H_2O \rightarrow HIO_3 + 5HBr + CH_3Br$$

$$HIO_3 + 5HI \rightarrow 3I_2 + 3H_2O$$

5. 非活性氧（—O—）

煤有机质中的氧相当一部分是以非活性氧状态（即不易起化学反应和不易热分解的氧）

存在。严格讲这一部分氧不属于官能团，它以醚键的形式存在。其测定方法未最终解决，可用 HI 水解。反应式如下：

$$R—O—R'+HI \xrightarrow{130℃,8h} ROH+R'I$$

$$R'I+NaOH \rightarrow R'OH+NaI$$

然后，测定煤中增加的 OH 基或测定与煤结合的碘。但这种方法不够精确，不能保证测出全部醚键。

（二）煤的高真空热分解

这种方法是在高真空下使煤发生热分解，也称为煤的分子蒸馏。分子蒸馏的过程是：在高真空中从一薄层的高分子有机物质中将它的分子蒸馏出来，并冷凝在冷凝器上。物质的蒸馏面与冷凝面之间的距离应当小于它的分子平均自由路径（一个分子在碰撞另一个分子之前所经历的平均距离）。

因为在高真空中使薄层煤热分解时，煤中含有的或者由于热分解生成的、相对分子质量比较小的物质能迅速蒸馏并附着在冷却面上，所以这些相对分子质量小的初次热解产物能迅速从加热面析出，在不再或很少进一步热分解或热缩聚的状态下将其冷藏取出。由此可知，对于煤的初次热解产物数量和性质的研究，高真空热分解是一种有效的方法（何选明，2010）。

图 7-21 展示了对某地不同煤化程度煤进行 500℃高真空热分解的结果。对于含碳 73％的低煤化度煤，馏出物的收率约为 3％，随着煤化度的加深，对于含碳 86％的煤（相当于肥煤）馏出物的收率增加到最大值为 16％。此后，馏出物的收率随着煤化度的增加而急剧减少，对于含碳 93％的煤，几乎为零。另外，煤气的收率对于含碳 73％的煤约为 23％，但随煤化度的加深而逐渐减少。对于含碳 87％的煤，煤气的收率约为 13％，对于含碳 93％的煤，几乎为零。馏出物的平均相对分子质量大致随煤化度的加深而增加，其值为 330～390。

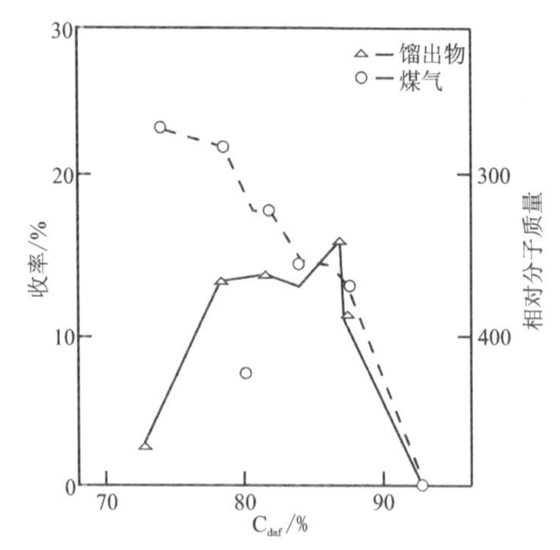

图 7-21　500℃高真空热分解产物收率与煤化度（C_{daf}）的关系（据何选明，2010）

三、物理化学研究法

利用溶剂萃取手段，将煤中的组分分离并进行分析测定，以获取煤结构的信息。通过逐级抽提和分析可溶物与不溶物的结构特点，找出它们与煤结构之间的关系。通过对不同溶剂抽余物与抽提物、抽提物与抽提物间的分子力学和分子动力学分析，结合电子密度分布，可以了解分子识别的点位与分子形状、构型、构象、官能团类型与分布等对分子识别的影响（张双全，2013）。以下介绍普通溶剂抽提和特定溶剂抽提的主要方法（朱银惠和王中慧，2013）。

（一）普通溶剂抽提

1.褐煤的苯-乙醇抽提

以 1∶1 的苯和乙醇混合溶液在沸点下抽提褐煤，所得抽提物为沥青。它是由树脂、树蜡和少量的沥青构成的复杂混合物。在用丙酮抽提时，可溶物为树脂和地沥青，不溶物为树蜡。来源于褐煤的树蜡称为褐煤蜡。树脂中含有饱和的与不饱和的高级脂肪烃、萜烯类、羟基酸和甾族化合物等。褐煤蜡基本上由高级脂肪酸（C_{20}～C_{30}以上）和高级脂肪醇（C_{20}～C_{30}以上）的酯以及游离的脂肪酸、脂肪醇和长链烷烃等构成。

2.氯仿抽提

为研究煤的黏结机理，对煤的氯仿抽提已进行过大量研究。表 7-8 为原煤和经预处理后的煤用氯仿在其沸点温度下抽提所达到的抽提率。由表可见，原煤用氯仿抽提时，抽提率不到 1%，经过快速预热、钠-液氨处理和乙烯化后，抽提率明显增加。

煤经过快速预热后，氯仿抽提物组成分析见表 7-9。抽提率在中等变质程度烟煤处出现最高点。抽提物的平均分子量在 500 左右，芳香度随煤化度增加而增加，其范围在 0.6～0.8 之间，抽提物的碳含量与原煤相近或略高，但氢含量均明显高于原煤。

表 7-8 煤的氯仿抽提率（据朱银惠和王中慧，2013）

抽提对象	抽提率/%		抽提对象	抽提率/%	
	气煤	焦煤		气煤	焦煤
原煤	0.8	0.9	钠-液氨处理过的煤	3.2	11.2
预热煤（400℃）	3.7	—	乙烯化的煤	10.9	6.9
预热煤（450℃）	—	6.8			

表 7-9 预热煤氯仿抽提物的化学组成（据朱银惠和王中慧，2013）

原煤/%			预热至 400℃煤的氯仿抽提物					原煤氯仿抽提物	
V_{daf}	C_{daf}	H_{daf}	C_{daf}/%	H_{daf}/%	$\overline{M}$	f_a	抽提率/%	f_a	抽提率/%
15.1	91.3	4.3	89.3	6.2	—	0.80	0.25	—	—
19.2	89.8	4.7	93.1	5.1	509	0.82	1.09	—	—
23.5	88.9	5.0	88.3	6.2	508	0.78	3.64	0.73	0.20

续表 7-9

原煤/%			预热至 400℃煤的氯仿抽提物					原煤氯仿抽提物	
V_{daf}	C_{daf}	H_{daf}	C_{daf}/%	H_{daf}/%	$\overline{M}$	f_a	抽提率/%	f_a	抽提率/%
28.5	87.9	5.5	87.8	6.6	547	0.73	6.12	0.69	0.57
34.5	84.0	5.5	84.6	6.9	494	0.73	4.42	0.60	0.48
38.3	80.4	5.7	83.5	7.1	480	0.62	2.28	0.58	0.72

注：V_{daf}为干燥无灰基灰分产率；C_{daf}为干燥无灰基碳含量；H_{daf}为干燥无灰基氢含量；$\overline{M}$为平均分子量；f_a为芳香度。

（二）特定溶剂抽提

最常用的溶剂是吡啶、有机胺类和甲基吡咯烷酮等。

1.吡啶抽提

一般情况下，吡啶的抽提率明显高于普通有机溶剂，且抽提率与煤级关系密切。在烟煤阶段，抽提率先随变质程度的增加而增加，在煤中碳含量为88%左右时达到最大值，然后随变质程度的进一步提高而迅速下降（表7-10）。抽提物的碳元素组成与原煤接近。

表 7-10　煤的吡啶抽提率和抽提物的组成（据朱银惠和王中慧，2013）

原煤 C_{daf}/%	抽提率/%	抽提物组成/%	
		C_{daf}	H_{daf}
81.7	28.3	—	—
82.8	30.1	83.6	5.7
84.3	32.3	—	—
84.7	31.4	—	—
87.1	37.1	87.4	5.9
89.0	37.9	88.3	5.6
90.9	0.6	—	—

吡啶抽提物非常复杂，用不同溶剂分级可得许多级分（图7-22）。煤的有机质中有相当大的部分可溶于吡啶。煤在吡啶中就像橡皮碰到油一样会发生溶胀现象，这正是具有交联结构的聚合物的共性。由于吡啶具有很强亲核性和形成氢键的能力，故与煤的有机质之间产生较强的分子力，一方面吡啶分子不断被煤所吸持，另一方面两个交联键之间的线性结构则向溶剂伸展，直到膨胀力与煤结构的弹性力平衡为止。

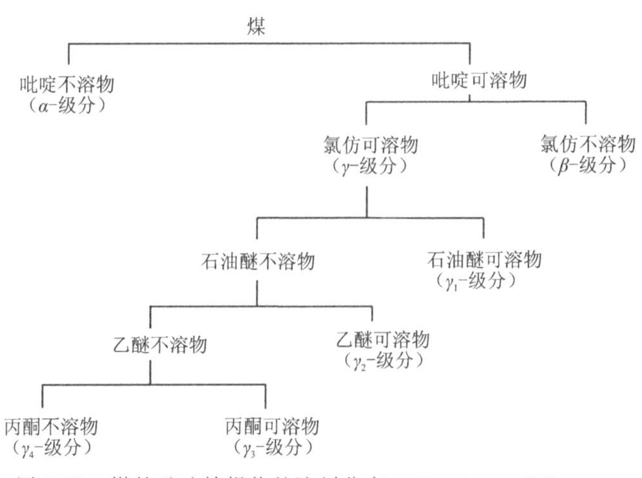

图 7-22　煤的吡啶抽提物的溶剂分离（据朱银惠和王中慧，2013）

2. 其他溶剂的抽提

(1)胺类溶剂。这类溶剂中含有氨基，故和吡啶可溶物一样对煤具有良好的溶解能力，对高挥发分煤尤为突出。

(2)甲基吡咯烷酮。它既含有氮又含有氧。对煤的抽提率一般高于吡啶，可以达到35%以上。

(3)混合溶剂。由于某些溶剂具有协同作用，所以一定比例混合时对煤的抽提率高于单独溶剂。近几年发现 CS_2 是一个较好的混合溶剂成分，可以大大提高前述溶剂对煤的抽提率。它的机理还不完全清楚，可能是由于 CS_2 有供电子性，可以取代可溶物分子而与煤的主体结构形成电子给予-接受键，或者 CS_2 的加入降低了溶剂和溶液的黏度，有利于溶解能力的提高和物质的扩散，故吡啶不溶物也能抽出。

第八章　煤的工业分析和元素分析

煤中矿物质和有机质的化学组成十分复杂,特别是有机组分的完全分离和鉴定几乎是不可能的。因此,从分子水平上研究和分析煤的各种组成成分在技术上难以实现。为了研究煤的性质和指导煤炭加工利用,在实用上通常采用较为简单的办法(如工业分析和元素分析)来研究煤的有机组成(张双全,2009)。

工业分析和元素分析是煤质分析的基本内容。通过工业分析,可以初步判断煤的性质、种类和工业用途,因其分析方法比较简便,故应用较广泛。元素分析主要用于了解煤的元素组成。

工业分析和元素分析的结果与煤的成因、煤化度以及岩相组成有密切的关系。其中有些参数被用作煤分类的指标。但是为了对煤质作出更全面更科学的评价,还需要对煤的岩相性质、工艺性质、物理性质和化学性质等进行综合性分析研究(何选明,2010)。

第一节　煤的工业分析

煤的工业分析也称煤的实用分析或技术分析,是确定煤化学组成最基本的方法,包括煤的水分、灰分、挥发分的测定和固定碳的计算4项内容。工业分析是一种条件实验,除了水分以外,灰分、挥发分和固定碳是煤在测定条件下的转化产物,不是煤中的固有组分,其测定结果依测定条件的变化而变化。为了使测定结果具有可比性,工业分析的测定方法均有严格的标准。工业分析结果对于研究煤炭性质、确定煤炭合理用途及煤炭贸易定价都具有重要作用。在进行煤质评价时,一般先进行煤的工业分析,以大致了解煤的性质。

一、煤中的水分

(一)煤中水分的分类

水分是煤中的重要组成部分,也是煤炭质量的重要指标之一。煤中的水分按其在煤中存在形态的不同,可分为3种类型:外在水分、内在水分、化合水(张香兰和张军,2012)。

1.外在水分

煤的外在水分是指煤在开采、运输、储存和洗选过程中,附着在煤的颗粒表面以及大毛细孔(直径大于10^{-5}cm)中的水分,用符号M_f(%)表示。外在水分以机械方式与煤相结合,仅与外界条件有关，蒸汽压与纯水的蒸汽压相等，较易蒸发。当煤在室温下的空气中放置时，外在水分不断蒸发，直至与空气的相对湿度达到平衡时为止，此时失去的水分就是外在水分。含有外在水分的煤称为收到煤，失去外在水分的煤称为空气干燥煤，煤质化验通常采用空气干燥煤样进行。煤中外在水分的含量与煤粒度等因素有关，而与煤质无直接关系。

2. 内在水分

煤的内在水分是指吸附或凝聚在煤颗粒内部表面的毛细管或孔隙（直径小于 10^{-5}cm）中的水分，用符号 M_{inh} 表示。内在水分以物理化学方式与煤结合，蒸汽压小于纯水的蒸汽压，较难蒸发，加热至 105～110℃时才能蒸发，失去内在水分的煤称为干燥煤。将空气干燥煤样加热至 105～110℃时所失去的水分即为内在水分，也可称为空气干燥基水分（M_{ad}）。煤的外在水分与内在水分的总和称为煤的全水分（total moisture），用符号 M_t 表示。

煤中内在水分的含量与空气湿度等外界条件密切相关。为了便于研究和对比，在煤质研究中，经常会用到一个重要指标，即煤的最高内在水分。煤的最高内在水分指的是煤样在30℃、环境的相对湿度达 96%的条件下吸附水分达到饱和时测得的水分，用 *MHC*（Moisture Holding Capacity）表示。这一指标反映了年轻煤的煤化程度，常用于煤质研究和煤的分类。由于空气干燥基水分的环境平衡湿度一般小于 96%，因此一般情况下煤的最高内在水分高于空气干燥基水分。

煤中的内在水分含量与煤质有关，低煤化度煤的结构疏松，结构中极性官能团多，内部毛细管发达，内表面积大，因此具备了赋存水分的有利条件。例如，褐煤最高内在水分 *MHC* 可达 20%以上，随着煤化度的提高，最高内在水分含量减小，在烟煤中的肥煤与焦煤变质阶段，最高内在水分达到最小值（小于 1%），到高变质的无烟煤阶段，由于缩聚的收缩应力使煤内部的裂隙增加，最高内在水分含量又有所增加，可达到 4%左右（图 8-1）。

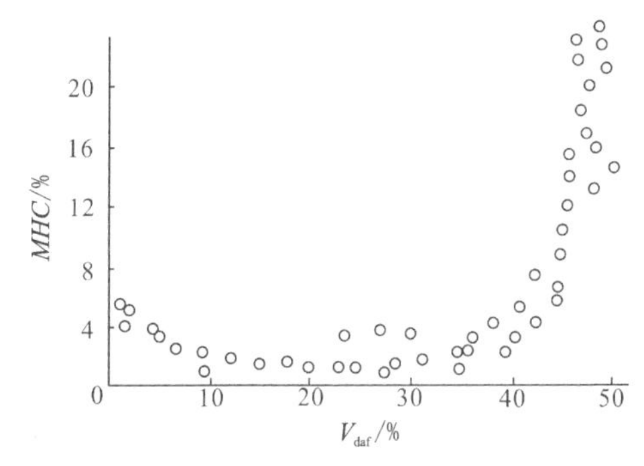

图 8-1 煤的最高内在水分 *MHC* 与挥发分 V_{daf} 的关系图

3. 化合水

煤中的化合水是指以化学方式与矿物质结合的、在全水分测定后仍保留下来的水分，即通常所说的结晶水或结合水。化合水含量不大，而且必须在更高的温度下才能失去。如石膏（$CaSO_4 \cdot 2H_2O$）在 163℃时分解失去结晶水，高岭石（$Al_4[Si_4O_{10}](OH)_8$）在 450～600℃时分解才失去结合水。

煤的工业分析中，测定的水分一般为空气干燥基水分，其测定的温度一般在105～110℃之间，在此温度下不会发生化合水的析出。因此，在煤的工业分析中，一般不考虑化合水。此外，煤的有机质中氢和氧在干馏或燃烧时生成的水称为热解水，也不在工业分析考虑之列。

（二）煤中水分的测定

煤中水分的测定，大都采用在一定温度下烘干煤样，通过计量其失重来计算水分含量。针对不同煤种和所测定的水分赋存状态，具体方法和步骤略有不同，但都有相应的测定标准。

1.煤中全水分

按照国家标准《煤中全水分的测定方法》(GB/T 211－2017)的规定，煤中全水分的测定有5种方法。其中，氮气干燥法（方法A1和B1）适用于所有煤种；空气干燥法（方法A2和B2）适用于烟煤和无烟煤；微波干燥法适用于烟煤和褐煤。以方法A1作为仲裁方法。

对试样质量的要求为：粒度13mm的全水分试样，试样质量不少于3kg；粒度6mm的试样，试样质量不小于1.25kg。

1)方法A(两步法)

方法A1（氮气干燥）。称取一定量的粒度13mm的试样，在温度不高于40℃的环境下干燥到质量恒定，再将干燥后的试样破碎到标称最大粒度3mm，于105～110℃下，在氮气流中干燥到质量恒定。根据试样两步干燥后的质量损失计算出全水分。

方法A2（空气干燥）。称取一定量的粒度为13mm的试样，在温度不高于40℃的环境下干燥到质量恒定，再将干燥后的试样破碎到标称最大粒度3mm，于105～110℃下，在空气流中干燥到质量恒定。根据试样两步干燥后的质量损失计算出全水分。

方法A(两步法)中外在水分的计算公式为：

$$M_f = \frac{m_1}{m} \times 100 \tag{8-1}$$

式中：M_f为试样的外在水分(%)；m为称取的试样质量(g)；m_1为试样在环境温度下干燥后的质量损失(g)。

内在水分的计算公式为：

$$M_{inh} = \frac{m_3}{m_2} \times 100 \tag{8-2}$$

式中：M_{inh}为试样的内在水分(%)；m_2为称取的测定外在水分后的试样质量(g)；m_3为试样在105～110℃下干燥后的质量损失(g)。

按照式(8-3)计算试验中的全水分：

$$M_t = M_f + \frac{100 - M_f}{100} \times M_{inh} \tag{8-3}$$

2)方法B(一步法)

方法B1（氮气干燥）。称取一定量的粒度为6mm(或13mm)的试样，于105～110℃下，在氮气流中干燥到质量恒定。根据试样干燥后的质量损失计算出全水分。

方法 B2(空气干燥)。称取一定量的粒度为 13mm(或 6mm)的试样,于 105～110℃下,在空气流中干燥到质量恒定。根据试样干燥后的质量损失计算出全水分。

方法 B(一步法)中全水分的计算公式为:

$$M_t = \frac{m_4}{m} \times 100 \tag{8-4}$$

式中:M_t 为煤试样中的全水分(%);m 为称取的试样质量(g);m_4 为试样干燥后的质量损失(g)。

3)微波干燥法

称取一定量的粒度为 6mm 的试样,置于微波炉内。煤中水分子在微波发生器的变电场作用下,高速振动产生摩擦热,使水分迅速蒸发。根据试样干燥后的质量损失计算出全水分。

2. 空气干燥基水分

按照国家标准《煤的工业分析方法》(GB/T 212—2008)的规定,空气干燥基水分的测定有 3 种方法:①方法 A(氮气干燥法)适用于所有煤种;②方法 B(空气干燥法)仅适用于烟煤和无烟煤;③微波干燥法适用于褐煤和烟煤水分的快速测定。

称取一定量的一般分析试验煤样,粒度为 0.2mm。方法 A 和方法 B 采用气流干燥法,将一定量的试样置于 105～110℃的干燥箱中,在干燥氮气流(方法 A)或空气流(方法 B)中干燥到质量恒重,以试样的失重计算出水分的含量,计算公式为:

$$M_{ad} = \frac{m_1}{m} \times 100 \tag{8-5}$$

式中:M_{ad} 为一般分析试验煤样中的空气干燥基水分(%);m 为称取的试样质量(g);m_1 为试样干燥后的质量损失(g)。

3. 最高内在水分

按照国家标准《煤的最高内在水分测定方法》(GB/T 4632—2008)的规定,取粒度小于 0.2mm的煤样约 20g,煤样达到饱和吸水后,用恒湿纸除去大部分外在水分,在温度为 30℃、相对湿度为 96%和充氮常压下达到湿度平衡,然后在温度为 105～110℃下、在氮气流中干燥,以其质量损失分数表示最高内在水分,计算公式为:

$$MHC = \frac{m_1}{m} \times 100 \tag{8-6}$$

式中:MHC 为试样的最高内在水分(%);m 为称取的试样质量(g);m_1 为试样干燥后的质量损失(g)。

(三)煤中水分对煤炭加工利用的影响

一般来说,煤中水分的存在对煤炭加工利用是不利的。在煤炭运输过程中,水分高意味着增加了运输负荷;在寒冷地带水分易冻结,使煤的装卸发生困难,解冻则需增加额外的能耗;储存时,煤中的水分随空气湿度而变化,使煤易破裂,加速了氧化;对煤进行机械加工时,煤中水分过多将造成粉碎、筛分困难，降低生产效率，损坏设备；在煤炭燃烧、气化、炼焦时，水分的存在要额外吸收热量，增加焦炉能耗，延长结焦时间，使过程热效率降低。此外，炼焦煤中的各种水分，包括热解水全部转入焦化剩余氨水，增大了焦化废水处理的负荷。因此，在煤炭交易中，水分成为一项重要的计价依据，水分高，煤价就要下降。但煤中适量的水分有利于减少运输和储存过程中煤粉尘的产生，可以减少煤的损失，降低煤粉对环境的污染。

二、煤的灰分

煤的灰分是指煤在一定条件下完全燃烧后得到的残渣，残渣量的多少与测定条件有关。煤的灰分是由煤中矿物质在高温条件下转化而来，既不是煤中固有的，更不能看成是矿物质的含量，因此称为灰分产率更确切。

（一）煤灰分的来源

煤高温燃烧时，大部分矿物质发生分解、氧化、化合等多种化学反应，与未发生变化的那部分矿物质一起转变为灰分。煤在灰化过程中矿物质发生的化学反应主要有以下几种。

（1）黏土矿物、石膏等失去化合水：

$$2SiO_2 \cdot Al_2O_3 \cdot 2H_2O \xrightarrow{\Delta} 2SiO_2 \cdot Al_2O_3 + 2H_2O$$

$$CaSO_4 \cdot 2H_2O \xrightarrow{\Delta} CaSO_4 + 2H_2O$$

（2）碳酸盐矿物受热分解：

$$CaSO_3 \xrightarrow{\Delta} CaO + CO_2$$

$$FeCO_3 \xrightarrow{\Delta} FeO + CO_2$$

（3）硫化物氧化：

$$4FeS_2 + 11O_2 \xrightarrow{\Delta} 2Fe_2O_3 + 8SO_2$$

（4）CaO 与 SO_2的反应：

$$2CaO + 2SO_2 + O_2 \xrightarrow{\Delta} 2CaSO_4$$

需要说明的是，煤在实际的燃烧过程中，矿物质的转化要复杂得多，常常伴有大量的产物之间的化学反应，还可能形成新的矿物。

按照煤中矿物质在煤高温燃烧时发生的化学反应，煤灰分主要由金属和非金属的氧化物和盐类组成，其主要成分是 SiO_2、Al_2O_3、CaO、MgO 等，此外，还有少量 K_2O、Na_2O、P_2O_5及一些微量元素的化合物。

（二）灰分的测定

按照国家标准《煤的工业分析方法》（GB/T 212—2008）的规定，灰分测定方法包括缓慢灰化法和快速灰化法两种，其中缓慢灰化法为仲裁法。

缓慢灰化法的要点：称取粒度小于 0.2mm 的一般分析试验煤样（1±0.1）g，放入马弗炉中，在不少于 30min 的时间内将炉温缓慢升至 500℃，并在此温度下保持 30min，继续升温至

(815±10)℃,并在此温度下灼烧1h至质量恒定,以残留物的质量占煤样质量的质量分数作为煤样的灰分。

快速灰化法包括方法A和方法B两种方法。方法A:将装有煤样的灰皿放在预先加热至(815±10)℃的灰分快速测定仪的传送带上,煤样自动送入仪器内完全灰化,然后送出,以残留物的质量占煤样质量的质量分数作为煤样的灰分。方法B:将装有煤样的灰皿由炉外逐渐送入预先加热至(815±10)℃的马弗炉中灰化并灼烧至质量恒定,以残留物的质量占煤样质量的质量分数作为煤样的灰分。

煤样的空气干燥基灰分按下式计算:

$$A_{ad} = \frac{m_1}{m} \times 100 \tag{8-7}$$

式中:A_{ad}为试样的空气干燥基灰分(%);m为称取的一般分析试验煤样的质量(g);m_1为灼烧后残留物的质量(g)。

由于空气干燥煤样中的水分是随空气湿度的变化而变化的,因而造成灰分的测值也随之发生变化。但就绝对干燥的煤样而言,其灰分产率是不变的。所以,在实用上空气干燥基的灰分产率只是中间数据,一般还需换算为干燥基的灰分产率A_d。在实际使用中除非特别指明,灰分的表示基准应是干燥基。换算公式如下:

$$A_d = \frac{100}{100 - M_{ad}} \times A_{ad} \tag{8-8}$$

(三)煤中矿物质和灰分对煤炭加工利用的影响

煤在作为燃料或加工转化的原料时,煤中的矿物质或灰分是不利的甚至是有害的,必须尽量去除。但煤中矿物质和灰分也具有一些有益作用(张香兰和张军,2012)。

1.煤中矿物质和灰分的不利影响

(1)增加运输负荷。我国煤炭产地分布很不均匀,约有70%的铁路运输能力用于煤炭运输,每年因煤中矿物质含量过高而造成的无效运输非常惊人。

(2)增加煤炭消耗。煤作为燃料时,煤中矿物质不仅不能产生热量,而且煤灰影响煤的热值,煤灰外排有时还可能夹带一部分未燃煤,造成机械性燃料损失。动力煤的灰分每增加1%,要多消耗2.0%~2.5%的煤炭。煤作为炼焦原料时,煤中绝大部分灰分会转入焦炭中,使焦炭的固定碳减少,生产率降低。

(3)影响生产操作条件和产品质量。煤作为燃料和气化原料时,煤中的某些低熔点灰分易造成锅炉和气化炉的结渣和堵塞。高灰煤制得的焦炭强度差,某些灰分还使焦炭的反应性异常增大,反应后强度降低;用高硫或高磷煤炼制的焦炭炼铁,会使钢铁发脆。煤在液化加工时,煤中矿物质使溶剂精制煤的过滤发生困难;煤中碱金属和碱土金属的化合物会使加氢液化过程中使用的钴钼催化剂活性降低;煤中的含铁化合物对煤的氧化和自燃具有催化作用。

(4)腐蚀设备装置。煤中的黄铁矿使燃烧粉煤的锅炉炉底因发生硫化作用而损伤;烟道气中的含硫成分使过热器、省煤器外部腐蚀;煤中氯离子是奥氏体钢的一种主要腐蚀剂。

(5)污染环境。锅炉与气化炉产生的灰渣与粉煤灰如不能及时利用，会占用大片土地并造成大气和水体污染；化合物和微量的汞在燃烧时生成 SO_2、CO_2、H_2S 等有毒气体和汞蒸气污染环境，严重时可能形成酸雨。

2.煤中矿物质和灰分的有益作用

(1)作为煤转化过程的催化剂。煤中某些矿物质，例如碱金属的碳酸盐(K_2CO_3、Na_2CO_3)、碱金属的氯化物(KCl、NaCl)、碱土金属氧化物(CaO)、羰基铁、铝酸钴等是煤气化反应的催化剂；钼是煤加氢催化剂，黄铁矿、高岭石和 TiO_2 也具有加氢活性。

(2)生产建筑材料。利用煤矸石和煤灰可生产水泥、预制块、轻骨料、砖瓦及保温材料等建筑材料，还可生产铸石和耐火材料。

(3)生产功能材料。从粉煤灰中浮选出来的漂珠，具有许多优良的物理化学性质，是一种新兴的功能材料，在建材、塑料、橡胶、涂料、化工、冶金、航海和航天等领域都显示出广阔的应用前景。

(4)制成环保制剂与材料。粉煤灰可制成废水处理剂、除草醚载体；气化煤灰可用作煤气脱硫剂。

(5)回收有益金属和其他有用成分。煤可以潜在富集有益金属并形成煤型金属矿床，从煤中可回收提取锗、铀、稀土、镓、铝、锂等元素。

(6)在农业上用作肥料或改良土壤。

三、煤的挥发分和固定碳

挥发分不是煤中的固有物质，而是煤在特定加热条件下的热解产物。在高温条件下(900℃)，将煤隔绝空气加热一段时间，煤的有机质发生热解反应，形成小分子化合物，在测定条件下呈气态析出，其余有机质则以固体形式残留下来。由有机质热解形成并呈气态析出的化合物称为挥发物，该挥发物占煤样质量的百分数称为挥发分或挥发分产率。以固体形式残留下来的有机质占煤样质量的百分数称为固定碳。固定碳不能单独存在，它与煤中灰分一起形成的残渣称为焦渣，从焦渣中扣除灰分就是固定碳了。挥发分用 V 表示，固定碳用 FC 表示。

实际上，煤在规定条件下产生的挥发物不仅包括煤有机质热解产生的气态产物，还包括煤中吸附水产生的水蒸气和碳酸盐矿物分解析出的 CO_2 等。由于煤中的矿物质在挥发分测定条件下能形成的挥发性气体的量有限，除特殊情况外，基本上可以认为：挥发分测定时产生的挥发物除了吸附水外，其余几乎都为煤有机质热解形成的小分子化合物。根据挥发分产率能够大致判断煤的大部分性质，在众多研究和利用煤的场合均需要用到煤的挥发分数据。

(一)挥发分的测定

挥发分的测定步骤依照国家标准《煤的工业分析方法》(GB/T 212—2008)进行。测定方法为：称取粒度小于 0.2mm 的一般分析试验煤样(1±0.1)g，放在带盖的瓷坩埚中，在温度为(900±10)℃条件下，隔绝空气加热 7min，以减少的质量占煤样质量的质量分数减去该煤样的水分含量作为煤样的挥发分。测定结果按下式计算：

$$V_{ad} = \frac{m_1}{m} \times 100 - M_{ad} \tag{8-9}$$

式中：V_{ad}为试样的空气干燥基挥发分（%）；m 为称取的一般分析试验煤样的质量（g）；m_1为加热后减少的质量（g）；M_{ad}为试样的空气干燥基水分（%）。

按照固定碳的概念和煤的工业分析的基本思想，煤的固定碳应为除去水分、挥发分和灰分后的残余物，其产率可用减量法计算，即：

$$FC_{ad} = 100\% - (M_{ad} + A_{ad} + V_{ad}) \tag{8-10}$$

式中：FC_{ad}为试样的空气干燥基固定碳（%）；M_{ad}为试样的空气干燥基水分（%）；A_{ad}为试样的空气干燥基灰分（%）；V_{ad}为试样的空气干燥基挥发分（%）。

挥发分和固定碳都不是煤中的固有成分，它们是煤中的有机质在一定条件下热分解的产物。通常煤的有机质在隔绝空气加热后形成的挥发物中有 CH_4、C_2H_6、H_2、CO、H_2S、NH_3、COS、H_2O、C_nH_{2n}、C_nH_{2n-2}和苯、萘、酚等芳香族化合物以及 C_5～C_{16}的烃类、吡啶、吡咯、噻吩等化合物。

在元素组成上，固定碳不仅含有碳元素，还含有氢、氧、氮等元素。因此，固定碳含量与煤中有机质的碳元素含量是不相同的两个概念。一般来说，煤中固定碳含量小于煤的有机质的碳含量，只有在高煤化度的煤中两者趋于接近。

挥发分由煤的有机质热解而产生，挥发分的高低反映了煤的有机质分子结构的特性。但挥发分的测定结果用空气干燥基表示时，由于受水分和灰分的影响，既不能正确反映这种特性，也不能准确表达挥发分的高低。因此，排除水分和灰分的影响，采用无水无灰的基准（也称干燥无灰基）表示。干燥无灰基挥发分指的是有机质挥发物的质量占煤中干燥无灰物质质量的百分数。在实际使用中除非特别指明，挥发分均是指干燥无灰基时的数值。干燥无灰基挥发分用 V_{daf}表示，由空气干燥基挥发分换算而得：

$$V_{daf} = \frac{100}{100 - M_{ad} - A_{ad}} \times V_{ad} \tag{8-11}$$

这时，干燥无灰基的固定碳：

$$FC_{daf} = 100\% - V_{daf} \tag{8-12}$$

（二）挥发分的校正

根据挥发分的特点，挥发分反映的是煤中有机质的特性，但在失重法测定过程中，挥发物中除了从有机质分解而来的化合物之外，还有一部分挥发物不是从有机质而来。如煤样中矿物质的化合水、碳酸盐矿物分解产生的 CO_2，由硫铁矿转化而来的 H_2S 等。显然它们是由煤样中的无机物转化而来的。但在挥发分测定时，计入了挥发分，这样所测得的挥发分就不能正确反映有机质的真实情况，必须进行校正，也就是从挥发分的测值中扣除 CO_2、H_2S 和矿物化合水的量，但实际上很难实现，主要是化合水、H_2S 等的含量测定困难所致。这两种成分在挥发分测定中的生成量极小，一般不作校正。碳酸盐 CO_2 含量的测定则相对容易得多，校正如下：

当碳酸盐 CO_2 含量大于或等于 2%时，则

$$V_{ad校正} = V_{ad} - (CO_2)_{ad} \tag{8-13}$$

式中，$(CO_2)_{ad}$ 为空气干燥基碳酸盐 CO_2 的含量(%)。

在《煤的工业分析方法》(GB/T 212—2008)中规定干燥基和空气干燥基挥发分无需进行碳酸盐 CO_2 的校正，只有干燥无灰基挥发分需要校正，这么做是因为“挥发分是指从挥发物中扣除水分后的量”，在干燥基和空气干燥基下，其物质中包含了碳酸盐。干燥无灰基挥发分需要对 CO_2 进行校正，是因为干燥无灰基定义为假想无水、无灰状态，而在假想无灰状态时，煤中是不存在碳酸盐的。故计算干燥无灰基挥发分时，应从空气干燥基挥发分中扣除煤中碳酸盐 CO_2 含量。当碳酸盐 CO_2 含量小于 2%时，$(CO_2)_{ad}$ 含量可忽略不计。

在实际工作中，直接测定碳酸盐分解生成的 CO_2、硫铁矿产生的 H_2S 和矿物质化合水的含量十分复杂，有的甚至是不可能的。因此，一般采用对煤样进行脱灰处理，降低其矿物质含量后，矿物质对挥发分测定产生的影响就可以忽略了。通常要求用于挥发分测定的煤样，其灰分应该小于 15%，最好小于 10%。

此外，在我国大多数煤中，黏土矿物是主要矿物，高岭石在 560℃时析出的结晶水也算入挥发分，因此黏土矿物含量高的煤所测出的挥发分通常偏高。

挥发分产率与煤化度关系密切，我国和世界上许多国家都以挥发分产率作为煤的第一分类指标，以表征煤的煤化度。根据挥发分产率和煤渣特征，可以初步评价各种煤的加工工艺适宜性。利用挥发分产率并配合其他指标可以预测并估算煤干馏时各主要产物的产率，也可计算煤燃烧时的发热量。

(三)影响煤挥发分的因素

1. 测定条件的影响

影响挥发分测定结果的主要因素是加热温度、加热时间、加热速度。此外，加热炉的大小，试样容器的材质、形状、质量、尺寸以及容器的支架都会影响测定结果。因此，挥发分测定是一个规范性很强的分析项目。

2. 煤化程度的影响

煤的挥发分随煤化程度的提高而下降。褐煤的挥发分最高，通常大于 40%；无烟煤的挥发分最低，通常小于 10%。煤的挥发分主要来自煤分子中不稳定的脂肪侧链、含氧官能团断裂后形成的小分子化合物和煤有机质高分子缩聚时生成的氢气。随着煤化程度的提高，煤分子上的脂肪侧链和含氧官能团均呈下降趋势；高煤化程度煤分子的缩聚度高，热解时进一步的缩聚反应也少，由此产生的氢气量也少，所以煤的挥发分随煤化程度的提高而下降。

3. 成因类型和煤岩组分的影响

煤的挥发分主要取决于其煤化程度，但煤的成因类型和煤岩组成对其也有影响。腐植煤的挥发分低于腐泥煤，这是由成煤原始植物的化学组成和结构的差异引起的。腐植煤以稠环

芳香族物质为主，受热不易分解，而腐泥煤则脂肪族成分含量高，受热易裂解为小分子化合物成为挥发分。

煤岩组分中壳质组的挥发分最高，镜质组次之，惰质组最低。这是因为壳质组化学组成中抗热分解能力低的链状化合物占有较大比例，而惰质组的分子主要以聚合芳香结构为主，镜质组则居于二者之间。

第二节　煤的元素分析

煤的组成以有机质为主体，煤的工艺用途主要是由煤中有机质的性质决定的。煤中有机质主要由碳、氢、氧、氮和硫等元素构成。煤中有机质的元素组成可以通过元素分析法测定。国家标准《煤质及煤分析有关术语》(GB/T 3715—2007)中规定：煤的元素分析是碳、氢、氧、氮、硫5个煤炭分析项目的总称。通过元素分析了解煤中有机质的元素组成是煤质分析与研究的重要内容(张香兰和张军，2012)。

一、构成煤有机质的主要元素

1. 碳

碳是煤中有机质的主要组成元素。在煤的结构单元中，它构成了稠环芳烃的骨架。在煤炼焦时，它是形成焦炭的主要物质基础；在煤燃烧时，它是发热量的主要来源。

碳的含量随着煤化度的升高而有规律地增加，从褐煤的60%左右一直增加到年老无烟煤的98%。腐植煤的碳含量高于腐泥煤，见表8-1。碳含量也可以作为表征煤化度的分类指标，在某些情况下，碳含量对煤化度的表征比挥发分更准确。

在不同煤岩组分中，碳含量的顺序是：惰质组＞镜质组＞壳质组。

表8-1　煤中元素含量随煤化度的变化规律(据张双全，2009)　　单位：%

煤种	C_{daf}	H_{daf}	O_{daf}	N_{daf}
泥炭	55～62	5.3～6.5	27～34	1～3.5
年轻褐煤	60～70	5.5～6.6	20～23	1.5～2.5
年老褐煤	70～76.5	4.5～6	15～20	1～2.5
长焰煤	77～81	4.5～6	10～15	0.7～2.2
气煤	79～85	5.4～6.8	8～12	1～1.2
肥煤	82～89	4.8～6	4～9	1～2
焦煤	86.5～91	4.5～5.5	3.5～6.5	1～2
瘦煤	88～92.5	4.3～5	3～5	0.9～2
贫煤	88～92.7	4～4.7	2～5	0.7～1.8

续表 8-1

煤种	C_{daf}	H_{daf}	O_{daf}	N_{daf}
年轻无烟煤	89～93	3.3～4	2～4	0.8～1.5
典型无烟煤	93～95	2～3.2	2～3	0.6～1
年老无烟煤	95～98	0.8～2	1～2	0.3～1
腐泥煤	75～80	6.5～7	—	—

2. 氢

氢元素是煤中第二重要的元素，主要存在于煤分子的侧链和官能团上。腐植煤中氢元素的含量一般小于7%，随煤化程度的提高而呈下降趋势。在中变质烟煤之后，这种规律更为明显。在气煤、气肥煤阶段，氢含量能高达6%以上；到高变质烟煤阶段，氢含量甚至可下降到1%以下。

与碳元素相比，氢元素具有较强的反应能力，单位质量的燃烧热也更大，氢元素的发热量约为碳元素的4倍。虽然煤中氢的含量远低于碳的含量，但氢含量的变化对煤发热量的影响很大。

腐泥煤的氢含量高于腐植煤。腐植煤中不同煤岩组分氢含量的顺序是：壳质组>镜质组>惰质组。

3. 氧

氧也是组成煤有机质的重要元素。有机氧在煤中主要以羧基(—COOH)、羟基(—OH)、羰基(—C=O)、甲氧基($—OCH_3$)和醚基(—C—O—C—)等形态存在，也有些氧与碳骨架结合成杂环。氧在煤中存在的总量和形态直接影响煤的性质。

煤中有机氧含量随煤化度的增高而明显减少。泥炭中干燥无灰基氧含量 O_{daf} 为27%～34%，褐煤为15%～30%，到烟煤阶段为2%～15%，无烟煤为1%～4%。在研究煤的煤化度演变过程时，经常用O/C和H/C原子比来描述煤元素组成的变化以及煤的脱羧、脱水和脱甲基反应。

氧反应能力很强，在煤的加工利用中起着较大的作用。如低煤化度煤液化时，因为含氧量高，会消耗大量的氢，氢与氧结合生成无用的水；在炼焦过程中，当煤中氧含量高时，会导致煤的黏结性降低，甚至消失；煤燃烧时，煤中氧不参与燃烧，却约束本来可燃的元素如碳和氢。但对煤制取芳香羧酸和腐植酸类物质而言，氧含量高的煤是较好的原料。

腐泥煤的氧含量低于腐植煤。腐植煤中不同煤岩组分氧含量的顺序是：镜质组>惰质组>壳质组。

4. 氮

煤中的氮含量较少，一般约低于3%，其含量与煤化程度无明显规律，在各种显微组分中，氮含量的相对关系也没有明显规律性。煤中的氮通常都是有机氮，其来源可能主要是成煤植物的蛋白质。在煤中主要以胺基、亚胺基、五元杂环（吡咯、咔唑等）、六元杂环（吡啶、喹啉等）等形式存在。

煤中的氮在煤燃烧时不放热，主要以 N_2 的形式进入废气，少量形成 NO_x。煤液化时，需要消耗部分氢才能使产品中的氮含量降到最低限度。煤炼焦时，一部分氮变成 N_2、NH_3、HCN 和其他有机氮化物逸出，其余的氮进入煤焦油或残留在焦炭中。炼焦化学产品中氮的产率与煤中氮含量及其存在形态有关。煤焦油中的含氮化合物有吡啶类和喹啉类，而在焦炭中氮则以某些结构复杂的含氮化合物形态存在。

5. 硫

煤中硫的来源有两种：一是成煤植物本身所含有的硫——原生硫，另一种是来自成煤环境及成岩变质过程中加入的硫——次生硫。对于绝大多数煤来说，所含有的硫主要是次生硫。一般认为，低硫煤中硫主要来自淡水硫酸盐和成煤植物，高硫煤中硫主要来自海水硫酸盐，也不排除少数高硫煤中硫来自蒸发盐岩和卤水。

煤中的硫可分为有机硫和无机硫，无机硫又分为硫化物硫和硫酸盐硫。一般煤中的有机硫含量较低，但组成很复杂，主要由硫醚、硫化物、二硫化物、硫醇、巯基化合物、噻吩类杂环化合物及硫醌化合物等组分或官能团构成。研究表明，低煤化程度煤以小相对分子质量的脂肪族有机硫为主，而高煤化程度煤以大相对分子质量的环状有机硫为主。随煤化程度提高，具有三环结构的二苯并噻吩相对于四环、五环结构的化合物数量减少，而具有稳定甲基取代位的含硫化合物则不断增加。煤化程度高的煤绝大部分有机硫属噻吩结构，褐煤中脂肪族硫占主导地位。随煤化程度提高，煤中吩硫的比例增大，其芳构化程度也逐渐提高。

煤中的无机硫主要以硫铁矿、硫酸盐等形式存在，其中尤以硫铁矿硫居多。煤中的硫铁矿形态、产状复杂多变，脱除硫铁矿硫的难易程度取决于硫铁矿的颗粒大小及分布赋存状态，颗粒大则较易去除，极细颗粒的硫铁矿硫难以采用常规方法脱除。一般情况下，煤中的硫酸盐硫是黄铁矿氧化所致，未经氧化的煤中的硫酸盐硫很少。

煤中的有机硫用 S_o 表示，硫铁矿硫用 S_p 表示，煤中各种形态硫的总和称为全硫，用 S_t 表示，即

$$S_t = S_o + S_p + S_q \tag{8-14}$$

煤中的有机硫和硫铁矿硫称为可燃硫，燃烧后形成 SO_2 等有害气体。按干馏过程中的挥发性又可分为挥发硫和固定硫。

煤中的硫对于炼焦、气化、燃烧和储运都有不利影响，因此硫含量是评价煤质的重要指标之一。煤在炼焦时，约 60% 的硫进入焦炭，硫的存在使生铁具有热脆性，直接影响钢铁质量，因此炼焦配合煤要求硫分小于 1%；煤气化时，由硫产生的二氧化硫不仅腐蚀设备，而且易使催化剂中毒，影响操作和产品质量；煤燃烧时，煤中硫转化为二氧化硫排入大气中，腐蚀金属设备和设施，污染环境，造成大气污染；硫铁矿含量高的煤，在堆放时易于氧化和自燃，使煤的灰分增加，热值降低。世界上高硫煤的储量占有一定比例，因此寻求高效经济的脱硫方法和回收利用硫的途径，具有重大意义。

二、煤中有机质元素的测定

根据元素分析的定义，对空气干燥煤样，有下列关系式：

$$M_{ad}+A_{ad}+S_{o,ad}+C_{ad}+H_{ad}+O_{ad}+N_{ad}=100\% \tag{8-15}$$

式中，C_{ad}，H_{ad}，O_{ad}，N_{ad}，$S_{o,ad}$分别表示空气干燥基的碳、氢、氧、氮和有机硫的含量，%。

对于硫元素，从理论上来说，上式中的 $S_{o,ad}$是合理的，但在实际应用中有诸多不便，因为有机硫含量的测定十分复杂，而且硫元素是煤中的一个十分特殊的有害元素，一般情况下，全硫含量是必测指标，而且其测定过程较为简单。因此，在一般的应用中，用全硫含量 $S_{t,ad}$来代替有机硫 $S_{o,ad}$。这样式(8-15)就变为：

$$M_{ad}+A_{ad}+S_{t,ad}+C_{ad}+H_{ad}+O_{ad}+N_{ad}=100\% \tag{8-16}$$

另外需要说明的是，虽然有测定氧元素含量的方法，但测定过程繁杂，一般也不直接测定，而是在测定了碳、氢、氮和硫后，用差减法由上式计算氧的含量。这样做，氧含量的数值中包含了水分、灰分、碳、氢、氮和硫的测定误差，也包含了无机硫的影响。在特殊的情况下，需要用有机硫的数据或直接测定氧元素的含量(张双全，2009)。

(一)碳、氢元素的测定

燃烧法是目前测定煤中碳、氢含量的最通用方法，其基本原理是：将一定量的煤样在氧气流中燃烧，煤样中碳和氢分别生成二氧化碳和水，用吸收剂分别对其进行吸收，根据吸收剂的增重计算出煤中碳和氢的含量。

国家标准《煤中碳和氢的测定方法》(GB/T 476—2008)规定了三节炉法和二节炉法测定煤中碳和氢的方法原理和试验步骤。称取一定量的煤样或水煤浆干燥煤样，在燃烧管中通入氧气，在一定温度下充分燃烧，生成的水和二氧化碳分别由吸水剂和二氧化碳吸收剂吸收，由吸收剂的增量计算煤中碳和氢的质量分数。煤样中硫和氯对碳测定的干扰在三节炉中用铬酸铅和银丝卷消除，在二节炉中用高锰酸银热解产物消除，氮对碳测定的干扰用粒状二氧化锰消除。

(1)煤的燃烧反应：

$$煤+O_2\xrightarrow{燃烧}CO_2\uparrow+H_2O+SO_x\uparrow+Cl_2\uparrow+N_2\uparrow+NO_x\uparrow$$

(2)H_2O 和 CO_2的吸收反应：

$$2H_2O+CaCl_2\longrightarrow CaCl_2\cdot 2H_2O$$

$$4H_2O+CaCl_2\cdot 2H_2O\longrightarrow CaCl\cdot 6H_2O$$

$$CO_2+2NaOH\longrightarrow Na_2CO_3+H_2O$$

或

$$6H_2O+Mg(ClO_4)_2\longrightarrow Mg(ClO_4)_2\cdot 6H_2O$$

(3)脱除硫、氮、氯等杂质的反应：

煤经燃烧除了生成 CO_2和 H_2O 之外，还生成硫、氮等酸性氧化物和氯气。如不除去这些杂质，将被 CO_2 吸收剂吸收，影响碳的测值。

三节炉法中，在燃烧管用铬酸铅脱除硫的氧化物，用银丝卷脱氯：

$$4PbCrO_4 + 4SO_2 \longrightarrow 4PbSO_4 + 2Cr_2O_3 + O_2 \uparrow$$

$$4PbCrO_4 + 4SO_3 \longrightarrow 4PbSO_4 + 2Cr_2O_3 + 3O_2 \uparrow$$

$$2Ag + Cl_2 \longrightarrow 2AgCl$$

二节炉法中，用高锰酸银热分解产物脱除硫和氯：

$$2Ag \cdot MnO_2 + SO_2 + O_2 \longrightarrow Ag_2SO_4 \cdot MnO_2$$

$$4Ag \cdot MnO_2 + 2SO_3 + O_2 \longrightarrow 2Ag_2SO_4 \cdot MnO_2$$

$$2Ag \cdot MnO_2 + Cl_2 \longrightarrow 2AgCl \cdot MnO_2$$

在燃烧管外部，用粒状二氧化锰脱除氮氧化物：

$$MnO_2 + 2NO_2 \longrightarrow Mn(NO_3)_2$$

或 $MnO_2 + H_2O \longrightarrow MnO(OH)_2$

$$MnO(OH)_2 + 2NO_2 \longrightarrow Mn(NO_3)_2 + H_2O$$

三节炉法碳、氢含量测定装置如图 8-2 所示。

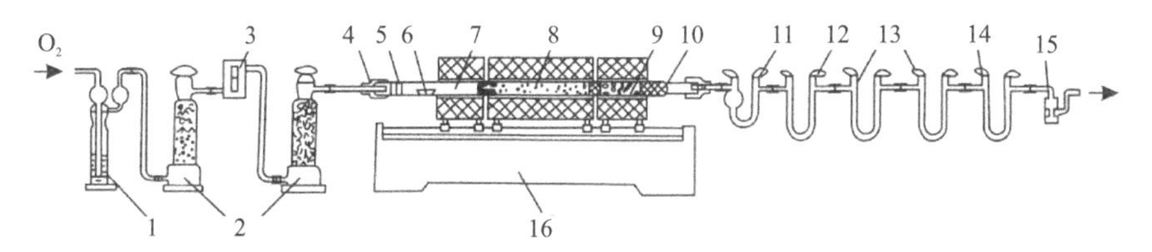

图 8-2　三节炉法碳、氢含量测定装置示意图(据张双全,2009)

1. 鹅头洗气瓶；2. 气体干燥塔；3. 流量计；4. 橡皮塞；5. 铜丝卷；6. 瓷舟；7. 燃烧管；8. 氧化铜；9. 铬酸铅；10. 银丝卷；11. 吸水 U 形管；12. 除氮氧化物 U 形管；13. 吸收二氧化碳 U 形管；14. 用来保护的 U 形管；15. 气泡计；16. 三节电炉及控温装置

测定结果的计算如下：

$$C_{ad} = \frac{0.2729\, m_1}{m} \times 100 \tag{8-17}$$

$$H_{ad} = \frac{0.1119\,(m_2 - m_3)}{m} \times 100 - 0.1119 M_{ad} \tag{8-18}$$

式中：C_{ad} 为一般分析煤样（或水煤浆干燥试样）中碳的质量分数(%)；H_{ad} 为一般分析煤样（或水煤浆干燥试样）中氢的质量分数(%)；m 为一般分析煤样质量(g)；m_1 为吸收二氧化碳 U 形管的增量(g)；m_2 为吸水 U 形管的增量(g)；m_3 为空白值(g)；M_{ad} 为一般分析煤样水分(按 GB/T 212—2008)的质量分数(%)；0.272 9 为将二氧化碳折算成碳的因数；0.111 9 为将水折算成氢的因数。

如果煤中碳酸盐 CO_2 的值大于 2%，对碳含量需作校正，公式如下：

$$C_{ad} = \frac{0.2729\, m_1}{m} \times 100 - 0.2729 (CO_2)_{ad} \tag{8-19}$$

式中，$(CO_2)_{ad}$ 为一般分析煤样中碳酸盐 CO_2 的质量分数(%)。

（二）氮元素的测定

煤中氮的测定方法有开氏法、杜马法和蒸汽燃烧法，其中以开氏法应用最广。国家标准《煤中氮的测定方法》(GB/T 19227—2008)规定了半微量开氏法和半微量蒸汽法测定煤中氮的方法原理和试验步骤。以下简要介绍半微量开氏法的方法原理和试验步骤。称取一定量的空气干燥煤样，加入混合催化剂和硫酸，加热分解，氮转化为硫酸氢铵。加入过量的氢氧化钠溶液，把氨蒸出并吸收在硼酸溶液中。用硫酸标准溶液滴定，根据硫酸的用量，计算样品中氮的含量。此过程的主要化学反应如下：

(1)消化反应：

$$\text{煤(有机质)}\xrightarrow[\text{催化剂}]{\text{浓硫酸}}CO_2\uparrow+CO\uparrow+H_2O\uparrow+SO_2\uparrow+SO_3\uparrow+NH_4HO_4\uparrow+H_3PO_4+N_2\uparrow\text{(极少)}$$

(2)蒸馏分解反应：

$$NH_4HSO_4+H_2SO_4+NaOH\text{(过量)}\xrightarrow{\Delta}NH_3\uparrow+Na_2SO_4+H_2O$$

(3)吸收反应：

$$H_3BO_3+xNH_3\longrightarrow H_3BO_3\cdot xNH_3$$

(4)滴定反应：

$$2H_3BO_3\cdot xNH_3+xH_2SO_4\longrightarrow x(NH_4)_2SO_4+2H_3BO_3$$

测定步骤如下：

(1)在擦镜纸上称取粒度小于 0.2mm 的一般分析试验煤样(0.2±0.01)g(称准至 0.000 2g)，将试样包好，放入 50mL 开氏瓶中，加入混合催化剂 2g 和浓硫酸 5mL。将开氏瓶放入铝加热体的孔中，并在瓶口插入一短颈漏斗，在铝加热体中心小孔处插入热电偶，接通电源，缓缓加热到 350℃左右，保持此温度，直到溶液清澈透明、黑色颗粒完全消失为止。

(2)将溶液冷却，用少量蒸馏水稀释后，将溶液移至 250mL 开氏瓶中，用蒸馏水充分洗净原开氏瓶中的剩余物，洗液并入 250mL 开氏瓶中，使瓶中溶液总体积约为 100mL，然后将盛有溶液的开氏瓶放在蒸馏装置上。

(3)直形冷凝管上端与开氏球连接，冷凝管下端用胶皮管与玻璃管相连，直接插入一个盛有 20mL 硼酸溶液和 2～3 滴混合指示剂的锥形瓶中，管端插入溶液并距瓶底约 2mm。

(4)往开氏瓶中加入 25mL 混合碱溶液，然后通入蒸汽进行蒸馏。蒸馏至锥形瓶中馏出液达到 80mL 为止，此时硼酸溶液由紫色变为绿色。

(5)拆下开氏瓶并停止供给蒸汽，取下锥形瓶，用水冲洗插入硼酸溶液中的玻璃管，洗液收入锥形瓶中，总体积约为 110mL。

(6)用硫酸标准溶液滴定吸收硼酸溶液中的氨，直至溶液由绿色变为钢灰色即为终点。根据硫酸的用量并校正空白值，即可计算出氮的质量分数。

空白值测定时采用 0.2g 蔗糖代替煤样，试验方法步骤同上。

铝加热体示意图如图 8-3 所示。

蒸馏装置示意图如图 8-4 所示。

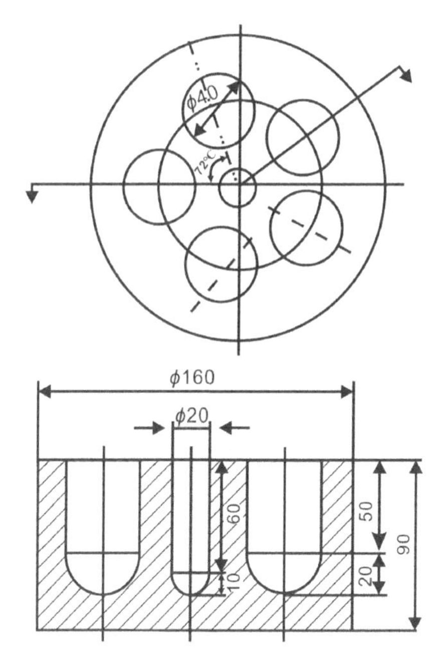

图 8-3　铝加热体示意图(单位:mm)

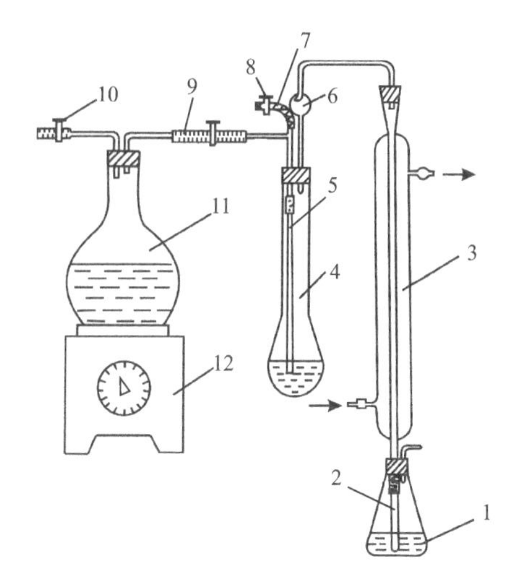

图 8-4　测定氮元素的蒸馏装置示意图

1. 锥形瓶;2. 玻璃管;3. 直形玻璃冷凝管;4. 开氏瓶;5. 玻璃管;6. 开氏球;7. 胶皮管夹;8. T 形管;9. 胶管;10. 弹簧夹;11. 圆底烧瓶;12. 加热电炉

测定结果的计算公式为:

$$N_{ad}=\frac{c(V_1-V_2)\times 0.014}{m}\times 100 \tag{8-20}$$

式中:N_{ad}为空气干燥煤样中氮的质量元素(%);c 为硫酸标准溶液的浓度(mol/L);m 为分析煤样质量(g);V_1 为煤样试验时硫酸标准溶液的用量(mL);V_2 为空白试验时硫酸标准溶液的用量(mL);0.014 为氮的摩尔质量(g/mmoL)。

(三)硫元素的测定

煤中硫的测定分为全硫测定和各种形态硫测定 2 类,我国相应地制定了 2 个国家标准,以下简要介绍煤中全硫的测定。国家标准《煤中全硫的测定方法》(GB/T 214—2007)规定了全硫的 3 种测定方法,即艾氏法、库仑滴定法和高温燃烧中和法。其中,艾氏法是仲裁分析法。

1. 艾氏法

艾氏法又称质量法,它是世界各国通用的测定煤中全硫含量的标准方法,1876 年由德国人艾氏卡提出。该法特点是精确度高,成熟可靠,适合成批测定,但耗时长,不适合单个试样的测定。

艾氏法的基本原理和试验步骤:称取一定量的粒度小于 0.2mm 的空气干燥煤样与艾氏试剂(2 份轻质 MgO 和 1 份 Na_2CO_3混合而成)混合灼烧(800~850℃),使煤中的硫全部转换为可溶于水的硫酸钠和硫酸镁。冷却后用热水将硫酸盐从灼烧物中全部淋滤出来，在滤液中加入氯化钡，使硫酸盐全部转化为硫酸钡沉淀。过滤并洗涤硫酸钡沉淀，然后在坩埚中灰化、灼烧带有沉淀的滤纸。称量硫酸钡沉淀的质量，计算出煤中全硫含量。

主要的化学反应如下。

(1)煤的氧化作用：

$$\text{煤}\xrightarrow{O_2}CO_2\uparrow+N_2\uparrow+H_2O+SO_3\uparrow+SO_2\uparrow$$

(2)氧化硫的固定作用：

$$2Na_2CO_3+2SO_2+O_2\xrightarrow{\Delta}2Na_2SO_4+2CO_2\uparrow$$

$$Na_2CO_3+SO_3\xrightarrow{\Delta}Na_2SO_4+CO_2\uparrow$$

$$MgO+SO_3\xrightarrow{\Delta}MgSO_4$$

$$2MgO+2SO_2+O_2\xrightarrow{\Delta}2MgSO_4$$

(3)硫酸盐的转化作用：

$$CaSO_4+Na_2CO_3\xrightarrow{\Delta}CaCO_3+Na_2SO_4$$

(4)硫酸盐的沉淀作用：

$$MgSO_4+Na_2SO_4+2BaCl_2\rightarrow2BaSO_4\downarrow+2NaCl+MgCl_2$$

测定结果由下式计算：

$$S_{t,ad}=\frac{(m_1-m_2)\times0.137\,4}{m}\times100\% \tag{8-21}$$

式中：$S_{t,ad}$为煤样中全硫质量分数(%)；m_1为灼烧后硫酸钡质量(g)；m_2为空白试验的硫酸钡质量(g)；m为煤样质量(g)；0.137 4为由硫酸钡换算成硫的系数。

2.库仑滴定法

库仑滴定法是一种仪器分析法，采用自动定硫仪可以测出煤中全硫含量。库仑滴定法的基本原理和试验步骤：称取一定量的粒度小于0.2mm的空气干燥煤样，在催化剂的作用下，于(1150±10)℃下在空气流中燃烧分解，煤中各种形态的硫转化为二氧化硫和少量的三氧化硫，并随燃烧气体一起进入电解池。其中二氧化硫与水化合生成亚硫酸，与电解液中的碘发生反应，以电解碘化钾溶液所产生的碘进行滴定，根据电解所消耗的电量计算煤中全硫的含量。化学反应式为：

$$I_2+H_2SO_3+H_2O\longrightarrow2I^-+H_2SO_4+2H^+$$

由于碘离子的生成，碘离子的浓度增大，使电解液中的碘—碘化钾电对的电位平衡遭到破坏。此时，仪器立即自动电解，使碘离子生成碘，以恢复电位平衡。电极反应如下：

阳极：$2I^--2e\longrightarrow I_2$

阴极：$2H^++2e\longrightarrow H_2$

燃烧气体中二氧化硫的量越多，上述反应中消耗的碘就越多，电解消耗的电量就越大。当亚硫酸全部被氧化为硫酸时，根据电解碘离子生成碘所消耗的电量，由法拉第电解定律，可计算出煤中全硫质量：

$$S_{t,ad}=\frac{m_1}{m}\times 100 \tag{8-22}$$

式中：$S_{t,ad}$ 为一般分析煤样中全硫质量分数(%)；m_1 为库仑积分器显示值(mg)；m 为煤样质量(mg)。

库仑滴定法测定煤中的全硫含量的装置如图 8-5 所示。

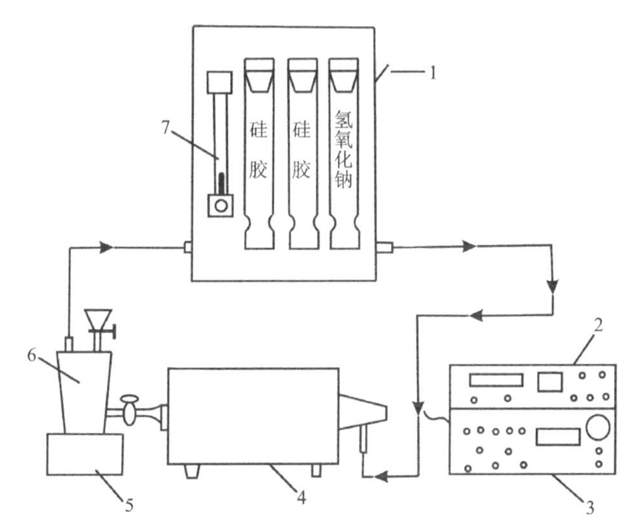

图 8-5 库仑滴定法测定煤中全硫含量装置示意图(据张双全,2009)

1.电磁泵开关；2.库仑积分仪；3.程控温控仪；4.燃烧炉；5.搅拌器；6.电解池；7.流量计

3.高温燃烧中和法

与艾氏法比较，高温燃烧中和法的特点是测定速度快，一般在 20～30min 内即可获得结果，同时还可测定出煤样中的氯含量。

高温燃烧中和法的基本原理和试验步骤：称取一定量的粒度小于 0.2mm 的空气干燥煤样，在催化剂作用下，于 1250℃下在氧气流中燃烧。煤中各种形态硫全部转化为二氧化硫和三氧化硫，被过氧化氢溶液吸收，形成硫酸溶液。用氢氧化钠溶液中和滴定，根据消耗的氢氧化钠标准溶液量，计算煤中全硫含量。

煤燃烧时，煤中的氯生成氯气，在过氧化氢的作用下生成盐酸。用氢氧化钠滴定硫酸时，生成的盐酸也与氢氧化钠反应生成 NaCl，多消耗了氢氧化钠标准溶液，计算全硫含量时应扣除这部分氢氧化钠的量。由于 NaCl 可与羟基氰化汞反应再生成氢氧化钠，再用硫酸标准溶液滴定，即可计算出与盐酸反应的氢氧化钠的量。扣除后，还可计算出全硫含量，同时可以得到氯含量。

高温燃烧中和法的主要反应过程以下列各式表示：

$$煤\xrightarrow{1250℃}SO_2\uparrow+H_2O+CO_2\uparrow+Cl_2\uparrow+\cdots$$

硫的吸收：

$$SO_2+H_2O_2\longrightarrow H_2SO_4+H_2O$$

$$SO_3 + H_2O \longrightarrow H_2SO_4$$

氯的吸收：

$$Cl_2 + H_2O_2 \longrightarrow 2HCl + O_2$$

硫、氯与碱的中和：

$$2HCl + H_2SO_4 + 4NaOH \longrightarrow Na_2SO_4 + 2NaCl + 4H_2O$$

氯化钠转变成定量的 NaOH：

$$NaCl + Hg(OH)CN \longrightarrow HgCl(CN) + NaOH$$

测定氯含量的间接反应：

$$2NaOH + H_2SO_4 \longrightarrow Na_2SO_4 + 2H_2O$$

高温燃烧中和法装置如图 8-6 所示。

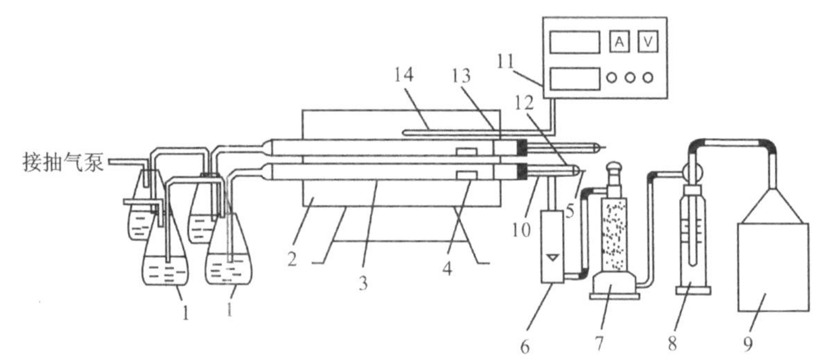

图 8-6 高温燃烧中和法测定煤中全硫含量装置示意图(据张双全,2009)

1.吸收器;2.燃烧炉;3.燃烧管;4.瓷舟;5.推棒;6.流量计;7.干燥塔;8.洗气瓶;9.储气筒;10.T 形管;11.温度控制器;12.翻胶帽;13.橡皮塞;14.探测棒

测定结果由下式计算：

$$S_{t,ad} = \frac{(V - V_0) \times c \times 0.016 \times f}{m} \times 100 \tag{8-23}$$

式中：$S_{t,ad}$为一般分析实验煤样中全硫质量分数(%)；V 为煤样测定时，氢氧化钠标准溶液的用量(mL)；V_0为空白测定时，氢氧化钠标准溶液的用量(mL)；c 为氢氧化钠标准溶液的浓度(mol/L)；0.016 为硫的摩尔质量(g/mmoL)；f 为校正系数，当 $S_{t,ad}<1\%$时 $f=0.95$，$S_{t,ad}$为1%～4%时 $f=1.00$，$S_{t,ad}>4\%$时 $f=1.05$；m 为一般分析试验煤样的质量(g)。

氯含量高于 0.02%的煤或用氯化锌减灰的精煤应按以下方法进行氯的校正：在氢氧化钠标准溶液滴定到终点的试液中加入 10mL 羟基氰化汞溶液，用硫酸标准溶液滴定到溶液由绿色变为钢灰色，记下硫酸标准溶液的用量，按下式计算全硫含量：

$$S_{t,ad} = S^n_{t,ad} - \frac{c \times V_2 \times 0.016}{m} \times 100 \tag{8-24}$$

式中：$S_{t,ad}$为一般分析煤样中全硫质量分数(%)；$S^n_{t,ad}$为按式(8-23)或式(8-24)计算的全硫质量分数(%)；c 为硫酸标准溶液的浓度(mol/L)；V_2为硫酸标准溶液的用量(mL)；0.016 为硫的摩尔质量(g/mmoL)；m 为煤样质量(g)。

第三节 分析结果的表示方法及基准换算

一、煤质指标及基准

煤的工业分析、元素分析和其他煤质分析项目的测定数据，在煤炭勘探、采选、运输、贸易和众多应用领域具有广泛的用途。为了统一名称，便于使用，有必要规范煤质分析项目的术语名称和符号，在长期的科学研究和实际应用中，已经形成了一套比较规范的煤质分析项目的术语名称与符号。国家标准《煤质及煤分析有关术语》(GB/T 3715—2007)和《煤质分析试验方法一般规定》(GB/T 483—2007)也有相应的规定。

用以表征煤样基本状态的统一尺度即为基准。大量的煤质分析指标是用百分比表示的，计算某指标的百分比时，是指它占某种具体对象的百分数，这个对象就是基准(张双全，2009)。具体操作时，通常以应用煤(收到煤)、空气干燥煤、干燥煤、可燃物或有机质(无水无灰煤)的质量假定为100，求出分析结果的百分比。以灰分产率为例，对于某一给定煤样，在空气干燥状态下计算其百分含量时，灰分占空气干燥煤质量的百分比就是空气干燥基灰分产率；若该煤样为干燥煤，则灰分占干燥煤质量的百分比就是干燥基灰分产率。

基准若不一致，同一分析项目的结果可能出现很大差异。为了使不同来源的分析数据具有可比性，在给出分析结果时，必须注明实际分析煤样或理论换算煤样的基准。通常采用英文名称缩写的第一个字母表示基准符号，将其标注在项目符号的右下角。表8-2列出了常用基准的术语及其表示符号，在煤质分析中常用的基准有收到基、空气干燥基、干燥基、干燥无灰基等(张香兰和张军，2012)。

表8-2 基准的名称和符号(据张香兰和张军，2012)

新标准		旧标准	
名称	符号	名称	符号
收到基	ar	应用基	y
空气干燥基	ad	分析基	f
干燥基	d	干燥基	g
干燥无灰基	daf	可燃基	r
干燥无矿物质基	dmmf	有机基	j

各种基准的定义及煤在各基准下的工业分析和元素分析组成分述如下：

1. 收到基

以收到状态的煤为基准，称为收到基。在此基准下：

$$V_{ar}+FC_{ar}+A_{ar}+M_{ar}=100\%$$

$$C_{ar}+H_{ar}+O_{ar}+N_{ar}+S_{ar}+A_{ar}+M_{ar}=100\%$$

2. 空气干燥基

以达到空气干燥状态的煤为基准，称为空气干燥基。在此基准下：

$$V_{ad}+FC_{ad}+A_{ad}+M_{ad}=100\%$$

$$C_{ad}+H_{ad}+O_{ad}+N_{ad}+S_{ad}+A_{ad}+M_{ad}=100\%$$

3. 干燥基

以达到完全无水状态的煤为基准，称为干燥基。在此基准下：

$$V_{d}+FC_{d}+A_{d}=100\%$$

$$C_{d}+H_{d}+O_{d}+N_{d}+S_{d}+A_{d}+M_{d}=100\%$$

4. 干燥无灰基

以假想无水、无灰状态的煤为基准，称为干燥无灰基。在此基准下：

$$V_{daf}+FC_{daf}=100\%$$

$$C_{daf}+H_{daf}+O_{daf}+N_{daf}+S_{daf}=100\%$$

5. 干燥无矿物质基

以假想无水、无矿物质状态的煤为基准，称为干燥无矿物质基。在此基准下：

$$V_{dmmf}+FC_{dmmf}=100\%$$

$$C_{dmmf}+H_{dmmf}+O_{dmmf}+N_{dmmf}+S_{dmmf}=100\%$$

为了阐明分析指标各项基准的含义，它们之间的关系如图 8-7 所示。

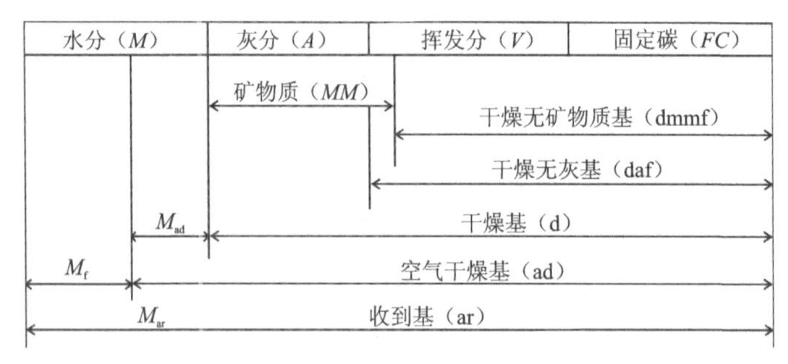

图 8-7　各种状态的煤中各组分关系图

二、煤质分析结果的基准换算

实验室在进行工业分析、元素分析和某些其他煤质分析时，一般采用空气干燥煤样为试样，所得到的直接结果为空气干燥基数据。但由于用途不同，有些分析数据往往需要采用其他的基准来表示。如煤作为气化原料或动力原料时，热工计算中多采用收到基数据；在炼焦生产上为了便于比较，常采用干燥基表示灰分、挥发分和全硫含量；在研究煤结构和煤质特性时，通常以干燥无灰基表示元素组成和挥发分产率。

由于不同基准之间存在如图 8-7 所示的关系，因此可以对煤质分析数据进行常用基准的换算，基准换算的基本原理是质量守恒定律。该定律用于此可表述为：煤中任一成分的分析结果采用不同的基准表示时，可以有不同的相对数值，但该成分的绝对质量不会发生变化。用 X 代表 A、V、FC 等具体的指标，基准换算公式如下：

ad→d：$$X_{d}=X_{ad}\frac{100}{100-M_{ad}}$$

ad→daf：$$X_{daf}=X_{ad}\frac{100}{100-M_{ad}-A_{ad}}$$

ad→dmmf：$$X_{dmmf}=X_{ad}\frac{100}{100-M_{ad}-MM_{ad}}$$

ad→ar：$$X_{ar}=X_{ad}\frac{100-M_{ar}}{100-M_{ad}}$$

d→daf：$$X_{daf}=X_{d}\frac{100}{100-A_{d}}$$

ar→daf：$$X_{daf}=X_{ar}\frac{100}{100-M_{ar}-A_{ar}}$$

ar→d：$$X_{d}=X_{ar}\frac{100}{100-M_{ar}}$$

按照类似的思想，可推导出常用基准之间的换算公式，见表 8-3。

表 8-3　不同基准的换算公式

已知基	要求基				
	空气干燥基 ad	收到基 ar	干燥基 d	干燥无灰基 daf	干燥无矿物质基 dmmf
空气干燥基 ad	—	$\frac{100-M_{ar}}{100-M_{ad}}$	$\frac{100}{100-M_{ad}}$	$\frac{100}{100-(M_{ad}+A_{ad})}$	$\frac{100}{100-(M_{ad}+MM_{ad})}$
收到基 ar	$\frac{100-M_{ad}}{100-M_{ar}}$	—	$\frac{100}{100-M_{ar}}$	$\frac{100}{100-(M_{ar}+A_{ar})}$	$\frac{100}{100-(M_{ar}+MM_{ar})}$
干燥基 d	$\frac{100-M_{ad}}{100}$	$\frac{100-M_{ar}}{100}$	—	$\frac{100}{100-A_{d}}$	$\frac{100}{100-MM_{d}}$
干燥无灰基 daf	$\frac{100-(M_{ad}+A_{ad})}{100}$	$\frac{100-(M_{ar}+A_{ar})}{100}$	$\frac{100-A_{d}}{100}$	—	$\frac{100-A_{d}}{100-MM_{d}}$
干燥无矿物质基 dmmf	$\frac{100-(M_{ad}+MM_{ad})}{100}$	$\frac{100-(M_{ar}+MM_{ar})}{100}$	$\frac{100-MM_{d}}{100}$	$\frac{100-MM_{d}}{100-A_{d}}$	—

例题 1　已知某煤样的 X_{ad}、M_{ar}、M_{ad}，求 X_{ar}。

解：以收到煤的质量为 100，则空气干燥煤的质量为 $100-M_{f}$

X 的绝对质量不变，应有：$X_{ad}\times100=X_{ad}\times(100-M_{f})$

$$即：X_{ar}=X_{ad}\times\frac{100-M_f}{100}$$

由于
$$M_{ar}=M_f+\frac{100-M_f}{100}\times M_{ad}$$

整理得到：
$$X_{ar}=X_{ad}\times\frac{100-M_{ar}}{100-M_{ad}}$$

例题 2 已知某煤样 $M_{ad}=2.0\%$，$A_{ad}=15.0\%$，$V_{ad}=20.0\%$，求其 FC_{ad} 和 FC_{daf}。

解：由于
$$M_{ad}+A_{ad}+V_{ad}+FC_{ad}=100\%$$

可知 $FC_{ad}=100\%-M_{ad}-A_{ad}-V_{ad}=100\%-2.0\%-15.0\%-20.0\%=63\%$

由表 8-7 可得：

$$FC_{daf}=FC_{ad}\times\frac{100}{100-A_{ad}-M_{ad}}=63\%\times\frac{100}{100-2-15}=75.09\%$$

第九章　煤的化学性质

煤的化学性质是指煤与各种化学试剂在一定条件下发生不同化学反应的性质，以及煤在氧化、加氢氯、磺化等过程中的化学反应性质。煤化学性质的研究不仅是研究煤的化学结构的主要方法，同时也是煤炭转化和加工利用的基础(张香兰和张军，2012)。

第一节　煤的氧化

煤的氧化是研究煤结构和性质的重要方法，同时又是煤炭加工利用的一种工艺。煤的氧化是在氧化剂作用下煤分子结构从复杂到简单的转化过程。氧化的温度越高、氧化剂越强、氧化的时间越长，氧化产物的分子结构就越简单，从结构复杂的腐植酸到较简单的苯羧酸，直至最后被氧化为二氧化碳和水。常用的氧化剂有高锰酸钾、重铬酸钠、双氧水、空气、纯氧、硝酸等。

一、煤的氧化阶段

煤的氧化可以按其进行的深度或主要产物分为表面氧化、轻度氧化、中度氧化、深度氧化、完全氧化 5 个阶段(表 9-1)。

表 9-1　煤的氧化阶段(据张双全，2009；何选明，2010)

氧化阶段	主要氧化条件	主要氧化产物
表面氧化	从常温到 100℃左右，空气或氧气	表面碳氧络合物
轻度氧化	100～250℃空气或氧气氧化 100～200℃碱溶液中，空气或氧气氧化，80～100℃硝酸氧化等	可溶于碱的高分子有机酸
中度氧化	200～300℃碱性介质中空气或氧气氧化 100℃碱性介质中 $KMnO_4$ 氧化 100℃ H_2O_2 氧化等	可溶于水的复杂有机酸
深度氧化	与中度氧化相同，但增加氧化剂量和延长反应时间	可溶于水的苯羧酸
完全氧化	在空气或氧气中，煤的着火点以上	二氧化碳和水

1. 煤的表面氧化

氧化条件较弱，一般是在 100℃以下的空气中进行，氧化反应发生在煤的内外表面，主要形成表面碳氧络合物。这种络合物不稳定，易分解为CO、CO_2、H_2O等。煤经氧化后易于碎裂，表面积增加，使氧化加快。煤的表面虽然氧化程度不深，但却使煤的性质发生较大的变化，如热值降低、黏结性下降甚至消失、机械强度降低等，对煤的工艺应用有较大的不利影响。

2.煤的轻度氧化

煤轻度氧化研究的对象主要是褐煤和烟煤。氧化结果可生成不溶于水但能溶于碱液或某些有机溶剂的再生腐植酸，其组成和性质与泥炭和褐煤中的原生腐植酸相似，为了与原生腐植酸加以区别，故称再生腐植酸。通过研究再生腐植酸可以得到煤结构的信息。由于再生腐植酸在工农业中有重要应用，因而轻度氧化已成为煤直接化学加工利用的一个方向。工业上常用轻度氧化的方法，由褐煤或低变质烟煤（长焰煤、气煤）制取腐植酸类物质。另外，因为轻度氧化可破坏煤的黏结性，所以工业上有时需要对黏结性强的煤进行轻度氧化，以防止该类煤在炉内黏结挂料而影响操作。

迄今为止，腐植酸的结构尚不十分清楚，大致结构特征是：腐植酸的核心是芳香环和环烃，周围有—COOH、—OH和—C=O等含氧官能团，环结构之间有桥键连接（图9-1）。腐植酸中包含的环结构数目越多，其相对分子质量越大。

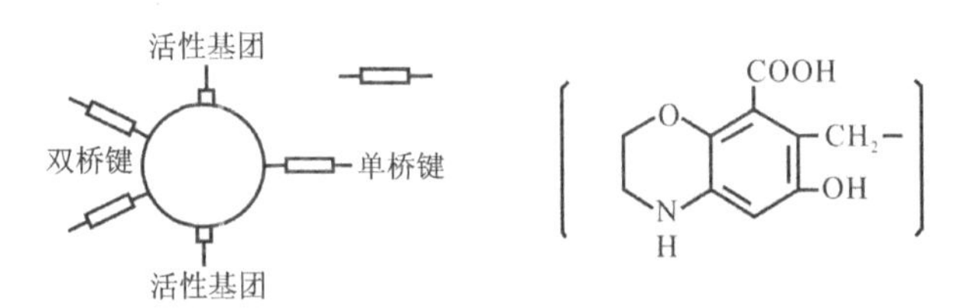

图9-1　腐植酸分子的基本结构单元示意图（据何选明，2010）

3.煤的中度和深度氧化

煤经轻度氧化得到腐植酸类物质，如果继续氧化分解，在中度氧化阶段和深度氧化阶段，可生成溶于水的低分子有机酸和大量的二氧化碳。低分子有机酸类包括草酸、醋酸和苯羧酸（主要有苯的二羧酸、三羧酸、四羧酸、五羧酸和六羧酸等）。深度氧化产物是研究煤结构的重要方法。

煤的深度氧化通常是在碱性介质中进行的，碱性介质的作用是使氧化生成的酸转变成相应的盐而稳定下来。同时，由于碱的存在还能促使腐植酸盐转变成溶液，因此可以明显地减少反应产物的过度氧化，从而达到控制氧化的目的。常用的碱性介质是NaOH、Na_2CO_3、$Ca(OH)_2$等。煤的深度氧化过程是分阶段进行的，氧化时，首先生成腐植酸，进一步氧化则生成各种低分子酸，如果一直氧化下去，则全部转化为CO_2和H_2O。氧化过程是一个连续变化的过程，也就是边生成边分解的过程。因此，适当控制氧化条件，可增加某种产品的收率。

4.煤的完全氧化

煤的完全氧化是指煤在高温空气中的燃烧过程，生成二氧化碳和水，并释放出大量的热能。煤炭作为能源主要是通过这种方式加以利用的。

二、煤的风化与自燃

1.煤的风化

煤在离地很浅的煤层中，经受风、雪、雨、露、冰冻、日光和空气中氧气等的长时间作用，会发生的一系列物理、化学和工艺性质的变化，这一过程称为风化作用。在浅煤层中被风化了的煤称为风化煤。被开采出来存放在地面上的煤，经长时间与空气作用，也会发生缓慢的氧化作用，使煤质发生变化，这一过程也称为风化作用。经风化作用后，煤的性质主要发生以下变化（张双全，2009）：

(1)化学组成。碳元素和氢元素含量下降，氧含量增加，腐植酸含量增加。

(2)物理性质。光泽暗淡，机械强度下降，硬度下降，疏松易碎，表面积增加，对水的润湿性增大。

(3)工艺性质。低温干馏焦油产率下降，发热量降低，黏结性煤的黏结性下降直至消失，煤的可浮选性变差，浮选回收率下降，精煤脱水性恶化。

2.煤的自燃

煤的氧化是放热反应。煤在堆放过程中因氧化而释放的热量如不能及时排散，不断积累起来，则煤堆温度就会升高。温度的升高又会促使氧化反应更激烈地进行，放出更多的热量。当温度达到着火点时就会燃烧。这种由煤的低温空气氧化、自热而引起的燃烧现象称为煤的自燃（何选明，2010）。

煤的这种自热过程可用图9-2表示。煤在一段相当长的时期内显示不出温度明显上升，这一阶段称为诱导期。这一过程使煤变得疏松破碎，活性增强，会促使以后的氧化反应加速。当氧化产生的热量超过向四周散失的热量时，煤的温度升高，这个过程称为煤的自热过程。煤的自燃需要热量的聚积，在该阶段，因环境起始温度低，煤的氧化速度慢，产生的热量较小，因此需要一个较长的蓄热过程，该过程的长短取决于煤炭的自燃倾向性的强弱和通风散热条件。

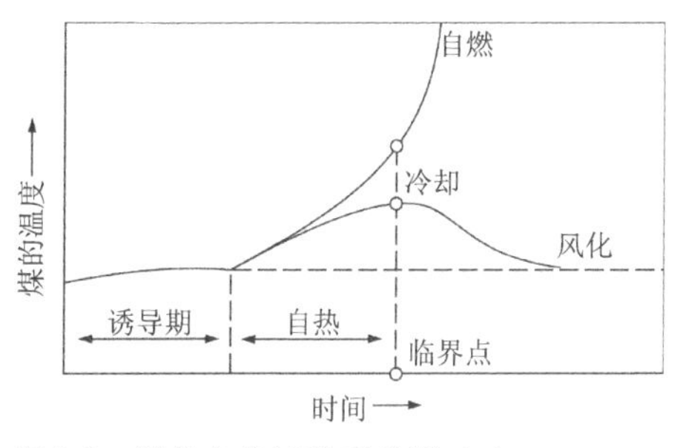

图9-2 煤的自热过程示意图(据何选明，2010)

在煤的自热过程中，温度达到临界点，则氧化过程急剧加速，导致自燃。临界点温度也称为自热温度(Self-Heating Temperature，SHT)，是能使煤燃烧的最低温度。达到该温度点，煤氧化的产热与煤所在环境的散热就失去了平衡，即产热量将高于散热量，导致煤与周围环境温度的上升，从而加速了煤的氧化速度并产生了更多的热量，直至煤自动燃烧起来（张香兰和张军，2012）。煤的自热温度与煤的产热能力和蓄热环境有关。即使是同一种煤，其自热温度也不是一个常数，受散热（蓄热）环境影响很大。煤堆积量越大，散热环境越差，煤的最低自热温度也就越低。

如果在达到临界温度之前，因外界条件改变，温度下降，则转入冷却阶段，继续发展便进入风化状态，煤风化后自燃倾向性降低而不易再次发生自燃。

煤的自燃必须具备4个条件：煤具有自燃倾向性、有连续的供氧条件、热量易于积聚、持续一定的时间。第一个条件由煤的物理化学性质所决定，取决于成煤物质和成煤条件，代表煤与氧相互作用的能力。第二个和第三个条件为外因，决定于矿井地质条件和开采技术条件或煤的堆放条件，自燃倾向性强的煤更容易氧化，在单位时间内放出的热量更多，从而更容易自燃。

3.煤风化和自燃的影响因素

影响煤风化和自燃的因素可归纳如下（张双全，2009）：

（1）成因类型和煤化度。腐泥煤和残植煤较难风化和自燃，腐植煤则较容易风化和自燃。腐植煤随煤化度加深，着火点升高，风化和自燃的趋势下降；各种煤中以年轻褐煤最易风化和自燃。

（2）煤岩组成。煤岩组分的氧化活性一般按照顺序递减：镜煤＞亮煤＞暗煤＞丝炭。但丝炭有较大的内表面，低温下能吸附更多的氧，丝炭内又常夹杂着黄铁矿，故能放出较多热量从而促进周围煤质和自身的氧化。

（3）黄铁矿含量。黄铁矿含量高，能促进氧化和自燃。因为有水分存在时黄铁矿极易氧化并放出大量热量。自燃现象通常与煤中黄铁矿的空气氧化有关。

（4）散热与通风条件。大量煤堆积，热量不易散失；煤堆疏松，与空气接触面大，容易引起自燃。因此，要改善通风条件使热量及时排散，同时要将煤堆压实，减小煤与空气接触面，以避免自燃。

（5）煤的粒度、孔隙特征和破碎程度。完整的煤体（块）一般不会发生自燃，一旦受压破裂，呈破碎状态，其自燃性能显著提高。煤的自燃性随着其孔隙率、破碎程度的增加而上升。

（6）瓦斯或其他气体含量。瓦斯或其他气体含量较高的煤，其内表面含有大量的吸附瓦斯，使煤与空气隔离，氧气不易与煤表面发生接触，使煤自燃的准备期加长。

（7）水分。影响煤氧化进程的主要为煤的外在水分。如果煤的外在水分含量较大，就会增加蓄热时间，延长煤自燃的准备期。

4.煤的储存

为减少和防止煤的风化和自燃，煤的储存可采用以下几种方法：

（1）隔断法。若长时期大量存煤，可将煤储存在水中（如湖水、池塘及僻静的海湾），也可将煤储存在惰性气体中（适合于实验室保存煤样）；或将煤逐层铺平压紧，在煤堆表面涂一层油类物质(重油、沥青等),也可以在上面覆盖一层黏土或喷洒一层石灰乳,还可以将煤存放在密闭的储槽中。

(2)换气法。在煤堆上装风筒,使煤堆通风散热。这是一种消极的办法,因为煤与空气接触多了易缓慢氧化,使煤的热值降低,黏结性变差。

(3)降低堆煤高度、缩短堆煤时间。堆煤不宜过高,储煤的时间不要太久,尤其是低煤化度的煤应尽可能缩短储存期。煤堆高度一般在1～2m为宜。如堆煤过高,倘若发现有自燃发火危险很难倒堆。

(4)选择正确的堆煤方式。储煤时,除了仔细考虑煤场的地基、周壁、排水、周边设备及气候影响外,对堆煤方式也需正确选择。例如,要避免堆煤时由于粒度偏析所造成的在粗粒与细粒界面上的热量积累,因此不同粒级煤应分开堆放。

第二节 煤的加氢

煤加氢是十分重要的化学反应,是研究煤的化学结构与性质的主要方法之一,也是最具有发展前途的煤炭转化技术。

煤的加氢又称煤的氢化。最初研究煤加氢的目的是煤通过加氢液化制取液体燃料油。人们研究了煤和烃类的化学组成后发现,固体的煤与液体的烃类在化学元素的组成上几乎没有区别,仅仅是各元素含量的比例不同而已,特别是H/C原子比。一般石油的H/C原子比接近2,褐煤、长焰煤、肥煤和无烟煤分别约为0.9、0.8、0.7和0.4。从分子结构来看,煤主要是由结构复杂的芳香烃组成的,相对分子质量高达5000以上,而石油则主要是由结构简单的直链烃组成,相对分子质量小得多,仅为200左右。通过对煤加氢,可以破坏煤的大分子结构,生成相对分子质量小、H/C原子比大、结构简单的烃,从而将煤转化为液体油(张双全,2009)。

一、煤加氢反应的机理

煤加氢过程是一个极其复杂的反应历程,是一系列顺序反应和平行反应的综合,很难用几个方程式表示出来。但是根据煤在加氢过程中的状况,可以认为有以下几种基本化学反应(张双全,2009)。

(一)热解反应

煤热解反应是煤加热到一定温度(300℃左右)时,煤的化学结构中键能最弱的部位开始断裂成自由基碎片。煤结构单元之间的桥键主要有$-CH_2-$、$-CH_2-CH_2-$、$-CH_2-CH_2-CH_2-$、$-O-$、$-CH_2-O$、$-S-$、$-S-S-$、$-S-CH_2-$等,这些桥键的键能较低,受热很容易分解成自由基碎片,自由基在有足够的氢存在时,能够达到饱和而稳定下来,生成相对分子质量小的液体。如果没有氢的供应就会重新聚合,所以煤热解生成自由基是加氢液化的第一步。煤热解反应式为:

$$R-CH_2-CH_2-R' \longrightarrow R-CH_2' + R'CH_2$$

（二）供氢反应

煤在热解过程中，生成的游离基从供氢溶剂中取得氢而稳定下来，生成稳定、相对分子质量较小的产物。

$$H_{(供氢溶剂)} + R' \longrightarrow RH$$

当供氢溶剂不足时，煤热解生成带有游离基的碎片缩聚生成半焦。

$$n(R') \longrightarrow 半焦(R)_n$$

影响煤加氢难易程度的因素是煤本身稠环芳香结构，稠环芳香结构越密、相对分子质量越大，则加氢越难，煤呈固态时也阻碍其与氢相互作用。

有供氢能力的溶剂主要是四氢萘、9，10－二氢菲和四氢喹啉等。供氢溶剂给出氢后，又能与气相中氢气反应恢复原来的形式，如此反复起到传递氢的作用。反应式表示如下：

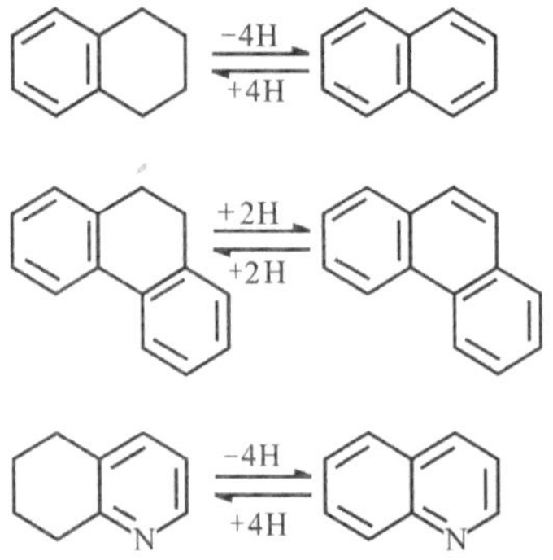

-4H / +4H

+2H / +2H

-4H / +4H

N N

（三）脱杂原子反应

煤的有机质主要是由 C、H、O、S、N 等元素组成，其中 O、S、N 元素称为煤中的杂原子。杂原子在加氢条件下与氢反应，分别生成 H_2O、H_2S、NH_3 等从煤中脱出，这对煤加氢液化产品的质量和环境保护是很重要的。煤中杂原子脱除的难易程度与其存在形式有关，一般侧链上的杂原子比环上的杂原子容易脱除。

1. 脱氧反应

煤结构中的氧多以醚基、羟基、羧基、羰基和醌基等形式存在。醚基、羧基和羰基在较缓和的条件下就能断裂脱去，羟基则不能，需要在苛刻条件下才能脱去。羧基最不稳定，加热到 200℃以上即发生明显的脱羧反应，析出 CO_2。酚羟基在比较缓和的加氢条件下相当稳定，故一般不会被破坏，只有在高活性催化剂作用下才能脱出。羰基和醌基在加氢裂解中，既可以生成 CO_2 也可以生成 H_2O。醚键有脂肪醚键和芳香醚键 2 种，前者容易破坏，而后者相当稳定。杂环氧和芳香醚键差不多，也不容易脱除。各基团脱氧反应原理如下（张香兰和张军，2012）：

醚基：

$$R—CH_2—O—CH_2—R' + 2H_2 \longrightarrow RCH_3—R'CH_3 + H_2O$$

羧基:脱羧反应,放出 CO_2

羰基:

$$\mathrm{RR'C{=}O + H_2 \longrightarrow RR'CH{-}OH \xrightarrow{H_2} RR'CH_2 + H_2O}$$

醌基:

$$\text{蒽醌} + 5\mathrm{H_2} \longrightarrow \text{蒽} + \text{9,10-二氢蒽} + 2\mathrm{H_2O}$$

在煤加氢反应中发现,开始氧的脱除与氢的消耗正好符合化学计量关系,如图 9-4 所示,反应初期氢几乎全部消耗于脱氧,后期氢耗量急增是因为有大量气态烃和富氧液体生成。从煤的转化率和氧脱除率关系(图 9-5)可见,开始转化率随氧的脱除率成直线关系增加。当氧脱除率达 60%时,转化率已达 90%,另有 40%的氧十分稳定,难以脱除。

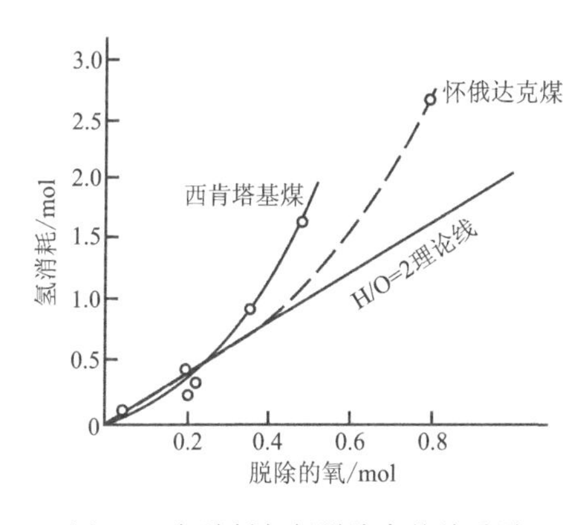

图 9-4　氢消耗与氧脱除率的关系图

(据张双全,2009)

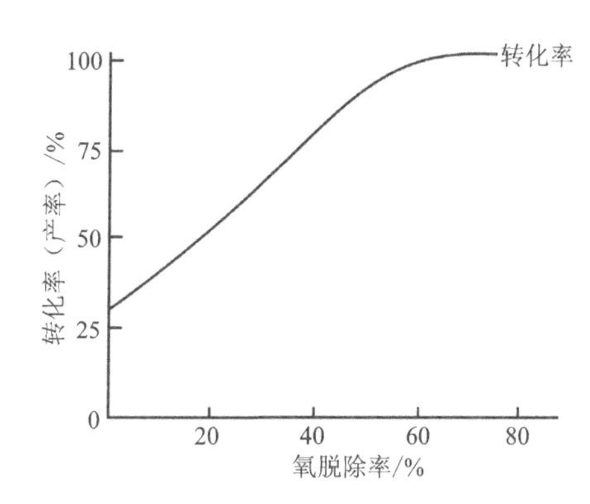

图 9-5　煤的转化率和氧脱除率的关系图

(据张双全,2009)

2. 脱硫反应

煤结构中的硫以硫醚、硫醇和噻吩等形式存在。脱硫反应与上述脱氧反应相似。由于硫的负电性弱,所以脱硫反应更容易进行。脱硫率一般在 40%～50%之间。

硫醚键容易断开脱除,例如:

$$\mathrm{RCH_3{-}S{-}CH_2{-}R' \longrightarrow RCH_3 + R'CH_3 + H_2S}$$

硫醇基不如酚羟基稳定,加氢条件下比酚羟基容易脱除。有机硫中硫醚最易脱除。噻吩最难脱除,一般要用催化剂。

3. 脱氮反应

煤中的氮大多存在于杂环中,少数为氨基。脱氮反应比上面两种反应要困难得多。在轻度加氢时氮含量几乎不减少，需要激烈的反应条件和高活性催化剂。脱氮与脱硫不同的是，氮杂环只有当旁边的苯环全部饱和之后才能破裂，即芳香环先要饱和加氢，然后才能破坏环脱氮。

4. 加氢裂解反应

这是煤加氢液化的主要反应，包括多环芳香结构饱和加氢、环断裂和脱烷基等。随着反应的进行，产品相对分子质量逐步减小，结构从复杂到简单。

5. 缩聚反应

在加氢反应中如果温度太高、供氢不足和反应时间过长，也会发生逆向反应即缩聚反应，生成相对分子质量更大的产物。例如：

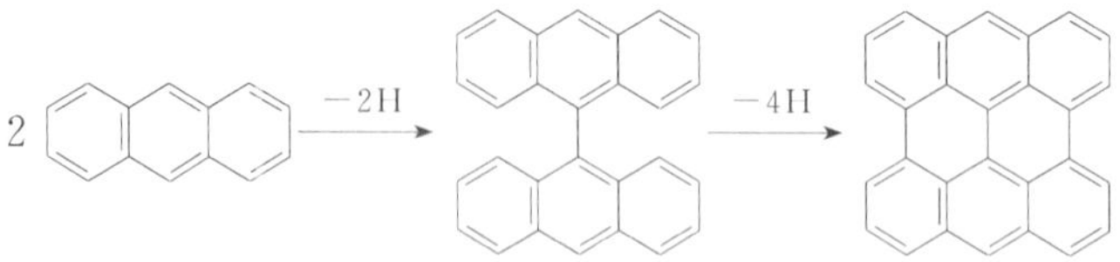

2 [蒽] —(−2H)→ [联蒽] —(−4H)→ [缩合芳烃]

由此可见，煤加氢液化反应，使煤中氢的含量增加，氧、硫含量降低，生成低分子的液化产物和少量的液态产物。煤加氢时发生的各种反应，因原料煤的性质、反应温度、反应压力、氢量、溶剂和催化剂的种类等不同而异，因此，加氢产物的产率、组成、性质也不同。如果氢分压很低，氢量又不足时，在生成含氢量较低的高分子化合物的同时，还可能发生脱氢反应，并伴随发生缩聚反应并生成半焦。如果氢分压高、氢量充足时，将促进煤裂解和氢化反应的进行，并能生成较多的低分子化合物。所以加氢时，除了原料煤的性质外，合理的选择反应条件是十分重要的(张香兰和张军，2012)。

二、煤的性质对加氢反应的影响

原料煤对加氢反应的影响因素主要包括煤化度、煤岩组成、煤中矿物组成、煤种矿物、H/C原子比及煤中官能团等(张双全，2009)。

1. 煤化度

实验表明，煤加氢反应与煤化度有关。一般认为，煤化度越高，加氢液化越困难。高挥发分烟煤(长焰煤、气煤)和年老褐煤是最适宜加氢液化的原料，中等变质程度以上的煤很难加氢液化。煤加氢液化产品的产率与煤化度的关系如图 9-6 所示。

由此可见，碳含量在 81%～83%时，油产率为最高；而碳含量大于 83%时，则油产率明显下降，加氢困难。所以，液化常使用褐煤、长焰煤和气煤。

2. 煤岩组成

加氢液化的难易程度与煤岩组成有关。一般认为，显微煤岩组分中镜质组和壳质组是煤液化的活性组分，两者的含量在很大程度上决定着该煤种液化的难易程度，即煤岩显微组分

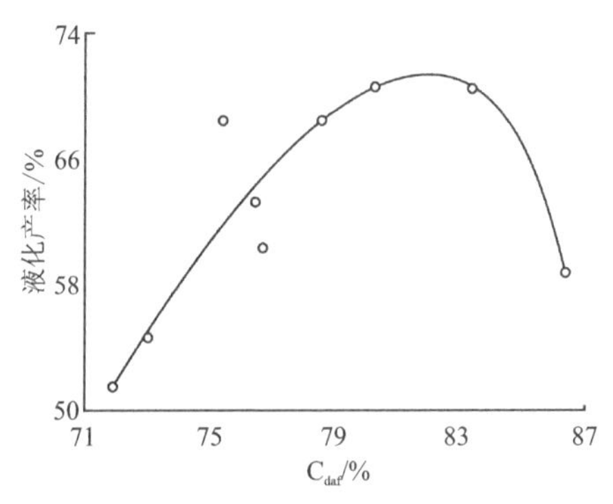

图 9-6　煤加氢液化产品的产率与煤化度的关系图(据张香兰和张军,2012)

中镜质组和壳质组的含量越高越容易液化。当煤化度低时,镜质组和壳质组是活性组分,易加氢液化,其中壳质组比镜质组容易加氢,而惰质组难液化或根本不能液化。宏观煤岩组分中,加氢液化从易到难依次为:镜煤、亮煤、暗煤、丝炭(表 9-2)。

表 9-2　煤岩成分液化转化率(据张双全,2009)

煤岩成分	H/C 原子比	液化转化率/%
丝炭	0.37	11.7
暗煤	0.66	59.8
亮煤	0.84	93.0
镜煤	0.82	98.0

3. 煤中矿物

煤中矿物质的种类和含量与加氢液化的难易程度有关,矿物质的含量越低越好。高硫煤液化会消耗大量的氢气,但黄铁矿对加氢液化有催化作用。

4. H/C 原子比

煤和液体烃类在化学组成上的差别在于煤的 H/C 原子比较石油、汽油等低很多,一般石油的 H/C 原子比约为 2.0,而煤的 H/C 原子比随煤化程度不同而异,褐煤较高,也只有 1.1 左右,无烟煤只有 0.4 左右。我们可以用核磁共振波谱法和傅里叶变换红外光谱法测定诸如芳香环上碳的原子数、氢的原子数、与芳香环直接相连的碳原子上的氢的原子数等煤结构参数,从而得出该种原料煤的 H/C 原子比。一般认为,煤中 H/C 原子比在煤液化中也扮演着十分重要的角色。通过表 9-2 也可以得出类似的结论。所以在加氢液化时应选择 H/C 原子比较大的煤,一般 H/C 原子比在 0.8～0.9 之间时,液化油的产率最高。

5. 煤中官能团

煤中官能团对煤液化也起着重要作用。煤中或煤衍生物中的官能团及某些成分在促进煤化反应方面的重要性排序为:酯>苯并呋喃>内酯>含硫成分>酯烯>二苯并呋喃>脂环酮，其中含氧官能团中酯对煤液化起着重要作用，其作用原理并非是破坏 C—O 键，而是通过减少中间体芳香环的数目增加液体产物的收率。另外含氧官能团也可能与催化剂作用形成活性中心。然而，大多数酚类化合物对煤液化起负面作用。

第三节 煤的氯化

褐煤和年轻烟煤的煤粉在不高于 100℃的水介质中发生氯化反应，氯化煤为棕褐色固体，不溶于水。由于水的强离子化作用，氯化反应速度很快，煤的转化深度加大。

氯化煤的溶剂抽提物可作涂料和塑料的原料。氯化煤可作水泥分散剂、鞣革剂和活性炭等。利用氯化时副产的盐酸可以分解磷矿粉，生产腐植酸-磷肥。煤在高温下气相氯化可制取四氯化碳。

一、水介质中煤的氯化反应

(1)取代反应。氯化反应前期主要是芳香环和脂肪侧链上的氢被氯取代(R 表示煤基)。

$$RH + Cl_2 \longrightarrow RCl + HCl$$

(2)加成反应。反应后期当煤中氢含量大为降低后也有加成反应发生。煤在氯化反应过程中氯含量显著增加。某褐煤在 80℃下氯化 9h，氯化煤含氯量可达 30%以上。

$$R(R')C{=}C(R)R' + Cl_2 \longrightarrow R{-}C(R)(Cl){-}C(R)(Cl){-}R$$

(3)氧化反应。氯与水反应生成次氯酸和盐酸。次氯酸是强氧化剂，可使煤氧化生成腐植酸和水溶性酸。在盐酸介质中反应可抑制氧化作用，在碱性介质中则使氧化作用大大加强。一般氯化以水为介质，随反应进行由于盐酸不断生成，酸度逐渐增加。因此，氯化反应是主要的，氧化反应是次要的。

$$Cl_2 + H_2O \rightleftharpoons HClO + HCl$$

(4)盐酸生成。反应盐酸一部分来自氯取代反应，一部分来自氯与水的反应。

(5)脱矿物质和脱硫。煤氯化可以明显降低煤中矿物质和硫的含量。

二、氯化煤的性质

(1)元素组成。氯化后煤中的碳、氢含量急剧下降，氯含量大幅增加。

(2)有机溶剂中的溶解度。煤经氯化后由于结构降解，在普通有机溶剂中的溶解度大大提高。例如，某褐煤氯化后丙酮抽提率可比原煤增加 48 倍，乙醇抽提率增加 46 倍，苯-乙醇抽提率增加 30 倍。

(3)氯化煤的热解性质。把氯化煤在隔绝空气情况下加热，从 200℃开始放出 Cl_2 和 HCl，一直持续到 500～600℃结束，不过焦炭中仍有少量氯存在。热解时基本没有焦油生成。原煤若有黏结性，氯化后则失去黏结性。

(4)氯化煤中氯的稳定性。氯化煤中的氯一部分与煤结合得很牢固,另一部分则很易脱除。实验发现加水煮沸可除去氯化煤中13%的氯,用1%NaOH水溶液在100℃下加热2h可除去50%的氯,热解时加热到400℃可除去90%的氯。

第四节 煤的磺化

煤的磺化是指煤与浓硫酸或发烟硫酸作用发生的反应。

一、磺化反应

磺化可使聚合芳香环和侧链上引入磺酸基,反应式如下:

$$RH+HOSO_3H \longrightarrow R-SO_3H+H_2O$$

因为浓硫酸具有一定的氧化作用,所以也有氧化反应进行,生成羧基和酚羟基。

二、工艺条件

(1)原料煤。采用挥发分大于20%的中等变质程度煤种,为了确保磺化煤具有较好的机械强度,最好选用暗煤较多的煤种;灰分6%左右,不能太高;煤粒度2~4 mm,粒度太粗磺化反应不易完全进行,粒度过细使用时阻力大。

(2)硫酸浓度和用量。硫酸浓度应大于90%,发烟硫酸反应效果更好。硫酸与煤的质量比一般为(3~5)∶1。

(3)反应温度。100~160℃较适宜。

(4)反应时间。反应开始需要加热,因磺化为放热反应,所以反应发生后就不需供热,包括升温在内总的反应时间一般在9h左右。

三、磺化煤的用途

上述磺化产物经洗涤、干燥、过筛即得氢型磺化煤,与Na^+交换制成钠盐即为钠型磺化煤。磺化煤主要用途有以下几个方面。

(1)锅炉软化水,除去Ca^{2+}和Mg^{2+}。磺化煤作为硬水软化剂,具有制取容易、价格低廉、原料来源普遍的优点,既有较好的抗酸性,又有较大的交换钙镁离子的能力,所以磺化煤广泛应用在工农业上水质要求不太高的中低压锅炉水软化装置或高压锅炉一级水处理装置中。

(2)有机反应催化剂。用于烯酮反应、烷基化或脱烷基反应、酯化反应和水解反应等。

(3)钻井泥浆添加剂。

(4)处理工业废水(含酚和重金属废水),尤其是电镀废水的吸附净化效果较好。

(5)湿法在冶金中回收金属,如镍、镓、锂等。

(6)制备活性炭。

第十章 煤的工艺性质

煤的工艺性质是指煤在一定的加工工艺条件下或某些转化过程中所呈现的特性(朱银惠和王中慧,2013)。煤工艺性质的变化是煤组成和结构特性的宏观反映。煤的组成和结构取决于成煤年代、成煤环境和成煤的具体过程。这些客观因素的巨大差异,导致不同产地煤的工艺性质表现出多样性的特点(张双全,2013)。不同的加工利用方法对煤的工艺性质有不同的要求,为了正确地评价煤质,合理使用煤炭资源并满足各种工业用煤的质量要求,必须了解煤的各种工艺性质。

第一节 煤的热解和炼焦性能

煤的热解是指煤按照一定的工艺条件隔绝氧气加热,并生成气、液、固3种形态产物的过程(张双全,2013)。按照热解终温的高低分为低温热解(550~650℃)、中温热解(700~800℃)和高温热解(950~1050℃),热解也称为炭化或干馏。

炼焦属于高温热解,是按照一定比例配合好的煤在焦炉中高温下(950~1050℃)隔绝空气加热,并生产出满足一定强度、块度和组成要求的焦炭的热解过程。煤的炼焦性能是指单种煤或配合煤在一定炼焦条件下,能否炼制出优质焦炭的性能。

焦炭是炼铁的主要原料之一,焦炭在炼铁时的作用主要是还原剂、燃料和料层的骨架,特别是骨架作用最为关键。焦炭在高炉中下行移动过程中,会不断破损,粒度逐渐变小,骨架作用会逐渐削弱乃至消失。导致焦炭破损的因素主要有5个:料柱的静压力、炉料间的摩擦、高温热应力、CO_2对焦炭的熔损侵蚀及碱金属等杂质对焦炭与CO_2反应的催化。传统的焦炭质量评价指标M_{40}和M_{10}主要反映的是焦炭对于料层内静压力和磨损的抵抗能力。从高炉解剖研究发现,在高炉中从炉喉到炉身下部,焦炭块度并无多大变化,可见前两个因素并不是焦炭在高炉中严重破坏的根本因素。焦炭热转鼓研究表明,当温度大于1300℃时焦炭强度才有明显下降,而高炉炉腰近炉墙部位焦炭的温度只有1000~1100℃,因而热应力的作用不能使焦炭在高炉中严重破坏。通过CO_2与焦炭的熔损反应发现,CO_2对焦炭的反应熔损、碱金属对该反应的催化加速作用以及碱金属自身对焦炭的侵蚀,是焦炭在高炉中破损的根本原因。这几种因素的作用效果可以通过焦炭的反应后强度(CRS)和反应性(CRI)指标进行预测和评价。提高焦炭的反应后强度和降低反应性已经成为大型高炉用焦炭生产的主要目标(张双全,2013)。

一、煤的热解

(一)黏结性烟煤的热解过程

黏结性烟煤的热解过程大致可分为3个阶段,如图10-1所示。

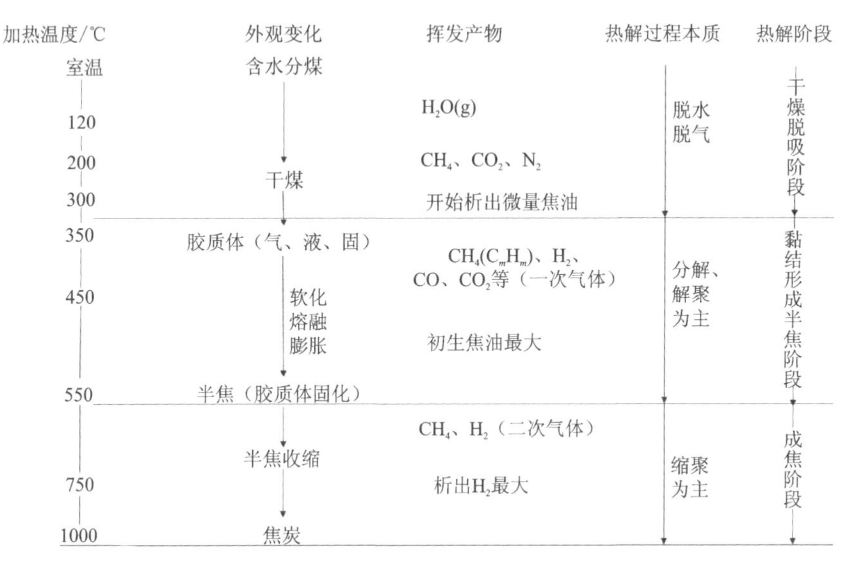

图10-1 黏结性烟煤的热解过程(据张双全,2009)

1. 干燥脱吸阶段(室温~300℃)

从室温到300℃,煤的基本性质不会发生变化,煤中吸附的水分和气体在此阶段脱除。室温~120℃是煤的脱水干燥阶段;120~200℃是煤中吸附的CH_4、CO_2、N_2等气体的脱吸阶段;200~300℃时,年轻的褐煤会发生轻微的热解,释放出CO_2等气体,烟煤和无烟煤则没有明显的变化。

2. 黏结形成半集阶段(300~550℃)

该阶段以煤的分解、解聚为主,黏结性烟煤形成以液态为主的胶质体,阶段末期,胶质体固化形成半焦。

(1)300~450℃时,煤发生剧烈的分解、解聚反应,生成了大量的相对分子量较小的气相组分(主要是CH_4、H_2、不饱和烃等气体和焦油蒸气,这些气相组分称为热解的一次气体)和相对分子量较大的黏稠的液体组分。煤热解产生的焦油主要是在该阶段析出,大约在450℃时焦油的析出量最大。这一阶段中形成的气(气相组分)、液(液相组分)、固(尚未热解的煤粒)三相混合物,称为胶质体,胶质体的特性将对煤的黏结、成焦性有决定性的影响。

(2)450~550℃时,胶质体加速分解,开始缩聚,生成相对分子量很大的物质,胶质体固化成为半焦。

3. 成焦阶段(550～1000℃)

该阶段以缩聚反应为主,由半焦转化为焦炭。

(1)550～750℃,半焦分解析出大量的气体,主要是 H_2 和少量的 CH_4,为热解的二次气体。半焦分解释放出大量气体后,体积收缩产生裂纹。在此阶段基本上不产生焦油。

(2)750～1000℃,半焦进一步分解,继续析出少量气体,主要是 H_2,同时半焦发生缩聚,使芳香碳网不断增大,结构单元的排列有序化进一步增强,最后半焦转化为焦炭。

(二)非黏结性煤的热解过程

煤化程度低的非黏结性煤如褐煤、长焰煤等,其热解过程与黏结性烟煤大体类似,同样有分解、裂解和缩聚等反应发生,生成大量气体和焦油,只是在热解过程中没有胶质体生成,不产生熔融、膨胀等现象,热解前后煤粒仍然呈分离状态,不会黏结成有强度的块。

煤化程度高的非黏结性煤,如贫煤、无烟煤,其热解过程较为简单,以裂解为主,释放出少量的热解气体,其中烃类如甲烷含量较低,氢含量则较高,煤气热值相对较低。

(三)煤热解的差热分析法

图 10-2 为焦煤的差热分析曲线,它反映了煤在热解过程中产生的吸热和放热效应,吸热为低谷,放热为高峰。

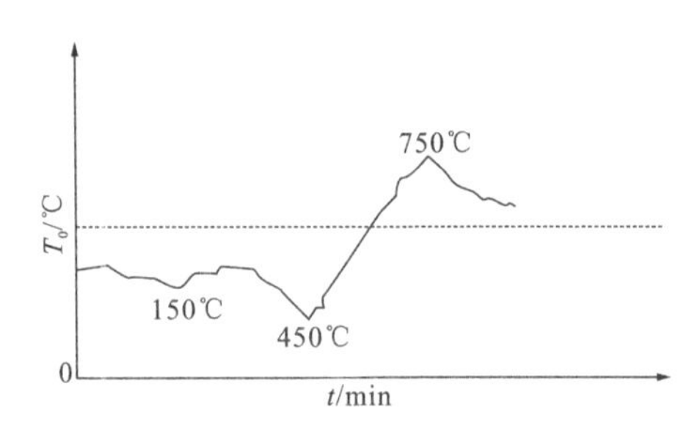

图 10-2　焦煤差热分析曲线(据张双全,2009)

吸热峰——被测试样温度低于参比物温度的峰,温度差 ΔT 为负值,差热曲线为低谷。

放热峰——被测试样温度高于参比物温度的峰,温度差 ΔT 为正值,差热曲线为高峰。

从煤的差热分析曲线上,可以发现有 3 个明显的热效应区。

(1)在 150℃左右,有一个吸热峰,表明此段是吸热效应,是煤析出水分和脱除吸附气体的过程,相当于煤热解过程的干燥脱吸阶段。

(2)在 350～550℃内,有一个吸热峰,表明此阶段为吸热效应,在这一阶段煤发生解聚、分解生成气体和煤焦油(蒸气状态)等低分子化合物,相当于煤热解过程的黏结形成半焦阶段。

(3)在 750～850℃内,有一个放热峰,表明此阶段为放热反应,是煤热解残留物互相缩聚、生成半焦的过程,相当于煤热解过程的成焦阶段。

煤的差热曲线上 3 个明显的热效应峰与煤热解过程中的 3 个主要阶段发生的化学变化是相对应的。

由于不同煤的热解过程不同，其差热分析曲线上峰的位置、峰的高低也是有差别的。

（四）煤热解过程中的化学反应

煤热解过程中的化学反应十分复杂，统称为热解反应，包括有机质的裂解、残留物的缩聚、挥发产物在析出过程中的分解与化合、缩聚产物的进一步分解及再缩聚等。总体而言，热解反应分为裂解和缩聚两大类反应。依据煤的分子结构理论，通常认为，热解过程是煤中基本结构单元周围的侧链和官能团等对热不稳定部分不断裂解形成低分子化合物并挥发、基本结构单元的聚合芳香核形成自由基并互相缩聚形成半焦或焦炭的过程。

1.有机化合物的热解规律

为说明煤的热解过程，首先介绍有机化合物的热解规律。有机化合物对热的稳定性取决于组成分子中各原子结合能即键能的大小。键能大，难断裂，热稳定性好；反之，易断裂，热稳定性差。有机化合物中各种化学键的键能如表 10-1 所示。

表 10-1　有机化合物化学键键能（据张双全，2013）

化学键	键能/(kJ·mol^{-1})	化学键	键能/(kJ·mol^{-1})
$C_{芳}$—$C_{芳}$	2057	C —CH_3 H_2 ↑	301
$C_{芳}$—H	425	H_2C—CH_3 ↑	284
$C_{脂}$—H	392	H_2C—CH_3 ↑	251
$C_{芳}$—$C_{脂}$	332	H_2 C ↑	339
$C_{脂}$—O	314	↓ C—C—C H_2 H_2 H_2	284
$C_{脂}$—$C_{脂}$	297		

烃类热稳定性的一般规律是：

（1）热稳定性顺序为聚合芳烃＞芳香烃＞环烷烃＞烯烃＞炔烃＞烷烃。

（2）芳环上侧链越长，侧链越不稳定；芳环数越多，侧链也越不稳定。

（3）聚合多环芳烃的环数越多，其热稳定性越强。

煤的热解过程也遵循上述规律。

2.煤热解过程中的主要化学反应

煤热解过程中的主要化学反应有以下几种：

1)煤热解中的裂解反应

①结构单元之间的桥键断裂生成自由基，主要有$-CH_2-$、$-CH_2-CH_2-$、$-CH_2-O-$、$-O-$、$-S-$、$-S-S-$等，桥键断裂后结构单元易形成自由基碎片。

②脂肪侧链受热易裂解，生成气态烃，如CH_4、C_2H_6、C_2H_4等。

③含氧官能团的裂解。含氧官能团的热稳定性顺序为：羟基＞羰基＞羧基＞甲氧基。羧基热稳定性低，200℃就开始分解，生成CO_2和H_2O。羰基在400℃左右裂解生成CO。羟基不易脱除，到700～800℃以上，有大量氢存在，可氢化生成H_2O。含氧杂环在500℃以上也可能断开，生成CO。

④煤中低分子化合物的裂解。以脂肪族化合物为主的低分子化合物受热后，可裂解成挥发性产物。

2)一次热解产物的二次裂解反应

煤热解的一次产物在析出过程中可能会发生二次热解，二次热解的反应有如下几种。

①裂解反应：

$$C_2H_6 \longrightarrow C_2H_4 + H_2$$

$$C_2H_4 \longrightarrow CH_4 + C$$

$$CH_4 \longrightarrow C + 2H_2$$

$$C_6H_5-CH_2CH_3 \longrightarrow C_6H_6 + C_2H_4$$

②脱氢反应：

$$C_6H_{12} \longrightarrow C_6H_6 + 3H_2$$

$$C_{14}H_{12}\ (\text{9,10-二氢蒽}) \longrightarrow C_{14}H_{10}\ (\text{蒽}) + H_2$$

③加氢反应：

$$C_6H_5OH + H_2 \longrightarrow C_6H_6 + H_2O$$

$$C_6H_5CH_3 + H_2 \longrightarrow C_6H_6 + CH_4$$

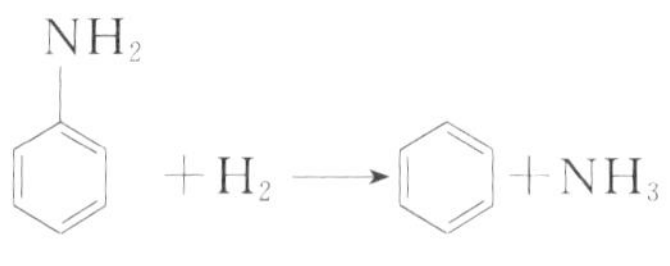

NH_2

$+H_2 \longrightarrow \quad + NH_3$

④缩聚反应：

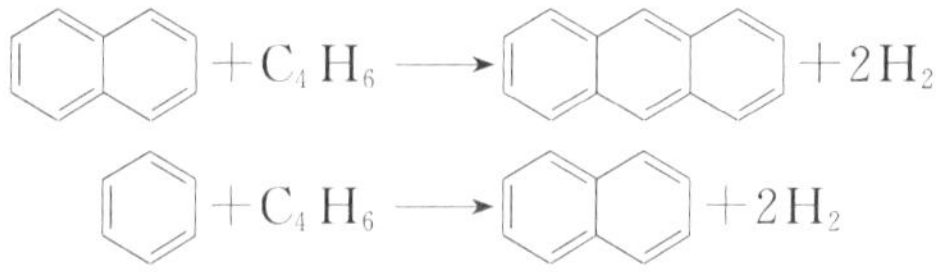

$+C_4H_6 \longrightarrow \quad +2H_2$

$+C_4H_6 \longrightarrow \quad +2H_2$

3)煤热解中的缩聚反应

煤热解的前期以裂解反应为主，而后期则以缩聚反应为主。缩聚反应对煤的热解生成固态产物(半焦或焦炭)影响较大。

①胶质体固化过程的缩聚反应，主要是在热解生成的自由基之间的缩聚，结果生成半焦。

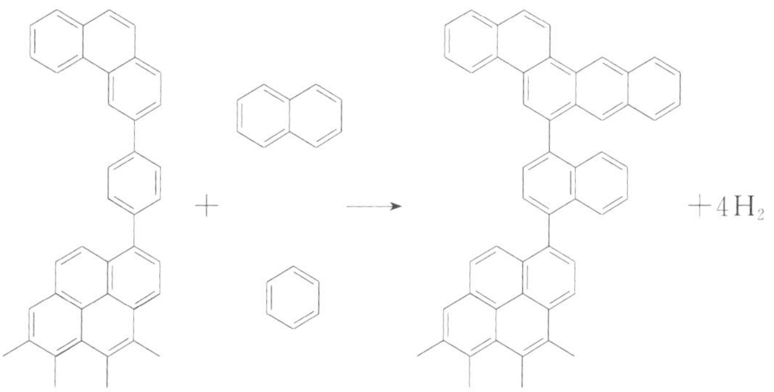

$+ \quad \longrightarrow \quad +4H_2$

②半焦裂解残留物之间缩聚，生成焦炭。缩聚反应是芳香结构脱氢的过程，如：

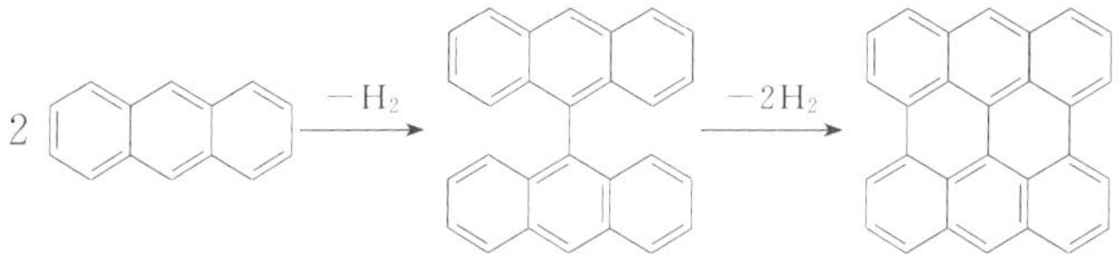

$2 \quad \xrightarrow{-H_2} \quad \xrightarrow{-2H_2}$

③加成反应，具有共轭双烯及不饱和键的化合物，在加成时进行环化反应。

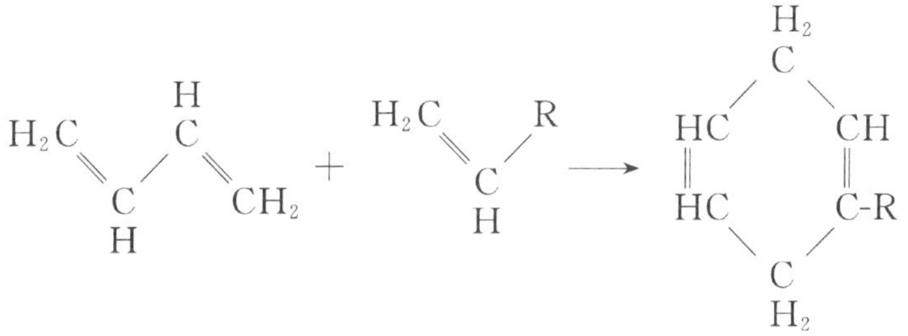

$$H_2C{=}CH{-}CH{=}CH_2 + H_2C{=}CH{-}R \longrightarrow \text{HC}{=}\text{HC},\ \text{CH}{=}\text{C-R},\ CH_2,\ CH_2$$

二、黏结性烟煤热解过程中的黏结与成焦

黏结性烟煤从室温经过胶质体状态到生成半焦的过程称为黏结过程；从室温到最终形成焦炭的过程称为结焦过程，大体上分为黏结过程和半焦收缩两个阶段。黏结性烟煤在300～550℃内会软化熔融，在煤粒的表面形成液相膜，大量煤粒聚积时，液相相互融合在一起，形成气、液、固三相一体的黏稠的混合物，即所谓的“胶质体”，如图10-3所示。由于液相物质的黏

度大，透气性不好，热解形成的部分气体会在液相物质中形成气泡。煤热解形成胶质体是煤黏结成焦的前提，胶质体液相的数量和质量是影响焦炭质量的关键（张双全，2013）。

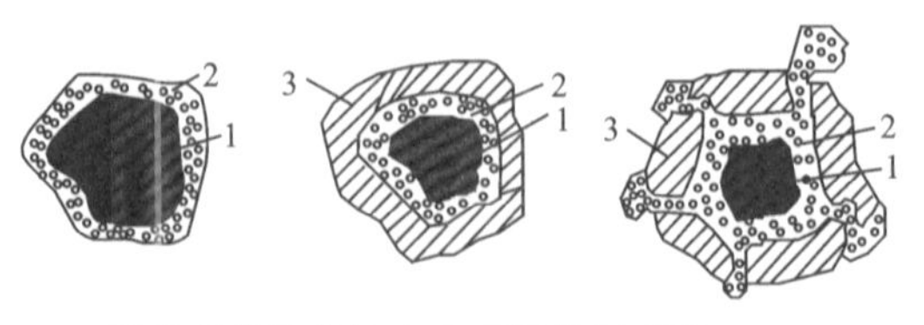

图 10-3　煤粒受热软化熔融和再固化示意图（据张双全，2013）

1. 未软化的煤；2. 含有气泡的液相胶质体；3. 半焦

（一）胶质体的来源和性质

1. 胶质体的来源

能否形成胶质体，胶质体的数量、组成和性质决定了煤黏结成焦的能力，这是煤塑性成焦机理的核心。而胶质体的液相是形成胶质体的基础，其来源可能有如下几个方面（朱银惠和王中慧，2013）。

（1）煤热解时结构单元之间结合比较薄弱的桥键断裂，生成自由基碎片，一部分相对分子量不太大，含氢较多，使自由基稳定化，形成液体产物。其中以芳香族化合物居多。

（2）在热解时，结构单元上的脂肪侧链脱落，大部分挥发逸出，少部分参加缩聚反应形成液态产物。其中以脂肪族化合物居多。

（3）煤中原有的低分子量化合物——沥青受热熔融变为液态。

（4）残留固体部分在液态产物中部分溶解和胶溶。

胶质体随热解反应进行数量不断增加，黏度不断降低，直至出现最大流动度。当加热温度进一步提高时，胶质体的分解速度大于生成速度，因而不断转化为固体产物和煤气，直至胶质体全部转化为半焦。

2. 胶质体的性质

在热解过程中，形成的胶质体液相也在不断分解、缩聚，最终固化形成半焦。影响煤黏结成焦性能的决定性因素是胶质体液相的数量和质量，可以采用胶质体的热稳定性、透气性、流动性及膨胀性等加以表征。

（1）热稳定性。胶质体的热稳定性用煤的软化、胶质体固化温度间隔表征。即 $\Delta T = T_k - T_p$（T_k、T_p 分别为煤开始软化和开始固化的温度）。它反映了煤处在塑性状态的时间长短，即胶质体的热稳定性。肥煤的温度间隔最大，约为 140℃（320～460℃）；其次是气煤，约为 90℃（350～440℃）；焦煤第三，约为 75℃（390～465℃）；瘦煤较小，约为 40℃（450～490℃）。一般认为，温度间隔大，表明胶质体黏结煤粒的时间长，有利于煤的黏结。但单纯用温度间隔表示胶质体的热稳定性可能并不可靠，如焦煤的温度间隔比气煤要小，但其胶质体的黏结性和结焦性显然高于气煤。似乎将温度间隔与塑性平均温度（软化温度与固化温度的平均值）结合起来考虑更为科学。高温下的较小温度间隔，其表达的热稳定性可能比较低温度下的较大温度间隔还好。

(2)透气性。它指煤热解产生的气体物质从胶质体中析出的难易程度。胶质体中的液相数量越多、液相的的黏度越大，则气相的析出越难，透气性越差；反之，气体易析出，透气性好。透气性差时，会在胶质体内产生较大的膨胀压，能促进煤粒之间的黏结，透气性好则有相反的效果。

(3)流动性。流动性反映了胶质体液相的数量多少和黏度的大小。胶质体液相的数量多，黏度小，其流动性就大；反之，流动性就小。胶质体的流动性对煤的黏结成焦影响很大。胶质体的流动性差，不利于煤粒间的黏结，界面结合不好，焦炭熔融性差，焦炭的强度差，反应性高，不利于焦炭在高炉中骨架作用的提高。肥煤和焦煤胶质体的流动性好，而气煤和瘦煤胶质体的流动性差。

(4)膨胀性。在胶质体状态下，若胶质体的数量多，且黏度大，则胶质体中的气体不易析出，往往使胶质体发生膨胀，产生膨胀压。膨胀压力大，有利于煤粒间的黏结，但膨胀压力过大，炼焦时将对焦炉炭化室炉墙产生破坏。煤的膨胀性与其透气性有关，透气性好则不易膨胀，透气性差则较容易发生胶质体的膨胀。如果胶质体的膨胀不加限制，则产生自由膨胀。自由膨胀通常用膨胀度来表示，即增加的体积对原煤体积的百分数(也可用增加的高度表示)。膨胀度也可作为评价煤的黏结能力的指标。若体积膨胀受到限制，就产生一定的压力，称为膨胀压力。膨胀度与膨胀压力之间并没有直接的关系。膨胀度大的煤，不一定膨胀压力就大。如肥煤的自由膨胀性比瘦煤强，但在室式炼焦炉中，肥煤的膨胀压力比瘦煤小，这主要是因为瘦煤的胶质体透气性差，使集聚在胶质层中间的气体析出受到阻力，胶质体压力增加。在保证不损坏炉墙的前提下，膨胀压力增大，可使焦炭结构致密，强度提高。

各类炼焦煤胶质体数量和性质差异较大。气煤受热后产生的液相物热稳定性差，易迅速分解成气体析出，所以其胶质体流动性较差。瘦煤受热后产生的液相物数量少，软固化温度区间最小(仅约40℃)，胶质体流动性也差，不易将煤粒间的空隙填满。因此它们形成的焦炭界面结合不好，熔融不好，耐磨性差。肥煤的液相物多，软固化温度区间最大(达140℃)，在胶质体状态下的停留时间长，煤粒熔融结合良好。焦煤的液相物较多，热稳定好，其胶质体的流动性均好，又有一定的膨胀性，这些性质均有利于煤粒间的黏结，从而形成熔融良好、致密的焦炭。

要使煤在热解中黏结得最好，必须满足以下6个条件：

(1)胶质体应有足够数量的液相，能够在固体煤粒表面润湿，并充满颗粒间的空隙。

(2)胶质体应有较好的流动性、不透气性和较宽的温度间隔。

(3)胶质体应有一定的黏度，有一定的气体生成量，能产生一定的膨胀压力，将软化的煤粒压紧。

(4)黏结性不同的煤粒应在空间均匀分布。

(5)液态产物与固体粒子之间应有较好的附着力。

(6)液相物进一步分解缩聚所形成的固体产物和未转变为液相的固体粒子本身应具有足够的机械强度。

（二）煤的黏结与成焦机理

1.煤的黏结机理

煤粒之间的黏结主要发生在煤粒的表面。利用显微镜和放射线照相技术对半焦光片进行研究表明，热解后的煤粒沿着颗粒的接触表面产生界面结合。表面的黏结不仅发生在熔融颗粒与不熔颗粒之间，也发生在相邻颗粒产生的胶质体交界面上。无论对于胶质体数量较多的肥煤还是胶质体数量较少的气煤，煤粒间的黏结只发生在煤粒间的表面分子层上。有学者对流动性最强的肥煤胶质体的液相在塑性阶段的平均移动距离进行了计算，只有1.9μm，这与煤粒的大小相比是可以忽略的。因此，煤热解后不同煤粒生成的液相之间的相互渗透只限于煤粒的表面。这就是说，煤粒间的黏结过程，只在煤粒的接触表面上进行，煤的黏结是在煤粒间的表面黏结。

在热解时，煤分子结构上的氢发生了再分配。对于黏结性烟煤，生成了富氢、相对分子质量较小的液相物质和呈气态的焦油蒸气、气态烃类等化合物。有人认为，热分解产物的相对分子质量在400～1500范围内时呈液态相并能使煤软化生成胶质体，胶质体中的液相不仅能软化煤粒，也能隔离热解中生成的大量自由基，阻止它们迅速结合成更大的分子而固化。煤热解生成的胶质体是逐渐增加的，当液相的生成速度与液相的分解速度相等时，胶质体的流动性达到最大，此后，胶质体的固化是液相分解产生的自由基缩聚的结果。胶质体的固化过程是胶质体中的化合物因脱氢、脱烷基和其他热解反应而引起的芳构化和炭化的过程。

2.煤的成焦机理

胶质体固化形成半焦后继续升高温度，半焦发生裂解，析出以氢气为主的气体，几乎没有焦油的产生。这时的裂解反应主要是芳香化合物脱氢，同时产生带电的自由基，自由基相互缩聚而稳定化，温度进一步升高，缩聚反应进一步进行。自由基的缩聚芳香碳网不断增大，碳网间的排列也趋于规则化。

从半焦的外形变化来看，缩聚反应使半焦的体积发生收缩，由于半焦组成的不均匀性，体积收缩也是不均匀的，造成半焦内部产生应力，当应力大于半焦的强度时就产生了裂纹。温度持续升高到1000℃，半焦的裂解和缩聚反应趋缓，析出的气体量减少，半焦也变成了具有一定块度和强度的银灰色并具有金属光泽的焦炭。

三、煤的黏结性和结焦性的评定方法

煤的黏结性和结焦性是炼焦用煤的重要工艺性质。黏结性是指煤在隔绝空气条件下加热时产生的胶质体黏结自身和外加惰性物质的能力。煤的结焦性是指在工业焦炉或模拟工业焦炉的炼焦条件下（一定的升温速度、加热终温等），煤黏结成块并最终形成具有一定块度和强度的焦炭的能力。黏结性是结焦性的必要条件，而胶质体的塑性、流动性、膨胀性、透气性、热稳定性等对煤的结焦性也有较大的影响。煤的黏结性是评价烟煤能否用于炼焦的主要依据，也是评价低温热解、气化或动力用煤的重要依据。

炼焦用煤必须具有黏结性，即粉状的炼焦煤具备在高温热解过程中能够“软化”“熔融”，形成黏稠的以液体为主的胶质体并最终固化后形成块状焦炭的能力。肥煤和气肥煤的黏结性最好；炼焦用煤也必须具有结焦性，即在炼焦时，能形成一定块度和足够强度的焦炭，焦煤的结焦性最好。

由于煤的黏结性和结焦性对于许多工业生产部门都至关重要，因而出现了多种测定煤的黏结性和结焦性的方法。测定煤的黏结性和结焦性的方法可以分为以下 3 类。

(1)根据胶质体的数量和性质进行测定，如胶质层厚度、吉式流动度、奥阿膨胀度等。

(2)根据煤黏结惰性物料能力的强弱进行测定，如罗加指数和黏结指数等。

(3)根据所得焦块的外形进行测定，如坩埚膨胀序数和葛金指数等。

下面介绍几种常用的黏结性和结焦性指标的测定方法和原理。

1. 罗加指数

罗加指数是指由波兰学者罗加提出的一种测定煤的黏结性的方法。

国家标准《烟煤罗加指数测定方法》(GB/T 5449—2015) 规定了测定烟煤罗加指数(R. I.)的方法原理和试验步骤。它的方法要点是：称取 1g 粒度小于 0.2mm 的烟煤试样和 5g 罗加指数专用无烟煤($A_d<4\%$，$V_{daf}<7\%$，粒度为 0.3～0.4mm，我国规定采用宁夏汝箕沟无烟煤)充分混合，放入坩埚内搅拌均匀并铺平，将压块置于坩埚中央，然后将其置于压力为 5.9×10^5 Pa 的压力器下，将压杆轻轻放下，加压 30s。加压结束后，压块仍留在混合物上，盖上坩埚盖，迅速将其放入已预热至 850℃的马弗炉灼烧 15min，取出，待冷却后称量焦渣总量。再将焦渣放在孔径为 1mm 的圆孔筛上筛分，筛上部分再次称量，然后放入转鼓内，进行第一次转鼓试验；转鼓试验后的焦渣用 1mm 圆孔筛进行筛分，再称量筛上部分质量，然后将其放入转鼓进行第二次转鼓试验；重复筛分、称量操作，先后进行 3 次转鼓试验。每次转鼓试验 5min。

罗加指数 R. I. 用下式进行计算：

$$\text{R. I.}=\frac{(m_0+m_3)/2+m_1+m_2}{3m}\times100$$

式中：R. I. 为罗加指数(%)；m 为焦化后焦渣的总质量(g)；m_0 为第一次转鼓试验前筛上的焦渣质量(g)；m_1 为第一次转鼓试验后筛上的焦渣质量(g)；m_2 为第二次转鼓试验后筛上的焦渣质量(g)；m_3 为第三次转鼓试验后筛上的焦渣质量(g)。

罗加指数用煤焦化后焦炭的耐磨强度表示煤黏结性的强弱，它反映了煤在胶质体阶段黏结自身和惰性物料并最终形成具有一定耐磨强度焦炭的能力。罗加指数法具有明显的优点，表现在设备简单、测定快速、所需煤样量少，该方法不但能反映煤的黏结性还能在一定程度上反应煤的结焦性。但罗加指数法也有缺点，如加热速度远远高于工业炼焦的加热速度，使黏结性测值偏高；对强黏结性煤区分能力差；对弱黏结性煤的重现性差；标准无烟煤不同时导致测定结果出现系统偏差，使得各国间的测值不具可比性。

2. 黏结指数

黏结指数是我国科学工作者经过对煤黏结过程的深入分析和研究后，针对罗加指数的缺点改进而来的。该指标已用于我国新的煤炭分类方案，作为区分黏结性的指标，用 $G_{R.I.}$ 表示，也可简写为 G。

国家标准《烟煤黏结指数测定方法》(GB/T 5447—2014) 规定了测定烟煤黏结指数的方法原理和试验步骤。它的测定原理和仪器设备与罗加指数法完全相同，主要改进点有以下3个方面。①将标准无烟煤的粒度降为0.1～0.2mm，一方面与试验煤样粒度接近，可防止煤样产生粒度偏析，造成两种煤样混合不均，影响测定结果；另一方面，降低无烟煤粒度，可增加其吸纳胶质体的能力，有利于提高对强黏结性煤的区分能力。②根据煤样的黏结性强弱灵活改变配比，黏结性较强的煤用5∶1的比例，黏结性较弱的煤用3∶3的比例，可以提高对强黏结性煤的区分能力和弱黏结性煤测定结果的准确性与重现性。③转鼓试验由3次改为2次，提高了测试效率。

黏结指数的测定方法与罗加指数基本相同，只是取消了转磨前的筛分和1次转磨。

专用无烟煤和试验煤样的比例为5∶1时，黏结指数($G_{R.I.}$)按下式计算：

$$G_{R.I.}=10+\frac{30m_1+70m_2}{m}$$

专用无烟煤和试验煤样的比例为3∶3时，黏结指数($G_{R.I.}$)按下式计算：

$$G_{R.I.}=\frac{30m_1+70m_2}{5m}$$

式中：m_1 为第一次转鼓试验后筛上物的质量(g)；m_2 为第二次转鼓试验后筛上物的质量(g)；m 为焦化处理后焦渣总质量(g)。

黏结指数对强黏结性和弱黏结性煤的区分能力都有所提高，而且黏结指数的测定结果重现性好。与罗加指数相比，黏结指数的测定更为简便。实践表明，黏结指数在我国的应用是成功的，并已经成为我国煤炭分类的主要指标之一。

3.胶质层指数

胶质层指数又称胶质层最大厚度，该法是由苏联学者提出的测定煤黏结性的方法，它模拟工业焦炉的半个炭化室，单向加热，加热速度(3℃/min)与工业炼焦条件接近，主要测定煤在热解时形成胶质体的数量，即胶质层最大厚度 Y，此外还可得到辅助指标最终收缩度 X 和体积曲线。

《烟煤胶质层指数测定方法》(GB/T 479—2016) 规定了测定烟煤胶质层指数的方法原理和试验步骤。它的方法要点是：将一定量(100g)的空气干燥煤样装入特制的煤杯中，放入压力盘，把压力盘与杠杆连接起来，挂上砝码，煤杯放在特制的电炉内以规定的升温速度进行单侧加热(图10-4)，煤样相应形成半焦层、胶质层和未软化的煤样层3个等温层面。

等温层的温度从上至下依次递增。当温度达到煤的软化点时，煤开始软化形成具有塑性的胶质体，当温度上升到固化温度时，胶质体开始固化形成半焦。煤杯底部的煤样首先软化成胶质体并随后固化成半焦，而上层煤样也依次转化为胶质体，这样胶质体层逐渐上移，并不断加厚达到最大，此后胶质层厚度下降，直至煤杯中的煤样全部软化并固化成为半焦。

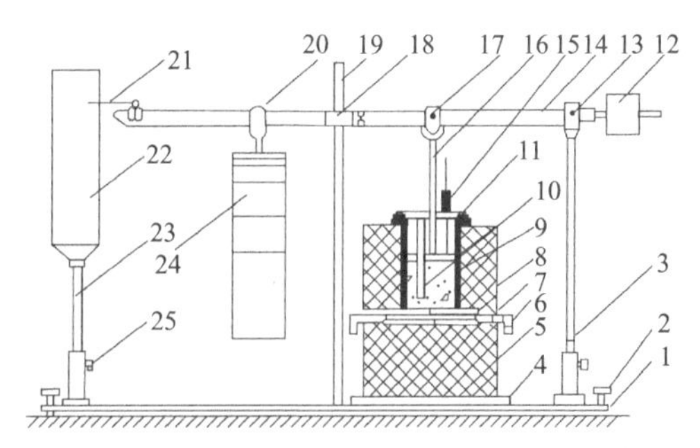

图 10-4 带平衡铊的胶质层指数测定仪示意图

1.底座;2.水平螺丝;3.立柱;4.石棉板;5.下部砖垛;6.接线夹;7.硅碳棒;8.上部砖垛;9.煤杯;10.热电偶套(铁)管;11.压板;12.平衡铊;13、17.活轴;14.杠杆;15.探针;16.压力盘;18.方向控制板;19.方向柱;20.砝码挂钩;21.记录笔;22.记录转筒;23.记录转筒支柱;24.砝码;25.固定螺丝

在实验过程中要用特制的探针定时测量胶质层的厚度,以胶质层最大厚度 Y 作为主要指标。由于在胶质层内有大量的热解气体,如果胶质体的透气性差,气体就在胶质体内大量积聚,造成体积膨胀带动压力盘上移,一旦气体排出,体积就发生收缩,压力盘又下降,这时连接在杠杆上的记录笔即可记录压力盘上下移动随时间变化的曲线,称为体积曲线,胶质层曲线加工示意图,如图 10-5 所示。

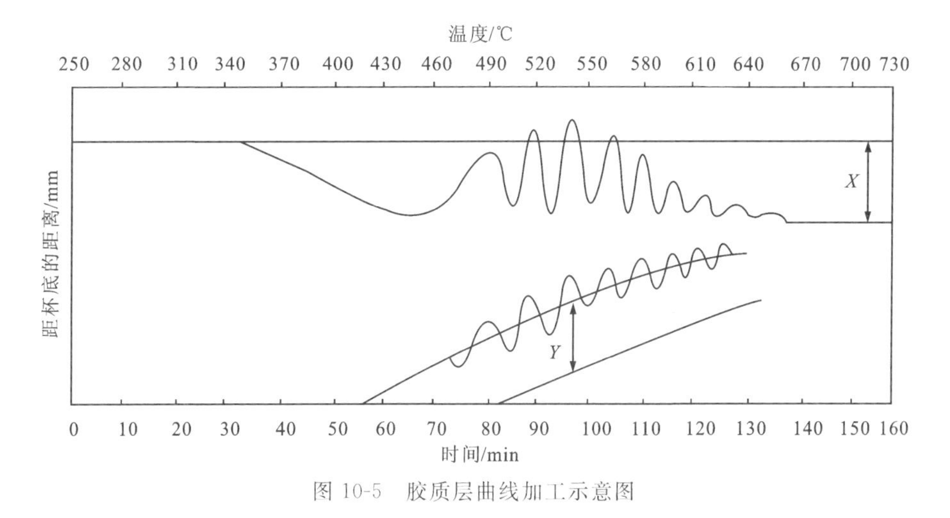

图 10-5 胶质层曲线加工示意图

当煤杯内的煤样全部热解成为半焦,体积不再变化,体积曲线呈水平状,这时体积曲线与基线之间的距离就是最终收缩度 X。

胶质层指数法较适合于中等黏结性的煤,其优点是 Y 值具有可加性,即混合煤的 Y 值可通过各种单种煤 Y 值进行加权平均得到。因此胶质层指数在配煤炼焦时具有重要的指导意义。胶质层指数法也有缺点,如:胶质层厚度只能反映胶质体的数量,不能反映胶质体的质量;测定过程的规范性强,影响测定结果的因素多;测定时所需的煤样大;对弱黏结性煤和强黏结性煤的测定结果不准,重现性差。这一方法在东欧各国中应用较为普遍,在我国的应用也十分广泛,特别是在焦化厂指导炼焦配煤方面有独到之处,因此,我国现行煤炭分类国家标准中也采用 Y 值作为分类指标之一。

4. 奥阿膨胀度

奥阿膨胀度是测定煤炭黏结性的方法之一。国家标准《烟煤奥阿膨胀计试验》(GB/T 5450—2014)规定了测定烟煤奥阿膨胀度的方法原理和试验步骤。它的方法要点是:称取粒度小于0.2mm的空气干燥煤样4g,按规定方法制成一定规格的煤笔,放在一根标准口径的管子(膨胀管)内,其上放置一根能在管内自由滑动的钢杆(膨胀杆)。将上述装置放在专用的电炉内,以规定的升温速度加热,记录膨胀杆的位移曲线。测量并计算位移的最大距离占煤笔原始长度的百分数,作为煤样的膨胀度,即奥阿膨胀度指数 b。图10-6为一种典型的膨胀曲线。

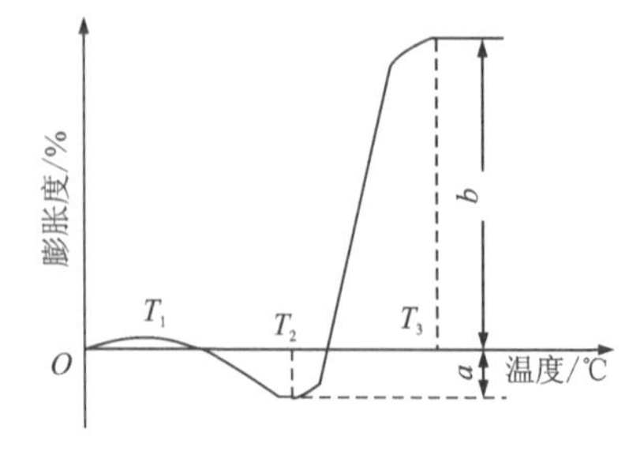

图10-6 烟煤典型的膨胀曲线

通过试验可以测定下列指标:T_1为软化温度,膨胀杆下降0.5mm时的温度(℃);T_2为开始膨胀温度,膨胀杆下降到最低点后开始上升时的温度(℃);T_3为固化温度,膨胀杆停止移动时的温度(℃);a为最大收缩度,膨胀杆下降的最大距离占煤笔长度的百分数(%);b为最大膨胀度,膨胀杆上升的最大距离占煤笔长度的百分数(%)。

奥阿膨胀度主要取决于煤的胶质体数量、胶质体的不透气性和胶质体生成期间气体析出的速度。如果胶质体数量多、透气性差、温度间隔宽,膨胀度就大;反之,膨胀度就小。中等煤化程度的肥煤、焦煤膨胀度大,其余煤种的膨胀度小,甚至是负值(膨胀曲线低于基线)或不膨胀。

(1)若收缩后膨胀杆回升的最大高度高于开始下降位置,则最大膨胀度以"正膨胀"表示(图10-7);

(2)若收缩后膨胀杆回升的最大高度低于开始下降位置,则最大膨胀度以"负膨胀"表示,膨胀度按膨胀的最终位置与开始下降位置间的差值计算,但应以负值表示(图10-8);

(3)若收缩后膨胀杆没有回升,则最大膨胀度以"仅收缩"表示(图10-9);

(4)若最终的收缩曲线不是完全水平的,而是缓慢向下倾斜,则最大膨胀度以"倾斜收缩"表示(图10-10),并规定最大收缩度以500℃处的收缩值报出(如果倾斜收缩中出现软化温度大于500℃时,则软化温度报出500℃)。

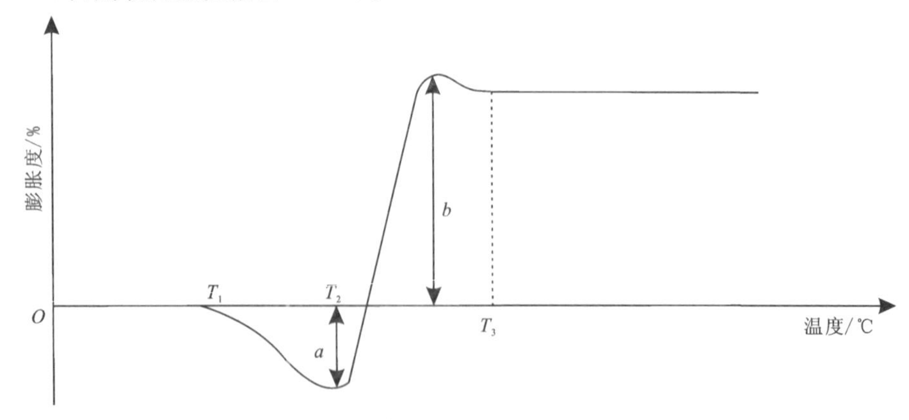

图10-7 烟煤奥阿膨胀计试验正膨胀曲线

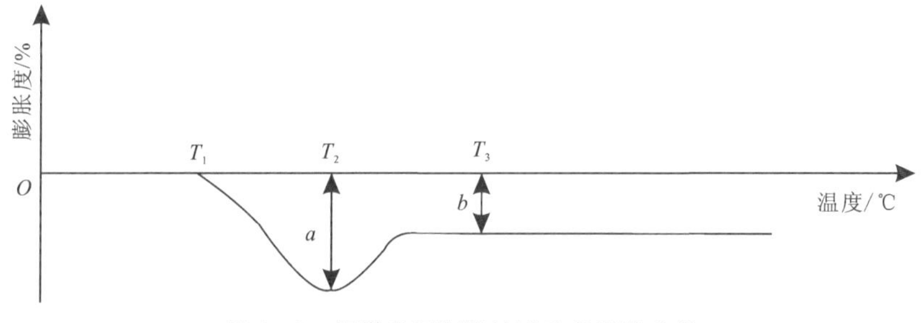

图 10-8 烟煤奥阿膨胀计试验负膨胀曲线

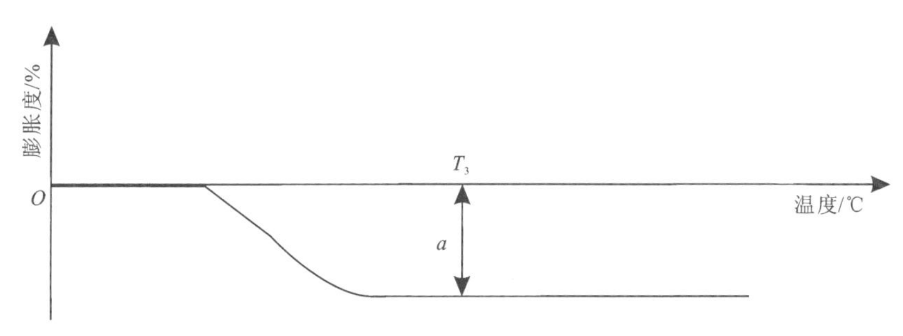

图 10-9 烟煤奥阿膨胀计试验仪收缩曲线

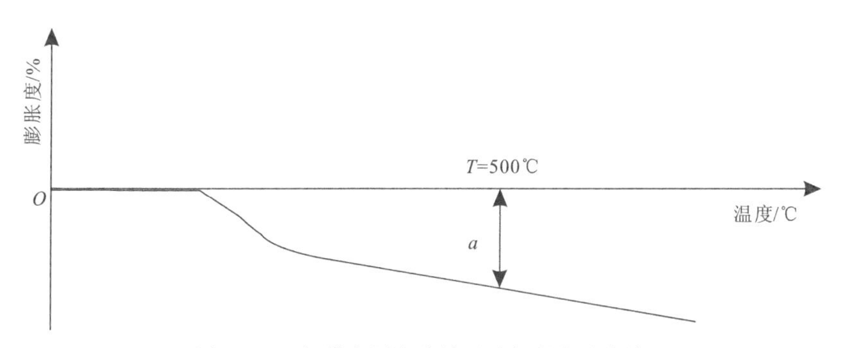

图 10-10 烟煤奥阿膨胀计试验倾斜收缩曲线

奥阿膨胀度的优点是对中、强黏结性煤的区分能力强，对强黏结性煤区分能力好于 Y 值，测定时人为误差小，结果重现性好。缺点是对弱黏结性煤区分能力差，实验仪器加工精度要求高，规范性太强。奥阿膨胀度指标也被我国现行煤炭分类方案采用，作为 Y 值的补充指标。

5. 坩埚膨胀序数

坩埚膨胀序数(CSN)，是以煤在坩埚中加热所得焦块膨胀程度的序号来表征煤的膨胀性和黏结性的指标。国家标准《烟煤坩埚膨胀序数的测定》(GB/T 5448—2014)规定了测定坩埚膨胀序数的方法原理和试验步骤。它的方法要点是：称取 1g 粒度小于 0.2mm 的空气干燥煤样置于专用坩埚中，放入电加热炉内，按规定程序加热到(820±5)℃，将所得的焦块与一套带有序号的标准焦块侧面图形(图 10-11)相比较，与焦块最为接近的一个图形的序号，便是该种煤的坩埚膨胀序数。膨胀序数共分为 17 种，序数越大，表示煤的膨胀性和黏结性越强。

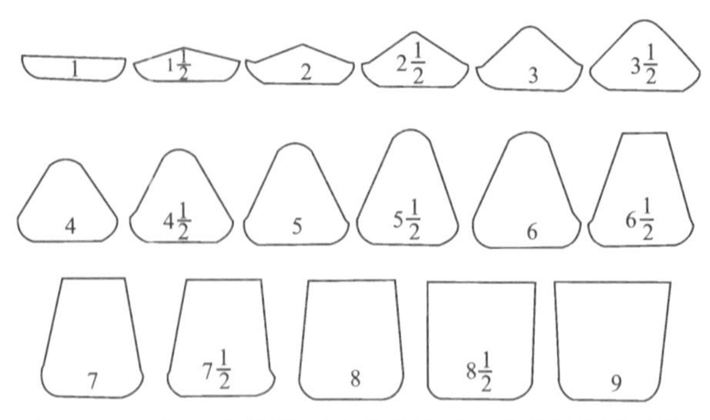

图 10-11　标准焦块侧面图形及其对应的坩埚膨胀序数

坩埚膨胀序数的大小取决于煤的熔融特性、胶质体生成期间析气情况与胶质体的不透气性。由于测定时加热速度很快，约为 530℃/min，煤料塑性体突然固结成半焦而得到焦块，它主要取决于煤临近固化前的塑性体特性，有可能将黏结性较弱的煤判断为黏结性较强的煤。此外，这种方法是根据焦块外形来作判断，带有较强的主观性，往往对膨胀序数 5 以上煤黏结性的区分能力较差。但是，此法所用实验仪器和测定方法都非常简单，几分钟即可完成一次试验，所以得到广泛应用。在国际硬煤分类方案中被选为黏结性的分类指标。

6. 格金焦型

格金焦型试验是一种煤低温干馏的试验方法，也是测定煤结焦性的一种方法。格金焦型是硬煤国际分类中鉴别结焦性的一个指标。

国家标准《煤的格金低温干馏试验方法》(GB/T 1341—2007)规定了煤的格金低温干馏试验的方法原理和试验步骤。它的方法要点是：称取粒度小于 0.2mm 的空气干燥煤样 20g 装入干馏管中，置于已经通电加热至 300℃ 的格金干馏炉内，从 300℃ 起以 5℃/min 升温速率将干馏炉继续加热至 600℃，并在此温度下保持 15min。

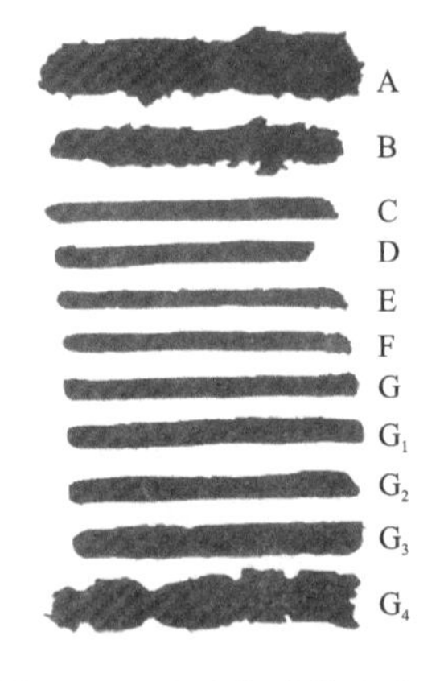

图 10-12　各种标准格金焦型

测定所得焦油、热解水和半焦的产率，同时将半焦与一组标准焦型比较定出型号(图 10-12)，以判断煤的结焦性能。对于强膨胀性煤(焦型大于 G 型)，则需在煤样中配入一定量的电极炭，使焦型恰好为 G 型，其焦型以 20g 混合物中电极炭的配入量(整数克数)xg 来表示 G_x，x 一般为 1～13 之间的一个整数。

各类煤的格金焦型如表 10-2 所示。

表 10-2　标准焦型

焦型	体积变化	主要特征、强度及其他
A	试验前后体积大体相等	不黏结，粉状或粉中带有少量小块，接触就碎
B	试验前后体积大体相等	微黏结，多于 3 块或块中带有少量粉，一拿就碎

续表 10-2

焦型	体积变化	主要特征、强度及其他
C	试验前后体积大体相等	黏结，整块或少于 3 块，很脆易碎
D	试验后体积较试验前明显减小（收缩）	黏结或微熔融，较硬，能用指甲刻画，少于 5 条明显裂纹，手摸染指，无光泽
E	试验后体积较试验前明显减小（收缩）	熔融，有黑的或稍带灰的光泽，硬，手摸不染指，多于 5 条明显裂纹，敲时带有金属声响
F	试验后体积较试验前明显减小（收缩）	横断面完全熔融，并呈灰色，坚硬，手摸不染指，少于 5 条明显裂纹，敲时带金属声响
G	试验前后体积大体相等	完全熔融，坚硬，敲时发出清脆的金属声响
G_1	试验后体积较试验前明显增大（膨胀）	微膨胀
G_2	试验后体积较试验前明显增大（膨胀）	中度膨胀
G_3	试验后体积较试验前明显增大（膨胀）	强膨胀

褐煤及无烟煤基本为 A 型，少数如氢含量较高的年老褐煤和年轻无烟煤（$H_{daf}>3.5\%$时）均可能出现 B 型；长焰煤和贫煤多为 A～D 型；瘦煤为 D～G_2 型；焦煤为 G～G_6 型；肥煤和气肥煤为 G_5～G_{13} 型；气煤和 1/3 焦煤从 C～D 型到 G_{10} 型的均有；不黏煤为 A～B 型，个别为 C 型；弱黏煤为 C～F 型；1/2 中黏煤为 D～G 型；贫瘦煤以 C～E 型为主，少数为 F 型。

该法的优点是可以比较全面地了解煤热解产物的性状，同时还可以获得表征煤结焦性的格金焦型。缺点是对焦型的判断常有主观性，并且在测定强黏结性煤时需要逐次添加不同数量的电极炭，比较繁琐，而实际上格金焦型 G_8 以上已无法进一步区分，且不易测准。

7. 吉氏流动性

测定吉氏流动性的仪器称为吉氏塑性计，分为波兰型（标准为 PN-62G-0536）和美国型（标准为 ASTM-D1812）两种。我国多用波兰型，但 20 世纪 80 年代后有些研究所研制或引进美国型自动操作的吉氏塑性计。

国家标准《煤的塑性测定 恒力矩吉氏塑性仪法》（GB/T 25213—2010）规定了用恒力矩吉氏塑性仪测定煤的塑性的方法原理和试验步骤。它的方法要点是：称取粒度小于 0.425mm 的空气干燥煤样 5g 装入已经插入金属搅拌浆的甑坩埚中，拧上坩埚盖，坩埚浸入一温度为 300℃的浴槽中，控制加热速度为（3±1.0）℃/min。随着温度的上升，煤料软化、熔融，产生塑性变化，使搅拌浆的运动呈现有规律的变化。搅拌浆由开始的不动到转动，转动速度逐渐增至最大，而后又逐渐变慢，直至停止。根据恒力矩搅拌浆的转动特性，测定煤在塑性状态时的流动性。

通过试验可测得 5 个特性指标并绘制出吉氏流动度曲线，如图 10-13 所示。

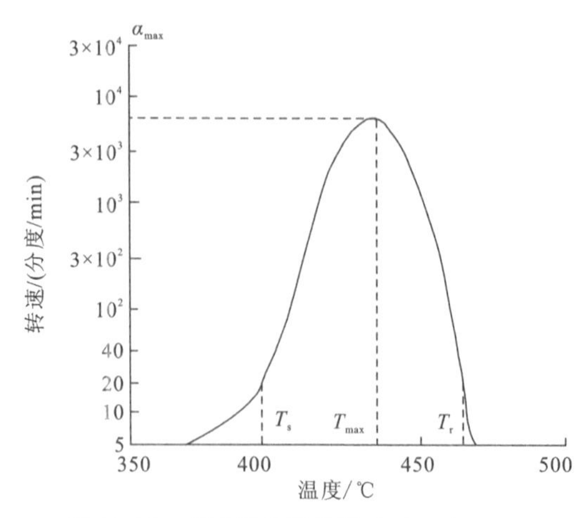

图 10-13　吉氏流动度曲线(据张双全,2013)

根据曲线可得出下列指标:

①软化温度 T_s,刻度盘上指针转动 1 分度时对应的温度(℃);

②最大流动温度 T_{max},最大流动时对应的温度(℃);

③固化温度 T_r,搅拌桨停止转动,流动度出现零时对应的温度(℃);

④最大流动度 α_{max},指针的最大角速度(分度/min);

⑤胶质体温度间隔,固化温度和开始软化温度之差 $\Delta T=T_r-T_s$。

通过吉式流动度的测定,可以了解胶质体的流动性和胶质体的温度间隔,指导配煤炼焦。吉式流动度与煤化程度有关,一般气肥煤的流动度最大,几种典型炼焦煤的吉氏流动度曲线如图 10-14 所示。从图 10-14 可见,肥煤的流动度曲线比较平坦且宽,表明其胶质体停留在较大流动性的时间较长(即 ΔT 较大),适用性较广,可供配合的煤种较多。而有些气肥煤的 α_{max} 虽然很大,但是曲线陡而尖(ΔT 较小),表明其胶质体处于较大流动性时的时间较短,从而影响其相容性。

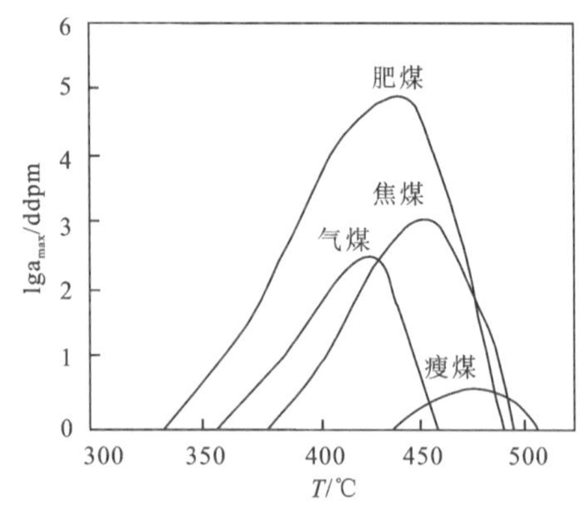

图 10-14　几种炼焦煤的吉氏流动度曲线(据张双全,2013)

(注:刻度盘一周 360℃记为 100 分度,可称为圆盘度,用 ddpm 表示)

吉式流动度指标可同时反映胶质体的数量和性质，对中、强黏结性的煤或者中等黏结性的煤有较好的区分能力，具有明显的优点。但对强黏结性的煤和膨胀性很大的煤难以测准。此外，吉式流动度测定试验的规范性很强，重现性较差，其搅拌器的尺寸、形状、加工精度对测定结果有十分显著的影响，煤样的填装方式也显著影响测定结果。

四、各种黏结性、结焦性指标间的关系

1. 黏结指数 G 与胶质层最大厚度 Y 值之间的关系

黏结指数 G 和胶质层最大厚度 Y 值是我国煤分类的主要指标，了解它们的相互关系十分重要。由于黏结指数是测定煤黏结惰性物质的能力，而 Y 值是煤在隔绝空气条件下等速升温时所产生胶质体的厚度，因此两者之间将不可能具有很好的内在对应关系。不过总的趋势是 Y 值高的煤，其 G 指数也高，如图 10-15 所示。由图可见，Y 值和 G 指数之间呈二次曲线的正比关系，即 $G<80$ 时，G 随 Y 值的增大而增大，$G>80$ 后，Y 值仍可急剧增加，而 G 指数的增加变得不很明显。此外，$10<G<75$ 时，Y 值的变化很小，一般为 4～15mm；Y 值为 0 的煤，G 指数从 0～18 均有。由此表明，区分弱黏结性煤时，G 指数比 Y 值灵敏度大。反之，在强黏结性煤阶段，G 指数变化较小，一般为 95～105，而 Y 值的变化相对较大，多在 25～50mm 之间。因此，目前我国煤炭分类中对肥煤和其他较强黏结性煤的区分仍以 Y 值作为主要划分指标。

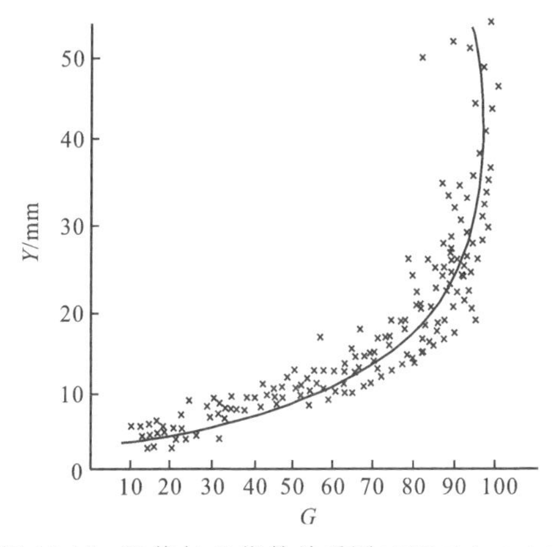

图 10-15　Y 值与 G 指数关系图(据张双全，2013)

2. 黏结指数 G 与罗加指数 R. I. 之间的关系

G 指数是在 R. I. 指数的基础上经过改进后用于表征煤黏结惰性物质(特定专用无烟煤)能力的黏结性指标，二者测定原理一样，所用专用无烟煤矿点和试验转鼓都相同，因此它们之间具有很好的正比关系。

(1)$G>55$ 的中等及强黏结煤：

$$\text{R. I.}=0.66G+22.5$$

(2)$18<G\leqslant55$ 的中等偏弱黏结烟煤：

$$R.I.=0.976G+8$$

(3)$G\leqslant18$ 的弱黏结煤：

$$R.I.=0.5G+10$$

3.胶质层最大厚度 Y 值与奥阿膨胀度 b 值之间的关系

奥阿膨胀度 b 值也是我国煤炭分类中采用的区分强黏结煤的指标之一，由于其测定方法与 Y 值比较相似，即均不加惰性物质，同时均为等速加热升温，因此它们有较好的相关关系，如图 10-16 所示。由图可见，b 值随 Y 值的增大而增大，如 Y 值大于 25mm 时，其 b 值均大于 100%，其中大部分在 140%以上；Y 值大于 35mm 时，b 值高于 250%；当 Y 值大于 45mm 的特强黏结煤，其 b 值可达 780%左右；但若为高挥发分的气肥煤，虽其 Y 值达到 50mm 以上，但因挥发分逸出太多而其 b 值反降至 300%左右。对于 Y 值小于 20mm 的中强黏结煤，其 b 值均低于 190%；至 Y 值小于 10mm 时，b 值多为负数。因此，b 值不适合作为弱黏结煤类的划分指标。

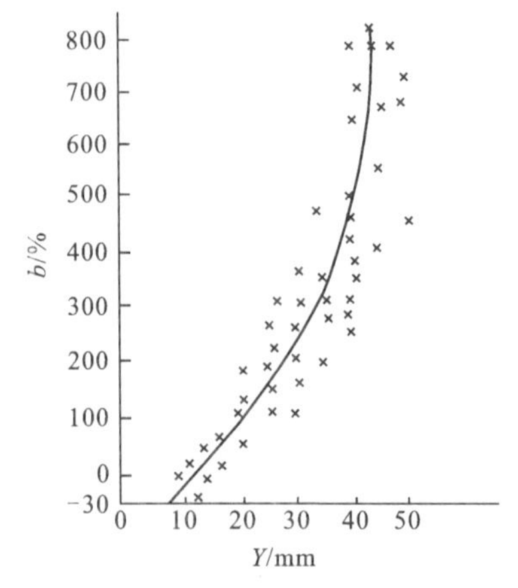

图 10-16　Y 值与 b 值关系图(据张双全，2013)

4.胶质层最大厚度 Y 值与坩埚膨胀序数 CSN 之间的关系

坩埚膨胀序数 CSN 是国际煤炭分类指标之一，也是国际煤炭贸易中经常采用的指标。由于 CSN 的区分范围小，因此 Y 值与 CSN 虽然成正比相关关系，即 Y 值随 CSN 的增大而增大，但其间的定量关系不明显。尤其是坩埚膨胀序数 CSN 还受挥发分的影响而发生变化，如瘦煤和气煤，它们的 Y 值均在 10mm 左右，但由于气煤的挥发分高，在测定 CSN 时因挥发分的大量逸出而会降低其测值，即气煤的黏结性与瘦煤相同时，其 CSN 值就会低于瘦煤，各种煤的 Y 值与 CSN 值的对应关系见表 10-3。

褐煤和无烟煤的残渣为粉状，故 CSN 都为零。因此，总的来说，煤的坩埚膨胀序数只能近似地表征煤的黏结性，但它的测定方法简单易行。

表 10-3 Y 值与坩埚膨胀序数 CSN 的关系（据张双全，2013）

煤类	长焰煤	气煤	1/3 焦煤	肥煤、气肥煤	焦煤
Y/mm	0～7	6～25	8～25	>25～60	10～25
CSN	$0\sim2\frac{1}{2}$	$1\frac{1}{2}\sim8$	2～9	6～9	5～9
煤类	瘦煤、贫瘦煤	贫煤	不黏煤	弱黏煤	1/2 中黏煤
Y/mm	0～11	0	0	0～8	5～10
CSN	$1\sim7\frac{1}{2}$	0～1	0～2	$1\sim4\frac{1}{2}$	2～5

5. 胶质层最大厚度 Y 值与格金焦型之间的关系

格金焦型也是国际煤炭分类的指标之一，Y 值与格金焦型之间的关系如图 10-17 所示，总趋势是格金焦型（以 G-K 表示）随 Y 值的增大而增大。它们的相互关系是当 Y=0 时，G-K 一般为 A～B 型，个别的可为 C 型；Y>30mm 的强黏结煤，G-K 则多在 $G_8\sim G_{13}$ 型之间变化；Y=20～30mm的较强黏结煤，G-K 多在 $G_3\sim G_{11}$ 型之间变化。从图 10-17 中可以看出，相同 G-K 值的煤，其 Y 值可相差很大。同样，相同 Y 值的煤，其 G-K 值相差也很大，尤其是 Y<15mm 的煤，其 G-K 值相差幅度更大。显然，这是由这两个指标的测定原理不一致造成的。

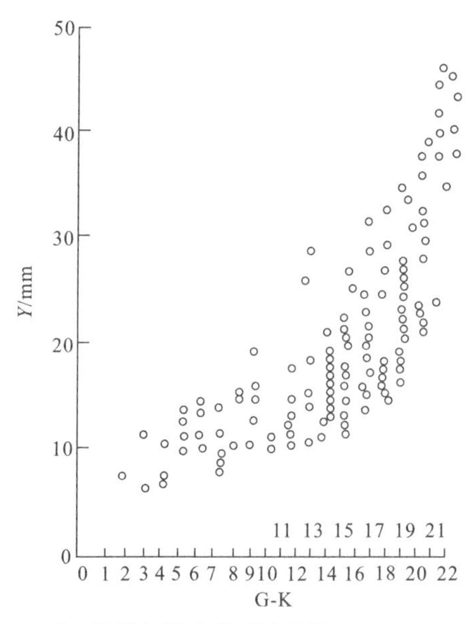

图 10-17 Y 值与格金焦型关系图（据张双全，2013）

6. 黏结指数 G 和奥阿膨胀度 b 值的关系

如图 10-18 所示，b 值随 G 指数增大而增大，b 值大于 150%的煤样，G 指数均在 82 以上，G 指数在 75 以下的煤样，b 值均小于 70%。两者成正比的曲线带较宽，相同 b 值的煤样，G 指数的变化范围很大。因此，b 值与 G 指数之间很难推导出精度很高的方程。

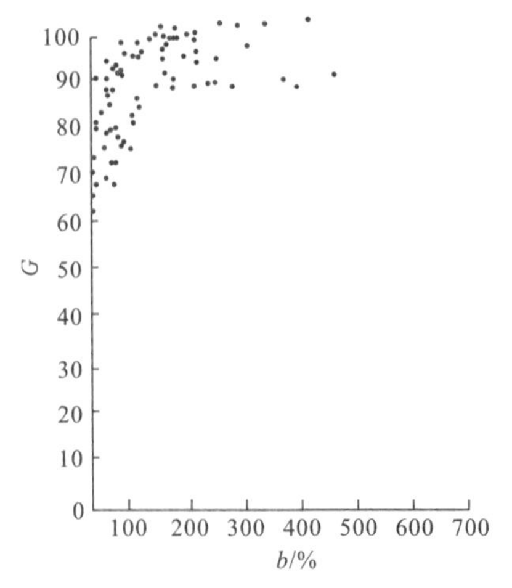

图 10-18　黏结指数 G 与 b 值关系图(据张双全,2013)

第二节　煤的发热量

煤的发热量是指单位质量的煤完全燃烧时所释放的热量,用符号 Q 表示。发热量的国际单位是 J/g,有时常用 MJ(兆焦)/kg 表示。

煤的发热量不但是煤质分析和煤炭分类的重要指标之一,也是热工计算的基础。在煤质研究中,利用发热量可以表征煤化程度及黏结性、结焦性等与煤化程度有关的工艺性质。在煤的国际分类和中国煤炭分类中,发热量是低煤化程度煤的分类指标之一。在煤的燃烧或转化过程中,根据煤的发热量可以计算耗煤设备的热量平衡、耗煤量、热效率,还可估算锅炉燃烧时的理论空气量、烟气量以及理论燃烧温度等,是锅炉设计的重要依据,也是目前煤炭贸易计价的主要依据。可见,测定煤的发热量具有非常重要的意义。

一、发热量的测定

一般采用氧弹量热法测定煤的发热量。国家标准《煤的发热量测定方法》(GB/T 213—2008)规定了用氧弹量热法测定煤的高位发热量的方法原理和试验步骤。它的方法要点是:称取 1g 左右粒度小于 0.2mm 的空气干燥煤样,往氧弹中加入 10mL 蒸馏水,小心拧紧氧弹盖子,往氧弹中缓缓冲入氧气,直到压力到 2.6~3.0MPa。将氧弹放入充有定量蒸馏水的内桶中,使氧弹盖的顶面淹没在水面下 10~20mm。读取内筒温度(t_0)后立即通电点火,利用电流将煤样点燃,煤样燃烧后产生的热量通过氧弹传给内桶中的水,使水的温度升高。根据内桶水的温度变化值(Δt)和氧弹系统的热容量(水温升高 1℃ 系统所需要的热量)可以计算出煤在氧弹中燃烧后释放出的热量,此即弹筒发热量,用 $Q_{b,ad}$ 表示。弹筒发热量是指单位质量的煤在充有过量氧气的氧弹内燃烧所放出的热量,它是在恒定容积下测定的,属于恒容发热量。

二、煤在氧弹中燃烧和在大气中燃烧的区别

煤在氧弹中燃烧时，氧弹中的气氛是高压纯氧。在这一特殊条件下，煤的燃烧反应与大气条件下的燃烧有较大的区别，主要体现在以下 4 个方面：

(1)煤中的氮。煤在空气中燃烧时，煤中的氮呈游离态的氮逸出；煤在氧弹中燃烧时，煤中的一部分氮却生成了 NO_2 和 N_2O_5 等氮的高价氧化物，这些氮的氧化物与水作用生成硝酸。氧弹中氮氧化物形成硝酸的过程是放热的，而煤在大气中燃烧时并不生成高价氮氧化物，更不会生成硝酸而放热。显然，煤在氧弹中燃烧时放出更多的热量。

(2)煤中的硫。煤在空气中燃烧时，绝大部分的可燃硫形成 SO_2 气体逸出；煤在氧弹中燃烧时，由于高压氧的存在，煤中的可燃硫生成的 SO_2 将转化为 SO_3，并与水作用生成 H_2SO_4，H_2SO_4 溶于水形成稀硫酸，这一系列过程都是放热的。显然，由于煤中硫的存在，煤在氧弹中燃烧释放出的热量大于煤在空气中燃烧释放的热量。

(3)煤中的水。煤在空气中燃烧时，煤中的吸附水以及煤中的氢燃烧后生成的水呈气态逸出；而煤在氧弹中燃烧时，这些水将由气态凝结成液态，这个过程也是一个放热过程。可见，由于水的存在形态不同，煤在氧弹中燃烧后释放出的热量大于在空气中燃烧所释放出的热量。

(4)煤在氧弹中燃烧是恒容燃烧，在空气中燃烧是恒压燃烧。在恒压条件下燃烧时因气体体积增大需向环境做功，从而使释放的热量减少。在氧弹中燃烧时则不用向环境做功，释放的热量就大。煤在恒压和恒容条件下燃烧释放的热量差别不大，一般不做校正。

三、弹筒发热量的校正

从上面的分析可知，由弹筒测得的弹筒发热量与煤在实际条件下燃烧释放的热量有较大的差别，为了得到接近实际的发热量值，需对弹筒发热量进行校正。如无特别说明，发热量均是指恒容发热量。

1)对稀硫酸、稀硝酸生成热效应的校正——恒容高位发热量

从弹筒发热量中扣除稀硫酸和稀硝酸生成热，称为恒容高位发热量，简称高位发热量，用符号 $Q_{gr,v,ad}$ 表示：

$$Q_{gr,v,ad}=Q_{b,ad}-(94.1S_{b,ad}+\alpha Q_{b,ad})$$

式中：$Q_{gr,v,ad}$ 为空气干燥煤样(或水煤浆干燥试样)的恒容高位发热量(J/g)。$Q_{b,ad}$ 为空气干燥煤样的弹筒发热量(J/g)。$S_{b,ad}$ 为由弹筒洗液测得的硫含量，以质量分数表示(%)，满足下列条件之一时，即可用煤的全硫(按 GB/T 214—2007 测定)代替 $S_{b,ad}$：$Q_{b,ad}>14.6$ KJ/g 或 $S_{t,ad}<4\%$。94.1 为空气干燥煤样(或水煤浆干燥试样)中每 1.00%硫生成硫酸热效应的校正值(J/g)。α 为硝酸生成热校正系数。

实验证明，α 与 $Q_{b,ad}$ 有关，取值如下：当 $Q_{b,ad}\leqslant16.7$kJ/g 时，$\alpha=0.0010$；当 16.7kJ/g$<Q_{b,ad}\leqslant25.10$kJ/g 时，$\alpha=0.0012$；当 $Q_{b,ad}>25.10$kJ/g 时，$\alpha=0.0016$。

2)对水不同状态热效应的校正——恒容低位发热量

从恒容高位发热量中扣除水(煤中的吸附水和氢燃烧生成的水)的气化热，称为恒容低位

发热量,简称低位发热量,用符号 $Q_{net,v,ad}$ 表示,计算公式如下:

$$Q_{net,v,ad} = Q_{gr,v,ad} - 206H_{ad} - 23M_{ad}$$

式中:$Q_{net,v,ad}$ 为空气干燥基的恒容低位发热量(J/g);M_{ad} 为煤样的空气干燥基水分(%);206 为空气干燥煤样中每1%氢的气化热校正值(恒容)(J/g);23 为空气干燥煤样中每1%水分的气化热校正值(恒容)(J)。

四、发热量的基准换算

虽然测定煤的发热量时采用空气干燥煤样,结果也用空气干燥基表示,但对于不同的应用目的,发热量需要用恰当的基准表示,如干燥基、干燥无灰基和收到基等,这些基准的数值不能直接得到,需由空气干燥基的数据进行换算而来(张双全,2009)。

1)弹筒发热量和高位发热量的基准换算公式

$$Q_{gr,v,d} = Q_{gr,v,ad}\frac{100}{100 - M_{ad}}$$

$$Q_{gr,v,daf} = Q_{gr,v,ad}\frac{100}{100 - M_{ad} - A_{ad}}$$

$$Q_{gr,v,ar} = Q_{gr,v,ad}\frac{100 - M_t}{100 - M_{ad}}$$

式中:Q_{gr} 为高位发热量(J/g);下标 ar、ad、d、daf 为分别代表收到基、空气干燥基、干燥基、干燥无灰基。

对于弹筒发热量的基准换算,与上式基本相同,只是将式中的高位发热量符号换为相应基准的弹筒发热量即可。

2)低位发热量的基准换算公式

$$Q_{net,v,ar} = (Q_{gr,v,ad} - 206H_{ad})\frac{100 - M_t}{100 - M_{ad}} - 23M_t = Q_{gr,v,ar} - 206H_{ar} - 23M_t$$

$$Q_{net,v,d} = (Q_{gr,v,ad} - 206H_{ad})\frac{100}{100 - M_{ad}} = Q_{gr,v,d} - 206H_d$$

$$Q_{net,v,daf} = (Q_{gr,v,ad} - 206H_{ad})\frac{100}{100 - M_{ad} - A_{ad}}$$

五、影响煤发热量的因素

煤的发热量是表征煤质特性的综合指标,煤质特性是决定煤发热量的主要因素。煤的成因类型、煤岩组成、矿物质、煤化程度等对煤的发热量均有不同程度的影响(张双全,2013)。

(1)成因类型的影响。腐泥煤和残植煤的发热量较腐植煤高,主要原因是前者氧含量低、氢含量高。

(2)煤岩组成的影响。相同煤化程度的煤,煤岩组成不同时煤的发热量也有差别,这是因为各煤岩组成的发热量不同。通常壳质组的发热量最高,镜质组次之,惰质组最低。但对于低煤化度煤,其惰质组的发热量可能高于镜质组。随着煤化度的提高,这种差别逐步减小,到无烟煤阶段,几乎没有差别了。

(3)矿物质的影响。煤在燃烧时,其中绝大部分的矿物质将发生化学变化,如碳酸钙的分解、石膏的脱水等。这些反应一般是吸热反应,造成煤燃烧时释放出的热量减少,热值降低,但这种影响很有限。矿物质对煤发热量的影响主要体现在以干燥基或含水基计量的发热量上。事实上,因为矿物质和水不会对煤的热值有贡献,它们的存在意味着能产生热量的有机质的减少。一般灰分产率或水分每增加1%,其发热量降低约370J/g(朱银惠和王中慧,2013)。

(4)煤化程度的影响。腐植煤的发热量与煤化程度有很好的相关关系。从低煤化程度的褐煤开始,随着煤化程度的提高,煤的发热量逐渐增加,到肥煤、焦煤阶段,发热量达到最大,最高可达37kJ/g。此后,随煤化程度提高,煤的发热量则呈下降趋势。

影响煤发热量的元素主要是碳、氢、氧,其中氧不产生热量。从低煤化程度的褐煤开始,随煤化程度的提高,其中的氧含量迅速下降,碳含量则逐渐增加,氢含量变化不大,所以煤的发热量是增加的,到中等变质程度的肥煤和焦煤达到最高值。此后,煤中的氧含量减少趋缓,而氢含量则明显下降,碳含量虽然明显增加,但它的发热量仅为氢的1/4左右,因此煤的发热量呈下降趋势。煤的发热量随碳含量变化的规律如图10-19所示。

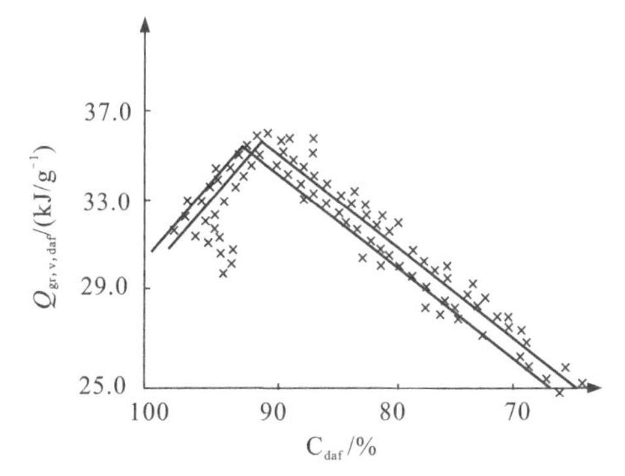

图10-19 煤的发热量与碳含量关系图(据张双全,2013)

第三节 煤的气化性能

煤炭气化工艺是将固体煤最大程度地加工成为气体燃料的过程。煤炭气化已经成为现代煤化工和CO_2捕获与封存的前导技术。

为了使气化过程顺利进行、气化反应完全,并满足不同气化工艺过程,通常需要测定煤的反应性、热稳定性、结渣性、灰熔点和灰黏度等指标。

一、煤的反应性

煤的反应性又称煤的反应活性,是指在一定温度条件下煤与气化介质(CO_2、O_2、水蒸气等)相互作用的反应能力。

反应性强的煤在气化过程中反应速度快、效率高。尤其当采用一些高效能的新型气化技术时,反应性的强弱直接影响到煤在锅炉中反应的快慢、反应的完全程度、耗氧量、耗煤量及煤气中的有效成分等。反应性强的煤可以在生产能力基本稳定的情况下，使气化炉在较低温度下操作，可以延长气化炉的寿命及检修周期，降低操作费用。煤的反应性也影响煤在锅炉中燃烧的技术情况。

表示煤反应性的方法很多，目前我国采用的是煤对 CO_2 的反应性，以 CO_2 的还原率来表示煤的反应性。

国家标准《煤对二氧化碳化学反应性的测定方法》(GB/T 220—2018) 规定了测定煤对二氧化碳化学反应性的方法原理和试验步骤。测定方法要点是：粒度为 3～6mm 的煤样在 900℃下进行干馏，将干馏后粒度 3～6mm 的试样（焦渣）装入反应管，升温到一定温度后（褐煤加热到 750℃，烟煤和无烟煤加热到 850℃），以规定流量通入二氧化碳与焦渣反应。每隔 50℃测定反应后气体中二氧化碳的含量，以被还原成一氧化碳的二氧化碳量占通入的二氧化碳量的体积分数，即二氧化碳还原率 α(%)，作为煤对二氧化碳的反应性指标，绘制温度-二氧化碳还原率的反应性曲线。

不同温度下二氧化碳还原率 α(%)按下式计算：

$$\alpha=\frac{100\times(100-y-x)}{(100-y)\times(100+x)}\times 100$$

式中：α 为二氧化碳还原率（反应性），以体积分数(%)表示；y 为钢瓶二氧化碳气体中杂质气体体积分数(%)；x 为反应后气体中残余的二氧化碳体积分数(%)。

以各温度下的 α 值为纵坐标，对应的温度为横坐标，标出两次测定的各试验结果点，按最小二乘原理绘制一条平滑的曲线为反应性曲线，如图 10-20 所示。

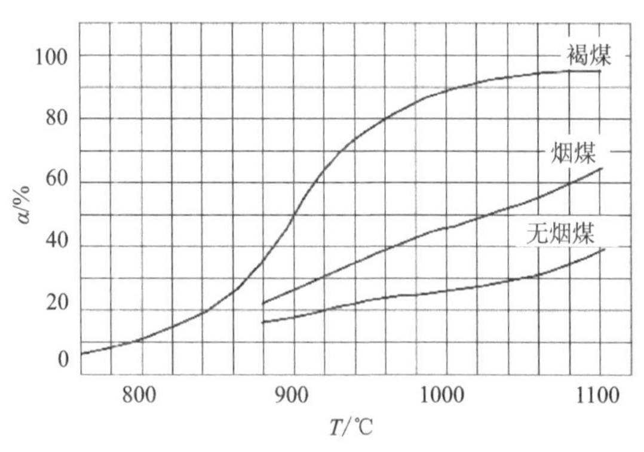

图 10-20　煤的气化反应性曲线

由图 10-20 可见，煤对二氧化碳还原率随反应温度的升高而加强。煤对二氧化碳的还原率越高，表示煤的反应性越强。各种煤的反应性随变质程度的加深而减弱，这是由于碳和二氧化碳的反应不仅在燃料的外表进行，而且在燃料的内部毛细孔壁上进行，孔隙率越高，反应表面积越大，反应性越强。不同煤化程度的煤及其干馏所得的残焦或焦炭的气孔率、化学结构是不同的，因此其反应性显著不同。在同一温度下褐煤由于煤化程度低、挥发分产率高、干馏后残焦的孔隙多且孔径较大，二氧化碳容易进入孔隙内，反应接触面积大，故而反应性最强；烟煤次之，无烟煤最弱。通常，煤中矿物质含量增加，会使煤中固定碳的含量降低，从而使反应性降低。但碱金属或碱土金属的化合物对二氧化碳的还原具有催化作用，因此这些矿物质含量增多时，会使反应性增强。

二、煤灰的熔融性

煤灰熔融性是指煤灰在高温条件下软化、熔融、流动时的温度特性。煤灰是煤中矿物质燃烧后生成的各种金属和非金属氧化物及硫酸盐等复杂的混合物。煤灰中各组分含量及其比例决定了煤灰的熔融特性。当加热到一定温度时，煤灰中的某些组分首先熔化，随着温度的升高，熔化的成分逐渐增多，最终全部熔融成为可流动的熔体。因此，煤灰不像一般纯物质那样具有确定的熔融温度，煤灰熔化时有一个熔化的温度范围。但煤灰的这种熔融特性习惯上仍称为煤灰熔点。

煤灰熔融性是气化与燃烧用煤的一个重要工艺指标，对于固体排渣的气化炉或锅炉，结渣是生产中的一个严重问题。煤灰熔点低的煤容易结渣，将降低气化炉煤气的质量或给锅炉燃烧带来困难、影响正常操作，甚至造成停炉事故。因此，对这类气化炉与锅炉应使用煤灰熔点高的原料煤。但对液态排渣的气化炉或锅炉，则希望原料煤的煤灰熔点低、熔融灰渣的黏度小、流动性好并且对耐火材料或金属无腐蚀作用。

1.煤灰中的主要矿物

煤中的矿物质在煤燃烧或气化时，在高温条件下会发生复杂的化学反应，有原矿物质的分解，也有转化产物之间的重新化合，最终成为灰渣。常见几种矿物在加热过程中的转变简述如下(张双全，2013)：

(1)石英。石英是煤中最常见的硅质矿物。在缓慢加热的过程中石英要经历晶型转变。573℃以下是稳定的β-石英，加热至573℃时快速转变成α-石英。α-石英在573～870℃能稳定存在，加热至1600℃时熔融，或者在1200～1350℃转变为介稳α-方石英。如果在870℃时对α-石英缓慢加热并有矿化熔剂存在，则α-石英转变成α-鳞石英，它在870～1470℃稳定存在，加热到1670℃时熔融。α-方石英在1470～1713℃稳定存在，在1713℃时熔融。石英熔体冷却时，因石英熔体的黏度大，因此容易呈玻璃态。

(2)高岭石。在400～600℃失水转变为偏高岭石，在1000℃左右发生晶相转变，并最终生成莫来石。

(3)方解石。在600℃左右分解生成方钙石，一般情况下方解石含量较高的煤，其煤灰熔融温度较低。

(4)赤铁矿。赤铁矿是煤在高温氧化过程中形成的矿物质，主要来源于煤中的黄铁矿和碳酸铁，在400～600℃的范围内转变为赤铁矿。赤铁矿本身的熔点不低(1550℃)，但对煤灰的熔融特性影响较大，通常是一种助熔物质。

(5)白云母。白云母是长石等矿物化学风化初期的产物，常与高岭石及石英等碎屑矿物混杂共生在一起，与高岭石相似，其结晶亦很细，呈微细鳞片晶体。在50～150℃释放层间水，500℃左右脱羟基，900℃左右晶格破坏而发生相变，其过程和高岭石类似。

(6)硬石膏。硬石膏在原煤中的含量较低，但是在高温煤灰中常见，主要由方解石分解后的CaO与烟气中的硫氧化物反应生成。此外，原煤中的石膏在200℃左右失水后会成为硬石膏。硬石膏在大于1000℃就开始分解，到1200℃左右分解完全。在加热到1212℃时硬石膏由低温型$\beta - CaSO_4$转变为高温型$\alpha - CaSO_4$。

(7)金红石。金红石是难熔矿物，在加热过程中很稳定，不与其他矿物质发生反应。

(8)莫来石。当温度大于1000℃时，高岭石开始重结晶形成莫来石，并以方石英形式析出多余的SiO_2。莫来石的熔点为1850℃，是重要的耐熔物质。

不同煤中矿物质的组成差别很大，形成的煤灰的组成也十分复杂。煤灰中的常见矿物组成见表10-4。

表10-4 煤灰中的常见矿物组成(据张双全，2013)

中文名称	英文名称	化学式	转化或熔点
硬石膏	Anhytrite	$CaSO_4$	1000～1200℃区间分解，1195℃变为$\alpha - CaSO_4$
赤铁矿	Hematite	Fe_2O_3	1550℃
磁铁矿	Magnetite	Fe_3O_4	1591℃熔融，磁性强
菱铁矿	Siderite	$FeCO_3$	于400～600℃分解，放出CO_2
黄铁矿	Pyrite	FeS_2	400℃左右氧化分解
白铁矿	Marcasite	FeS_2	高于350℃即转化为黄铁矿
白云母	Muscovite	$K_2O \cdot 3Al_2O_3 \cdot 6SiO_2 \cdot 2H_2O$	700～800℃脱水，升温至1150℃左右变为各种不稳定组，1150℃以上生成$\alpha - Al_2O_3$和白榴石
金云母	Phlogopite	$KMg_3(Si_3Al)O_{10}F_2$	
莫来石	Mullite	$3Al_2O_3 \cdot 2SiO_2$	于1810℃分解熔融为Al_2O_3和液相
钙长石(斜长石)	Anorthite	$CaO \cdot Al_2O_3 \cdot 2SiO_2$	1553℃
钾长石(正长石)	Orthoclase	$KAlSi_3O_8$	1170℃分解熔融为白榴石和液相
斜方钙沸石	Gismondine	$CaO \cdot Al_2O_3 \cdot 2SiO_2 \cdot 4H_2O$	
刚玉	Corundum	Al_2O_3	2050℃
石英	Quartz	SiO_2	1610℃
磷石英	Tridymite	SiO_2	1680℃
方石英	Cristobalite	SiO_2	1730℃
方钙石	Lime	CaO	2570℃
钙黄长石	Gehlenite	$2CaO \cdot Al_2O_3 \cdot SiO_2$	1590℃
钠长石	Albite	$NaAlSi_3O_8$	在400℃以上转变为其他形式(高钠长石)时稳定；在1100℃熔融
水铝英石	Allophane	$1\text{-}2SiO_2 \cdot Al_2O_3 \cdot 5H_2O$	约700℃缓慢脱水，加热则呈强酸性，约于900℃转变为莫来石

续表 10-4

中文名称	英文名称	化学式	转化或熔点
红柱石	Andalusite	$Al_2O_3 \cdot SiO_2$	与硅线石、蓝晶石同质异相，加热至 1300℃，分解为莫来石和玻璃质
蓝晶石	Kyanite	$Al_2O_3 \cdot SiO_2$	与红柱石、硅线石同质异相，加热至 1300℃，分解为莫来石和玻璃质
方解石	Calcite	$CaCO_3$	900℃左右分解
白云石	Dolomite	$CaCO_3 \cdot MgCO_3$	于 800℃分解为 $CaCO_3$、MgO、CaO，至 950℃分解成 CaO、MgO、CO_2
石膏	Gypsum	$CaSO_4 \cdot 2H_2O$	于 128℃脱水 3/4，于 163℃完全脱水
钙铁辉石	Hedenbergite	$CaFeSi_2O_6$	加热到约 950℃固相分离成 $\beta-CaSiO_3$、磷石英和 Ca－Fe 系橄榄石，约在 1180℃时完全熔融
高岭石	Kaolinite	$Al_2O_3 \cdot 2SiO_2 \cdot 2H_2O$	400～600℃失水转变为偏高岭石；1000℃左右重结晶，生成无定形 SiO_2 和 $\gamma-Al_2O_3$，以及少量的 Al-Si 尖晶石
金红石	Rutile	TiO_2	1720℃
铁橄榄石	Fayalite	$2FeO \cdot SiO_2$	1065℃
硬绿泥石	Chloritoid	$FeO \cdot Al_2O_3 \cdot SiO_2 \cdot H_2O$	
易变辉石	Pigeonite	$(Fe,Mg,Ca)SiO_3$	熔融温度为 1400～1500℃
硫硅酸钙	Calcium Silicate Sulfate	$Ca_5(SiO_4)_2SO_4$	
柱沸石	Epistilbite	$Ca_2(Si_9Al_3)O_{24} \cdot 8H_2O$	
磷酸铝	Aluminum Phosphate	$AlPO_4$	
硅灰石	Wollastonite	$CaO \cdot SiO_2$	是 $\beta-CaSiO_3$ 的矿物名称，加热至 1200℃转化为 $\alpha-CaSiO_3$
假硅灰石	Pseudo wollastonite	$CaO \cdot SiO_2$	1540℃
硅钙石	Rankinite	$3CaO \cdot 2SiO_2$	1464℃分解熔融为 Ca_2SiO_4 和液相
硅酸钙	Calcium aluminate	$2CaO \cdot SiO_2$	1540℃
硅酸三钙	Tricalcium silicate	$3CaO \cdot SiO_2$	1900℃发生分解转化为 $\alpha-2CaO \cdot SiO_2$（2180℃熔融）＋CaO
铝酸钙	Calcium aluminate	$2CaO \cdot 2Al_2O_3$	1500℃
铝酸三钙	Tricalcium aluminate	$3CaO \cdot Al_2O_3$	1539℃发生转化
钙铝榴石	Grossular	$CaO \cdot 2Al_2O_3$	1765℃

2.煤灰熔融性测定方法

测定煤灰熔融性常用方法是三角锥法。国家标准《煤灰熔融性的测定方法》(GB/T 219—2008)规定了煤灰熔融性测定的方法原理和试验步骤。测定方法要点是:取粒度小于0.2mm的空气干燥煤样,按 GB/T 212—2008 规定将其完全灰化,并用玛瑙研钵研细至 0.1mm 以下。取 1～2g 煤灰加入糊精溶液制成一定尺寸的三角锥。在一定的气体介质中,以一定的升温速度加热,观察灰锥在受热过程中的形态变化,记录它的 4 个特征熔融温度:变形温度、软化温度、半球温度和流动温度,如图 10-21 所示。

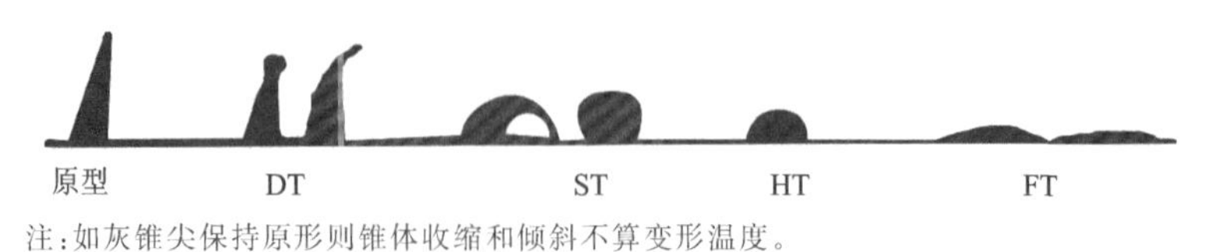

注:如灰锥尖保持原形则锥体收缩和倾斜不算变形温度。

图 10-21　煤灰灰锥熔融特征示意图

(1)变形温度(Deformation Temperature,DT):灰锥尖端开始变圆或弯曲时的温度。

(2)软化温度(Sphere Temperature,ST):灰锥弯曲至锥尖触及托板或灰锥变成球形时的温度。

(3)半球温度(Hemisphere Temperature,HT):灰锥形变至近似半球形,即高度约等于底长一半时的温度。

(4)流动温度(Flow Temperature,FT):灰锥熔化展开成高度在 1.5mm 以下的薄层时的温度。

一般将软化温度 ST 作为衡量煤灰熔融性的指标,即煤灰熔点。根据 ST 的高低,把煤灰分为易熔(ST<1160℃)、中等易熔(ST 在 1160～1350℃)、难熔(ST 在 1350～1500℃)和不熔(ST 在 1500℃以上)。

3.煤灰熔融性与煤灰成分的关系

煤灰熔融性主要取决于煤灰成分,以下将介绍煤灰中 SiO_2、Al_2O_3、CaO、Fe_2O_3、MgO、Na_2O 和 K_2O、TiO_2 对煤灰熔融性的影响(张双全,2013)。

(1)SiO_2。煤灰中 SiO_2 含量较多,主要以非晶体的状态存在,有时起到提高煤灰熔融性温度的作用,有时则起助熔作用。研究表明,SiO_2 含量在 45%～60%时,随着 SiO_2 含量的增加,煤灰熔融性温度降低。这是因为在高温下,SiO_2 很容易与其他一些金属和非金属氧化物形成一种易熔的玻璃体物质。同时,玻璃体物质具有无定形的结构,没有固定的熔点,随着温度的升高而变软,并开始流动,随后完全变成熔体。SiO_2 含量越高,形成的玻璃体成分越多,所以煤灰的 FT 与 ST 之差也随着 SiO_2 含量的增加而增加。SiO_2 含量超过 60%时,SiO_2 含量对煤灰熔融性温度的影响无一定规律。而当 SiO_2 含量超过 70%时,其煤灰熔融性温度均比较高,ST 最低也在 1300℃以上。原因是此时已无适量的金属氧化物与 SiO_2 结合,有较多游离的 SiO_2 存在,致使熔融性温度增高。

(2)Al_2O_3。煤灰中Al_2O_3的含量变化较大，有的为3%～4%，有的达50%以上。普遍认为，煤灰中Al_2O_3的含量对煤灰熔融性温度的影响较为单一，含量越高，熔点越高。这是由于Al_2O_3具有牢固的晶体结构，熔点高达2050℃，在煤灰熔化过程中起"骨架"作用，Al_2O_3含量越高，煤灰熔点就越高。研究表明，Al_2O_3含量在35%以上时，其ST最低也在1350℃以上；Al_2O_3超过40%时，ST一般都高于1400℃。但由于煤灰组分的复杂性和各组分的变化幅度很大，即使Al_2O_3低于30%(有的在10%以下)的煤灰，也有不少煤灰的ST在1400℃，甚至1500℃以上。所以对Al_2O_3含量低的煤灰，仅以Al_2O_3含量还不能完全确定ST的高低，而是需要对各个成分的综合判断才能确定煤灰ST的高低。此外，由于Al_2O_3晶体具有固定熔点，当温度达到相关铝硅酸盐类物质的熔点时，该晶体即开始熔化并很快呈流动状，因此，当煤灰中Al_2O_3含量高于25%时，FT和ST之间的温度差随煤灰中Al_2O_3含量的增加而越来越小。

(3)CaO。我国煤灰中CaO的含量大部分都在10%以下，少部分在10%～30%之间，大于30%煤灰的仅占极少数。ST大于1500℃的煤灰，其CaO含量均不超过10%；CaO含量大于15%的煤灰，其ST均在1400℃以下；CaO含量大于20%的煤灰，其ST更低，在1350℃以下。极少数CaO含量大于40%的煤灰，ST有增高的趋势。

CaO本身是一种高熔点氧化物(熔点2610℃)，同时也是一种碱性氧化物，所以，它对煤灰熔点的作用比较复杂，既能降低煤灰熔融性温度，也能升高煤灰熔融性温度，具体起哪种作用，与煤灰中CaO的含量及煤灰中的其他组分有关。随着煤灰中CaO含量的增加，煤灰熔融性温度呈先降后升的趋势。CaO含量小于30%时，煤灰熔融性温度随CaO的增高而降低。原因是在高温下，CaO易与其他矿物质形成钙长石($CaO \cdot Al_2O_3 \cdot 2SiO_2$，熔点1553℃)、钙黄长石($2CaO \cdot Al_2O_3 \cdot 2SiO_2$，熔点1590℃)、铝酸钙($CaO \cdot Al_2O_3$，熔点1370℃)及硅钙石($3CaO \cdot 2SiO_2$，熔点1464℃)等矿物质，这几种矿物质在一起会发生低温共熔现象，从而使煤灰熔融性温度下降。如钙长石和钙黄长石两种钙化合物就容易形成1170℃和1265℃的低温共熔化合物。其主要反应如下：

$$3Al_2O_3 \cdot 2SiO_2 + CaO = CaO \cdot 3Al_2O_3 \cdot 2SiO_2$$

$$CaO \cdot Al_2O_3 \cdot 2SiO_2 + CaO = 2CaO \cdot Al_2O_3 \cdot 2SiO_2$$

$$SiO_2 + CaO = CaO \cdot SiO_2 \text{(假钙灰石)}$$

$$CaO \cdot SiO_2 + 2CaO = 3CaO \cdot SiO_2$$

煤灰中CaO含量大于40%时，ST有显著升高的趋势。这是由于煤灰中CaO含量过高时，一方面CaO多以单体形式存在，会有熔点2570℃的方钙石(CaO)产生，煤灰中的ST自然升高；另一方面CaO作为氧化剂，在破坏硅聚合物的同时又形成了高熔点的正硅酸钙($CaSiO_3$，熔点1540℃)，致使体系熔融性温度上升。

(4)Fe_2O_3。煤灰中Fe_2O_3的含量在5%～15%居多，个别煤灰中高达50%以上。煤灰中Fe_2O_3系助熔组分，易和其他成分反应生成易熔化合物，总的趋势是煤灰的ST随Fe_2O_3含量的增高而降低。煤灰中Fe_2O_3含量大于25%时，煤灰的ST最大不超过1400℃；Fe_2O_3含量大于35%时，ST最大在1250℃以下；Fe_2O_3含量大于16%时，ST均达不到1500℃。但Fe_2O_3含量低于15%的煤灰，其ST从最低的1100℃以下到最高的大于1500℃均有，这是由于Fe_2O_3含量低的煤灰，其熔融性温度的高低主要取决于SiO_2、Al_2O_3、CaO等其他主要成分含量的多少。Fe_2O_3的助熔效果与煤灰所处的气氛有关，无论是在还原性气氛还是弱还原性气氛中，煤灰中的Fe_2O_3均起降低煤灰熔融性温度的作用，在弱还原性气氛下助熔效果最显著。这是由于在高温弱还原气氛下，部分Fe^{3+}被还原成为Fe^{2+}，Fe^{2+}易和熔体网络中未达到键饱和的O^{2-}相连接而破坏网络结构，降低煤灰熔融性温度。同时，FeO极易和CaO、SiO_2、Al_2O_3等形成低温共熔体，如$4FeO \cdot SiO_2$、$2FeO \cdot SiO_2$和$FeO \cdot SiO_2$等，它们的熔融性温度范围均在1138～1180℃之间。相反，Fe^{3+}的极性很高，是聚合物的构成者，能提高煤灰熔融性温度。

(5)MgO。我国煤灰中MgO含量大部分都在3%以下，最高也不超过13%(极个别的样品也有可能大于13%，但很少有大于20%的)。MgO含量低于3%的煤灰，ST在1100～1500℃中均有；而MgO大于4%的煤灰，其ST随MgO含量的增大呈增高的趋势。ST小于1200℃的煤灰，其MgO含量几乎都在8%以下，而MgO含量大于8%的煤灰，ST增高至1200℃以上。但因在煤灰中MgO含量很少，实际上可以认为它在煤灰中只起降低煤灰熔融性温度的作用。MgO含量每增加1%，熔融性温度降低22～31℃。实验表明，MgO含量增加时，煤灰熔融性温度逐渐降低，至MgO含量为13%～17%时，煤灰熔融性温度最低，超过这个含量时，温度开始升高。

(6)Na_2O和K_2O。煤灰中的Na_2O和K_2O含量一般较低，但它们若以游离形式存在于煤灰中时，由于Na^+和K^+的离子势较低，能破坏煤灰中的多聚物，因此，它们均能显著降低煤灰熔融性温度。实际上，绝大多数煤灰中Na_2O含量不超过1.5%，K_2O含量不超过2.5%，这些煤灰中的K_2O一般不是以游离形式存在，而是作为黏土矿物伊利石的组成成分而存在。实验证明，伊利石受热直到熔化，仍未有K_2O析出。因此，非游离状态的K_2O对煤灰熔融性温度的降低作用就大大减少了。Na_2O和K_2O熔点低，容易与煤灰中的其他氧化物生成低熔点共熔体。如在煤灰中添加K_2O，从900℃左右开始，K_2O与Al_2O_3、石英形成白榴石$K_2O \cdot Al_2O_3 \cdot 4SiO_2$，纯白榴石在1686℃熔融，白榴石与煤灰中碱性氧化物可以进一步反应，生成低温钠长石和钾长石的固熔体。同样，在煤灰中添加Na_2O，从800℃开始，Na_2O与Al_2O_3、石英形成霞石$Na_2O \cdot Al_2O_3 \cdot 2SiO_2$，霞石为典型的碱性矿物，具有比钾长石$K_2O \cdot Al_2O_3 \cdot 6SiO_2$更强的助熔性，在1060℃开始烧结，随着碱含量增减，在1150～1200℃范围内熔融。对一般煤种而言，Na_2O和K_2O含量总是很少，但其影响应引起充分重视。它们是造成锅炉烟气侧高温沾污和腐蚀的主要因素，也对炉膛结渣起不良作用。这是因为Na_2O在高温下与SO_3化合成Na_2SO_4，其熔点仅有884℃，对锅炉结焦来说起着“打底”的作用。所以，Na_2O含量虽少，但不能忽视其危害。

(7)TiO_2。TiO_2的熔点高达1850℃，在煤灰中主要以类质同象替代存在于高岭石的晶格中，它的含量与煤灰中高岭石的多少及晶格好坏有关，含量不超过5%，多在1%以下。在煤灰中，TiO_2始终起到提高煤灰熔融性温度的作用，其含量增减对煤灰熔融性温度的升降影响非常大，TiO_2含量每增加1%，煤灰熔融性温度增加36～46℃。

4. 通过煤灰成分计算煤灰熔融性特征温度

如前所述，除了个别成分以外，煤灰中的主要成分对于煤灰熔融性的影响不是单独起作用，相互之间有很强的耦合作用，因此应该考虑所有成分的综合影响。在其中的化学机理尚未明确的情况下，采用回归的方法推导出煤灰成分与煤灰熔融性温度之间的数学关系就有重要的意义。下面介绍几种回归方程（张双全，2013）。

1）以煤灰成分为变量的煤灰熔融性温度计算公式

（1）当 $SiO_2 \leqslant 60\%$，且 $Al_2O_3 > 30\%$ 时：

$$ST = 69.64SiO_2 + 71.01Al_2O_3 + 65.23Fe_2O_3 + 12.16CaO + 68.31MgO + 67.1\alpha - 5\,485.7$$

$$FT = 5911 - 44.29SiO_2 - 43.07Al_2O_3 - 47.11Fe_2O_3 - 49.7CaO - 41.52MgO - 45.41\alpha$$

（2）当 $SiO_2 \leqslant 60\%$，$Al_2O_3 \leqslant 30\%$，且 $Fe_2O_3 \leqslant 15\%$ 时：

$$ST = 92.55SiO_2 + 97.83Al_2O_3 + 84.52Fe_2O_3 + 83.67CaO + 81.04MgO + 91.92\alpha - 7891$$

$$FT = 5464 - 40.82SiO_2 - 36.21Al_2O_3 - 46.31Fe_2O_3 - 48.92CaO - 52.65MgO - 40.70\alpha$$

（3）当 $SiO_2 \leqslant 60\%$，$Al_2O_3 \leqslant 30\%$，且 $Fe_2O_3 > 15\%$ 时：

$$ST = 1531 - 3.01SiO_2 + 5.08Al_2O_3 - 8.02Fe_2O_3 - 9.69CaO - 5.86MgO - 3.99\alpha$$

$$FT = 1429 - 1.73SiO_2 + 5.49Al_2O_3 - 4.88Fe_2O_3 - 7.96CaO - 9.14MgO - 0.46\alpha$$

（4）当 $SiO_2 > 60\%$ 时：

$$ST = 10.75SiO_2 + 13.03Al_2O_3 - 5.28Fe_2O_3 - 5.88CaO - 10.28MgO + 3.75\alpha + 453$$

$$FT = 6.09SiO_2 + 6.98Al_2O_3 - 6.51Fe_2O_3 - 2.47CaO - 4.77MgO + 3.27\alpha + 943$$

2）以熔融指数为变量的煤灰熔融性计算公式

在分析对比现有各种关系式的基础上，引入了熔融指数 FI(Fusion Index) 的概念，定义熔融指数 FI 为：

$$FI = SO_3 + Fe_2O_3 + CaO + MgO + K_2O + Na_2O$$

FI 与煤灰熔融性温度的关系如图 10-22 所示。

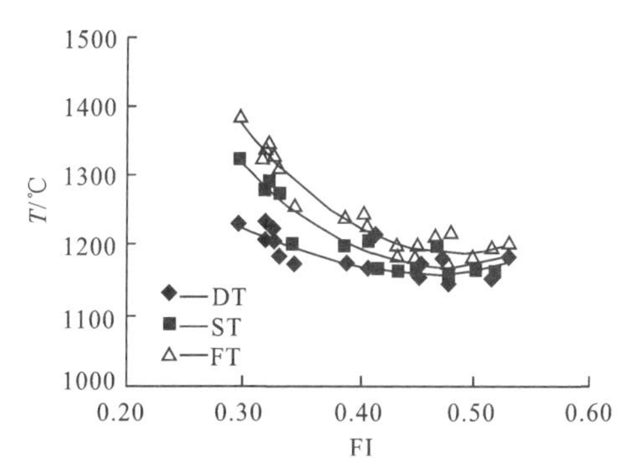

图 10-22　煤灰熔融指数与熔融性温度的关系（据张双全，2013）

从图中可以看出，相关性较好，数据点基本落在曲线上，分散性很小。煤灰熔融指数与熔融性温度的计算公式：

$$DT = 2749FI^2 - 2\,520.4FI + 1\,743.1 \qquad (r = 0.777\,2)$$

$$ST = 5120FI^2 - 4\,815.4FI + 2\,309.8 \qquad (r = 0.894\,8)$$

$$FT = 5793FI^2 - 5\,551.5FI + 2\,528.3 \qquad (r = 0.944\,5)$$

类似这样的计算公式还有很多，限于篇幅，不再赘述。

5.煤灰熔融性与气氛的关系

煤灰熔融性温度测定主要有3种气氛：弱还原性气氛、强还原性气氛和氧化性气氛。不同气氛下的煤灰熔融性温度变化规律不同。在弱还原性气氛下，测定DT、ST、FT均小于氧化性气氛下的测定值，且随煤灰化学成分不同，两种气氛之间的特征温度差值也不同，在10～130℃间。氧化、弱还原和强还原气氛下，Fe元素分别以Fe_2O_3、FeO和Fe的形式存在，其熔点也各不相同，Fe_2O_3的熔点是1560℃，FeO是1535℃，Fe是1420℃。在弱还原性气氛下，FeO能与SiO_2、Al_2O_3、$3Al_2O_3 \cdot 2SiO_2$（莫来石，熔点2550℃）、$CaO \cdot Al_2O_3 \cdot 2SiO_2$（钙长石，熔点1553℃）等结合形成铁橄榄石（$2FeO \cdot SiO_2$，熔点1065℃）、铁尖晶石（$FeO \cdot Al_2O_3$，熔点1780℃）、铁铝榴石（$3FeO \cdot Al_2O_3 \cdot 3SiO_2$，熔点1240～1300℃）和斜铁辉石（$FeO \cdot SiO_2$），这些矿物质之间会产生低熔点的共熔物，使煤灰熔融性温度降低。当煤灰中Fe_2O_3含量较高时，会降低煤灰熔融性温度，且在弱还原性气氛下更为显著。弱还原性气氛下的反应为：

$$Fe_2O_3 \longrightarrow FeO$$

$$3Al_2O_3 \cdot 2SiO_2 + FeO \longrightarrow 2FeO \cdot SiO_2 + FeO \cdot Al_2O_3$$

$$CaO \cdot Al_2O_3 \cdot 2SiO_2 + FeO \longrightarrow 3FeO \cdot Al_2O_3 \cdot 3SiO_2 + 2FeO \cdot SiO_2 + FeO \cdot Al_2O_3$$

$$SiO_2 + FeO \longrightarrow FeO \cdot SiO_2$$

$$FeO \cdot SiO_2 + FeO \longrightarrow 2FeO \cdot SiO_2$$

在强还原气氛下，煤灰在熔融过程中的氧元素被大量还原，所剩绝大部分是金属或非金属单质，这些单质的熔融温度要高出其氧化物许多，导致了煤灰熔融性温度的升高。因此，强还原气氛下的煤灰熔融性温度均比氧化气氛下高50～200℃。

综上所述，煤灰成分是决定煤灰熔融性温度的关键因素，气氛的影响仅对特定的成分有效。因此，可以利用这些规律，在实践中采取配煤、添加矿物质或化学试剂等技术手段，实现煤灰熔融特性温度的调整，以适应用煤设备对于煤灰熔融性的要求（张双全，2013）。

三、煤灰的黏度

煤灰的黏度是指煤灰在高温熔融状态下流动时的内摩擦系数，其单位为Pa·s（帕斯卡·秒）或P（泊）。煤灰的黏度可以表征煤灰在熔融状态时的流动特性，是气化用煤和动力用煤的动力指标。对液态排渣的气化炉和燃烧炉来说，了解煤灰流动性，根据煤灰黏度的大小以及煤灰的化学组成，就可以选择合适的煤源，或者采用添加助熔剂，或者采用配煤的方法来改性，使其符合液态排渣炉的要求，同时也能正确指导气化和燃烧的生产工艺和炉型设计。

1.煤灰黏度的测定

国家标准《煤灰黏度的测定方法》（GB/T 31424—2015）规定了用钢丝扭矩式黏度计测定煤灰动力黏度的方法原理和试验步骤。测定方法要点是：将煤灰制成直径约为10mm的灰球，逐个放入已在高温炉内加热到一定温度的坩埚中熔融，将钢丝扭矩式黏度计的测杆插入熔体中并使之以一定速度旋转。采用降温测定方法，从最高温度开始，每隔20～50℃测定一个温度点相对应的黏度值，直至达到凝固时对应的最大黏度值时，结束测量。以温度为横坐标，黏度为纵坐标，绘制温度-黏度曲线。

2. 煤灰黏度与灰成分的关系

影响煤灰黏度的关键因素是煤灰成分。由于煤灰成分不同，即使熔融温度相同的煤灰，其黏度特性也不相同，灰渣流动性也有很大差别。一般来说，SiO_2 和 Al_2O_3 能提高煤灰的黏度；Fe_2O_3、CaO 和 MgO 能降低煤灰的黏度；但当 Fe_2O_3 含量高、SiO_2 含量低时，增加 SiO_2 含量反而会降低黏度。此外，Na_2O 也能降低黏度。

灰渣的流动性不仅取决于它的化学成分，也取决于它的矿物质组成，化学成分相同但矿物质组成不同的灰渣，完全可能有不同的流动性。只有在真溶液范围内灰渣的黏度才完全取决于它的化学成分，而与各成分的来源（即矿物质组成）无关。

灰渣根据性质分为 3 类，即玻璃体渣、塑形渣和结晶渣，对应的温度-黏度曲线如图 10-23 所示。其中 B 类灰渣在 O 点右下方为液相区，曲线平直，O—L 之间由于温度降低，熔体中开始析出固相微粒而转化为塑性状态，此时晶体与液相共存。在温度低于 O 点时，熔体的黏度上升很快。与 O 点对应的温度称为临界黏度温度 T_{cr}。

与 L 点对应的温度称为凝固温度。C 类灰渣没有塑性区，降温时，直接由液态转化为固态。A 类灰渣没有明显的转折点，不存在塑性区，在降温时，逐渐变稠而失去流动性。

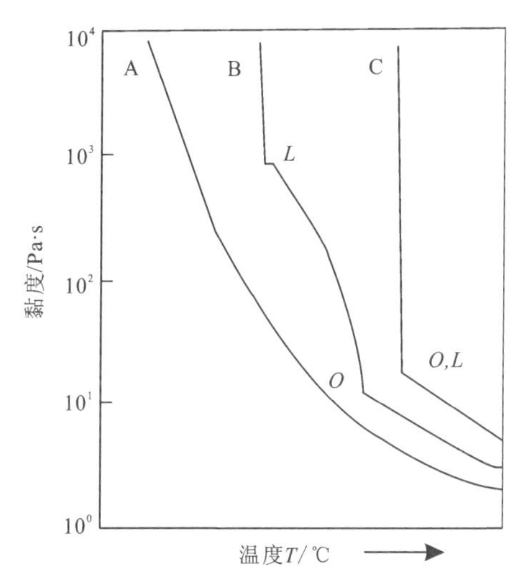

图 10-23 各类灰渣的温度-黏度曲线（据张双全，2013）

A. 玻璃体渣；B. 塑形渣；C. 结晶渣；O. 临界黏结点；L. 凝固点

在一般情况下，煤灰中一价、二价金属离子如 K^+、Na^+、Ca^{2+}、Mg^{2+}、Fe^{2+} 等多以简单离子形式存在，而一些三价、四价的阳离子如 Al^{3+}、Si^{4+} 则随熔体组成和温度的不同形成各种形式的阴离子团。例如在改变熔体的组成和温度时，硅氧阴离子团有如下变化：

$$2[SiO_4]^{4-} \rightleftharpoons [Si_2O_7]^{6-} + O^{2-}$$

$$3[Si_2O_7]^{6-} \rightleftharpoons 2[Si_3O_9]^{6-} + 3O^{2-}$$

$$[SiO_3]_{2n}^{2-} + nO^{2-} \rightleftharpoons n[Si_2O_7]^{6-}$$

当熔体中含有 SiO_2 和碱土金属氧化物时，部分 Al_2O_3 也可以形成类似于 $[SiO_4]^{4-}$ 四面体的$[AlO_4]^{5-}$四面体而进入由$[SiO_4]^{4-}$四面体所形成的网络结构中，使这种网络结构进一步紧密，黏度增大。因此，可以假定煤灰熔体的结构是由$[SiO_4]^{4-}$、$[AlO_4]^{6-}$两种四面体形成的网状结构，而简单阳离子K^+、Na^+、Ca^{2+}、Mg^{2+}、Fe^{2+}处于这些网络之间。

按照煤灰熔体的网络结构理论，可以推论煤灰中主要化学成分对煤灰黏度的影响。

(1)SiO_2。它是形成熔体网络的主要氧化物，其含量越高，煤灰熔体中形成的网络越大，熔体流动时内部质点运动的内摩擦力越大，因此，SiO_2起着增高熔体黏度的作用。

(2)Al_2O_3。在纯刚玉结构中，Al^{3+}的配位数为6，即形成$[AlO_6]^{9-}$，致使Al_2O_3本身不能形成网络。当有SiO_2存在并同时有键强较大的氧化物(如CaO、MgO、FeO)存在时，$[AlO_6]^{9-}$可以转化成$[AlO_4]^{5-}$四面体而进入$[SiO_4]^{4-}$的网络中，而煤灰熔体正好具备上述条件，即Al_2O_3含量增高，熔体黏度也会增大。

(3)碱性氧化物。在弱还原性气氛下，熔体中的Fe_2O_3被还原成FeO，因此，熔体中的碱性氧化物包括FeO、CaO、MgO，二价阳离子Fe^{2+}、Ca^{2+}、Mg^{2+}与熔体网络中未达到键饱和的O^{2-}相连接。随着碱性氧化物的增加，熔体网络结构中将得到更多的O^{2-}，致使网络遭到破坏而变小。如：

$$[Si_2O_7]^{6-}+O^{2-}\rightleftharpoons 2[SiO_4]^{4-}$$

$$2[Si_3O_9]^{6-}+3O^{2-}\rightleftharpoons 3[Si_2O_7]^{6-}$$

即O^{2-}的浓度增高，上述化学平衡向正反应方向移动，阴离子团的数目增多，但其分子量变小，熔体流动时质点间的内摩擦力也变小，黏度降低。

对于具有结晶过程的塑形渣和结晶渣来说，由于煤灰中Al_2O_3含量较高(>24%)，或碱性氧化物含量(ΣJ)较高(>30%)，将使$[AlO_6]^{9-}$转化为$[AlO_4]^{5-}$的条件减弱，因而有一部分Al_2O_3不能形成网络，从而成为网络破坏体。因此，非玻璃体渣熔体中的网络阴离子团要比玻璃体渣的网络阴离子团小。在煤灰熔体的冷却过程中，玻璃体渣熔体内部的质点因内摩擦力大，不可能进行有序排列，从而形成亚稳态的玻璃体结构，内部质点间摩擦力小，能进行有序排列、产生结晶。

塑性渣与结晶渣的主要区别在于熔体的主要组成上。塑性渣中Al_2O_3的含量没有结晶渣(高温型的结晶渣)高，或者ΣJ没有结晶渣(低温型的结晶渣)高，因此，结晶渣中网络的破坏体比塑性渣更多，网络更小。塑性渣的网络大小介于玻璃体渣和结晶渣之间。当温度达到临界黏结温度时，结晶渣熔体中的质点很快重排成为有序结构，形成晶体，黏度很快增高；而塑性渣熔体中的质点由于网络稍大，只能逐渐排列成为近程有序的结晶微粒。当温度进一步降低时，质点进一步进行排列，已结晶的微粒进一步长大成为远程有序的晶体，当温度达到凝固温度T_f时，熔体内的质点全部排列成为晶体，黏度很快增高。

四、煤的结渣性

煤的结渣性指的是煤在气化或燃烧过程中，煤灰受热软化、熔融而结渣的性能。对固体排渣气化炉，煤渣的形成一方面使气流分布不均匀，易产生风洞，造成局部过热，降低气化效率，结渣严重时还会导致停产，另一方面由于结渣后煤块被熔渣包裹，煤中碳未完全反应就排出炉外，增加了碳的损失。由于煤灰熔融性和黏度并不能完全反应煤在气化或燃烧过程中的结渣情况，因而要采用煤的结渣性来判断气化或燃烧过程中煤灰结渣的难易程度。

1.煤结渣性的测定

煤的结渣性测定方法是模拟工业发生炉的氧化层反应条件。国家标准《煤的结渣性测定方法》(GB/T 1572—2018)规定了测定煤结渣性的方法原理和试验步骤。测定方法要点是：将粒度3～6mm的试样装入特制的气化装置中，用木炭引燃，在规定鼓风强度下使其气化或燃烧。待试样燃尽后停止鼓风，冷却，将灰渣称量和筛分，以粒度大于6mm的渣块占全部灰渣的质量分数计算煤的结渣率。绘制鼓风强度-平均结渣率曲线(图10-24)，评价煤的结渣性。结渣率按下式计算：

$$C_{\text{lin}}=\frac{m_1}{m_2}\times 100$$

式中：C_{lin}为结渣率(%)；m_1为粒度大于6mm渣块的质量(g)；m_2为总灰渣质量(g)。

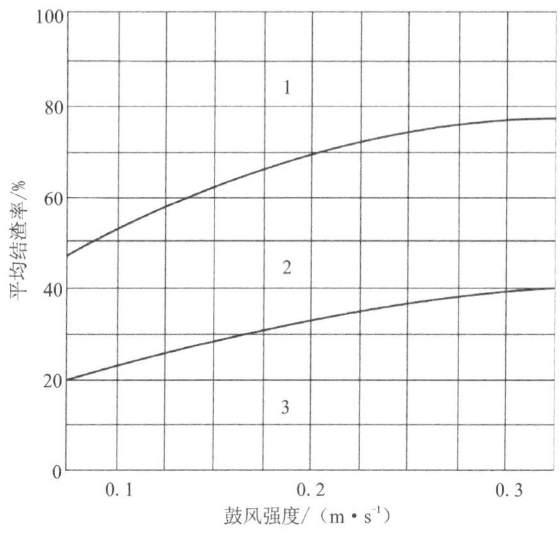

图10-24　鼓风强度-平均结渣率曲线图

1.强结渣区；2.中等结渣区；3.弱结渣区

影响结渣性的因素主要是煤中矿物质的组成及含量。一般矿物质含量高的煤容易结渣，矿物质中钙、铁含量高容易结渣，而Al_2O_3含量高则不易结渣。此外，结渣性还随鼓风强度的提高而增强。

2.结渣性与煤灰熔融性的关系

煤的结渣性与煤灰熔融性有一定关系，一般来说，灰熔点低的煤容易结渣，灰熔点高的煤不容易结渣。通常ST大于1350℃不容易结渣，但也有例外，特别是煤灰产率高时更是如此。结渣性测定的操作条件更接近于煤气化或燃烧的实际，因此它比灰熔点能更好地反映煤的结渣性。

第四节 煤的机械加工性质

煤炭在应用过程中会经历许多机械加工过程，如磨碎、破碎、成型、筛分、分选等，这些加工过程的难易和特性与煤的很多性质有关，如破碎和磨碎与煤的硬度、机械强度、可磨性有关，筛分与煤的粒度特征有关，成型与煤的塑性和弹性有关等。将这些性质归并为煤的机械加工性质。

一、煤的可磨性

煤的可磨性是指煤磨碎成粉的难易程度。可磨性指数越大，表示煤越容易磨碎成粉，消耗的能量越少；可磨性指数越小，表示煤难以磨碎成粉，消耗的能量也越多。

煤的可磨性是动力用煤、高炉喷吹用煤和炼焦惰性添加剂用煤或焦粉的重要特性。它是制煤粉难易程度的表征。在有关的工业生产中，测定煤的可磨性具有重要意义。火力发电厂与水泥厂在设计与改进制粉系统并估计磨煤机的产量和耗电量时，常需测定煤的可磨性；在型焦工业中，为了决定粉碎系统的级数及粉碎机的类型，也要预先测定煤的可磨性。

（一）可磨性的测定

煤的可磨性很难通过研磨时煤粒内部应力变化来测定。实验室的可磨性测定一般是模拟实际生产中磨煤机的工作条件，采用专门的仪器设备进行的。目前国内外普遍采用哈德格罗夫法（简称哈氏法），测定煤的可磨指数。

国家标准《煤的可磨性指数测定方法　哈德格罗夫法》（GB/T 2565—2014）规定了哈德格罗夫法测定煤的可磨性指数的方法原理和试验步骤。测定方法要点是：称取粒度范围为0.63～1.25mm的空气干燥煤样50g，经哈氏可磨仪研磨后，用0.071mm的筛子筛分，称量筛上煤样的质量，在由研磨前的煤样量减去筛上煤样质量得到筛下煤样的质量，在由煤的哈氏可磨性指数标准物质绘制的校准图上查得或者利用一元回归方程中计算出煤的哈氏可磨性指数（HGI）。按下式计算0.071mm筛下煤样的质量（m_3）。

$$m_3 = m - m_1$$

式中：m 为煤样质量（g）；m_1 为筛上物质量（g）；m_3 为筛下物质量（g）。

根据筛下物质量计算值 m_3，从哈氏仪的校准图上查得或者利用一元线性回归方程计算煤的哈氏可磨性指数（图10-25）。

HGI越大，表示煤的可磨性越好，煤越容易被磨碎。哈式法对于变质程度较低的煤种，会过高估计煤的可磨性。例如，某褐煤实验测HGI为48，但在制粉设备上表现为28，这主要是水分的影响。因为试验煤样都是风干煤样，而磨煤机磨碎的实际煤均含有外在水分。所以，有人认为褐煤可磨性的评价不宜使用哈氏法。此外，哈氏法测定煤的可磨性指数时，是依靠碾磨碗内一定质量的钢球的挤压将煤磨碎。对于水分较大的褐煤，破碎效果较差。这是因为该法在磨煤时，钢球与碾磨碗之间对煤的碾压易使水分大的褐煤形成煤片，从而降低了煤样的过筛率。实际情况下，燃烧褐煤锅炉系统多选用风扇磨煤机，水分相对较低的褐煤也有用中速磨煤机的。它们均属动式破碎，磨煤效果要较静压碾磨好得多。

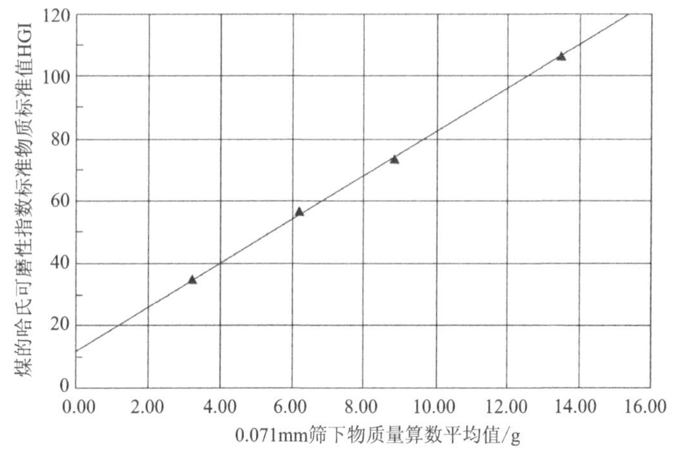

图 10-25 哈氏可磨性指数标准物质校准图示例

（二）影响可磨性的因素

煤的可磨性指数 HGI 反映的是煤的综合物理特性，它不仅受化学组成的影响，同时受煤岩形态、显微组分分布、矿物质颗粒大小和赋存状态等因素控制（张双全，2009）。

1. 可磨性与煤的工业分析指标之间的关系

从统计规律来看，水分和挥发分越高，可磨性指数越低；相反，灰分和固定碳越高，可磨性指数越高。但是任何一个变量对可磨性指数的影响都不是很显著。可磨性指数与工业分析结果间的非线性较大。仅从煤的工业分析等化学组分出发，将其看作是一种均匀的物质，不能科学地反映煤的可磨性。煤的显微组分、矿物质类型、颗粒大小和分布以及煤种的显微构造等物理因素是决定煤的可磨性能的重要因素。同时，矿物组分在煤颗粒中的分散状况以及含量和组成均影响煤的可磨性。

2. 煤的显微构造和显微组分的影响

煤是一种经过沉积并经历复杂地质构造运动后形成的特殊有机岩石，在煤块中仍然保留了煤在经历了拉伸、挤压、剪切等运动后出现的裂缝和节理。这些显微构造（“内伤”）的存在可能引起粉碎性能的变化，这可能是一些产于平整地层煤种可磨性差，但产自于褶皱、断层等地质构造复杂的煤种容易粉碎的原因。煤物理结构参数如表面积、孔隙率、孔径和孔径分布等的差异直接影响煤颗粒的可磨性能。因此，煤的显微构造是煤的可磨性差异的内在因素之一。

由煤岩学研究可知，煤中镜质组、壳质组和惰质组等在煤中的分布和含量各不相同，使得其强度、载荷变形和弹性率等方面表现出不同的特征。此外，在进行煤的宏观煤岩类型分类过程中可以发现，镜煤和亮煤往往表现为裂隙发育明显，容易破碎。

3. 煤化程度的影响

煤化程度对煤的可磨性的影响规律是：在低煤化程度阶段，随煤化程度的增加，煤的可磨性缓慢增加，在碳含量为87%～90%时，可磨性迅速增大，在碳含量为90%左右到达最大值，此后随煤化程度的进一步提高而迅速下降。哈氏可磨指数与煤化程度的关系如图10-26所示。

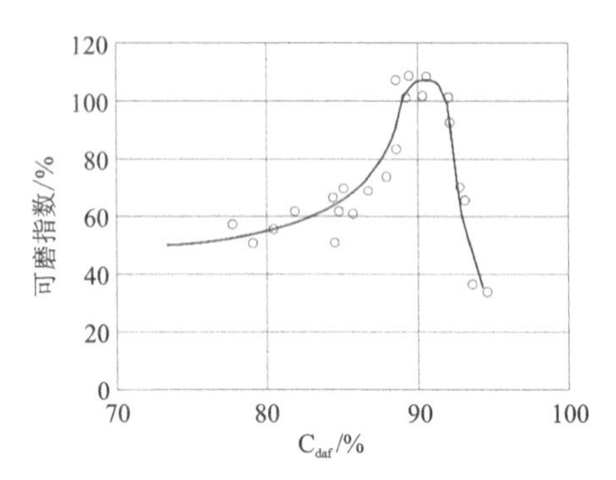

图10-26 哈氏可磨指数与煤化程度的关系（据张双全，2009）

二、煤的机械强度

煤的机械强度是指块煤在外力作用下抵抗破碎的能力，包括煤的抗碎强度、耐磨强度和抗压强度等。测定煤的机械强度的方法很多，如落下试验法、转鼓试验法、耐压试验法等，应用比较广泛的是落下试验法，即测定煤的抗碎强度。

使用块煤作燃料或原料的设备，如固定床煤气发生炉、链条锅炉、煅烧炉及部分高温窑炉，对煤的块度都有一定要求。煤在运输、装卸以及加工过程中既有颗粒间的摩擦，又有堆积中的挤压，还有提升落下后的碰撞等，常使原来的大块煤破碎成小块，甚至产生较多的粉末。为了正确地估计块煤用量及确定在使用前是否需要筛分，使用块煤的用户必须了解煤的机械强度。

（一）煤的落下强度测定方法

国家标准《煤的落下强度测定方法》（GB/T 15459—2006）规定了煤的落下强度测定所用的仪器设备和测定步骤等。测定方法要点是：将粒度60～100mm的块煤取10块，称其质量，从2m高处试验架上将煤样逐块自由下落到规定厚度的钢板上。全部块煤落下后，筛分出粒度大于25mm的块煤进行第2次落下，再次筛分出粒度大于25mm的块煤进行第3次落下。3次落下后，筛分出粒度大于25mm的块煤，称其质量。以3次落下后粒度大于25mm的块煤占原块煤煤样的质量百分数表示煤的落下强度（S_{25}）。按照下式计算煤的落下强度：

$$S_{25}=\frac{m_1}{m}\times 100$$

式中：S_{25}为煤的落下强度（%）；m_1为3次落下试验后粒度大于25mm的块煤质量（kg）；m为落下试验前块煤质量（kg）。

(二)煤的机械强度与煤质的关系

煤的机械强度与煤化程度、煤岩组成、矿物质含量和风化、氧化等因素有关。高煤化程度和低煤化程度煤的机械强度较大,中等煤化程度的肥煤、焦煤机械强度最小。宏观煤岩组分中丝炭的机械强度最小,镜煤次之,暗煤最坚韧。矿物质含量高的煤机械强度大。煤经过风化和氧化后机械强度下降。

三、煤的粒度组成

煤的粒度组成是指煤料中各粒度范围物料的质量占总煤料质量的百分比。商品煤是由粒径不同的颗粒(块或粉)构成的混合物,其物料组成的粒度大小并不均匀,在煤的加工利用过程中,往往对其粒度大小及分布即粒度组成有一定要求,这就需要使用筛分机对原料煤进行筛选,以得到不同粒度组成的产品。

一般采用筛分的办法测定煤的粒度组成,对于超细煤粉则要使用显微镜或激光粒度分析仪等设备。煤炭企业通常使用筛分分析的方法来检查筛分和破碎过程中的物料粒度组成,并使用尺寸为100mm、50mm、25mm、13mm、6mm、3mm和0.5mm等的筛子。根据煤炭加工利用的需要,可增加(或减少)某一级或某些级别,或以生产中实际的筛分级代替其中相近的筛分级。上述煤炭粒度的筛分可在实验室振动筛和手筛上进行。粒度小于0.5mm的煤粉或煤泥须在实验室用的套筛上进行筛分,即不同筛孔的筛网,装在直径为200mm、高为50mm的圆形筛框上,组成套筛筛面的排列是筛孔从上而下逐渐减少。表10-5为常见标准筛制尺寸。

粒度小于0.5mm的煤样可以采用干法和湿法筛分,这应取决于物料粒度和筛分分析所要求的准确程度。如果要求的准确程度并不是特别高,而物料也不会互相黏结,可以采用干法筛分,反之则采用湿法筛分。

表10-5 常见标准筛制尺寸(据张双全,2009)

国际制	泰勒制		上海制		苏联制		英国制		德国制	
孔径/mm	网目	孔径/mm	网目	孔径/mm	网目	孔径/mm	网目	孔径/mm	网目	孔径/mm
8.000	2.5	7.925								
6.300	3.0	6.680								
	3.5	5.691								
5.000	4.0	4.699	4	5.000						
4.000	5.0	3.962	5	4.000			5	3.340		
3.350	6.0	3.327	6	3.520			6	2.810		
2.800	7.0	2.794					7	2.410		
2.360	8.0	2.262	8	2.616	2.500	0.500	8	2.050		
2.000	9.0	1.981			2.000	0.500				
1.600	10.0	1.651	10	1.980	1.600	0.450	10	1.670	4	1.500

续表 10-5

国际制	泰勒制		上海制		苏联制		英国制		德国制	
孔径/mm	网目	孔径/mm	网目	孔径/mm	网目	孔径/mm	网目	孔径/mm	网目	孔径/mm
1.400	12.0	1.397	12	1.660	1.250	0.400	12	1.400	5	1.200
1.180	14.0	1.168	14	1.430	1.000	0.350	14	1.200	6	1.020
1.000	16.0	0.991	16	1.270	0.900	0.350	16	1.000		
0.800	20.0	0.833	20	0.995	0.800	0.300	18	0.850		
0.710	24.0	0.701	24	0.823	0.700	0.300	22	0.700	8	0.750
0.600	28.0	0.589	28	0.674	0.630	0.250	25	0.600	10	0.600
0.500	32.0	0.495	32	0.560	0.560	0.230	30	0.500	11	0.540
0.400	35.0	0.417	34	0.533	0.500	0.220	36	0.420	12	0.490
0.355	42.0	0.351	42	0.452	0.450	0.180	44	0.350	14	0.430
0.300	48.0	0.295	48	0.376	0.355	0.150	52	0.300	16	0.385
0.250	60.0	0.246	60	0.295	0.250	0.130	60	0.252	20	0.300
0.200	65.0	0.208	70	0.251	0.200	0.130	72	0.211	24	0.250
0.180	80.0	0.175	80	0.200	0.180	0.130	85	0.177	30	0.200
0.150	100.0	0.147	110	0.139	0.140	0.090	100	0.152	40	0.150
0.125	115.0	0.124	120	0.130	0.125	0.090	120	0.125	50	0.120
0.100	150.0	0.104	160	0.097	0.100	0.070	150	0.105	60	0.100
0.090	170.0	0.083	180	0.090	0.090	0.070	170	0.088	70	0.088
0.075	200.0	0.074	200	0.077	0.071	0.055	200	0.075	80	0.075
0.063	230.0	0.062	230	0.065	0.063	0.045	240	0.065	100	0.060
0.053	270.0	0.053	280	0.056	0.056	0.040				
0.043	325.0	0.043	320	5.000	0.040	0.030	300	0.530		
0.038	400.0	0.038								

四、煤的可选性

煤的可选性是指从原煤中分选出符合质量要求的精煤的难易程度。工业上选煤过程多用水作为介质，利用精煤与中煤及矸石的密度差，从煤中选出低灰、低硫的精煤，排出中煤、矸石和黄铁矿。选煤对提高煤炭质量等级、降低灰分、节能、减少污染及煤炭综合利用等均有重大的意义。

煤的可选性是判断煤炭洗选效果的重要依据。通过研究煤的可选性，可以选择合理的分选技术路线，并对分选效果进行预先初步估计；选煤厂则可根据入选原煤的可选性等级，概略地评价煤的分选结果。目前，我国选煤厂广泛采用中立选煤法（跳汰和重介法），粒度小于

0.5mm的煤泥采用浮选法。

国内外大多数煤炭可选性的评定方法都是在可选性曲线的基础上提出来的。我国多采用浮沉试验法评价煤的可选性。国家标准《煤炭浮沉试验方法》(GB/T 478—2008)规定了煤炭浮沉试验的煤样、设备与仪器、重液配置、试验步骤和结果整理等的要求与方法。其中对粒度大于0.5mm的煤炭进行的浮沉试验称为大浮沉，对粒度小于0.5mm的煤炭进行的浮沉试验称为小浮沉。以下将对大浮沉试验方法进行详细介绍。

先对原煤进行筛分，从各筛级中分别缩分出一定量的煤样，原煤各粒级煤样最小质量参照表10-6执行。分别在密度为1.30g/cm^3、1.40g/cm^3、1.50g/cm^3、1.60g/cm^3、1.70g/cm^3、1.80g/cm^3、1.9g/cm^{3}和2.00g/cm^{3}的8组氯化锌重液中依次进行浮沉，按低密度向高密度逐级进行。

表10-6　给定粒级煤样的最小质量

粒级上限/mm	最小质量/kg	粒级上限/mm	最小质量/kg
300	500	25	15
150	200	13	7.5
100	100	6	4
50	30	3	2

将所得各密度级的产物分别用热水洗净、烘干，然后测定其产率和灰分，计算并整理成50～0.5mm粒级原煤浮沉试验综合表，如表10-7所示。

表10-7　50～0.5mm粒级原煤浮沉试验综合表

密度级/(g·cm^{-3})	产率/%	灰分/%	累计				分选密度±0.1	
			浮物		沉物		密度/(g·cm^{-3})	产率/%
			产率/%	灰分/%	产率/%	灰分/%		
1	2	3	4	5	6	7	8	9
<1.30	10.69	3.46	10.69	3.46	100.00	20.50	1.3	56.84
1.30～1.40	46.15	8.23	56.84	7.33	89.31	22.54	1.4	66.29
1.40～1.50	20.14	15.50	76.98	9.47	43.16	37.85	1.5	25.31
1.50～1.60	5.17	25.50	82.15	10.48	23.02	57.40	1.6	7.72
1.60～1.70	2.55	34.28	84.70	11.19	17.85	66.64	1.7	4.17
1.70～1.80	1.62	42.94	86.32	11.79	15.30	72.04	1.8	2.69
1.90～2.00	2.13	52.91	88.45	12.78	13.68	75.48	1.9	2.13
>2.00	11.55	79.64	100.00	20.50	11.55	79.64	—	—
合计	100	20.50	—	—	—	—	—	—
煤泥	1.01	18.16	—	—	—	—	—	—
总计	100	20.43	—	—	—	—	—	—

在表10-7中，1、2、3、8栏数据由试验所得；4、5、6、7栏数据分别为浮煤和沉煤的累计产

率与相应的平均灰分，它们根据 2、3 栏数据计算所得；9 栏为分选密度±0.1 的产率，由 2 栏计算所得。以 1.40～1.50g/cm³ 密度级的煤为例，说明计算方法。

浮煤（<1.5g/cm³）累计产率：

$$10.69+46.15+20.14=79.98(\%)$$

相应的浮煤平均灰分用质量加权平均计算，即：

$$\frac{10.69\times3.46+46.15\times8.23+20.14\times15.50}{10.69+46.15+20.14}=9.47(\%)$$

沉煤（>1.5g/cm³）累计产率：

$$100-浮煤(<1.5g/cm^3)累计产率=100-76.98=23.02(\%)$$

或 $$11.55+2.13+1.62+2.55+5.17=23.02(\%)$$

相应的沉煤平均灰分也以质量加权平均，按计算浮煤平均灰分相反的顺序计算，即：

$$\frac{11.55\times79.64+2.13\times59.91+1.62\times42.94+2.55\times34.28+5.17\times25.50}{11.55+2.13+1.62+2.55+5.17}=57.40(\%)$$

分选密度±0.1 产率的计算：

$$分选密度\pm0.1产率=20.14+5.17=25.31(\%)$$

该表能比较系统地反映煤炭各密度级的含量和质量特征，但并不能完全适应生产上的需要。如生产上要求精煤灰分为 10%，要了解此时的理论分选密度和精煤产率及分选难易程度，仅靠此表的数据难以解决，为了满足实际的生产需要，有必要绘制可选性曲线。

可选性曲线一般规定在毫米方格纸上的 200mm×200mm 方格内绘制。根据表 10-7 数据绘制成的可选性曲线如图 10-27 所示。下方横坐标为干基灰分，从左至右增大；左边纵坐标

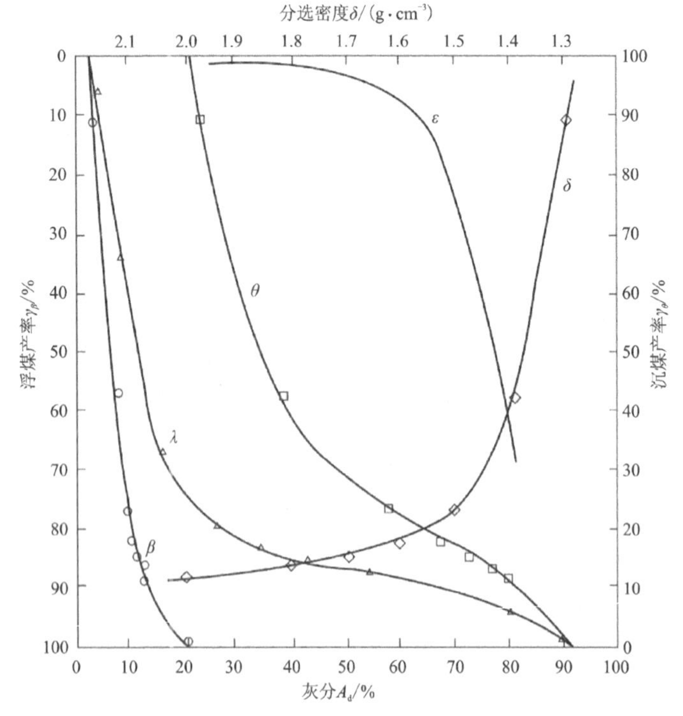

图 10-27 可选性曲线示例

为浮煤累计产率，自上而下增大；右边纵坐标为沉煤累计产率，自下而上增大；上方横坐标为分选密度，从左至右增大。这些曲线是煤可选性的图解说明，该组曲线包括5条曲线，分述如下：

(1)浮煤曲线β。由表10-7中4、5两栏对应值标出各点，连成平滑曲线。它表示上浮部分累计产率与其平均灰分的关系，可用于计算洗选时的理论回收率及其灰分，了解为提高精煤质量(即降低灰分)而引起的选煤效率降低的情况。

(2)沉煤曲线θ。由表10-7中6、7两栏对应值标出各点，连成平滑曲线。它表示下沉部分累计产率与其平均灰分的关系，可用于计算沉煤的回收率及灰分。

(3)基元灰分曲线λ。由表10-7中3、4两栏对应值，自4栏浮煤累计产率10.69%处画平行于横坐标的水平线，与3栏中对应的灰分3.46%点所引的垂直线相交，在左上角得到第一个矩形，其面积代表小于1.3部分所含的灰分；再由4栏浮煤累计产率56.84%处引水平线与3栏对应的灰分8.23%点引垂直线相交，并延长与10.69%水平线相交得第二个矩形，其面积代表密度1.3～1.4g/cm^{3}部分所含的灰分。如此作第三个至第八个矩形，得到8个矩形所构成的阶梯状面积。然后将表示各级浮煤的平均灰分的折线改画为平滑曲线，即取各折线的中点连成平滑曲线，使曲线所包面积与折线所包面积近似相等。曲线向上延伸必须与浮煤曲线β的起点相重合，向下延伸必须与沉煤曲线θ的终点相重合。它表示某一密度范围无限小的密度级的灰分，亦表示浮煤(或沉煤)产率与其分界灰分的关系(即浮煤的最高灰分和沉煤的最低灰分)。

(4)密度曲线δ。由表10-7中1、4两栏对应值标出各点，连成平滑曲线。它表示浮煤累计产率与分选密度的关系，用来确定洗选时的分选密度。

(5)密度±0.1曲线ε。由表10-7中8、9两栏对应值标出各点，连成平滑曲线。它表示分选密度±0.1产率与分选密度的关系。

可选性曲线的应用举例如下：

(1)根据曲线λ的形状可初步判断该种煤的可选性，当曲线λ的上段越陡直，中段曲率越大，下段曲线平缓，则煤易选；反之则难选。

(2)根据曲线β、θ和δ，可以寻求出产品的理论产率、理论灰分和分选密度，在这3项指标中只要确定一项就可从可选性曲线上查得其他两项指标。以图10-27为例，若计划选出灰分为10%的精煤，就可根据曲线β查得对应的精煤理论产率为77%，根据曲线δ查得分选密度为1.53g/cm^3。同样，当确定矸石的理论灰分后，可根据曲线θ查得对应的矸石理论产率，根据曲线δ查得其对应的分选密度。最后还可以计算中煤理论产率和中煤灰分。

(3)根据曲线ε，可以精确地评价可选性，并可观察出不同分选密度时中间密度级含量及其变化趋势。

国家标准《煤炭可选性评定方法》(GB/T 16417—2011)规定了煤炭可选性评定方法、等级的命名和划分(适用于粒级大于0.5mm的煤炭)。该方法采用“分选密度±0.1含量法”，简称“δ±0.1含量法”。将煤炭可选性划分为5个等级，如表10-8所示。

表 10-8　煤炭可选性等级的划分指标

$\delta\pm0.1$ 含量/%	可选性等级
≤10.0	易选
10.1～20.0	中等可选
20.1～30.0	较难选
30.1～40.0	难选
>40.0	极难选

煤的可选性与煤中矿物质的种类、含量、颗粒大小、赋存方式等因素有关。如果矿物的密度大、含量高、颗粒大，在有机质中呈独立个体分布，该煤易分选；反之，如果矿物的密度小、含量高、颗粒小，且在有机质中呈浸染状或与有机质紧密结合的，则该煤难选。宏观煤岩组分也影响煤的可选性。暗煤、丝炭与镜煤、亮煤相比，不但密度大，而且硬度也大，因而破碎的块度也较大，它们多富集于中煤（浮沉试验中密度为 1.4～1.8g/cm^3 之间的煤），因此镜煤、亮煤含量高的煤可选性好，反之可选性差。对于细粒级的浮选作业，可浮性除了与物料粒度有关之外，更重要的是与煤的表面亲水性有关，煤化程度越高，煤中的氧含量越低，煤的亲水性越低，煤与矿物质亲水性的差别就越大，煤的可浮性也就越好。通常浮选作业并不用于褐煤等低煤化程度的煤种，而是用于中高煤化程度的煤种，如烟煤、无烟煤，重选则无煤种限制。

第十一章 煤的分类

煤是一种性质十分复杂的可燃固体矿产，由于组成它的原始物质、沉积环境、后期地质作用等的差异性，煤的成分、结构和性质变化很大。同一类煤性质相似，其加工利用方法、途径和商业价值也类似；不同类煤则差异显著。对煤炭进行分类，有利于煤炭资源的分类评价与储量计算、合理规划煤炭开采，同时对于煤炭定价、指导煤炭加工利用等也至关重要。煤的分类是煤炭勘探、开采规划、资源分配和合理使用的依据。研究和实施煤炭分类具有十分重要的科学意义和实用价值。

一、煤炭分类指标

目前煤炭在工业上的利用方式很多，但对煤的组成和性质要求最严格的是煤炭炼焦。煤炭焦化是目前煤炭非能源利用的最主要的方式，而且对煤的性质有特殊的要求，所以世界各国使用的煤分类中均重于炼焦用煤的分类。随着对煤炭科学研究的深入和对煤炭应用理论研究的不断深化，煤炭分类越来越向精细化，能够综合反映煤的燃烧、液化、气化、炼焦等利用途径方向发展。由于煤化程度是煤有机质组成结构的宏观反映，所以煤炭分类方案一般以煤化程度和煤的黏结性作为分类指标。

（1）煤化程度指标。反映煤化程度的指标一般采用干燥无灰基挥发分，这是因为它能较好地反映煤化程度，并与煤的工艺性质有关，而且其区分能力强，测定方法简单，易于标准化。但是煤的挥发分不仅与煤的煤化程度有关，同时也受煤岩组成的影响。煤化程度相同的煤，由于煤岩组成的不同可能有不同的挥发分。此外，煤中碳酸盐矿物和黏土矿物也在一定程度上影响煤的挥发分。因此，煤的挥发分有时也不能十分准确地反映煤的煤化程度。有的国家采用煤的发热量或镜质体反射率作为煤化程度的指标。煤的发热量适合于低煤化程度的煤和动力煤，一般以恒湿无灰基高位发热量代表煤的煤化程度。镜质体反射率对中高变质阶段的烟煤和无烟煤，能较好地反映煤化程度的规律，该指标可排除煤岩组成差异的影响，比挥发分产率能更确切地反映煤的变质规律。此外，煤中的 H/C 原子比在一定程度上也能代表煤的煤化程度。氢含量对高煤化程度的煤，尤其无烟煤能很好地反映煤化程度规律。透光率可用于区分褐煤和长焰煤并划分褐煤类别。我国现行分类方案中以煤中氢含量和透光率作为分类指标之一。

（2）黏结性指标。煤的黏结性是煤在加热过程中最重要的工艺性质之一，是煤炭分类中另一个重要指标。表征煤黏结性的指标很多，如坩埚膨胀序数、格金焦型、吉氏流动度、黏结指数、胶质层最大厚度和奥阿膨胀度等。坩埚膨胀序数在法国、意大利、德国等国普遍采用，它在一定程度上反映了煤的黏结性，而且方法简单，对于煤质变化不太大时，较为可靠，但其测定结果常带有较强的主观性，且过于粗略；格金焦型在英国广泛使用，对黏结性不同的煤都能加以区分，但其测定方法较为复杂，并且人为因素影响较大；吉氏流动度反映煤产生胶质体量最大时的黏度，它对弱黏结或中等黏结煤有较好的区分能力，该法灵敏度高，测值十分敏感，但存在许多人为和仪器的因素，使得不同实验室的测定结果很难一致；黏结指数对弱黏结煤和中等黏结煤的区分能力强，且测定方法简单，快速，所需煤样少，易于推广；胶质层最大厚度对中等黏结性煤的区分能力较强，其结果具有可加性，应用较广泛；奥阿膨胀度对强黏结煤的区分能力较好，测定结果的重现性好，但对黏结性弱的煤区分能力差。我国目前采用胶质层最大厚度、奥阿膨胀度和黏结指数来表征煤的黏结性。用胶质层最大厚度和奥阿膨胀度表征中等或强黏结性煤的黏结性，黏结指数表征中等或弱黏结性煤的黏结性。

二、中国煤炭分类

中国煤炭分类的完整体系，由技术分类、商业编码和煤层煤分类 3 个国家标准组成(表 11-1)。前两种属于实用分类，分类对象主要是商品煤，或为经破碎、筛分、洗选之后的加工煤、非单一煤层煤或配煤。后一种为成因分类，按照成煤原始植物和成煤环境，对煤层煤进行分类。表 11-1 详细比较了它们的主要区别，它们三者形成一个完整体系，且互为补充，同时执行。

表 11-1　中国煤炭分类的完整体系(据陈鹏，2000 修改)

	技术分类/商业编码	科学/成因分类
国家标准	技术分类:《中国煤炭分类》(GB/T 5751—2009)；编码:《中国煤炭编码系统》(GB/T 16772—1997)	《中国煤层煤分类》(GB/T 17607—1998)
应用范围	1. 加工煤(筛分煤、洗选煤、各粒级煤)； 2. 非单一煤层煤或配煤； 3. 商品煤； 4. 指导煤炭利用	1. 煤视为有机沉积岩； 2. 煤层煤； 3. 国际、国内煤炭资源储量统一计算基础
目的	1. 技术分类:以利用为目的(燃烧、转化)； 2. 商业编码:国内贸易与进口贸易； 3. 煤利用过程较详细的性质与行为特征； 4. 对商品煤给出质量评价或类别	1. 以科学/成因为目的； 2. 计算资源量与储量的统一基础； 3. 统一不同国家资源量、储量的统计与可靠计算； 4. 对煤层煤质量评价
方法	1. 人为制订分类编码系统； 2. 数码或商业类别(牌号)； 3. 有限的参数，有时是不分类界； 4. 基于煤的化学性质或部分煤岩特征	1. 自然系统； 2. 定性描述类别； 3. 有类别界限； 4. 分类参数主要基于煤岩特征

(一)中国煤炭分类旧方案

《中国煤(以炼焦煤为主)的分类方案(试行)》,是在1954年制订的东北和华北区煤炭分类两个方案的基础上发展而成的,于1956年提出,1958年经国家技术委员会颁布试行的第一个全国统一的以炼焦煤为主的煤炭分类方案。

该分类方案的分类指标是煤的干燥无灰基挥发分(V_{daf})和胶质层最大厚度(Y值)。该方案将从褐煤到无烟煤之间的所有煤种,共分为十大类,24小类,见表11-2。

十大类主要用于地质部门的资源勘探、煤炭部门的矿井建设和开采,管理部门的煤炭计划和调拨,24小类用于各种煤的合理利用和科学研究。

表11-2　中国煤炭分类表(以炼焦用煤为主)

大类别	小类别	分类指标	
名称	名称	V_{daf}/%	Y/mm
无烟煤		0~10	
贫煤		>10~20	0(粉状)
瘦煤	1号瘦煤	>14~20	0(成块)~8
	2号瘦煤	>14~20	>8~12
焦煤	瘦焦煤	>14~18	>12~25
	主焦煤	>18~26	>12~25
	焦瘦煤	>20~26	>8~12
	1号肥焦煤	>26~30	>9~14
	2号肥焦煤	>26~30	>14~25
肥煤	1号肥煤	>26~37	>25~30
	2号肥煤	>26~37	>30
	1号焦肥煤	≤26	>25~30
	2号焦肥煤	≤26	>30
	气肥煤	>37	>25
气煤	1号肥气煤	>30~37	>9~14
	2号肥气煤	>30~37	>14~25
	1号气煤	>37	>5~9
	2号气煤	>37	>9~14
	3号气煤	>37	>14~25
弱黏煤	1号弱黏煤	>20~26	0(成块)~8
	2号弱黏煤	>26~37	0(成块)~9
不黏煤		>20~37	0(粉状)
长焰煤		>37	0~5
褐煤		>40	—

该煤炭分类方案无论是在指导我国国民经济各部门合理地使用我国的煤炭资源，还是在煤田地质勘探工作中正确地划分煤炭类别(牌号)、合理地计算煤田的储量等方面都起到了积极的作用。但该分类方案也存在着一些明显的缺点。

(1)在烟煤部分，大类别过少，致使每一大类煤的范围过宽，导致同一类煤的性质差别过大。如同属气煤的1号气煤因结焦性不好而多适用于化工及气化用煤，不宜大量地用于配煤炼焦；而气煤中2号肥气煤，却是结焦性较好的炼焦基础煤。因此，把这两种性质差异较大的煤划分成同一大类煤显然是不合适的。

(2)原分类方案沿袭苏联采用的胶质层最大厚度 Y 值作为分类主要指标，它在测定上存在不少问题，对强黏结性煤测定的误差大，对弱黏结性煤测定不准确。此外，测定 Y 值需要大量的浮煤样品，这对于煤田地质勘探部门来说，一些薄煤层的取样量往往达不到要求，从而阻碍了小口径钻机的大范围使用。

(3)对长焰煤和褐煤没有明确的划分标准和界线。挥发分 V_{daf} 大于40%，$Y=0$(粉状)的年轻煤，即可划分为褐煤，又可划分为长焰煤，不利于煤炭资源的合理利用，也影响煤矿或用户的经济收益。

(4)对贫煤和瘦煤的划分界限以 Y 值等于0时的焦渣成块和粉状来确定，是含混不清的。分类方案中的贫煤和瘦煤的 V_{daf} 均大于14%，前者的 $Y=0$(粉状)，后者的 $Y=0$(成块)～8mm。由于焦渣成块和粉状都是定性指标，实际情况远比这个定性指标复杂得多。例如 $Y=0$(凝结)，这种煤究竟应该划分为贫煤还是瘦煤，方案中没有明确的规定。又如什么叫成块，也没有明确的定义。焦渣碎成许多小块是否也叫成块，也不是十分清楚。总之，成块和成粉之间没有截然区分的界限而难以正确区分。

(5)对于 V_{daf} 不大于14%的煤，如果 Y 值大于0，则既不能划分为贫煤，又不能划分为瘦煤，这就无法确定这种煤的类别。

(6)对低煤化程度的褐煤和高变质的无烟煤类不再细分为小类，这就不能充分表征这些煤类的特征及其工艺利用途径。而我国无烟煤和褐煤资源却是十分丰富的。

(二)中国煤炭分类新方案

鉴于我国第一代煤炭分类方案存在的问题，从1974年开始，由燃化部煤炭科学研究院北京煤化所、冶金工业部鞍山热能研究所、煤炭科学研究院西安地质勘探研究所及冶金部鞍山钢铁公司4个单位负责起草，会同有关单位共同进行煤炭分类国家标准的修订工作。经有关部委、科研机关和高等院校的专家、教授多次会议论证，并对全国主要煤矿、煤产地煤质资料进行了全面分析研究，基本上取得了一致意见。于1985年1月通过了煤炭分类国家新标准，1986年10月正式向全国发布国家标准《中国煤炭分类》(GB/T 5751—1986)。试行3年后正式实施。经多年使用，于2009年对该国家标准进行适当修订，颁布了新的标准《中国煤炭分类》(GB/T 5751—2009)，于2010年1月1日正式实施，并执行至今。2014年，该标准获国家质检总局及国家标准委员会颁发的中国标准创新贡献一等奖。该标准所使用的主要分类指标有两类：一类是表示煤化程度的指标，共有4个，包括干燥无灰基挥发分(V_{daf})、干燥无灰基氢含量(H_{daf})、低煤阶煤透光率(P_M)和恒湿无灰基高位发热量($Q_{gr,maf}$)；一类是表示黏结性的指标，共有3个，包括烟煤的黏结指数(G)、胶质层最大厚度(Y)、奥阿膨胀度(b)。

1.煤类划分及代号、编码

(1)煤类划分及代号。《中国煤炭分类》(GB/T 5751—2009)煤炭分类方案体系中，先根据干燥无灰基挥发分等指标，将煤炭分为无烟煤、烟煤和褐煤；再根据干燥无灰基挥发分及黏结指数等指标，将烟煤划分为贫煤、贫瘦煤、瘦煤、焦煤、肥煤、1/3焦煤、气肥煤、气煤、1/2中黏煤、弱黏煤、不黏煤及长焰煤。各类煤的名称可用下列汉语拼音首字母为代号表示：

WY——无烟煤；YM——烟煤；HM——褐煤。

PM——贫煤；PS——贫瘦煤；SM——瘦煤；JM——焦煤；FM——肥煤；1/3JM-1/3焦煤；QF——气肥煤；QM——气煤；1/2ZN——1/2中黏煤；RN——弱黏煤；BN——不黏煤；CY——长焰煤。

(2)煤类编码。各类煤用两位阿拉伯数码表示。十位数系按煤的挥发分分组，无烟煤为0($V_{daf}\leqslant10.0\%$)，烟煤为1～4(即$V_{daf}>10.0\%\sim20.0\%$，$>20.0\%\sim28.0\%$，$>28.0\%\sim37.0\%$和$>37.0\%$)，褐煤为5($V_{daf}>37.0\%$)。个位数，无烟煤类为1～3，表示煤化程度；烟煤类为1～6，表示黏结性；褐煤类为1～2，表示煤化程度(表11-3)。

表11-3 无烟煤、烟煤及褐煤分类表

类别	代号	编码	分类指标	
			V_{daf}/%	P_M/%
无烟煤	WY	01,02,03	≤10.0	—
烟煤	YM	11,12,13,14,15,16	>10.0～20.0	—
		21,22,23,24,25,26	>20.0～28.0	
		31,32,33,34,35,36	>28.0～37.0	
		41,42,43,44,45,46	>37.0	
褐煤	HM	51,52	>37.0[a]	≤50[b]

注：[a]凡$V_{daf}>37.0\%$，$G\leqslant5$，再用透光率P_M来区分烟煤和褐煤(在地质勘探中，$V_{daf}>37.0\%$，在不压饼的条件下测定的焦渣特征为1～2号的煤，再用P_M来区分烟煤和褐煤)。

[b]凡$V_{daf}>37.0\%$、$P_M>50\%$者为烟煤；$30\%<P_M\leqslant50\%$的煤，如恒湿无灰基高位发热量$Q_{gr,maf}>24MJ/kg$，划分为长焰煤，否则为褐煤。

2.中国煤炭分类体系(GB/T 5751—2009)

(1)无烟煤、烟煤和褐煤的区分。无烟煤、烟煤和褐煤的主要区分指标是V_{daf}。当$V_{daf}>37\%$和$G\leqslant5$时，利用透光率P_M来区分烟煤与褐煤。

(2)无烟煤亚类的划分。采用V_{daf}和H_{daf}作为指标，将无烟煤分为1～3号共3个亚类，见表11-4。

表 11-4　无烟煤的分类

亚类	代号	编码	分类指标	
			V_{daf}/%	H_{daf}/%[a]
无烟煤一号	WY1	01	≤3.5	≤2.0
无烟煤二号	WY2	02	>3.5～6.5	>2.0～3.0
无烟煤三号	WY3	03	>6.5～10.0	>3.0

注：[a]在已确定无烟煤亚类的生产矿、工厂的日常工作中，可以只按 V_{daf} 分类；在地质勘探工作中，为新区确定亚类或生产矿、工厂和其他单位需要重新核定亚类时，应同时测定 V_{daf} 和 H_{daf}，按上表分亚类。如两种结果有矛盾，以按 H_{daf} 划分出的亚类结果为准。

(3)烟煤的划分。采用干燥无灰基挥发分(V_{daf})、黏结指数(G)、胶质层最大厚度(Y)和奥阿膨胀度(b)作为指标把烟煤分为 12 个大类：贫煤、贫瘦煤、焦煤、肥煤、1/3 焦煤、气肥煤、气煤、1/2 中黏煤、弱黏煤、不黏煤及长焰煤(表 11-5)。

表 11-5　烟煤的分类

类别	代号	编码	分类指标			
			V_{daf}/%	G	Y/mm	b/%[b]
贫煤	PM	11	>10.0～20.0	≤5		
贫瘦煤	PS	12	>10.0～20.0	>5～20		
瘦煤	SM	13	>10.0～20.0	>20～50		
		14	>10.0～20.0	>50～65		
焦煤	JM	15	>10.0～20.0	>65[a]	≤25.0	≤150
		24	>20.0～28.0	>50～65		
		25	>20.0～28.0	>65[a]	≤25.0	≤150
肥煤	FM	16	>10.0～20.0	(>85)[a]	>25.0	>150
		26	>20.0～28.0	(>85)[a]	>25.0	>150
		36	>28.0～37.0	(>85)[a]	>25.0	>220
1/3 焦煤	1/3JM	35	>28.0～37.0	>65[a]	≤25.0	≤220
气肥煤	QF	46	>37.0	(>85)[a]	>25.0	>220
气煤	QM	34	>28.0～37.0	>50～65	≤25.0	≤220
		43	>37.0	>35～50		
		44	>37.0	>50～65		
		45	>37.0	>65[a]		
1/2 中黏煤	1/2ZN	23	>20.0～28.0	>30～50		
		33	>28.0～37.0	>30～50		

续表 11-5

类别	代号	编码	分类指标			
			V_{daf}/%	G	Y/mm	b/%[b]
弱黏煤	RN	22	>20.0~28.0	>5~30		
		32	>28.0~37.0	>5~30		
不黏煤	BN	21	>20.0~28.0	≤5		
		31	>28.0~37.0	≤5		
长焰煤	CY	41	>37.0	≤5		
		42	>37.0	>5~35		

注：[a]当烟煤黏结指数 $G\leqslant 85$ 时，用干燥无灰基挥发分 V_{daf} 和黏结指数 G 来划分煤类。当黏结指数测值 $G>85$ 时，用干燥无灰基挥发分 V_{daf} 和胶质层最大厚度 Y，或用干燥无灰基挥发分 V_{daf} 和奥阿膨胀度 b 来划分煤类。在 $G>85$ 的情况下，当 $Y>25.00$mm 时，根据 V_{daf} 的大小可划分为肥煤或气肥煤；当 $Y\leqslant 25.00$mm 时，则根据 V_{daf} 的大小可划分为焦煤、1/3 焦煤或气煤。

[b]当 $G>85$ 时，用 Y 和 b 并列作为分类指标。当 $V_{daf}\leqslant 28.0\%$ 时，$b>150\%$ 的为肥煤；当 $V_{daf}>28.0\%$ 时，b>220% 的为肥煤或气肥煤。如按 b 值和 Y 值划分的类别有矛盾时，以 Y 值划分的类别为准。

(4)褐煤亚类的划分。褐煤采用透光率 P_M(%)作为指标，表示煤化程度参数，用以区分褐煤和烟煤，并将褐煤划分为 2 个小类。采用恒湿无灰基高位发热量($Q_{gr,maf}$)作为辅助指标区分烟煤和褐煤，见表 11-6。

表 11-6　褐煤亚类的划分

类别	代号	编码	分类指标	
			P_M/%	$Q_{gr,maf}$/(MJ·kg^{-1})[a]
褐煤一号	HM1	51	≤30	—
褐煤二号	HM2	52	>30~50	≤24

注：[a]凡 $V_{daf}>37.0\%$、$P_M>30\%\sim50\%$ 的煤，如恒湿无灰基高位发热量 $Q_{gr,maf}>24$MJ/kg，则划为长焰煤。

(5)中国煤炭分类简表和分类图。为使煤田地质勘探部门和生产矿井能够简单快速地确定煤的大类别，得到中国煤炭分类简表，见表 11-7。

表 11-7　中国煤炭分类简表

类别	代号	编码	分类指标					
			V_{daf}/%	G	Y/mm	b/%	P_M/%[b]	$Q_{gr,maf}$/(MJ·kg^{-1})[c]
无烟煤	WY	01,02,03	≤10.0					
贫煤	PM	11	>10.0~20.0	≤5				
贫瘦煤	PS	12	>10.0~20.0	>5~20				
瘦煤	SM	13,14	>10.0~20.0	>20~65				

续表 11-7

类别	代号	编码	分类指标					
			V_{daf}/%	G	Y/mm	b/%	P_M/%[b]	$Q_{gr,maf}$/(MJ·kg^{-1})[c]
焦煤	JM	24,15,25	>20.0~28.0	>50~65	≤25.0	≤150		
			>10.0~28.0	>65[a]				
肥煤	FM	16,26,36	>10.0~37.0	(>85)[a]	>25.0			
1/3 焦煤	1/3JM	35	>28.0~37.0	>65[a]	≤25.0	≤220		
气肥煤	QF	46	>37.0	(>85)[a]	>25.0	>220		
气煤	QM	34	>28.0~37.0	>50~65	≤25.0	≤220		
		43,44,45	>37.0	>35				
1/2 中黏煤	1/2ZN	23,33	>20.0~37.0	>30~50				
弱黏煤	RN	22,32	>20.0~37.0	>5~30				
不黏煤	BN	21,31	>20.0~37.0	≤5				
长焰煤	CY	41,42	>37.0	≤35			>50	
褐煤	HM	51	>37.0				≤30	
		52	>37.0				>30~50	≤24

注：[a] 在 G>85 的情况下，用 Y 值或 b 值来区分肥煤、气肥煤与其他煤类，当 Y>25.00mm 时，根据 V_{daf} 的大小可划分为肥煤或气肥煤，当 Y≤25.00mm 时，则根据 V_{daf} 的大小可划分为焦煤、1/3 焦煤或气煤。

按 b 值划分类别时，当 V_{daf}≤28.0%时，b>150%的为肥煤；当 V_{daf}>28.0%时，b>220%的为肥煤或气肥煤。如按 b 值和 Y 值划分的类别有矛盾时，以 Y 值划分的类别为准。

[b] 对 V_{daf}>37.0%、G≤5 的煤，再以透光率 P_M 来区分其为长焰煤或褐煤。

[c] 对 V_{daf}>37.0%、P_M>30%~50%的煤，再测 $Q_{gr,maf}$，如其值大于 24MJ/kg，应划分为长焰煤，否则为褐煤。

图 11-1 给出了中国煤炭分类图。其中无烟煤 3 个亚类，主要是按照每个亚类工艺利用特性的不同进行划分。褐煤的两个亚类(51 号及 52 号)也是根据其性质和利用特性的不同而划分的。

新分类标准 GB/T 5751—2009 是对 GB/T 5751—1986 的修订，在基本沿用 1986 版的分类指标和分类体系的同时，主要进行了如下修改：

(1)标准的属性由强制性改为推荐性；

(2)按《标准化工作导则》(GB/T 1.1—2009)及《煤质及煤分析有关术语》(GB/T 3715—2007)的要求，对标准的编写格式及符号、基准的书写格式等进行了相应修改；

(3)对标准章节进行了重新编排，分类参数有干燥无灰基挥发分(V_{daf})、干燥无灰基氢含量(H_{daf})、恒湿无灰基高位发热量($Q_{gr,maf}$)、低煤阶煤透光率(P_M)、烟煤黏结指数(G)、胶质层最大厚度(Y)、奥阿膨胀度(b)；

(4)借鉴《国际煤炭分类》(ISO 11760—2005)，增加了对术语“煤”及其定义的描述：主要由植物遗体经煤化作用转化而成的富含碳的固体可燃有机沉积岩，含有一定量的矿物质，相应的灰分产率小于或等于 50%(干基质量分数)。

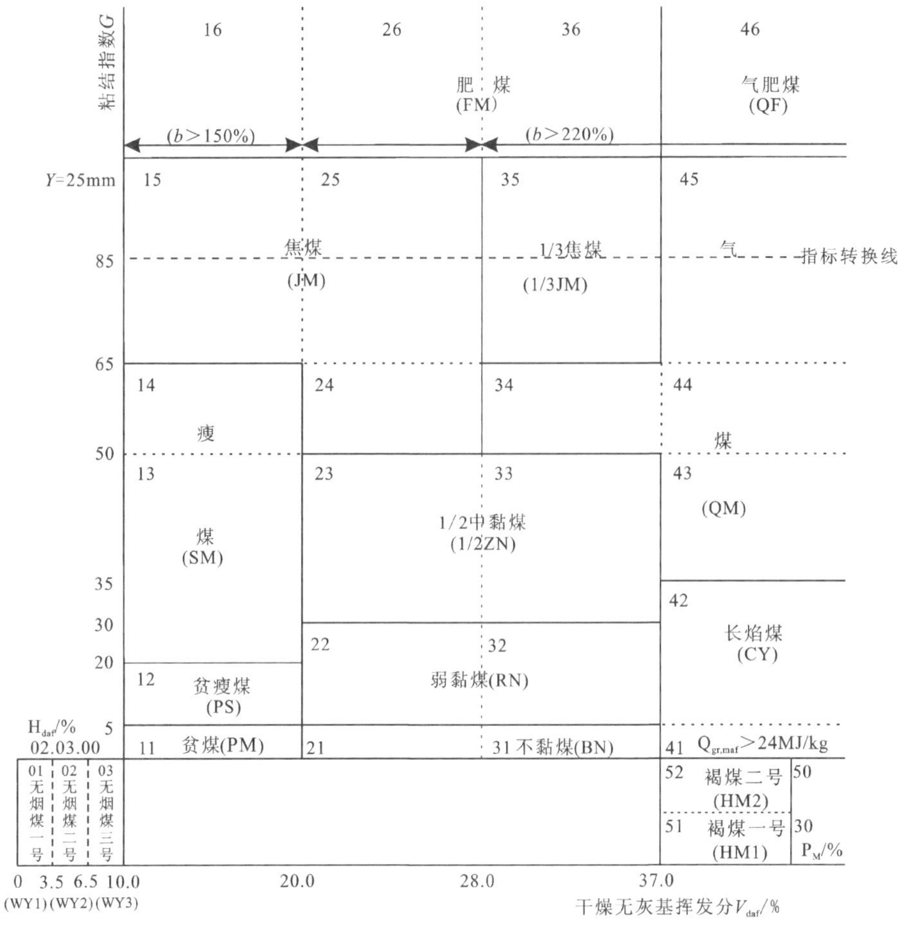

图 11-1　中国煤炭分类图

(5)增加了关于标准分类体系的性质和用途的说明:标准规定的中国煤炭分类体系是一种应用型的技术分类体系,可以用于说明煤炭的类别,指导煤炭的利用,根据一些重要的煤质指标进行不同煤的煤质比较,指导选取适宜的煤炭分析测试方式等。

(6)增加了对煤炭分类用煤样要求的规定:判定煤炭类别时要求所选煤样为单种煤(单一煤层煤样或相同煤化程度煤组成的煤样),煤样可以是勘查煤样、煤层煤样、生产煤样或商品煤样,分类用煤样的干燥基灰分产率应小于或等于10%。

(三)中国煤炭编码系统

中国现行煤炭编码系统 GB/T 16772—1997 采用 ISO 2950—1974 国际褐煤分类与澳大利亚 AS 2096—1987 煤分类编码系统,并参照采用 1988 年联合国欧洲经济委员会(ECE)提出的"中、高煤阶煤国际编码系统"以及 1992 年 ECE 提出的"煤层煤分类"的主要技术内容,结合我国国情制定。

中国煤炭编码系统适用于腐植煤的各煤阶煤(以煤的恒湿无灰基高位发热量小于 24MJ/kg 的煤为低煤阶煤,不小于 24MJ/kg 的煤为中、高煤阶煤),并按煤阶、煤的主要工艺性质及煤对环境影响因素的各项参数进行编码。遴选的参数与编码方法贯穿“实用、简明、可行”的原则，是一个兼顾成因因素与国内现行分类习惯的十二位数码编码系统。

本标准采用镜质组平均反射率($\overline{R}_{ran}$)、发热量(中、高煤阶$Q_{gr,daf}$、低煤阶煤$Q_{gr,maf}$)和挥发分(V_{daf})作为煤阶参数；采用发热量($Q_{gr,daf}$和$Q_{gr,maf}$)、挥发分(V_{daf})、黏结指数(中、高煤阶G)、焦油产率(Tar_{daf}低煤阶煤)作为煤的主要工艺参数；采用灰分(A_d)和硫分($S_{t,d}$)作为煤对环境影响的参数；采用全水分与焦油产率作为低煤阶煤的参数进行编码，便于煤炭生产、商贸与应用单位交流煤炭质量信息，促进社会经济发展。

编码方法采用实用、简明和可行的原则，编码规定如下：

对于低煤阶煤，按R,Q,V,M,Tar,A,S排序；对于中高煤阶煤，按R,Q,V,G,A,S排序。

镜质组平均随机反射率$\overline{R}_{ran}$,%，二位数。第一个二位数码表示0.1%范围的$\overline{R}_{ran}$下限值乘以10后，取整。

对于中、高煤阶煤干燥无灰基高位发热量$Q_{gr,daf}$,MJ/kg，二位数。第三位及第四位数码表示1MJ/kg范围内下限值$Q_{gr,daf}$，取整。

对于低煤阶煤，采用恒湿无灰基高位发热量$Q_{gr,maf}$,MJ/kg，二位数。第三位及第四位数码表示1MJ/kg范围内下限值$Q_{gr,maf}$，取整。

干燥无灰基挥发分V_{daf},%，二位数。第五位及第六位数码表示V_{daf}以1%范围下限值，取整。

对于中、高煤阶煤黏结指数G，二位数。第七位及第八位数码表示G值；用G值除以10的下限值，取整；如从0到9，记作00；10以上到19，记作01，其余依此类推；90到99，记作09；100以上，记作10。

对于低煤阶煤，采用全水分M_t,%，一位数。第七位数码表示M_t值，从0～20%(质量分数)时，记作1；20%以上除以10的下限值M_t，取整。

对于低煤阶煤，采用焦油产率Tar_{daf},%，一位数。第八位数码表示Tar_{daf}值；当小于10%时，记作1；大于10%到小于15%，记作2；大于15%到小于20%，记作3；以5%为间隔，依此类推。

干燥基灰分A_d,%，二位数。第九位及第十位数码表示1%范围A_d下限值，取整。

干燥基全硫$S_{t,d}$,%，二位数。第十一位及第十二位数码表示0.1%范围$S_{t,d}$乘以10后下限值，取整。

表11-8为中国煤炭编码总表。在编码表中，基本上编码与其参数测值相互对应，看码值就能知道该指标的测值区间，尽量避免解码，但是焦油产率是唯一需要解码的参数，因为焦油产率的间隔不宜取得过大，采用5%为间隔。

表11-8　中国煤炭编码总表

镜质组反射率	编码	02	03	04	—	19	—	50
	$\overline{R}_{ran}$/%	0.2～0.29	0.3～0.39	0.4～0.49	—	1.9～1.99	—	≥5.0
高位发热量(中、高煤阶煤)	编码	24	25	—	35	—	39	—
	$Q_{gr,daf}$/(MJ·kg^{-1})	24～<25	25～<26	—	35～<36	—	≥39	—

续表 11-8

高位发热量（低煤阶煤）	编码	11	12	13	—	22	23	—
	$Q_{gr,maf}$/（MJ·kg^{-1}）	11～<12	12～<13	13～<14	—	22～<23	23～<24	—
挥发分	编码	01	02	—	09	10		49
	V_{daf}/%	1～<2	2～<3		9～<10	10～<11	—	49～<50
黏结指数（中、高煤阶煤）	编码	00	01	02	—	09	10	—
	G 值	0～9	1～19	20～29	—	90～99	≥100	—
全水分（低煤阶煤）	编码	1	2	3	4	5	6	—
	M_t/%	<20	20～<30	30～<40	40～<50	50～<60	60～<70	—
焦油产率（低煤阶煤）	编码	1	2	3	4	5	—	—
	Tar_{daf}/%	<10	10～<15	15～<20	20～<25	≥25	—	—
灰分	编码	00	01	02	—	29	30	—
	A_d/%	0～<1	1～<2	2～<3	—	29～<30	30～<31	—
硫分	编码	00	01	02	—	31	32	—
	$S_{t,d}$/%	0～<0.1	0.1～<0.2	0.2～<0.3	—	3.1～<3.2	3.2～<3.3	—

根据煤阶，按标准规定，依次按各参数测值编码与顺序排列，如某参数没有测值，就在编码的相应码位上注明，一位数码以“×”表示；如系二位数码，则注以“××”表示。表 11-8 的分类编码示例如下。

（1）广西某低煤阶煤：

	编码
$\overline{R}_{ran}=0.34\%$	03
$Q_{gr,maf}=13.9$MJ/kg	13
$V_{daf}=54.01\%$	54
$M_t=51.02\%$	5
$Tar_{daf}=10.90\%$	2
$A_d=28.66\%$	28
$S_{t,d}=3.46\%$	34

广西某低煤阶煤炭编码为：03 13 54 5 2 28 34

（2）山东黄县煤（低煤阶煤）：

	编码
$\overline{R}_{ran}=0.53\%$	05
$Q_{gr,maf}=22.3$MJ/kg	22
$V_{daf}=47.51\%$	47
$M_t=24.58\%$	2
$Tar_{daf}=11.80\%$	2
$A_d=9.32\%$	09
$S_{t,d}=0.64\%$	06

山东黄县煤阶煤炭编码为：05 22 47 2 2 09 06

(3)甘肃某中煤阶煤：

	编码
$\overline{R}_{ran}$=0.65%	06
$Q_{gr,maf}$=32.9MJ/kg	32
V_{daf}=42.30%	42
G=5	00
A_d=8.84%	08
$S_{t,d}$=0.94%	09

甘肃某中煤阶煤炭编码为：06 32 42 00 08 09

(4)河北某中煤阶煤：

	编码
$\overline{R}_{ran}$=1.24%	12
$Q_{gr,maf}$=36.0MJ/kg	36
V_{daf}=24.46%	24
G=88	08
A_d=14.49%	14
$S_{t,d}$=0.59%	05

河北某中煤阶煤炭编码为：12 36 24 08 14 05

(5)京西门头沟无烟煤：

	编码
$\overline{R}_{ran}$=9.93%	50
$Q_{gr,maf}$=33.1MJ/kg	33
V_{daf}=3.47%	03
G=未测	××
A_d=5.55%	05
$S_{t,d}$=0.25%	02

京西门头沟煤的煤炭编码为：50 33 03 ×× 05 02

三、各类煤的特点和工业用煤的质量要求

煤炭既是燃料，也是工业原料，广泛用于冶金、电力、化工、城市煤气、铁路、建材等国民经济各部门。不同类别的煤具有各自独特的煤质特点；不同的行业、不同的用煤设备对煤炭的质量均有不同的要求。掌握各类煤的特点以及各种工业用煤对煤炭质量的要求，对于指导我国煤炭的合理利用及综合利用，实现煤炭产品的针对性供应有着积极的促进作用(张香兰和张军，2012)。

(一)各类煤的特点

1.褐煤(HM)

褐煤是煤化程度最低的煤，特点是水分高、相对密度小、孔隙率大、挥发分高(>37%)，不

黏结，热值低，为 23.0～27.2MJ/kg，含有不同数量的腐植酸，氧含量高达 15%～30%，化学反应性强，热稳定性差。块煤加热时破碎严重，存放在空气中很容易风化变质，碎裂成小块甚至粉末状，使热值更加降低；煤灰软化温度也普遍较低，煤灰中常含有较多的钙盐。褐煤多用作燃料、气化或低温干馏的原料，也可用来提取褐煤蜡、腐植酸，制造磺化煤或活性炭。年轻的 51 号褐煤不仅含褐煤蜡多，还可以作农田、果园的有机肥料。

2. 烟煤(YM)

根据《中国煤炭分类》(GB/T 5751—2009)划分的烟煤的 12 大类中，长焰煤、不黏煤、弱黏煤和 1/2 中黏煤、贫瘦煤、贫煤属于非炼焦用煤，其中前 4 类主要用作气化和动力用煤，后 2 类可用以发电、机车、民用及其他工业炉窑和电厂燃料等方面。气煤、气肥煤、1/3 焦煤、肥煤、焦煤、瘦煤都属于炼焦用煤，1/2 中黏煤、贫瘦煤也可作为炼焦配煤。

(1)长焰煤(CY)。长焰煤是变质程度最低的高挥发分非炼焦用烟煤，其煤化度稍高于褐煤而低于其他各类烟煤。煤的燃点低，热值低，从无黏结性到弱黏结性的均有，有的还含有一定数量的腐植酸，储存时易风化碎裂。有的长焰煤加热时能产生一定数量的胶质体，也能结成细小的长条形焦炭，但焦炭强度差，粉焦率高。长焰煤一般不用于炼焦配煤，多作为电厂、机车燃料以及工业炉窑燃料，也可作气化用煤。

(2)不黏煤(BN)。不黏煤的水分大，纯煤发热量仅高于一般褐煤而低于所有烟煤，有的还含有一定数量的再生腐植酸。煤中含氧量大多为 10%～15%，焦化时不产生胶质体，主要可作为发电和气化用煤，也可作为动力及民用燃料，但由于这类煤的煤灰软化温度较低，最好和其他煤类配合燃烧，可充分利用其低灰、低硫、收到基低位发热量较高的优点。

(3)弱黏煤(RN)。弱黏煤是一种黏结性较弱的从低变质到中等变质程度的非炼焦用烟煤。隔绝空气加热时产生的胶质体较少，炼焦时有的能结成强度差的小块焦，有的只有少部分能凝结成碎屑焦，粉焦率很高。一般适用于气化及动力燃料。

(4)1/2 中黏煤(1/2ZN)。1/2 中黏煤是一种挥发分变化范围较宽、中等结焦性的炼焦用煤。其中有一部分煤在单独炼焦时能结成一定强度的焦炭，可作为配煤炼焦的原料。单独炼焦时的焦炭强度差，粉焦率高，主要作为气化或动力用煤。

(5)气煤(QM)。气煤是一种变质程度较低、挥发分较高的炼焦煤。气煤结焦性较弱，加热时能产生较高的煤气和较多的焦油；胶质体的热稳定性较差，能单独结焦，但焦炭的抗碎强度和耐磨强度低于其他炼焦用煤；焦炭多呈细长条而易碎，并有较多的纵裂纹。配煤炼焦时多配入气煤可增加煤气和化学产品的产率。有的气煤也可通过单独高温干馏来制造城市用煤气。

(6)气肥煤(QF)。气肥煤是挥发分大、胶质体厚度大的强黏结性炼焦用煤(也称液肥煤)，结焦性优于气煤而低于肥煤，胶质体虽多但较稀(即胶质体的黏稠度小)。单独炼焦时能产生大量的煤气和液体化学产品。它适合于高温干馏制造城市用煤气，也可用于配煤炼焦以增加化学产品的产率。

(7)1/3 焦煤(1/3JM)。1/3 焦煤是一种介于焦煤、肥煤和气煤之间的过渡煤，挥发分中等偏高、黏结性较强的炼焦煤，单独炼焦时能生成熔融性良好、强度较高的焦炭，焦炭的抗碎强度接近肥煤，耐磨强度则又明显高于气肥煤和气煤。它可单煤炼焦供中型高炉使用。它也是良好的配煤炼焦的基础煤，且配入量可在较宽范围内波动而能获得高强度的焦炭。

(8)肥煤(FM)。肥煤是中高挥发分的强黏结性炼焦煤，其挥发分多在25%～35%之间。加热时能产生大量的胶质体。单独炼焦时能生成熔融性好、强度高的焦炭，耐磨强度比相同挥发分的焦煤炼出的焦炭还好。但单独炼焦时焦炭有较多的横裂纹，焦根部分常有蜂焦，是配煤炼焦中的基础煤。

(9)焦煤(JM)。焦煤是一种结焦性好的炼焦煤，挥发分一般在16%～28%之间。加热时能产生热稳定性很高的胶质体。单独炼焦时能得到块度大、裂纹少、抗碎强度和耐磨强度都很高的焦炭。但单独炼焦时膨胀压力大，有时易产生推焦困难。一般以作为配煤炼焦使用效果较好。

(10)瘦煤(SM)。瘦煤是具有中等黏结性的低挥发分炼焦用煤。炼焦过程中能产生相当数量的胶质体，Y值一般在6～10mm之间。单独炼焦时能得到块度大、裂纹小、抗碎强度较高的焦炭，但其耐磨强度较低，主要用作炼焦配料。高硫、高灰的瘦煤一般只作为电厂及锅炉的燃料。

(11)贫瘦煤(PS)。贫瘦煤是炼焦煤中变质程度最高的一种，其特点是挥发分较低，黏结性仅次于典型瘦煤。单独炼焦时，生成的粉焦多；在配煤炼焦时配入较少的比例就能起到瘦煤的瘦化作用，以提高焦炭的块度。这类煤也是发电、机车、民用及其他工业炉窑的燃料。

(12)贫煤(PM)。贫煤是烟煤中变质程度最高的一类煤，发热量比无烟煤高，燃烧时火焰短，耐烧，但燃点也较高，仅次于无烟煤，一般在350～360℃之间。呈不黏结或微弱的黏结，在层状炼焦炉中不结焦。主要作为电厂燃料，尤其与高挥发分煤配合燃烧更能充分发挥其热值高而耐烧的优点。

3. 无烟煤(WY)

无烟煤的固定碳高、挥发分低、纯煤真相对密度高达1.35～1.9g/cm^3，无黏结性，燃点高，一般为360～420℃，燃烧时不冒烟。无烟煤主要作民用燃料和合成氨造气原料；低灰、低硫且质软易磨的无烟煤不仅是理想的高炉喷吹和烧铁矿石用的还原剂与燃料，而且还可作为制造各种碳素材料(如炭电极、炭块、阳极糊和活性炭、滤料等)的原料；某些无烟煤制成的航空用型煤还可作飞机发动机和车辆马达的保温材料。

(二)工业用煤的质量要求

1. 炼焦用煤的质量要求

目前世界各国对炼焦用煤的质量要求都很高，炼出的焦炭主要供炼铁、铸造和化工等部门使用。焦炭的用途不同，质量要求也不同，相应地炼焦用煤质量要求也就有所不同，如冶金焦用煤质量要求高于化工焦用煤，下面重点介绍冶金焦用煤和铸造焦用煤的质量要求。

1)冶金焦用煤的质量要求

根据《炼焦用煤技术条件》(GB/T 397—2009)，冶金焦用煤控制灰分(A_d)、全硫($S_{t,d}$)、磷含量(P_d)、黏结指数(G)、全水分(M_t)5 个指标。灰分 A_d(%)分为 15 级:最高不超过 12.00%,特级不超过 5.00%,1 级为 5.01%~5.50%、2 级为 5.51%~6.00%,依此类推;全硫 $S_{t,d}$(%)分为 7 级:最高不超过 1.75%,特级不超过 0.3%,1 级为 0.31%~0.50%、2 级为 0.51%~0.75%、3 级为 0.76%~1.00%、4 级为 1.01%~1.25%、5 级为 1.26%~1.50%、6 级为1.51%~1.75%;磷含量 P_d(%)分为 4 级:1 级小于 0.010、2 级大于或等于 0.010~0.050、3 级大于 0.050~0.100、4 级为大于 0.100~0.150;黏结指数 G 分为 3 级:大于 20~50、大于 50~80 和大于 80;全水分 M_t(%)分为 3 级:1 级不超过 9.0%,2 级 9.1%~10.0%,3 级10.1%~12.0%。

灰分 A_d 在炼焦过程中,煤中的灰分几乎全部转入焦炭之中。煤的灰分高,焦炭的灰分必然也高。由于灰分的主要成分是 SiO_2、Al_2O_3 等酸性氧化物,熔点较高,在炼铁过程中只能靠加入石灰石等熔剂与它们生成低熔点化合物才能以熔渣形式由高炉排出,因而会使炉渣量增加。焦炭在高炉内被加热到高于炼焦温度时,由于焦炭与灰分的热膨胀性不同,焦炭沿灰分颗粒周围产生裂纹并逐渐扩大,使焦炭碎裂或粉化。此外,焦炭灰分高,则要求适当提高高炉炉渣碱度,高炉气中的钾、钠蒸气含量也相应增加,而这些均加速焦炭与 CO_2 反应,消耗大量焦炭。对炼焦用煤而言,灰分应尽可能低些,炼焦精煤的灰分一般应在 10.0%以下,最高的不应超过 12.0%。

全硫 $S_{t,d}$ 焦炭中的硫全部来自于煤,存在的形式主要有以下 3 种:①煤中矿物质转变而来的硫化物(FeS_2、CaS_2);②炼焦过程中部分硫化物被氧化生成的少量硫酸盐($FeSO_4$、$CaSO_4$);③炼焦过程中生成的气态含硫化物,在析出过程中与高温焦炭作用而进入焦炭生成碳硫复合物。高炉内由炉料带入的硫分仅 5%~20%随高炉煤气逸出,其余的参加炉内硫循环,只能靠炉渣排出。焦炭含硫高会使生铁含硫高,增大其热脆性,同时还会增加炉渣碱度,使高炉运行指标下降。此外,焦炭中的硫含量高还会使冶铁过程的环境污染加剧。炼焦用精煤的全硫含量一般应在 1.75%以下,个别稀缺煤种(如肥煤)最高也不超过 2.5%。

磷含量 P_d 煤中所含的磷几乎全部残留在焦炭中,焦炭中的磷又全部转入生铁,会增大其冷脆性。转炉炼钢不易除磷,要求生铁含磷量低于 0.015%。

黏结指数 G 冶金焦是高炉炼铁必不可少的燃料和原料。在炼铁过程中,焦炭既为冶铁过程提供热源,又是主要的还原剂,同时维护炉内料柱的透气性,使高炉能够正常运行,因此焦炭需要有一定的块度和强度。随着高炉大型化和强化冶炼技术的发展,对焦炭强度的要求也日益提高。炼焦煤黏结指数的控制保证了煤的黏结性和结焦性。

全水分 M_t 煤中水分的高低对于焦炭的质量没有直接影响,但水分含量过高,除了增加不必要的运输量之外,还会给实际生产带来一系列的问题。炼焦精煤的水分含量过高,会使炼焦过程自身的能耗有所增加,也给严寒地区装卸车带来一定的困难,一般规定炼焦精煤的全水分应在 12.0%以下。

2)铸造焦用煤的质量要求

根据《炼焦用煤技术条件》(GB/T 397—2009),铸造焦用煤同冶金焦用煤一样,需控制灰分、全硫、磷含量、黏结指数、全水分 5 个指标。每个指标的分级方法与冶金焦用煤的分级方法一样,且后 3 个指标相同。灰分和全硫含量要求较高,灰分 A_d 分为 10 级:最高不超过

9.5%,特级不超过5.00%,1级为5.01%~5.50%、2级为5.51%~6.00%,依此类推;全硫$S_{t,d}$分为4级:最高不超过1.0%,特级不超过0.3%,1级为0.31%~0.50%、2级为0.51%~0.75%、3级为0.76%~1.00%。

铸造焦主要用于冲天炉熔炼。冲天炉要求铸造焦块度大、反应性低且硫含量低。为提高冲天炉过热区的温度,使熔融金属的过热温度足够高,流动性好,应保持适宜的氧化带高度。焦炭的粒度小或反应性高均会使氧化带的高度降低,以及炉气的最高温度降低,进而使过热区温度降低,影响正常操作。一般焦块粒度以50~150mm为好,并力求均匀。由于硫是铸铁中的有害元素,通常应控制在0.1%以下。

2.发电用煤的质量要求

我国的发电用煤以大型火力发电厂为主,用煤量很大,是煤炭的第一大工业用户。大型火电厂均采用煤粉锅炉,其用煤的质量要求按《商品煤质量 发电煤粉锅炉用煤》(GB/T 7562—2018)执行。

1)发热量($Q_{net,ar}$)

根据《商品煤质量 发电煤粉锅炉用煤》(GB/T 7562—2018),褐煤煤粉锅炉用煤发热量$Q_{net,ar}$分为≥12.54MJ/kg、≥14.63MJ/kg、>16.72MJ/kg 3个等级;中—高挥发分烟煤煤粉锅炉用煤发热量$Q_{net,ar}$分为≥16.72MJ/kg、≥18.81MJ/kg、≥20.90MJ/kg、≥22.99MJ/kg、≥24.24MJ/kg 5个等级;低挥发分烟煤煤粉锅炉用煤发热量$Q_{net,ar}$分为≥18.81MJ/kg、≥20.90MJ/kg、≥22.99MJ/kg、≥24.24MJ/kg 4个等级,无烟煤煤粉锅炉用煤发热量$Q_{net,ar}$分为≥18.81MJ/kg、≥20.90MJ/kg、≥22.99MJ/kg、≥24.24MJ/kg 4个等级。

发热量是锅炉设计的一个重要依据,合适的发热量是发电用煤必须首先满足的条件。总的来说,发电用煤的发热量以符合电厂在锅炉设计时的要求为好,发热量过低或过高都会影响电厂的正常运行。一般来说,单机容量越大的火力发电厂对燃煤热值的要求也越高。

2)挥发分(V_{daf})

根据《商品煤质量 发电煤粉锅炉用煤》(GB/T 7562—2018),褐煤煤粉锅炉用煤挥发分V_{daf}>37.0%、中—高挥发分烟煤煤粉锅炉用煤V_{daf}>20.0%、低挥发分烟煤煤粉锅炉用煤V_{daf}>10.0%~20.0%;无烟煤粉锅炉用煤V_{daf}≤10.0%。

挥发分是判断煤炭着火特性的首要指标,挥发分含量越高,越容易着火。根据设计要求,供煤挥发分的值变化不宜太大,否则会影响锅炉的正常运行。如原设计燃用低挥发分的煤而改烧高挥发分的煤后,因火焰中心逼近喷燃器出口,可能因烧坏喷燃器而停炉;若原设计燃用高挥发分的煤种而改烧低挥发分的煤,则会因着火过迟使燃烧不完全,甚至造成熄火事故。因此供煤时要尽量按原设计的挥发分煤种或相近的煤种供应。

3)灰分(A_d)

根据《商品煤质量 发电煤粉锅炉用煤》(GB/T 7562—2018),褐煤煤粉锅炉用煤灰分A_d分为3个级别:≤10.0%、>10.0%~20.0%、>20.0%~30.0%;中—高挥发分烟煤煤粉锅炉用煤灰分比褐煤多了A_d>30.0%~40.0%这一级别;低挥发分烟煤煤粉锅炉用煤灰分A_d分为3个级别:≤20.0%、>20.0%~30.0%和>30.0%~40.0%;无烟煤粉锅炉用煤灰分

A_d分为 2 个级别：≤20.0%和 A_d>20.0%～30.0%。

发电用煤的灰分一般不宜太高，否则不仅会增高磨煤电耗，而且会增加排灰量和增大堆灰场地，同时还会增加入厂原煤的运输量，从而增加发电的综合成本。燃烧过程中，灰分会使火焰传播速度下降，着火时间推迟，燃烧不稳定，炉温下降。无烟煤、褐煤煤粉锅炉用煤灰分 A_d不高于 30%，贫煤和烟煤煤粉锅炉用煤灰分 A_d最高不大于 40%。

4)全水分(M_t)

根据《商品煤质量 发电煤粉锅炉用煤》(GB/T 7562—2018)，在燃烧过程中水分吸收热量，对燃烧的影响比灰分大。发电用煤的全水分高不仅会降低其收到基低位发热量 $Q_{net,ar}$，而且还会影响其可磨性。这是由于水分越大的煤，在磨煤机中会互相黏结而增加磨煤时间，从而增大磨煤电耗。因此，无烟煤和中-高挥发分烟煤锅炉用煤 M_t不超过 12%，低挥发分烟煤的 M_t不超过 20%，褐煤的全水分则 M_t分为≤30%、>30.0%～40.0%和>40.0% 3 个级别。

5)全硫($S_{t,d}$)

根据《商品煤质量 发电煤粉锅炉用煤》(GB/T 7562—2018)，无烟煤、低挥发分烟煤和中—高挥发分烟煤煤粉锅炉用煤的全硫 $S_{t,d}$分为 5 个级别：≤0.5%、>0.5%～1.0%、>1.0%～1.5%、>1.5%～2.0%、>2.0%～2.5%；褐煤的全硫 $S_{t,d}$分为 3 个级别：≤0.5%、>0.5%～1.0%、>1.0%～1.5%。

硫分对煤的燃烧没有影响，但会腐蚀锅炉和管道，影响设备寿命，而且燃烧排放出的 SO_2会产生严重的环境污染，产生酸雨，破坏生态平衡，损坏建筑物。因此从环保的角度看，燃煤的硫分以低于 1%为最好。如果燃煤电厂采用烟气脱硫技术，一般 SO_2脱除率可达 90%左右，则可使用硫含量相对较高的硫。此外，电厂也可采用循环流化床锅炉燃用高硫煤，用石灰石来固定 SO_2，其 SO_2和 NO_x的排放率比一般煤粉锅炉减少 50%，且投资相对较低。

6)煤灰熔融性/软化温度(ST)

根据《商品煤质量 发电煤粉锅炉用煤》(GB/T 7562—2018)，无烟煤和低挥发分烟煤煤粉锅炉用煤的煤灰熔融性以软化温度 ST 来表示，分为 3 个级别：>1450℃、>1350～1450℃、>1250～1350℃；中—高挥发分烟煤煤粉锅炉用煤 ST 分为 4 个级别：除和无烟煤、低挥发分烟煤煤粉锅炉用煤相同的 3 个级别外，还有 ST>1150～1250℃；褐煤煤粉锅炉用煤分为 3 个级别：>1350℃、>1250～1350℃、1150～1250℃。

对固态排渣的发电厂煤粉锅炉来说，通常以 ST>1350℃为最好。对少数液态排渣的电厂锅炉来说，则要求燃煤的煤灰熔融性流动温度(FT)越低越好，一般以 FT<1200℃为最好，必要时还可添加助熔剂以降低灰渣的流动温度。

7)可磨性(HGI)

根据《商品煤质量 发电煤粉锅炉用煤》(GB/T 7562—2018)，无烟煤煤粉锅炉用煤的哈氏可磨性指数(HGI)分为>60、>40～60 两个级别；低挥发分烟煤煤粉锅炉用煤分为>60～80和>80 两个级别；中—高挥发分烟煤煤粉锅炉用煤分为>40～60、>60～80 和>80 共 3 个级别；对褐煤没有要求。

对中小型电厂来说，由于普遍采用煤粉燃烧，若发电用煤的可磨性太差，就会增大其磨煤电耗，从而使发电成本增高。通常发电用煤的哈氏可磨性指数(HGI)越高越好。

3.气化用煤的质量要求

煤的气化是把固体燃料煤转化为煤气的过程。通常用氧气、空气或水蒸气等作为气化剂,使煤中的有机物转化成含 H_2 和 CO 等成分的可燃气体。气化用煤的质量要求与气化炉煤种类密切相关。下面主要介绍常压固定床煤气发生炉对煤质的要求。

混合煤发生炉、水煤气发生炉、水煤气两段炉等常压固定床煤气发生炉,应用比较广泛,对煤的适应性也较强,可采用的煤种有长焰煤、不黏煤、弱黏煤、1/2 中黏煤、气煤、1/3 焦煤、贫瘦煤、贫煤和无烟煤。煤的质量要求指标有粒度、块煤限下率、灰分、煤灰熔融性、全硫、水分、热稳定性、落下强度和黏结指数。详见《常压固定床气化用煤技术条件》(GB/T 9143—2008),具体如下。

粒度和块煤限下率:块煤粒度分为>6~13mm、>13~25mm、>25~50mm、>50~100mm,且各粒度级对应的块煤限下率分为≤20%、≤18%、≤15%、≤12%。

灰分(A_d):对无烟煤块煤,A_{ad}分为≤15.0%、>15.0%~19.0%、>19.0%~22.0%共 3 个级别;对于其他块煤,A_d分为≤12.0%、>12.0%~18.0%、>18.0%~25.0%共 3 个级别。

煤灰熔融性(ST):用软化温度 ST 表示,ST≥1250℃,当 A_d≤18.0%时,ST≥1150℃。

全硫($S_{t,d}$):分为≤0.5%、>0.5%~1.0%、>1.0%~1.5%共 3 个级别。

水分(M_t):不同变质程度煤,水分要求不同,对无烟煤 M_t<6.0%,烟煤 M_t<10.0%,褐煤 M_t<20.0%。

落下强度(SS):落下强度大于 60%。

热稳定性(TS):煤的热稳定性分为 3 级,即Ⅰ级>80%、Ⅱ级>70%~80%、Ⅲ级>60%~70%。

黏结指数($G_{R.I}$):黏结指数分为两级,即Ⅰ级≤20、Ⅱ级>20~50。

4.蒸汽机车用煤的质量要求

蒸汽机车锅炉的构造比较特殊,对煤质要求较高,要使用挥发分 V_{daf}>20%的长焰煤、弱黏煤、气煤、1/3 焦煤和不适于炼焦的肥煤,以便于点燃。这些煤的火焰长,能使锅炉在短时间内达到额定产气量,保证机车的行驶速度和牵引力。蒸汽机车用煤的灰分 A_d应不大于24.0%,发热量 $Q_{net,ar}$≥21.0MJ/kg,由于蒸汽机车锅炉的通风力强,煤粉易被吹跑或从炉条间隙漏掉,所以要求煤的粒度在 13~50mm 之间的块度,块煤限下率不大于 24.0%。此外,煤灰熔融性 ST 要大于 1200℃,硫分 $S_{t,d}$以不大于 1%为宜。蒸汽机车用煤对煤质的要求详见《蒸汽机车用煤技术条件》(GB/T 4063—2001)。

5.水泥回转窑用煤的质量要求

水泥、玻璃、陶瓷、砖瓦、石灰等建筑材料都要经过各种窑焙烧、煅烧甚至熔化等高温处理,而煤炭是主要燃料。其中水泥工业用煤要求较高,水泥生产的方法不同,对煤炭品种和质量的要求也不同。

回转窑用煤范围广,根据《商品煤质量 水泥回转窑用煤》(GB/T 7563—2018),回转窑一般用煤的类别是弱黏煤、不黏煤、1/2中黏煤、气煤、1/3焦煤、气肥煤、焦煤、肥煤，还可搭配使用长焰煤、瘦煤、贫瘦煤、贫煤、褐煤、无烟煤，在条件允许时可单独使用贫煤、贫瘦煤、末煤和粒煤，当这些煤数量不足或不能满足质量要求时，可使用原煤或其他粒度煤。

回转窑要求煤的灰分 $A_d \leqslant 27.00\%$、挥发分 $V_{daf} \geqslant 25.00\%$、发热量 $Q_{net,ar} > 20.90\text{MJ/kg}$，全水分 $M_t \leqslant 20.00\%$，磷含量 $P_d \leqslant 0.100\%$；而立窑则要求发热量 $Q_{net,ar} > 25.09\text{MJ/kg}$ 的无烟块煤作燃料。为减轻对水泥配方的影响，水泥用煤的质量保持稳定。烧砖瓦、石类窑（土窑）用煤的质量要求不高，甚至煤矸石、石煤也可使用。

6.高炉喷吹用煤的质量要求

为降低焦炭消耗，增加生铁产量，改善生铁质量，将无烟煤粉或重油从风口随热风喷入高炉的喷吹技术得到了大力发展。采用喷吹技术后，焦炭作为热源和还原剂的作用可在一定程度上由喷吹燃料所取代（但喷吹燃料无法取代焦炭的疏松骨架作用）。

高炉喷吹用煤对煤的质量要求较高，煤质的好坏对喷吹的经济效益和高炉的正常操作都有直接影响。根据《高炉喷吹用煤技术条件》（GB/T 18512—2008）将高炉喷吹用煤分为无烟煤、贫煤、贫瘦煤和其他烟煤，分别对其粒度、灰分、全硫、哈氏可磨性指数、磷分、钾和钠总量、全水分7个指标提出要求，并分成不同级别，见表11-9。

表11-9 高炉喷吹用煤质量指标

指标	无烟煤	贫煤、贫瘦煤	其他烟煤
粒度/mm	0～13 0～25	<50	<50
灰分 $(A_d)/\%$	Ⅰ级，≤8.00	Ⅰ级，≤8.00	Ⅰ级，≤6.00
	Ⅱ级，>8.00～10.0	Ⅱ级，>8.00～10.00	Ⅱ级，>6.00～8.00
	Ⅲ级，>10.00～12.00	Ⅲ级，>10.00～12.00	Ⅲ级，>8.00～10.00
	Ⅳ级，>12.00～14.00	Ⅳ级，>12.00～13.50	Ⅳ级，>10.00～12.00
全硫 $(S_{t,d})/\%$	Ⅰ级，≤0.30	Ⅰ级，≤0.50	Ⅰ级，≤0.50
	Ⅱ级，>0.30～0.50	Ⅱ级，>0.50～0.70	Ⅱ级，>0.50～0.75
	Ⅲ级，>0.50～1.00	Ⅲ级，>0.75～1.00	Ⅲ级，>0.75～1.00
哈氏可磨 性指数(HGI)	Ⅰ级，>70	Ⅰ级，>70	Ⅰ级，>70
	Ⅱ级，>50～70	Ⅱ级，>50～70	Ⅱ级，>50～70
	Ⅲ级，>40～50		
磷分 $P_d/\%$	Ⅰ级，≤0.010	Ⅰ级，≤0.010	Ⅰ级，≤0.010
	Ⅱ级，>0.010～0.030	Ⅱ级，>0.010～0.030	Ⅱ级，>0.010～0.030
	Ⅲ级，>0.030～0.050	Ⅲ级，>0.030～0.050	Ⅲ级，>0.030～0.050
钾和钠总量 $(K_{daf}+Na_{daf})/\%$	Ⅰ级，<0.12	Ⅰ级，<0.12	Ⅰ级，<0.12
	Ⅱ级，>0.12～0.20	Ⅱ级，>0.12～0.20	Ⅱ级，>0.12～0.20

续表 11-9

指标	无烟煤	贫煤、贫瘦煤	其他烟煤
全水分 (M_t)/%	Ⅰ级，≤8.0	Ⅰ级，≤8.0	Ⅰ级，≤12.0
	Ⅱ级，>8.0～10.0	Ⅱ级，>8.0～10.0	Ⅱ级，>12.0～14.0
	Ⅲ级，>10.0～12.0	Ⅲ级，>10.0～12.0	Ⅲ级，>14.0～16.0
发热量($Q_{net,ar}$)/ ($MJ \cdot kg^{-1}$)	—	—	≥23.50

7. 烧结矿用无烟煤的质量要求

我国的铁矿石有许多是贫矿。如果把贫矿直接作为高炉冶炼的原料，不仅高炉的利用系数降低，生产能力下降，炼铁时的焦比也会大幅度上升，所以这种贫矿通常都要进行精选。但选后的精铁粉不能直接送入高炉冶炼，必须把它在高温下烧结(熔融)成块。烧结时，过去多用焦粉作燃料，因此对烧结燃料的要求也是低灰、低硫和高位发热量，为了节约焦炭，目前已多用无烟煤粉来代替。烧结用无烟煤的固定碳 FC_d 应大于 80%、灰分 A_d 应小于 15%、全水分 M_t 小于 10%。全硫 $S_{t,d}$ 分为 3 个级别：Ⅰ级≤0.5%、Ⅱ级 0.51%～0.75%、Ⅲ级 0.75%～1.00%。此外，粒度分为 0～6mm、0～13mm、0～25mm、0～50mm 共 4 个级别。详见《烧结矿用煤技术条件》(MT/T 1030—2006)。

四、国际煤炭分类

由于各国煤炭资源特点不同和工业发展情况的差异，世界各主要产煤国家根据本国的资源特点制订出了不同的煤炭分类方法。各国对煤炭分类没有统一的标准，给国际贸易和相关技术交流带来了很大阻碍。因此，需要制订统一的国际煤炭分类标准。

以下简要介绍国际标准化组织(International Organization for Standardization，ISO)制订的煤炭分类国际标准 ISO 11760—2018 和由美国材料与试验协会(American Society for Testing and Materials，ASTM)制订的煤炭分类标准 ASTM388—2018。

(一)国际煤炭分类标准 ISO 11760—2018

煤炭分类国际标准 ISO 11760—2018 是一个成因型分类，与现行中国煤炭分类标准 GB/T 5751—2009 相比，在分类方法和分类指标上都具有显著的差异。ISO 11760—2018 以煤的变质程度(以镜质体反射率来表示)、煤岩组成(以镜质组含量来表示)以及煤的无机物含量(以干燥基灰分产率来表示)作为煤分类的依据。

(1)煤阶。最新国际煤分类标准中，采用镜质体平均随机反射率($\overline{R}_r$)作为煤阶指标表征煤的变质程度，将煤分为低阶、中阶和高阶 3 个大类(表 11-10)：低阶煤(褐煤和次烟煤)，煤层水分<75%且 $\overline{R}_r$<0.5%；中阶(烟煤)，0.5%<$\overline{R}_r$<2%；高阶(无烟煤)，2%<$\overline{R}_r$<6%(或镜质体平均最大反射率 $\overline{R}_{v,max}$<8%)。

表 11-10　低、中、高阶煤的分类

煤阶	分类标准
低阶煤(褐煤和次烟煤)	煤层水分<75%且 $\overline{R}_r$<0.5%
中阶煤(烟煤)	0.5%<$\overline{R}_r$<2.0%
高阶煤(无烟煤)	2.0%<$\overline{R}_r$<6.0%(或 $\overline{R}_{v.max}$<8.0%)

注:煤层水分(bed moisture)为煤在矿层中的水分含量;$\overline{R}_r$ 为镜质体平均随机反射率;$\overline{R}_{v.max}$ 为镜质体平均最大反射率。

在低阶煤阶段,引入煤层水分作为区分煤和泥炭以及褐煤内小类的分类指标。煤层水分>75%时属于泥炭,不属于国际煤分类的范畴。低阶煤分为低阶煤 C、低阶煤 B 和低阶煤 A 共 3 个小类(表 11-11)。低阶煤 C,$\overline{R}_r$<0.4%且 35%<煤层水分<75%,又称褐煤 C;低阶煤 B,$\overline{R}_r$<0.4%且煤层水分<35%,又称褐煤 B;低阶煤 A,0.4%<$\overline{R}_r$<0.5%,又称次烟煤。$\overline{R}_r$ 为 0.4%是褐煤与次烟煤的分界点。

在次烟煤之后,均以 $\overline{R}_r$ 作为煤阶的分类指标。$\overline{R}_r$ 为 0.5%是低阶煤(次烟煤)与中阶煤(烟煤)的分界点;以 $\overline{R}_r$ 为 2.0%作为烟煤与无烟煤,即中煤阶煤与高煤阶煤的分界点。

表 11-11　低阶煤的次级分类

次级分类	分类标准
低阶煤 C(褐煤 C)	$\overline{R}_r$<0.4%且 35%<煤层水分<75%(无灰基)
低阶煤 B(褐煤 B)	$\overline{R}_r$<0.4%且煤层水分<35%(无灰基)
低阶煤 A(次烟煤)	0.4%<$\overline{R}_r$<0.5%

中阶煤阶段,以 $\overline{R}_r$ 为 0.5%、0.6%、1.0%、1.4%及 2.0%作为分界点,将中阶煤分为 4 个小类,依次定义为中阶煤 D(即烟煤 D)、中阶煤 C(即烟煤 C)、中阶煤 B(即烟煤 B)、中阶煤 A(烟煤 A),详见表 11-12。

表 11-12　中煤阶煤的次级分类

次级分类	分类标准
中阶煤 D(烟煤 D)	0.5%<$\overline{R}_r$<0.6%
中阶煤 C(烟煤 C)	0.6%<$\overline{R}_r$<1.0%
中阶煤 B(烟煤 B)	1.0%<$\overline{R}_r$<1.4%
中阶煤 A(烟煤 A)	1.4%<$\overline{R}_r$<2.0%

高阶煤阶段,以 $\overline{R}_r$ 为 2.0%、3.0%、4.0%、6.0% 作为分界点,将高阶煤分为 3 个小类,即高阶煤 C,2.0%<$\overline{R}_r$<3.0%,也称为无烟煤 C;高阶煤 B,3.0%<$\overline{R}_r$<4.0%,也称为无烟煤 B;高阶煤 A,4.0%<$\overline{R}_r$<6.0%(或 $\overline{R}_{v.max}$<8.0%),也称为无烟煤 A。以 $\overline{R}_r$<6.0%或

$\overline{R}_{v,max}$<8.0%作为无烟煤的上限，超过这一界限值的煤，意味着将不属于“煤”的范畴，详见表11-13。

表 11-13 高煤阶煤的次级分类

次级分类	分类标准
高阶煤 C(无烟煤 C)	$2.0\%<\overline{R}_r<3.0\%$
高阶煤 B(无烟煤 B)	$3.0\%<\overline{R}_r<4.0\%$
高阶煤 A(无烟煤 A)	$4.0\%<\overline{R}_r<6.0\%$(或 $\overline{R}_{v,max}<8.0\%$)

(2)岩相组成。最新国际煤分类标准中，采用镜质组含量作为煤岩相组成指标，以煤中镜质组含量40%、60%、80%为界限点，将煤分为低、中等、中高和高镜质组含量煤4个类别，详见表11-14。

表 11-14 岩相组成分类

镜质组类别	镜质组含量 $V_{t,af}$(体积分数)/%
低镜质组	<40
中等镜质组	$40<V_{t,af}<60$
中高镜质组	$60<V_{t,af}<80$
高镜质组	>80

(3)灰分产率。最新国际煤炭分类标准中，采用干燥基灰分产率作为分类指标，以灰分产率5%、10%、20%、30%、50%作为界限点，将煤分为特低灰煤、低灰煤、中灰煤、中高灰煤和高灰煤5个类别，详见表11-15。

表 11-15 灰分产率分类

灰分类别	A_d(质量分数)/%
特低灰煤	<5.0
低灰煤	$5.0<A_d<10.0$
中灰煤	$10.0<A_d<20.0$
中高灰煤	$20.0<A_d<30.0$
高灰煤	$30.0<A_d<50.0$

(二)美国煤炭分类标准 ASTM D388-2018

19世纪80年代，为解决采购商与供货商在购销工业材料过程中产生的意见和分歧，有人提出建立技术委员会制度，由技术委员会组织各方面的代表参加技术座谈会，讨论解决有关材料规范、试验程序等方面的争议问题。与国际分类类似，ASTM 煤炭分类接近科学成因分类，而不是一个实用性的分类。

ASTM 标准中煤按照变质程度来划分，从褐煤至无烟煤。分类的指标有 FC_{dmmf}（干燥无矿物基固定碳）、V_{dmmf}（干燥无矿物基挥发分）、GCV_{mmmf}（恒湿无矿物基发热量；中国国家标准采用符号 Q 表示发热量）。此外，黏结性也是确定煤类的一项指标（表 11-16）。

对于无烟煤，采用指标 FC_{dmmf} 和 V_{dmmf} 将其划分为 3 个小类：超无烟煤、无烟煤、半无烟煤（表 11-16）。

对于烟煤，采用指标 FC_{dmmf} 和 V_{dmmf}，结合 GCV_{mmmf} 和黏结性特征，将其划分为低挥发分、中挥发分、高挥发分 A 型、高挥发分 B 型、高挥发分 C 型共 5 个小类（表 11-16）。

对于褐煤和次烟煤，采用指标 GCV_{mmmf}，将其划分为次烟煤 A 型、B 型、C 型和褐煤 A 型、B 型共 5 个小类（表 11-16）。

表 11-16 美国 ASTM 煤炭分类表(2018)

		FC_{dmmf}/%		V_{dmmf}/%		GCV_{mmmf}/(Btu/lb)		GCV_{mmmf}/(MJ·kg^{-1})		黏结性
		≥	<	>	≤	≥	<	≥	<	
无烟煤	超无烟煤	98			2					不黏结
	无烟煤	92	98	2	8					
	半无烟煤[a]	86	92	8	14					
烟煤	低挥发分	78	86	14	22					一般黏结
	中挥发分	69	78	22	31					
	高挥发分 A 型		69	31		14 000[b]		32.557		
	高挥发分 B 型					13 000[b]	14 000	30.232	32.557	
	高挥发分 C 型					11 500	13 000	26.743	30.232	
						10 500	11 500	24.418	26.743	黏结
次烟煤	A 型					10 500	11 500	24.418	26.743	不黏结
	B 型					9500	10 500	22.09	24.418	
	C 型					8300	9500	19.30	22.09	
褐煤	A 型					6300	8300	14.65	19.30	
	B 型						6300		14.65	

注：[a] 如果有黏结性，归属到低挥发分烟煤类型。

[b] 如果 FC_{dmmf} 含量超过 69%，采用 FC_{dmmf} 进行分类，不管发热量。

（三）几种标准的对比

国际标准 ISO 11760—2018 属于科学成因分类，美国 ASTM 标准接近科学成因分类，主要服务于科学研究工作，对煤炭工业生产作用有限。这两个标准不涉及或者少涉及黏结性相关指标的测试，对炼焦用煤没有做专门研究。而中国标准 GB/T 5751—2009 属于应用分类，尤其是对炼焦用煤的划分比较详细，主要目标是服务于煤炭加工和利用。两种分类相比较所用术语和指标差异较大(表 11-17)。

国际标准 ISO 11760—2018 和美国 ASTM 标准中所用的煤类术语类似,都包含有褐煤、次烟煤、烟煤和无烟煤。但也有不同之处:①各个煤类所划分细类各不相同。国际标准 ISO 11760—2018 将褐煤进一步划分为褐煤 B 和褐煤 C,而美国 ASTM D388—2018 标准将褐煤划分为褐煤 A、褐煤 B 和褐煤 C;②两个标准中相同的煤类术语大致可以对比,但详细对比起来尚有难度,需进一步研究。

中国标准 GB/T 5751—2009 所用术语则更侧重于其工业应用性质,有无烟煤、贫煤、贫瘦煤、瘦煤、焦煤、肥煤、1/3 焦煤、气肥煤、气煤、1/2 中黏煤、弱黏煤、不黏煤、长焰煤、褐煤共 14 个类别。

表 11-17 国际煤炭标准术语和指标比较

<table>
<tr><th colspan="2">标准</th><th>术语</th><th>主要标准</th></tr>
<tr><td rowspan="2">科学成因分类</td><td>ISO 11760
(2018)</td><td>无烟煤 A、无烟煤 B、无烟煤 C、烟煤 A、烟煤 B、烟煤 C、烟煤 D、次烟煤、褐煤 B、褐煤 C</td><td>镜质体反射率、水分、镜质组含量、灰分</td></tr>
<tr><td>ASTM D388
(2018)</td><td>超无烟煤、无烟煤、半无烟煤、低挥发分烟煤、中挥发分烟煤、高挥发分烟煤 A、高挥发分烟煤 B、高挥发分烟煤 C、次烟煤 A、次烟煤 B、次烟煤 C、褐煤 A、褐煤 B</td><td>固定碳、挥发分、发热量</td></tr>
<tr><td>应用分类</td><td>GB/T 5751
(2009)</td><td>无烟煤、贫煤、贫瘦煤、瘦煤、焦煤、肥煤、1/3 焦煤、气肥煤、气煤、1/2 中黏煤、弱黏煤、不黏煤、长焰煤、褐煤</td><td>挥发分、氢含量、透光率、发热量、黏结指数、胶质层最大厚度、奥阿膨胀度</td></tr>
</table>

煤化学主要参考文献

陈鹏，2000. 中国煤炭分类的完整体系(上)[J]. 中国煤炭(09):5-8+64.

崔馨，严煌，赵培涛，2019. 煤分子结构模型构建及分析方法综述[J]. 中国矿业大学学报，48(4)：704-717.

董大啸，邵龙义，2015. 国际常见的煤炭分类标准对比分析[J]. 煤质技术，(2):5.

何选明，2010. 煤化学[M]. 北京:冶金工业出版社.

罗陨飞，陈亚飞，姜英，2007. 煤炭分类国际标准与中国标准异同之比较[J]. 煤质技术，(1):3.

叶朝辉，李新安，1985. 煤的固体高分辨 ^{13}C-NMR 谱[J]. 科学通报，30(20):1545-1545.

张双全，2009. 煤化学[M]. 2 版. 徐州:中国矿业大学出版社.

张双全，2013. 煤及煤化学[M]. 北京:化学工业出版社.

张香兰，张军，2012. 煤化学[M]. 北京:煤炭工业出版社.

朱银惠，王中慧，2013. 煤化学[M]. 北京：化学工业出版社.

ASTM D388-18a，2018. Standard classification of coals by Rank. ASTM International，West Conshohocken，PA.

FUCHS W，SANDHOFF A G，1942. Theory of coal pyrolysis[J]. Ind. Eng. Chem. 34，567-571.

GIVEN P H，1960. The distribution of hydrogen in coals and its relation to coal structure[J]. Fuel，39(2)：147-153.

GIVEN P H，MARZEC A，BARTON W A，et al.，1986. The concept of a mobile or molecular phase within the macromolecular network of coals：A debate[J]. Fuel，65：155-163.

GREEN T，KOVAC J，BRENNER D，et al.，1982. The macromolecular structure of coals[M]//Meyers RA. Coal structure. New York：Academic Press.

HIRSCH P B，1954. X-Ray scattering from coals[J]. Proceedings of the Royal Society of London，226(1165):143-169.

International Organisation for Standardisation (ISO)，2018. Classification of Coals. ISO 11760:2018，2nd edition. ISO，Geneva，Switzerland.

MASAHARU NISHIOKA，1992. The associated molecular nature of bituminous coal [J]. Fuel.

NISHIOKA M，1992. The associated molecular nature of bituminous coal[J]. Fuel，71：941-948.

SHINN J H,1984. From coal to single-stage and two-stage products：A reactive model of coal structure. Fuel. 63(9)：1187-1196.

WISER W H，1975. Reported in division of fuel chemistry[J]. Preprints，20(1)：122.

标准文献

中国国家标准化管理委员会，1998. 中国煤炭编码系统：GB/T 16772—1997[S]. 北京：中国标准出版社.

中国国家标准化管理委员会，1999. 水煤气两段炉用煤技术条件：GB/T 17610—1998[S]. 北京：中国标准出版社.

中国国家标准化管理委员会，1999. 合成氨用煤技术条件：GB/T 7561—1998[S]. 北京：中国标准出版社.

中国国家标准化管理委员会，1999. 中国煤层煤分类：GB/T 17607—1998[S]. 北京：中国标准出版社.

中国国家标准化管理委员会，2001. 蒸汽机车用煤技术条件：GB/T 4063—2001[S]. 北京：中国标准出版社.

中国国家标准化管理委员会，2006. 煤自燃倾向性色谱吸氧鉴定法：GB/T 20104—2006[S]. 北京：中国标准出版社.

中国国家标准化管理委员会，2007. 煤的落下强度测定方法：GB/T 15459—2006[S]. 北京：中国标准出版社.

中国国家标准化管理委员会，2007. 煤中有害素含量分级 第一部分：磷：GB/T 20475.1—2006[S]. 北京：中国标准出版社.

中国国家标准化管理委员会，2007. 煤中有害素含量分级 第二部分：氯：GB/T 20475.2—2006[S]. 北京：中国标准出版社.

中国国家标准化管理委员会，2008. 煤中全硫的测定法：GB/T 214—2007[S]. 北京：中国标准出版社.

中国国家标准化管理委员会，2008. 煤质及煤分析有关术语：GB/T 3715—2007[S]. 北京：中国标准出版社.

中国国家标准化管理委员会，2008. 煤炭分析试验方法一般规定：GB/T 483—2007[S]. 北京：中国标准出版社.

中国国家标准化管理委员会，2008. 煤的格金低温干馏试验方法：GB/T 1341—2007[S]. 北京：中国标准出版社.

中国国家标准化管理委员会，2009. 煤的工业分析方法：GB/T 212—2008[S]. 北京：中国标准出版社.

中国国家标准化管理委员会，2009. 煤的最高内在水分测定方法：GB/T 4632—2008[S]. 北京：中国标准出版社.

中国国家标准化管理委员会，2009. 煤的工业分析方法:GB/T 212—2008[S]. 北京：中国标准出版社.

中国国家标准化管理委员会，2009. 煤的发热量测定方法:GB/T 213—2008[S]. 北京：中国标准出版社.

中国国家标准化管理委员会，2009. 煤灰熔融性的测定方法:GB/T 219—2008[S]. 北京：中国标准出版社.

中国国家标准化管理委员会，2009. 煤中碳和氢的测定方法:GB/T 476—2008[S]. 北京：中国标准出版社.

中国国家标准化管理委员会，2009. 煤中氮的测定方法:GB/T 19227—2008 [S]. 北京：中国标准出版社.

中国国家标准化管理委员会，2009. 高炉喷吹用煤技术条件:GB/T 18512—2008[S]. 北京：中国标准出版社.

中国国家标准化管理委员会，2009. 常压固定床气化用煤技术条件:GB/T 9143—2008[S]. 北京：中国标准出版社.

中国国家标准化管理委员会，2009. 煤炭浮沉试验方法:GB/T 478—2008[S]. 北京：中国标准出版社.

中国国家标准化管理委员会，2009. 标准化工作导则 第1部分:标准的结构和编写:GB/T 1.1—2009[S]. 北京：中国标准出版社.

中国国家标准化管理委员会，2010. 中国煤炭分类:GB/T 5751—2009[S]. 北京：中国标准出版社.

中国国家标准化管理委员会，2010. 炼焦用煤技术条件:GB/T 397—2009[S]. 北京：中国标准出版社.

中国国家标准化管理委员会，2010. 直接液化用原料煤技术条件:GB/T 23810—2009[S]. 北京：中国标准出版社.

中国国家标准化管理委员会，2011. 建筑材料放射性核素限量:GB 6566—2010[S]. 北京：中国标准出版社.

中国国家标准化管理委员会，2011. 煤的塑性测定恒力矩吉氏塑性仪法:GB/T 25213—2010[S]. 北京：中国标准出版社.

中国国家标准化管理委员会，2011. 煤炭质量分级:第3部分 发热量:GB/T 15224.3—2010[S]. 北京：中国标准出版社.

中国国家标准化管理委员会，2012. 煤炭可选性评定方法:GB/T 16417—2011[S]. 北京：中国标准出版社.

中国国家标准化管理委员会，2014. 烟煤黏结指数测定方法:GB/T 5447—2014[S]. 北京：中国标准出版社.

中国国家标准化管理委员会，2014. 烟煤奥阿膨胀计试验:GB/T 5450—2014[S]. 北京：中国标准出版社.

中国国家标准化管理委员会，2014. 烟煤坩埚膨胀序数的测定 电加热法:GB/T 5448—

2014[S]. 北京：中国标准出版社.

中国国家标准化管理委员会，2014. 煤的可磨性指数测定方法 哈德格罗夫法：GB/T 2565—2014[S]. 北京：中国标准出版社.

中国国家标准化管理委员会，2015. 烟煤罗加指数测定方法：GB/T 5449—2015[S]. 北京：中国标准出版社.

中国国家标准化管理委员会，2015. 煤灰黏度测定方法：GB/T 31424—2015[S]. 北京：中国标准出版社.

中国国家标准化管理委员会，2017. 烟煤胶质层指数测定方法：GB/T 479—2016[S]. 北京：中国标准出版社.

中国国家标准化管理委员会，2018. 烟煤相对氧化度测定方法：GB/T 19224—2017[S]. 北京：中国标准出版社.

中国国家标准化管理委员会，2018. 煤对二氧化碳化学反应性的测定方法：GB/T 220—2018[S]. 北京：中国标准出版社.

中国国家标准化管理委员会，2018. 商品煤质量 链条炉用煤：GB/T 18342—2018[S]. 北京：中国标准出版社.

中国国家标准化管理委员会，2018. 煤的结渣性测定方法：GB/T 1572—2018[S]. 北京：中国标准出版社.

中国国家标准化管理委员会，2018. 商品煤质量 发电煤粉锅炉用煤：GB/T 7562—2018[S]. 北京：中国标准出版社.

中国国家标准化管理委员会，2018. 商品煤质量 水泥回转窑用煤：GB/T 7563—2018[S]. 北京：中国标准出版社.

中国国家标准化管理委员会，2018. 煤炭质量分级 第1部分：灰分：GB/T 15224.1—2018 [S]. 北京：中国标准出版社.

中国国家标准化管理委员会，2022. 煤炭质量分级 第2部分：硫分：GB/T 15224.2—2021[S]. 北京：中国标准出版社.

煤炭行业标准，2000. 煤的全水分分级：MT/T 850—2000[S]. 北京：中国标准出版社.

煤炭行业标准，2000. 煤的挥发分产率分级：MT/T 849—2000[S]. 北京：中国标准出版社.

煤炭行业标准，2000. 煤灰软化温度分级：MT/T 853.1—2000[S]. 北京：中国标准出版社.

煤炭行业标准，2000. 煤灰流动温度分级：MT/T 853.2—2000[S]. 北京：中国标准出版社.

煤炭行业标准，2000. 煤的哈氏可磨性指数分级：MT/T 852—2000[S]. 北京：中国标准出版社.

煤炭行业标准，2006. 煤中氟含量分级：MT/T 966—2005[S]. 北京：中国标准出版社.

煤炭行业标准，2006. 煤中铅含量分级：MT/T 964—2005[S]. 北京：中国标准出版社.

煤炭行业标准，2006. 煤中汞含量分级：MT/T 963—2005[S]. 北京：中国标准出版社.

煤炭行业标准，2006. 煤中锗含量分级:MT/T 967—2005[S]. 北京：中国标准出版社.

煤炭行业标准，2006. 烧结矿用煤技术条件:MT/T 1030—2006[S]. 北京：中国标准出版社.

煤炭行业标准，2009. 煤的固定碳分级:MT/T 561—2008[S]. 北京：中国标准出版社.

煤炭行业标准，2009. 煤的热稳定性分级:MT/T 560—2008[S]. 北京：中国标准出版社.

煤炭行业标准，2009. 烟煤黏结指数分级:MT/T 596—2008[S]. 北京：中国标准出版社.

煤炭行业标准，2009. 煤中砷含量分级:MT/T 803—1999[S]. 北京：中国标准出版社.

安全生产行业标准，2007. 煤尘爆炸性鉴定规范:AQ 1045—2007[S]. 北京：中国标准出版社.

建材行业标准，2003. 水泥立窑用煤技术条件:JC/T 912—2003[S]. 北京：中国标准出版社.